电能计量设备“装检校采”工作手册

主 编 糜晓波 王 睿
副主编 朱 赟 周 蔚 过 浩 周 刚

中国电力出版社
CHINA ELECTRIC POWER PRESS

内 容 提 要

本书结合 DL/T 448—2016《电能计量装置技术管理规程》《国家电网公司电能量关口管理办法》《国家电网公司用电信息采集系统建设管理办法》《国家电网公司计量资产全寿命周期管理办法》等制度文件，为进一步推进电能计量专业建设，深入推进公司计量体系建设，加快推进新兴业务发展，着力打造市场核心竞争力和新的效益增长点，推动市场化运营机制构建，以数字化驱动营销精益化管理，提高对营销运营的感知、分析和管控能力。

本书立足于电能计量设备“装检校采合一”业务建设实际，具有较强的指导性和实用性，共包括九个章节，分别为概述、“装检校采合一”与现代先进测量体系建设、电能计量设备基础知识、电能计量设备的装接、电能计量设备的检定、电能计量设备的校验、电能计量设备的采集、“装检校采合一”典型案例和“装检校采合一”的实施，各基础章节分别从电能表、电压互感器、电流互感器、计量箱（屏、柜）等设备需要完成工作内容进行介绍。

本书可作为从事电能计量工作的技术人员和相关管理人员学习参考。

图书在版编目（CIP）数据

电能计量设备“装检校采”工作手册/糜晓波，王睿主编；朱赟等副主编. --北京：中国电力出版社，2024. 12. --ISBN 978-7-5198-9384-2

Ⅰ. TM933. 4-62

中国国家版本馆 CIP 数据核字第 2024EA7827 号

出版发行：中国电力出版社
地　　址：北京市东城区北京站西街 19 号（邮政编码 100005）
网　　址：http://www.cepp.sgcc.com.cn
责任编辑：邓慧都
责任校对：黄　蓓　李　楠
装帧设计：张俊霞
责任印制：石　雷

印　　刷：北京雁林吉兆印刷有限公司
版　　次：2024 年 12 月第一版
印　　次：2024 年 12 月北京第一次印刷
开　　本：787 毫米×1092 毫米　16 开本
印　　张：22
字　　数：408 千字
定　　价：108.00 元

编　委　会

主　任　孙志鹏　金　烨

副主任　陈肖烈　钱　伟　王　征　周卫国　朱一峰　徐圆圆

编　委　顾　韬　和　巍　陈金刚　张　宏　邹剑锋　朱凯元
刘强强　袁均祥　焦振华　李文涛　周　旻　郑伟军
钱伟杰　沈海华　官建阳　卢昕耀　沈圣炜　曹　鑫

编　写　组

主　编　靡晓波　王　睿

副主编　朱　赟　周　蔚　过　浩　周　刚

成　员　沈嘉平　梁义文　董丽艳　张　斌　陈胤彤　杨东翰
满　忆　徐　茜　郭　松　刘嘉明　刘　伟　陈建华
黄成建　张玥劼　叶丽雅　黄国良　张海让　吴玮华
朱东骏　江　婷　朱雨薪　蔡亚楠　畅　伟　汪晓东
汪自立　李锐锋　张以全　汤化国　朱　剑　朱程浩
沈月秀　宓　蜜　李伟琦　赵家峰　胡　滨　董佳艳
闻芷馨　施力欣　李焱坤　李明贤

前言

电能计量是现代社会中电力系统管理不可或缺的一部分，电力企业只有凭借准确、可靠的计量数据，才能保证电力系统安全、经济、可靠地运行，才能保障全社会电能计量的公平公正，维护优质、诚信的电力营销和良好的企业形象。

高效有序开展电力企业营销专业关于“装检校采合一”的建设工作，实现电能计量“装检校采”业务团队全能型、全科化的发展模式能够进一步支撑国家现代先进测量体系建设。营销计量作业点多面广、小杂分散，作业现场存在复杂的人身及设备安全隐患；同时，营销计量业务种类繁多，涵盖装表接电、实验室检定、现场校验、采集运维等多种业务类型；并且，电能计量关系到电网与电力用户间用电结算的公正性。因此，电能计量设备“装检校采”合一顺应时代发展需求，能够使得作业人员对新型电力系统形式下的营销计量作业具备较强的适应性。

本书将理论与案例相结合，内容翔实、解析细致、语言平实、通俗易懂。从智能仓建设者的角度出发，系统地介绍了电能计量设备“装检校采”合一的建设目标及内容、电能计量设备的装接、检定、校验及采集业务、“装检校采”合一典型案例的呈现以及相应的管理制度，具有较强的指导性和实用性。

全书共有九章内容，第一章为概述，主要介绍电能计量的基础知识，装、检、校、采业务概况，“装检校采合一”的实施背景及优越性。第二章介绍了“装检校采合一”的基础条件、建设目标及建设内容。第三章至第七章介绍了电能计量设备的基础知识以及装接、检定、校验、采集各项业务的特点及关联。第八章介绍了“装检校采合一”模式下的典型案例，让读者对“装检校采合一”后的优势有更直观的认识。第九章是“装检校采合一”的实施与改进，针对“装检校采合一”后的新型业务模式，详细阐述其实施过程、影响及后期的改进方向。

全书立足于装表接电工、检验检测员、资产管理员、采集运维员等从业人员的业务实际，可供其学习与参考。建议初学者按照章节顺序进行阅读，有一定基础的读者可直接学习

第二至第八章的内容。

本书编写组由长期扎根于营销计量专业生产一线的骨干组成，专业技术扎实，具有丰富的装、检、校、采核心业务经验。他们为高质量、高水平完成本书的编写提供了有力的保障。同时，本书的顺利出版离不开上级领导和行业同仁的大力支持，在此对他们表示由衷的感谢。

限于编者经验和水平，加之成书时间仓促，本书编写过程中难免有遗漏或不足之处，敬请广大同仁提出宝贵的意见和建议，以便我们后续改进。

编　者

2024 年 9 月

目 录

第一章　概　述

第一节　电能计量概况

一、电能计量装置的作用和发展历程

1. 电能计量的作用

电力的生产不同于其他产品的生产，它的特征是：发、供、用三大部分是连接在一起的，它们不能被中断，并且彼此之间有着密切的联系，缺一不可。而在电能走进人们的生活之后，为了方便销售，就需要对电能进行计量。随之就产生了电能计量装置，没有它，发、供、用电三个方面就无法进行销售、买卖。因此，电能计量装置在电力生产、供应、消费中的作用是非常重要的。在电网运行过程中，电能测量是非常重要的一环，而电能测量的精度不仅与交易结算的公平、公正有关，还与电力企业的形象以及用电客户的满意程度有关。

电力系统的电力计量设备广泛应用于电力系统的发电、供电和用电的各个环节，用于计量发电、厂用电、供电、售电等，为制订生产计划、做好合理的经济核算、计量用电量提供了基础。

在工、农业生产、商贸经营等各项工作中，为了强化经营管理，大力节约能源，对单位产品耗电量进行考核，制订电力消耗定额，提高经济效益，电能计量装置是必不可少的计量器具。随着人们生活水平的提高，人们的用电量也在不断地增加，电能表已经慢慢地变成了每一个家庭中必不可少的电器仪表，总之，只要有电的地方，就一定会有电能表。

2. 电能计量的发展历程

第一次工业革命是以纺织工业为开端，而第二次工业革命则是以电能为主要动力，并得到了广泛的应用。1831 年英国科学家法拉第发现电磁感应现象；1866 年德国科学家西门子制成一部发电机；1882 年法国学者德普勒发现了远距离送电的方法；1882 年美国发明家爱迪生在纽约建立了美国第一个火力发电站，把输电线连接成网络。

国际上，电能表的诞生与发展已经超过了一百年，最早的电能表是在 1881 年由电解原

理制造出来的，但这样的电能表每只都有数十公斤的重量，体积庞大，而且不能保证准确度。不过，这个技术在那个时候，还是被认为是一个重要的技术发明，并且被迅速地应用到了工程学上。

1888年，随着交流电的发明与使用，电能表的发展也有了新的需求，英国物理学家詹姆斯·普雷斯科特·朗福德发明了感应电能表。这种早期的电能表是建立在电磁感应的基础上的，它是根据电流与电压之积来计算的。它的工作原理与设计为今后的电能计量提供了依据。感应电能表因其结构简单，操作安全，价格低廉，经久耐用，维修方便，易于大批量生产，因而得到了迅速的发展。

我国交流感应式电能表是在20世纪50年代从仿制外国电能表开始生产，经过二十多年的努力，我国电能表的制造有了一定的水平和规模。随着科学技术的发展，以及对交流感应式电能表过负荷能力、使用寿命的要求，我国在80、90年代开始了对长寿命电能表、机电一体化电能表（半电子式电能表）、全电子式电能表、多功能全电子式电能表、预付费电能表、复费率电能表、最大需量表、损耗电能表、智能费控电能表、多芯电能表等的研制生产。

自19世纪70年代以来，从电力基础理论的发展，到理论转化为技术实践开始，人类在陆续发明了火力发电、水力发电、风力发电、太阳能发电、核能发电、潮汐发电、生物发电等电力发电技术；在电力输送方面发明了升压变电、降压变电、交流远距离送电、直流远距离送电，国家电网公司还在世界上首次发明了特高压直流、交流输电技术；在配电、用电领域陆续将电能从电源中心引进农村、城市、企业、商场等场所，极大地发展了人力的产业丰富性、多样性。在电能计量领域出现了交流计量、直流计量产品，出现了单相计量、三相计量、多用户计量细分产品；从安装方式出现了直接式安装、互感器安装、导轨式安装、多用户集成安装方式的电能计量产品；产品覆盖了居民用电计量、企业用电计量、设备用电计量、关口计量、电能商品交易计量等领域。我国自行设计和大批量生产的各种类型的电能表不仅供给国内，还远销国外。目前我国已经具备了国内电能计量需要的各种类型、功能的电能表生产、制造能力。

近几年来，随着电力系统向智能化方向发展，新能源技术的迅速发展，对电能表的性能和技术提出了更高的要求。智能电能表是一种集成了计量、通信、控制功能的新型仪表。该系统能够对用户的用电量进行实时监控，并进行统计与分析，为用户的用电计划与负荷管理提供支撑。智能电能表还可以与其他智能设备和系统相结合，从而达到对能源进行智能化管理和利用的目的。

电能计量装置的发展史就是一部不断革新、完善的历史。从最初的电磁感应原理，到电机、静电耦合、电子学等，电能表的准确度、可靠性都有了长足的进步。随着电力行业的发展，电能表将会不断地进步，为实现节能、可持续发展作出更大的贡献。

二、电能计量装置概述

电能计量装置是用于测量、记录发电量、供（互供）电量、厂用电量、线损电量和用户用电量的计量器具。电能计量装置是由电能表（有功、无功电能表，最大需量表，复费率电能表等）、计量用互感器（包括电压互感器和电流互感器）及二次连接线导线构成的总体。

1. 电能计量装置的组成

电能计量装置包括电能表、电压互感器、电流互感器、电能信息采集终端、电能计量柜（箱）等。

（1）电能表，如图 1-1 和图 1-2 所示。电能表是电能计量装置的核心部件，是计量某一时段电能累积值的仪表。电能表是记录电能量的专用计量器具。它随着供电企业的出现而诞生，也随着供电企业的发展而不断进步，是社会应用量最多的计量器具之一，主要用于电力的贸易结算和电力生产技术经济指标的考核。

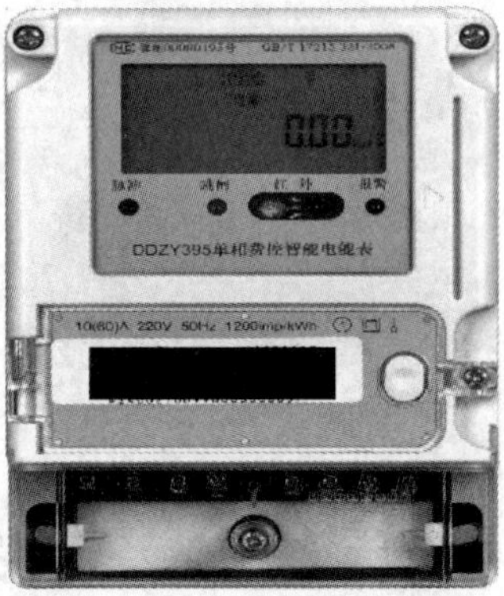

图 1-1　单相智能电能表

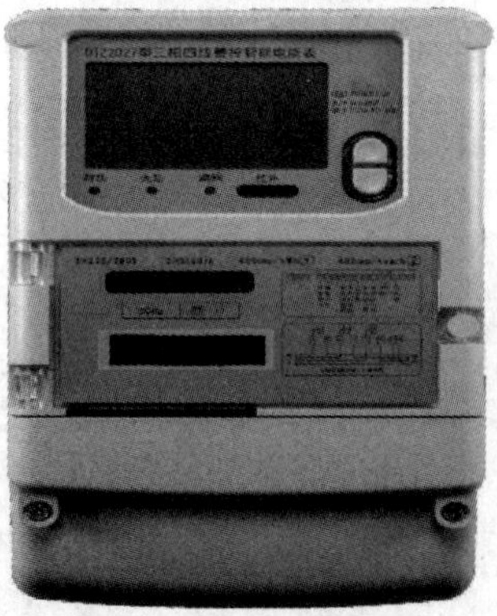

图 1-2　三相智能电能表

（2）电压互感器。电压互感器（Potential Transformer，简称 PT），如图 1-3 所示。和变压器类似，是用来变换电压的仪器。但变压器变换电压的目的是方便输送电能，因此容量很大，一般都是以千伏安或兆伏安为计算单位；而电压互感器变换电压的目的，主要是用来给测量仪表和继电保护装置供电，用来测量线路的电压、功率和电能，或者用来在线路发生故障时保护线路中的贵重设备、电机和变压器，因此电压互感器的容量很小，一般都只有几伏安、几十伏安，最大也不超过一千伏安。

（3）电流互感器，如图 1-4 和图 1-5 所示。电流互感器是依据电磁感应原理将一次侧大电流转换成二次侧小电流来测量的仪器，可用于保护、测量等。比如一个变比 400/5 的电流互感器，可以把 400A 的电流转变成 5A 的电流

图 1-3　电压互感器

图 1-4　低压电流互感器

图 1-5　高压电流互感器

（4）电能信息采集终端，如图 1-6 和图 1-7 所示。负责各信息采集点的电能信息的采集、数据管理、数据传输以及执行或转发主站下发的控制命令的设备，按应用场所可分为厂站采集终端、专变采集终端、公变采集终端和低压集中抄表终端（包括低压集中器、低压采集器）等类型。

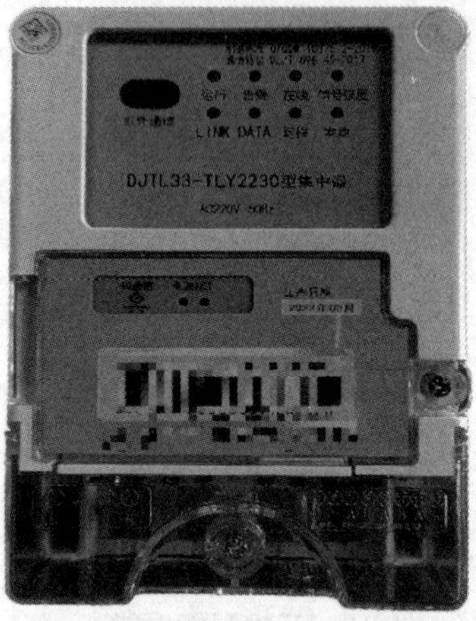

图 1-6　低压集中器

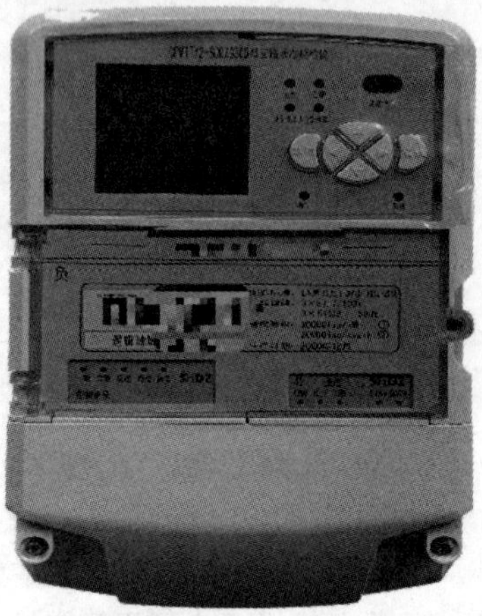

图 1-7　专变采集终端

（5）电能计量柜（箱），如图 1-8 所示。安装在用户处的电能计量装置，由用户负责保护封印完好，装置本身不受损坏或丢失。当发现电能计量装置故障时，应及时通知电能计量技术机构进行处理。贸易结算用电能计量装置故障，应由供电企业的电能计量技术机构依照《中华人民共和国电力法》及其配套法规的有关规定进行处理。

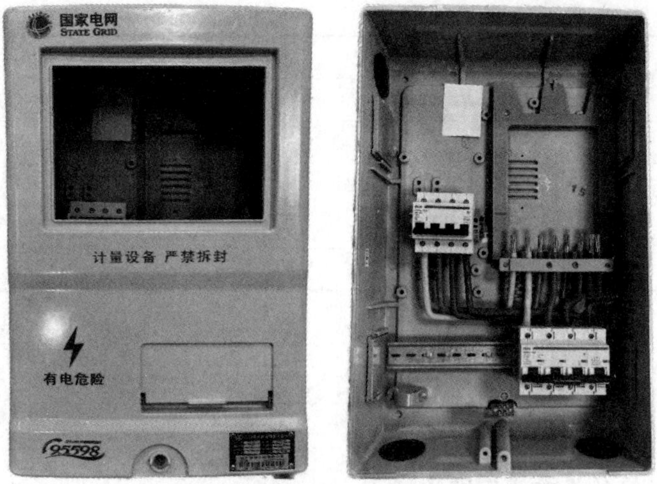

图 1-8　单相单体计量箱内外部

2. 电能计量装置的类别

运行中的电能计量装置按其所计量电能量的多少和计量对象的重要程度分可为：

（1）Ⅰ类：220kV 及以上贸易结算用电能计量装置，500kV 及以上考核用电能计量装置，计量单机容量 300MW 及以上发电机发电量的电能计量装置。

（2）Ⅱ类：110(66)kV 贸易结算用电能计量装置，220～500kV 考核用电能计量装置。计量单机容量 100～300MW 发电机发电量的电能计量装置。

（3）Ⅲ类：10～110(66)kV 贸易结算用电能计量装置，10～220kV 考核用电能计量装置。计量 100MW 以下发电机发电量、发电企业厂（站）用电量的电能计量装置。

（4）Ⅳ类：380V～10kV 电能计量装置。

（5）Ⅴ类：220V 单相电能计量装置。

对应不同的类别，电能表和互感器对准确度等级在电能计量装置技术管理规程 DL/T 448 中有明确要求。

各类电能计量装置应配置的电能表及互感器的准确度等级不应低于表 1-1 中所示值。

表 1-1　　**准确度等级**

电能计量装置类别	准确度等级			
	电能表		电力互感器	
	有功	无功	电压互感器	电流互感器
Ⅰ	0.2S	2	0.2	0.2S
Ⅱ	0.5S	2	0.2	0.2S

续表

电能计量装置类别	准确度等级			
	电能表		电力互感器	
	有功	无功	电压互感器	电流互感器
Ⅲ	0.5S	2	0.5	0.5S
Ⅳ	1	2	0.5	0.5S
Ⅴ	2	—	0.5	0.5S

注 1. 发电机出口可选用非S级电流互感器。

2. 0.5(*) 级电压互感器或电流互感器表示原为0.5级电压互感器或电流互感器，在正常工作电压或负荷电流范围内和实际二次负载下其实际误差符合0.2级互感器的要求。

3. S表示加强结构。

三、电能计量装置的全寿命周期管理

计量装置的全寿命会经过生产、应用、拆回、报废等多项工作流程，电力企业为了规范电能计量资产管理方式和业务流程，制订了严密的管理措施和办法。形成计量资产全寿命周期管理体系。

计量资产全寿命周期管理包括全寿命周期资产管理和全寿命周期质量评价，按采购到货、设备验收、检定检测、仓储配送、设备安装、设备运行、设备拆除、资产报废八个关键环节进行管理。

1. 采购到货

招标采购管理是指为及时响应各地市用表需求，对电能表、互感器、采集终端等设备进行招标采购管理的业务。包括年度设备需求管理、年度需求调整管理、采购计划管理、招标合同信息维护等业务。

(1) 年度设备需求管理是指根据全省前三年度用表需求，预测下一年度全省用表需求，并对需求进行核验、审核、发布的业务。

(2) 年度需求调整管理是指根据年度资金下达情况、年度实际用表需求情况等，开展的年度需求调整、上报审批的业务。

(3) 采购计划管理是指根据国网/省物资招标安排，结合全省一个招标周期内用表需求、中心库存情况以及供货前监督时长等因素，制订并上报采购计划的业务。

(4) 物资系统自动推送招标采购信息到营销2.0中，并可手动添加维护招标合同信息的业务。

2. 设备验收

到货验收管理是指根据设备中标结果与合同信息，进行供货前管理以及对到货实物进行验收建档，以实现信息化管理的操作流程。流程图如图 1-9 所示。

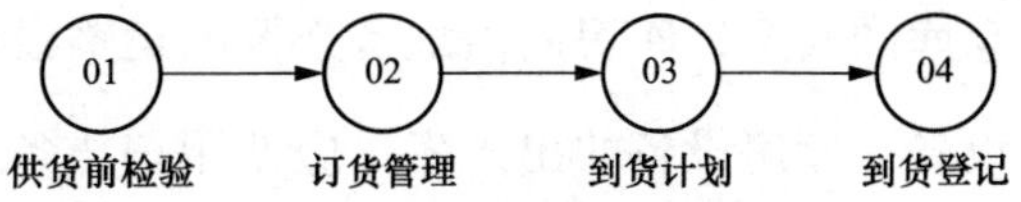

图 1-9 设备验收流程

（1）到货前检验管理是指根据设备中标结果与合同信息，进行供货前管理以及对到货实物进行验收建档，以实现信息化管理的操作流程。

（2）订货管理是指根据合同/采购订单信息发起订单申请，编制或维护订货清单的业务。

（3）到货登记管理是指对到货的设备进行登记、开箱检验、建立档案信息并入库的业务。

（4）到货登记管理是指对到货的设备进行登记、开箱检验、建立档案信息并入库的业务。

3. 检定检测

（1）到货后检验是指按照合同技术规范或技术协议的要求，对到货设备进行样品比对、性能试验、抽样检定/检测的业务。

（2）计量箱到货后检验：

1）入库样品拍照上传。若合格，则进入到货后抽检环节；若不合格，则触发现场整改或返厂退换流程，同时触发供应商评价。

2）抽样检定/检测：根据省级营销服务中心要求，市县公司将抽样计量箱配送至省中心实验室抽检。若抽检合格，由省中心配送至市县公司，批次设备作为合格库存使用；若不合格，则触发现场整改或返厂退换流程，同时触发供应商评价。

（3）委托检定检测是指将非营销采购设备送至省级营销服务中心或地市检定班进行装用前检定/检测的业务。

（4）拆回复用检定/检测是指将运行拆回的旧设备进行复用前的装用前检定/检测的业务。

（5）库存复检是指对即将或已经超期的库存设备再次进行装用前检定的业务。

4. 仓储配送

计量资产在检验合格后，在各级供电单位库房中流转。配送管理应满足各级供电单位设备配送需求，通过制订需求计划，围绕配送申请，执行配送任务。仓储配送的基础是对电能计量资产库房的有序管理。国家电网有限公司对库房和配送管理都提出了明确的要求：

（1）库房管理要求。库房应设有专人负责管理，定期（至少每月一次）对仓库各种设备状态进行检查，至少每半年进行一次自动化设备检修和保养，确保设备保持良好的使用状态。

仓库库区应规划合理，储物空间分区编号，标识醒目，通道顺畅，便于盘点和领取；库房应具备货架、周转箱、设备的定置编码管理，相关信息应纳入信息系统管理；库房应干燥、通风、防尘、防潮、防腐、整洁、明亮、环保，符合防盗、消防要求，保证人身、物资和仓库的安全；库房内需配备必要的运输设施、装卸设备、识别设备、视频监控及辅助工具等设备；库房设备的出入库，应使用扫描条形码或电子标签方式录入信息系统。

（2）库房存放管理要求。计量资产应放置在专用的储藏架或周转车上，不具备上架条件的，可装箱后以周转箱为单位落地放置，垒放整齐。人工库房应实行定置管理，有序存放，妥善保存；计量资产应按不同状态（新品、待检定、合格、待报废等）、分类（类别、等级、型号、规格等）、分区（合格品区、返厂区、待检区、待处理区、故障区、待报废区等）放置，并具有明确的分区和标识。

（3）仓储配送管理。计量资产出入库应遵循“先进（检）先出、分类存放、定置管理”原则。

（4）盘点管理。

1）时限要求。各级计量资产库房盘点应至少每年开展一次。

2）盘点准备。提前筹划，进行盘点封库，盘点期间在不影响计量资产供应的情况下停止各类出入库作业；完成在途流程归档和封账操作，依据营销业务应用系统中库房资产档案作为“盘点单”；提前准备条码枪或RFID识别设备等盘点工具。

3）现场盘点。库房盘点至少安排两人同时参与，需指定盘点人和监督人；盘点人员按照“盘点单”采用实盘实点方式逐一核对实物，禁止目测和推算；盘点过程中要轻拿轻放，避免设备损毁；盘点设备摆放时应遵循库房管理人员要求进行摆放，避免因盘点导致设备混放。

4）结果处理。盘点结束后，库房管理单位编制盘点报告，并将盘点结果录入相关信息系统，同时上报归口管理单位。

5. 设备安装

（1）设备的领用与归还。根据设备在不同业务场景下的使用管理要求，系统区分了不同领用与归还模式，主要体现在操作流程和状态变化上。

主设备：设备装拆流程中，根据计量方案进行领用出库的设备，例如：电能表、互感器、采集终端、计量箱。

附属设备：无计量方案进行批量预领的设备，例如：模块、封印。

辅助设备：不进行装拆业务的设备，例如：移动作业终端。

非营销资产：设备装拆流程中，根据计量方案进行领用但无须出入库的设备，例如：产权为客户或企业非营销单位的计量箱、高压互感器。

（2）设备的装拆与调试。计量设备装出到拆回之间的维护管理，主要涉及的业务有现场巡视、现场检验、失准更换及白名单管理等基础功能。

现场检验包括首检、周检和临时检验，用户申校触发的是临时检验，主要是检验表计、互感器的误差等运行状态。

现场巡视是以计量箱为单位开展的现场计量装置健康状态的监控，包括周期、临时、特别巡视。

失准更换是新型业务，代替原先的到期更换，通过算法选出拟延期的批次，再经过几轮拆回检定以及审核审批，延长表计轮换周期。

此外，还有一些基础功能，比如表计设参、箱表关系维护、采集关系维护、施封管理等。

6. 设备运行

计量装置运行中也须进行管理维护，供电企业通过运行设备抽检、质量抽检、现场检验、申请检验和计量装置在线状态监测及评价等方式对在运行的计量装置进行监管。

运行设备抽检计划。基于已选电能表批次数据，自动筛选用电量大、负荷高、工作环境差的设备，生成运行设备抽检设备明细。

现场检验。基于周期检验、首次检验规则，筛选符合检验规则设备，生成现场检验设备明细，根据状态评价的结果自动调整检验设备明细。具体分为首次校验、周期校验和临时校验，如图 1-10 所示。

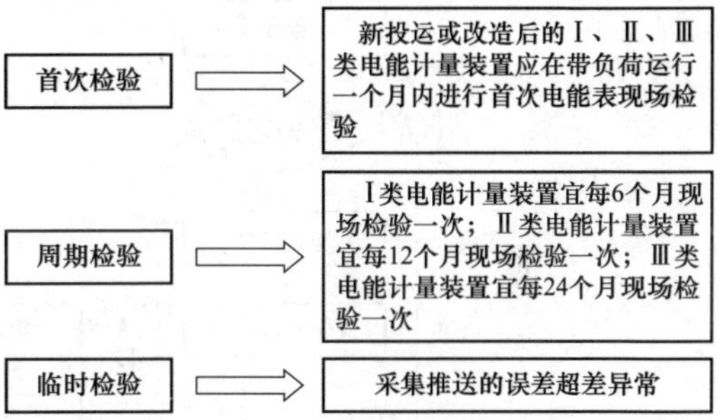

图 1-10 电能表现场校验分类

计量装置在线状态监测及评价是指基于电能表运行计算误差模型，通过获取在线采集的电能计量数据对电能表运行计算误差进行计算分析监测，并根据具体误差情况延期或提早更换电能表的业务。

7. 设备拆除

各级供电企业在计量资产拆除退库后，按照“及时分拣、充分利旧、规范处置”的管理原则，须对拆回智能电能表进行分选、分拣，确定待校验、需返修和赔付的表进行检定/检测校准及配送。拆回智能表存在数量多、种类多、批次多等问题，因此需要对拆回智能表的相关处理机制进行规范设置。

拆回分拆回后经过分选和分拣会有少量资产被分为各种状态，进行维修、赔付和检验。如果符合再利用条件，将被重新利用。实现能源的绿色回收，响应“双碳目标”。

拆回处置分为拆回分选、设备分拣、复检、分类处置、报废处理等五个关键环节。

设备分选是指在分拣检测前筛选出故障损坏不具备检测条件的拆回电能表，并对具备检测条件的拆回电能表完成设备清洁等检测前准备工作。

拆回故障检定完毕的电能表可直接分选得出处置结论，无需再次上台分拣。

拆回电能表退库地市、县供电企业或省计量中心后应在5个工作日内完成设备分选。

分拣检测指对经分选符合分拣检测条件的拆回电能表，开展标准化的检测试验。

分拣处置是指综合考虑拆回电能表分拣检测结果、拆回后检定情况、报废处置要求、与供应商协商的处置方式等，分析确认拆回电能表分拣后的处置方式。分拣处置流程图如图1-11所示。

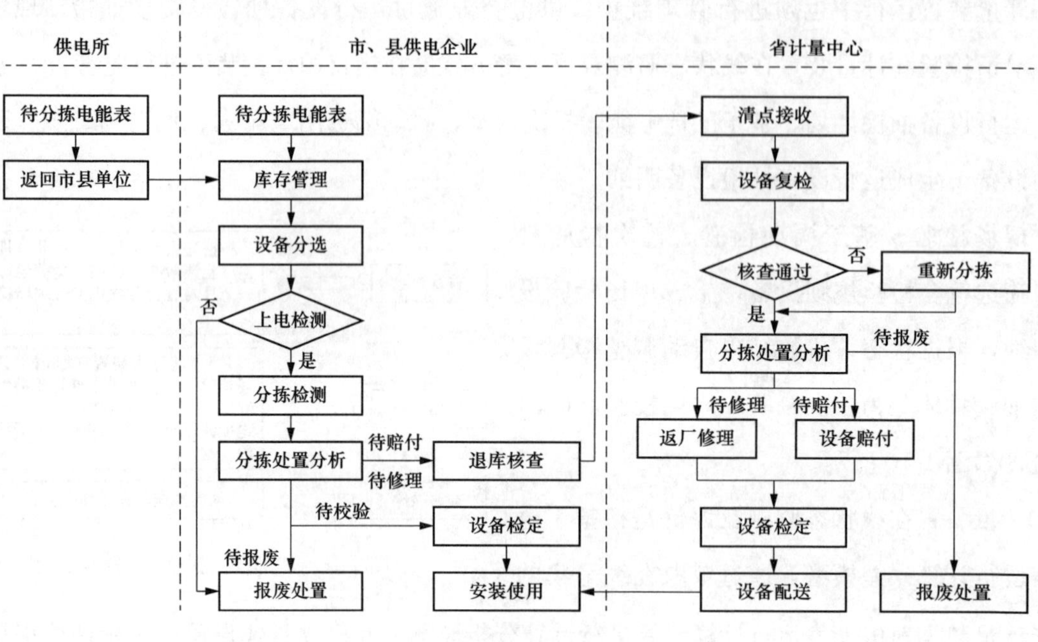

图1-11　分拣处置流程图

8. 报废处置

报废处置是指对需要报废的设备，依据相关规章制度进行报废，并与物资部门进行实物交接的业务，包括报废申请、报废审核、技术鉴定、报废审批、报废出库等工作。

计量资产报废前应由报废技术鉴定责任单位开展报废技术鉴定，报废审批流程应符合公司相关规定。纳入固定资产管理的计量资产，应及时通过营销系统发起申请，联动发起ERP系统报废流程。除存在计量纠纷的计量资产外，待报废的计量资产在库房内存储时间不得超过6个月。

对不具备运行条件的资产进行报废处置，报废的电能表实物在与回收商交接时，须进行破坏式销毁（元器件、芯片、计量封印等必须破碎式销毁，外壳和金属端子等可破坏式销毁），销毁过程应有物资、营销、监察部门人员现场监督，销毁过程全程录像或拍照留档。

四、电能计量的应用前景

电能计量作为电力系统管理和能源服务的基础，具有重要的背景和意义。在传统的电力系统中，电能计量用于准确测量和计算用电量，实现公平计费和收益分配。然而，随着能源行业的转型和发展，电能计量面临着新的挑战和机遇。“双碳目标”和新型电力系统建设是当前能源行业转型的核心任务。“双碳目标”旨在减少温室气体排放，推动清洁能源转型，为全球的可持续发展奠定基础。新型电力系统建设强调可持续发展、智能化和高效能源利用，以满足能源供需的变化和增长。在这一大背景下，电能计量扮演着重要的角色，主要表现在以下几个方面。

1. 用电数据管理与分析类

（1）智能电力计费：电能计量技术可以精确测量用户的电能消耗量，帮助供电公司进行智能化的电费计费。通过电能计量系统，供电公司可以实时监测用户的用电情况，提供个性化的计费方案，从而提高能源计费的准确性和公平性。

（2）用电行为分析：电能计量系统可以收集大量的用电数据，供电公司可以利用这些数据对用户的用电行为进行分析。通过分析用户的用电模式、高峰期和低谷期的用电情况等，供电公司可以制定合理的供电策略，优化用电能效，提高供电服务的质量和可靠性。

2. 供电系统管理与优化类

（1）故障检测和监测：电能计量系统也可以用于故障检测和监测。通过实时监测用户的电能消耗数据，供电公司可以及时发现电力故障或异常情况，快速响应和处理问题，提高供电的可靠性和稳定性。

（2）负荷管理和优化：电能计量技术可以帮助供电公司进行负荷管理和优化。通过准确测量用户的负荷情况，供电公司可以实时监控和调整电力供应，确保供需平衡和电网的稳定运行，提高供电服务的可持续性和效率。

（3）负荷预测与管理：电能计量技术结合大数据和人工智能等先进技术，可以进行负荷预测和管理。通过对历史负荷数据的分析和模型建立，供电公司可以准确预测负荷的变化趋势，优化供电计划和调度，提高电网运行的灵活性和效率。

（4）需求侧响应与供需平衡：电能计量技术可以支持需求侧响应和供需平衡策略的实

施。通过精确计量和监测用户用电需求，供电公司可以与用户进行有效的沟通和协商，实现用户对电力需求的调节与灵活响应，以优化供需平衡，降低用电峰谷差异，提高供电质量。

（5）系统安全与可靠性保障：电能计量技术可以帮助供电公司实时监测电网运行情况，及时发现供电系统中的故障和异常。通过快速检测和诊断，供电公司可以采取相应的措施以确保电力系统的安全和可靠运行，提高供电服务的稳定性和可靠性。

3. 能源市场与能源效率改进类

（1）智能电价和能源市场：电能计量可以支持实施智能电价和能源市场机制。通过精确计量电能消耗量，供电公司可以根据不同时间段的电价进行差异化定价，鼓励用户在电力供应高峰期间减少用电。同时，电能计量还可以提供数据支持和依据，实现能源市场的公平竞争与交易。

（2）能源效率改进：电能计量可以帮助供电公司和用户实时监测和分析能源消耗情况，发现能源浪费和低效的环节。通过对能源消耗的精确计量和分析，供电公司可以提供能源管理建议和优化措施，帮助用户提高能源效率，节约能源成本。

第二节　装、检、校、采业务概况

一、电能计量装接业务概况

电能计量装接业务是指对电能计量装置进行安装、维护、校验、更换等一系列工作的业务。以下是电能计量装接业务的概况。

（1）安装与更换：电能计量装接业务包括安装新的电能计量装置以及更换旧有装置。这确保了电力消费者的用电量能够正确计量并确保计费准确。

（2）数据管理：电能计量装置通常与数据管理系统连接，以收集和传输用电数据。这些数据用于计费、用电监控和能源管理。

（3）法规合规：电能计量装接业务需要遵守相关法规和标准，以确保计量装置的合法性和精确性。这包括计量法规和电力公司的规定。

（4）技术升级：随着技术的发展，电能计量装置也在不断升级。业务需要跟进新技术，以提供更好的服务和更精确的计量。

（5）客户支持：为电力消费者提供支持和解答问题，帮助他们了解用电情况和节能建议。

电能计量装接业务对电力系统的稳定运行和电力市场的公平竞争都起着重要作用，因此需要高度专业的技术和管理团队来执行这些任务。一般供电公司会有专业的检定班组负责该项工作。

二、电能计量检定业务概况

电能计量检定业务是一项重要的电力行业活动，旨在确保电能计量装置的准确性和可靠性。以下是电能计量检定业务的概况。

（1）检定目的：电能计量检定的主要目的是验证电能计量装置的测量准确性，以确保它们能够准确地记录电能使用情况。这对于确保公平的能源计费和维护电力系统的稳定性至关重要。

（2）周期性检定：电能计量装置需要定期进行检定，以确保其性能没有偏差或漂移。检定的频率通常根据法规和标准来确定，以确保准确性。

（3）校准标准：检定依据国际或国家标准进行，以确保检定过程的一致性和可比性。标准规定了检定的程序、设备和精确度要求。

（4）检定过程：电能计量检定通常包括校准电能计量装置，记录其测量结果，并与标准值进行比较。

（5）认证机构：电能计量检定通常由认证的检定机构执行，这些机构具有专业知识和资质，以确保检定的准确性和可信度。

（6）报告和记录：每次检定都会生成检定报告，其中包括装置的性能数据、检定日期和结果。

（7）法规合规：电能计量检定业务需要严格遵守法规和标准，以确保检定的合法性和可靠性，同时保护电力消费者的权益。

电能计量检定业务的正确执行对于电力市场的公平竞争和电力系统的稳定运行至关重要。它确保了电力计量的可信度，使电力公司和消费者都能够依赖准确的能源计费数据。

三、电能计量校验业务概况

电能计量校验业务主要是指电能表、电流互感器、电压互感器等计量设备的现场校验。电能计量现场校验业务是确保电能计量装置在实际使用环境中准确测量电能的关键活动。以下是电能计量现场校验业务的概况。

（1）校验目的：电能计量现场校验的主要目的是验证安装在客户用电点的计量装置的准确性。这确保了电能的正确计量和公平的能源计费。

（2）定期校验：根据法规和标准的要求，电能计量装置需要定期进行现场校验。校验的频率通常根据装置的类型、使用情况和关键性来确定。

（3）校验程序：校验程序包括与计量装置的连接，测试电流、电压和功率因素等参数，以验证其性能。校验需要在实际用电条件下进行。

（4）校验仪器：专用的校验仪器和设备用于进行电能计量装置的现场校验，这些仪器具有高精确度，以确保校验的准确性。

（5）记录和报告：每次现场校验都会生成校验报告，其中包括装置的性能数据、校验日期和结果。这些记录用于跟踪装置的历史性能。

（6）维护和校正：如果在校验中发现计量装置存在偏差或问题，可能需要进行维护、校正或修理，以确保其准确性。

电能计量现场校验业务对于确保电力计量的准确性至关重要。它有助于消费者和电力公司之间建立信任，确保能源计费的公平性，并促进电力市场的公平竞争。同时，它有助于维护电力系统的稳定运行。

四、电能计量采集业务概况

电能计量采集业务是电力行业中的重要环节，涉及收集、管理和处理电能计量数据。以下是电能计量采集业务的概况。

（1）数据采集：电能计量采集业务的主要任务是定期从各种电能计量装置（如电表、智能电表）中收集用电数据，包括电能消耗量、用电时间、功率因素等信息。

（2）通信技术：采集数据通常使用通信技术传输，包括有线通信（如 RS-485、PLC）和无线通信（如 GPRS、4G、LoRa）。这些技术确保数据能够从计量装置传输到集中的数据管理系统。

（3）数据管理系统：收集到的数据会存储在专门的数据管理系统中，这些系统负责数据存储、处理和分析。现代系统通常包括数据存储、数据安全和用户界面等功能。

（4）实时监控：一些业务提供实时用电监控，允许电力公司和消费者随时查看用电情况，以便更好地管理能源使用和节能。

（5）数据分析：采集的数据可以用于数据分析，帮助电力公司更好地了解消费者的用电习惯，优化电网规划，以及制定能源管理策略。

（6）远程控制：在一些情况下，采集业务允许电力公司进行远程控制，例如远程断电或连接，以应对紧急情况或管理电力负载。

电能计量采集业务对于电力市场和电力系统的运行至关重要。它提供了准确的用电数据，支持公平计费，促进节能和能源管理，以及改善电力系统的可靠性和效率。同时，它也为电力公司提供了更好地了解和互动的机会，以满足消费者的需求。

第三节 “装检校采合一”概况

一、“装检校采合一”实施背景

传统电能表由于技术的限制，使得“装、检、校、采”环节被人为割裂并分步进行，每个环节由不同的部门或机构完成，这就会出现数据、管理、安全等方面的问题，具体如下。

（1）数据不一致性：不同的部门或机构负责电能表的装置、检定、校准和数据采集，由于各部门之间的数据传输和信息交流可能出现错误或延误，导致电能计量数据的不一致性。

（2）管理复杂性：传统的电能表系统需要多个设备、技术和人力资源来管理装置、检定、校准和数据采集。这使得管理流程繁琐，需要多个部门的协调和沟通，增加了成本和管理难度。

（3）数据采集延迟：如果数据采集依赖于人工操作或周期性抄表，会导致数据的延迟和不准确性。信息的及时性和准确性对于电力市场监管和能源管理非常重要。

（4）安全风险：在传统的电能表系统中，装置、检定和数据采集可能存在安全风险。比如，数据传输过程中可能受到干扰或攻击，导致数据的泄露或篡改，对用户隐私和电力市场监管构成风险。

（5）缺乏智能化能力：传统电能表系统通常缺乏智能化能力，无法进行远程监控、远程控制和自动化数据采集。这限制了电力运营商和监管部门对电能计量数据的实时监测和管理能力。

（6）缺乏标准化和统一规范：在过去，电能表装置、检定、校准和数据采集往往受到不同的标准和规范的影响，缺乏统一的规范和标准化要求。这导致不同地区、不同设备之间存在差异，难以进行数据对比和共享。

（7）难以应对多样化需求：传统电能表系统可能无法灵活应对多样化的需求，例如不同计量方式、不同用户类型和不同用电模式。这可能导致计量数据不准确或无法满足特定需求。

（8）缺乏远程监控和故障诊断能力：传统电能表系统通常需要人工操作或周期性抄表来获取计量数据，无法实现远程监控和故障诊断。这增加了人力资源的消耗，并且难以及时发现和解决设备故障。

（9）数据管理和分析困难：在传统系统中，各个部门或机构独立进行数据管理，缺乏统一的数据采集和分析平台。这限制了对电能计量数据的全面分析和利用，无法发现潜在的异常情况或提供更精细化的用电建议。

这些问题使得传统电能表的装置、检定、校准和数据采集过程相对分散和独立，可能存在协调不畅、信息不一致和效率低下的情况。

因此，“装检校采合一”的实施旨在解决这些问题，提高电能计量的准确性、管理效率和数据实时性，以适应电力行业的发展和智能电网建设的需求。通过实施“装检校采合一”，以上问题可以得到改善。整合装置、检定、校准和数据采集功能的做法可以提高数据的一致性和准确性，简化管理流程，实现远程监控和故障诊断，以及建立统一的数据管理和分析平台。这将提升电能计量的质量和效率，并为电力行业和能源管理提供更多的机遇和挑战。

二、“装检校采合一”的必要性及优越性

“装检校采合一”旨在整合电能表的装置、检定、校准和数据采集功能，提高电能计量的准确性、可靠性和管理效率，推动电力行业的数字化转型和智能化发展。

1．“装检校采合一”的必要性

（1）提高测量准确性：将装置、检定、校准和数据采集功能整合在一体，可以减少人为操作环节和数据传输过程中的误差，从而提高电能计量的准确性。减少不必要的中间环节，确保电能表在安装、检定和使用过程中的一致性和稳定性。

（2）优化管理流程：通过整合装置、检定、校准和数据采集功能，可以简化管理流程，降低管理成本和工作负担。减少多个部门、机构之间的协调和沟通，提高管理效率，节约资源。

（3）提高运营效率和数据实时性：实施“装检校采合一”后，数据采集可以实现自动化、实时化，减少了人工干预的需要。能够及时获取电能计量数据，方便进行电力市场交易、能源管理和用电分析，提高运营效率和决策的准确性。

（4）强化监管和市场监测能力：电能表“装检校采合一”可以提供更加准确和一致的电能计量数据，有助于监管部门进行更加有效的监管和市场监测。可以全面了解用户的用电情况，对电力市场进行监管，确保公平竞争和服务质量。

（5）推动智能电网建设：实施“装检校采合一”是智能电网建设的重要一步。通过电能表的智能化、自动化管理，可以实现对电能的远程监控、自动采集、实时反馈和远程控制，为智能电网的建设和运营打下基础。

（6）支持能源监测和节能减排：电能表的“装检校采合一”可以提供准确的电能计量数

据，帮助实时监测和评估能源消耗情况。通过分析和评估数据，可以发现能源浪费的问题，并采取相应的节能减排措施，实现可持续能源管理。

综上所述，“装检校采合一”对于提高测量准确性、优化管理流程、提高数据实时性、强化监管和市场监测能力、推动智能电网建设以及支持能源监测和节能减排等方面都具有必要性。这一改革举措有助于推进电力行业的现代化和智能化发展，提高能源利用效率和管理水平。

2.“装检校采合一”的优越性

（1）准确性和可靠性：通过将装置、检定、校准和数据采集功能整合在一体，电能表的准确性和可靠性得到提高。整合系统能够减少人为操作和数据传输过程中的误差，确保电能计量结果的准确性和一致性。

（2）管理效率和成本节约：整合电能表的装置、检定、校准和数据采集功能，简化了管理流程，减少了多个部门、机构之间的协调和沟通。提高了管理效率，降低了管理成本，节约了人力和资源投入。

（3）实时数据和自动采集：通过“装检校采合一”，电能表可以实现自动采集和传输数据，大大提高了数据的实时性和可靠性。实时数据的获取帮助运营商和监管部门更及时地了解用电情况，进行电力市场交易、能源管理和用电分析。

（4）智能化与远程监控：借助“装检校采合一”，电能表可以实现智能化管理和远程监控。通过远程通信和控制功能，能够对电能表进行远程监测、控制和配置，提高了运维效率和管理灵活性。

（5）监管和市场监测强化：整合系统提供准确、一致的电能计量数据，有助于监管部门加强对电力市场和能源利用的监管能力。电能表“装检校采合一”可以提供全面、准确的数据，帮助监管机构确保公平竞争环境和服务质量。

（6）能源管理和节能减排：通过准确的电能计量数据，可以实时监测和评估能源利用情况，发现能源浪费和不合理使用的问题。基于数据分析，可采取有效的能源管理和节能减排措施，提高能源利用效率和可持续发展能力。

（7）数据一致性和可信度：通过整合装置、检定、校准和数据采集功能，电能表的数据一致性和可信度得到提高。避免了因为人为操作或数据传输错误导致的数据不一致或失真的问题，确保数据的准确性和可靠性。

（8）灵活性和适应性：电能表“装检校采合一”可以根据实际需要进行灵活配置和定

制，以满足不同地区、不同用户和不同使用场景的要求。具备良好的适应性，可以应对不同电网结构和业务需求的变化。

（9）创新发展和技术进步：电能表的“装检校采合一”鼓励和推动了电力计量技术的创新和发展。通过整合系统，可以采用更先进的技术和设备，提高电能计量的精度和效率，促进技术进步与能源管理的发展。

（10）数据安全和隐私保护：电能表“装检校采合一”注重数据安全和隐私保护。采取各项安全措施保障电能计量数据的安全传输和存储，确保用户数据的保密性和私密性。

（11）用户体验和便利性：整合系统提高了用户体验和便利性。用户无须额外安装和维护独立的检定和数据采集设备，简化了用户操作流程，降低了用户的使用难度，提供了更便捷的用电服务。

（12）社会效益和环境友好：通过提高电能计量的准确性和管理效率，节约了能源和资源的浪费。优化能源管理和控制，推动节能减排，减少温室气体排放，实现社会效益和环境友好的目标。

综上所述，电能表“装检校采合一”具有数据一致性、可信度、灵活性、适应性、创新发展、数据安全、隐私保护、用户体验、社会效益和环境友好等方面的优越性。这一改革举措有助于提高电力行业的管理水平、节约资源、促进可持续发展，并为用户提供更好的用电体验和服务。

第二章 “装检校采合一”与现代先进测量体系建设

第一节 “装检校采合一”建设思路

一、“装检校采合一”基本理念

为更好地服务地方经济社会发展，适应电力体制改革的新形势，主动参与配售电市场竞争，探索推进营销专业计量岗位融合，优化内部小专业管理模式，进一步整合营销专业人力资源，提升计量管理水平，实施计量专业“装检校采合一”工作。

从专业角度来看，对高压客户的计量服务、企业内部关口管理等方面，对计量专业人员提出了更高的要求，迫切需要建设复合型计量作业队伍。同时缓和解决营销专业人员综合能力不强、结构不合理的矛盾，实施“装检校采合一”工作，实现取长补短，充分挖掘小专业、大班组专业管理潜力。

将营销业务计量专业分为四大部分：运行管理、计量体系管理、资产管理、采集管理，通过分解计量专业四大业务流程，细化人员及组织分工。

二、“装检校采合一”基础配置

1. 运行管理配置

运行管理是指根据相关法律、规程、规范的要求，开展电能计量装置的检验、抽检和更换工作；对关口计量点的新增、变更和撤销进行统一管理；利用信息化手段，开展设备运行状态监控和分析；编制计划开展巡视工作，对设备改造工程进行规范化管理，对运行异常设备进行现场处理业务的统称，图 2-1 为运行管理总体结构图，非客户申请为供电企业实施的设备运行管理业务，至于客户发起申请不属于本业务类阐述范围。

(1) 运行管理业务类：公用配变关口管理、变电站关口管理、办公用电关口管理、分析主题管理、监控主题管理、计量计划制定、计量计划调整、现场检验、计量设备更换、现场巡视、计量现场作业质量抽检、异常处理、白名单管理、电网侧设备入网计划、电网侧设备入网实施、运行质量抽检、状态评价及延期更换申请、事中抽检、事后抽检、计量异常退补、省级电能表状态评价、抽检出入库、现场照片审核、高压巡视巡测、计划统筹管理等业务项构成。

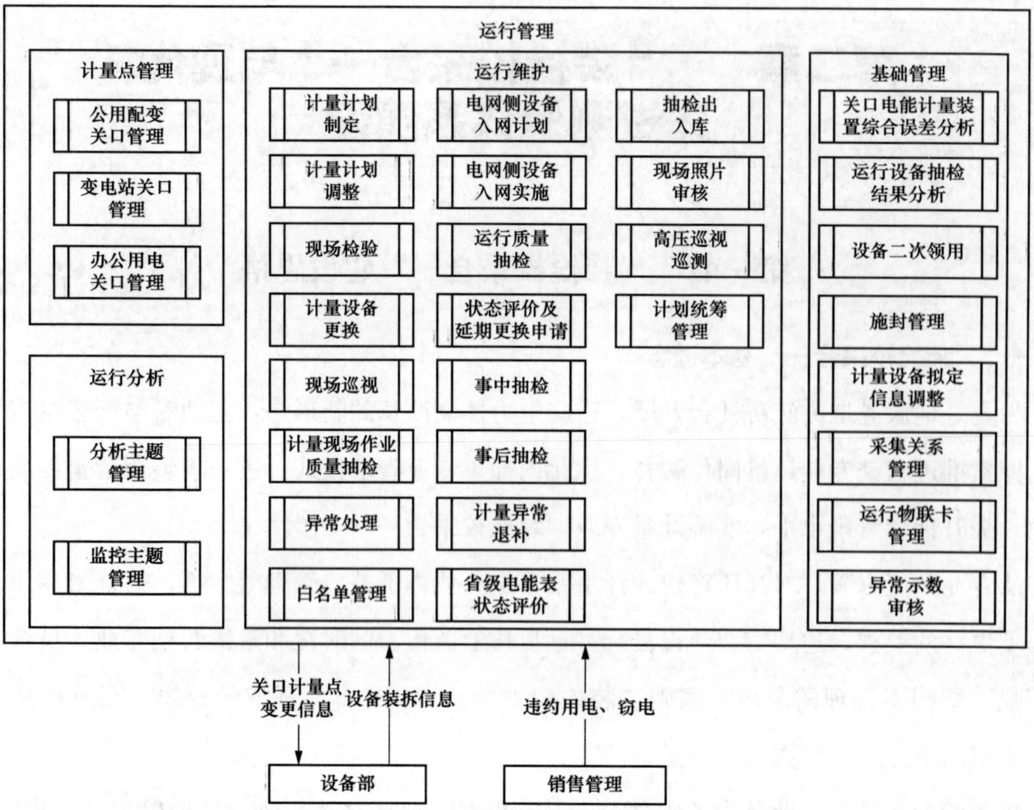

图 2-1　运行管理总体结构图

（2）运行管理业务类与其他业务存在如下关联关系：

1）向销售管理业务类合同履约管理发起疑似违约用电确认任务。

2）从设备部获取配变关口设置/撤销信息，开展配变关口计量点设置/撤销业务，并向设备部发送计量点变更信息。

2. 计量体系管理

计量体系管理是指为了建立健全计量体系，规范计量考核、计量人员、计量标准、计量设备、计量体系受控文件管理，保障计量量值传递的准确性、可靠性的业务，总体结构图如图 2-2 所示。

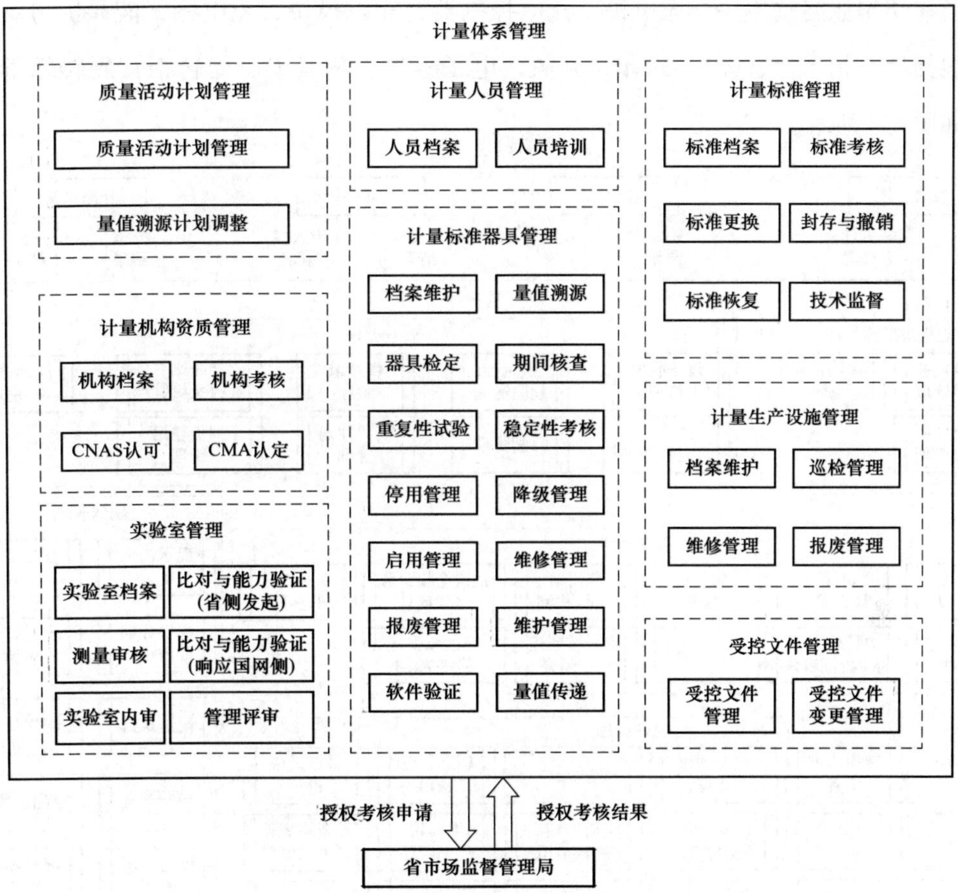

图 2-2 计量体系管理总体结构图

(1) 计量体系管理业务类：质量活动计划管理、计量机构资质管理、实验室管理、计量人员管理、计量标准管理、计量标准器具管理、计量生产设施管理、受控文件管理等业务子类构成。

(2) 计量体系管理业务子类与其他业务存在如下关联关系：

1) 向考核机构提交法定计量检定机构复查考核、计量标准考核申请材料，并得到法定计量检定机构、计量标准授权考核结果。

2) 从 ERP 系统中获取计量标准器具，计量生产设施等相关信息，并在相关设备报废时将信息同步推送至 ERP 系统中。

3. 资产管理

营销资产管理的范围包括计量设备、营销服务工器具、其他辅助设备等，其中计量设备包括电能表、互感器、采集终端、计量通信模块等；营销服务工器具包括服务终端、移动作业终端、移动作业终端模块、充电桩、充电控制器、充电模块、充电枪、液晶屏等；其他辅助设备包括计量箱（柜、屏）、封印、开关、电子标签、物联卡、周转柜、周转箱等，总体结构图如图 2-3 所示。

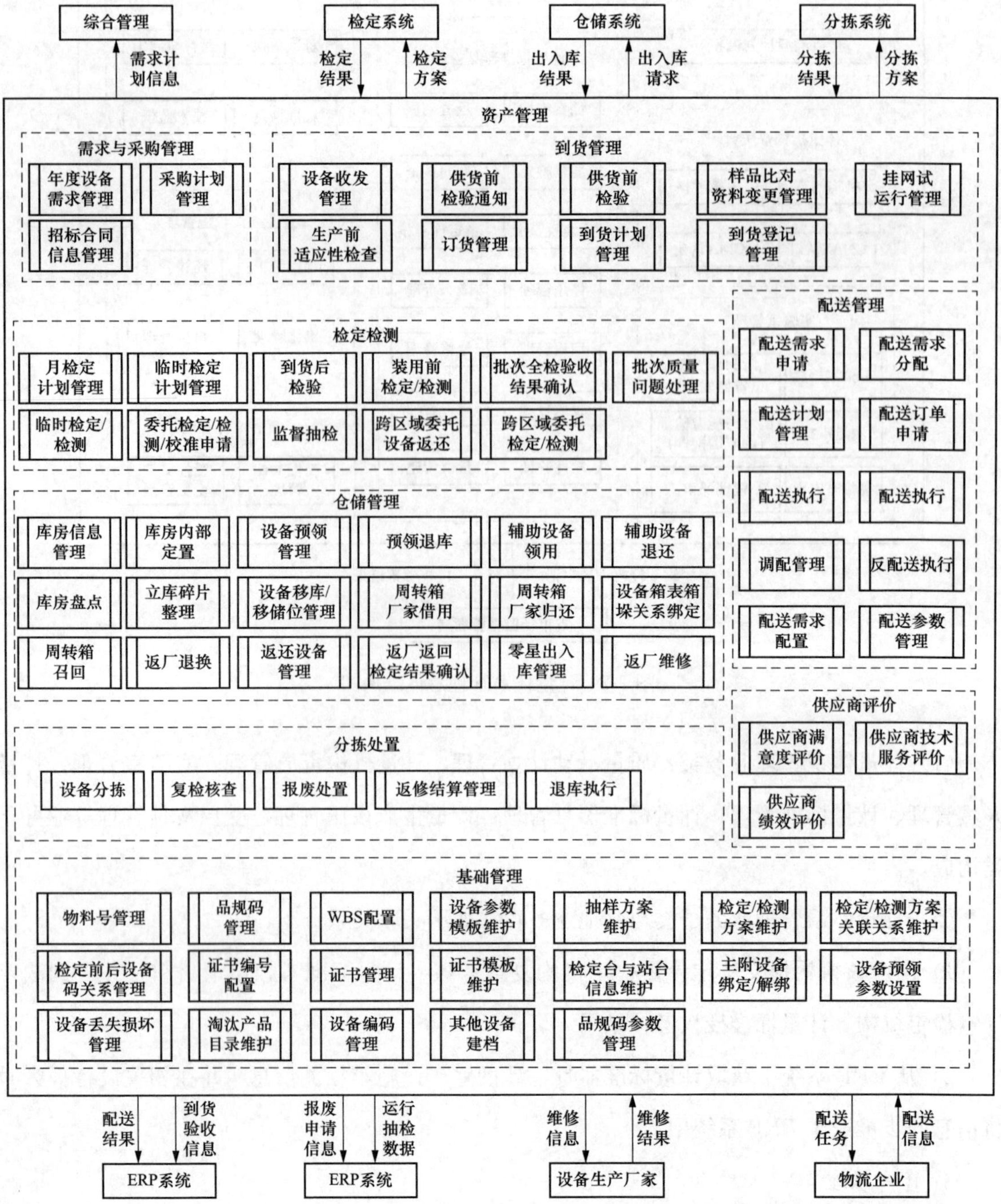

图 2-3　资产管理总体结构图

（1）资产管理业务类：由年度设备需求管理、采购计划管理、招标合同信息维护、设备收发管理、供货前检验通知、供货前检验、样品比对资料变更管理、挂网试运行管理、生产前适应性检查、订货管理、到货计划管理、到货登记管理、月检定计划管理、临时检定计划管理、到货后检验、装用前检定/检测、批次全检验收结果确认、批次质量问题处理、临时检定/检测、委托检定/检测/校准申请、监督抽检、跨区域委托检定/检测、跨区域委托设备返还、设备分选、返修结算管理、库房信息管理、库房内部定置、设备预领管理、领用退库、辅助设备领用、辅助设备退还、库房盘点、立库碎片整理、设备移库/移储位管理、周转箱厂家借用、周转箱厂家归还、设备箱表箱垛关系绑定、周转箱召回、返厂退换、返还设备管理、返厂返回检定结果确认、零星出入库管理、返厂维修、配送需求申请、配送计划管理、配送需求分配、配送订单申请、配送执行、反配送执行、配送执行、调配管理、配送需求配置、配送参数管理、设备分选、设备分拣、复检核查、报废处置、返修结算管理、退库执行、供应商满意度评价、供应商技术服务评价、供应商绩效评价、物料号管理、品规码管理、WBS 配置、设备参数模板维护、抽样方案维护、检定/检测方案维护、检定/检测方案关联关系维护、检定前后设备码关系管理、证书编号配置、证书管理、证书模板维护、检定台与站台信息维护、主附设备绑定/解绑、设备预领参数设置、设备丢失损坏管理、淘汰产品目录维护、设备编码管理、其他设备建档、品规码参数管理等业务项构成。

（2）资产管理业务类与其他业务存在如下关联关系：

1）向检定系统发起设备检定/检测任务，并得到检定/检测结果。

2）向仓储系统发起设备出库设备入库请求，并得到出入库结果信息。

3）向分拣系统发起设备分拣任务，并得到分拣结果信息。

4）向设备生产厂家发起返厂维修任务，并得到维修后的设备信息。

5）向物流企业发起配送执行任务，并得到配送过程及结果信息。

6）向综合管理业务类提供项目储备信息。

7）向 ERP 系统提供配送结果信息。

8）向 ERP 系统提供到货后验收结果信息。

9）向 ERP 系统提供运行抽检信息。

10）向 ERP 系统提供审批通过的报废申请信息。

4. 采集运行管理

为确保用电信息采集系统安全、稳定、可靠、高效运行，规范采集系统运行维护工作，提高采集系统应用水平，满足互联网＋、大数据分析等全业务应用需求，进行采集运行管理，采集系统运行维护对象主要包括：采集系统主站、通信信道、现场设备。

采集系统的运行维护管理遵循“集中管控、分级维护”的原则。各省（自治区、直辖市）电力公司应建立监控、分析、派工、处理、评价的闭环管理流程和纵向维护体系，落实计量标准化作业、网络信息安全、电力安全工作规程等规定，实现运维业务属地化、管理与评价集约化。

第二节　现代先进测量体系的建设目标

为进一步加强国家现代先进测量体系建设，不断推进以测量技术现代化、测量标准量子化、测量单位数字化、测量管理现代化为主旨的测量体系“四化”建设，高效有序开展电力企业营销专业关于“装检校采合一”的建设工作，支撑现代先进测量体系建设和公司战略落地，本章节基于《计量发展规划（2021—2035 年）》（国发〔2021〕37 号）、《关于加强国家现代先进测量体系建设的指导意见》（国市监计量发〔2021〕86 号）等相关文件要求，以期实现不断推动国家现代先进测量体系的建立完善，满足经济社会对高效精准测量的需求，全面落实公司战略部署，加快公司现代先进测量体系建设，提升公司测量能力和水平，充分发挥测量服务国家和公司高质量发展的基础保障作用。

一、国家计量发展规划目标

为贯彻落实《计量发展规划（2021—2035 年）》（国发〔2021〕37 号）中关于“到 2025 年，国家现代先进测量体系初步建立”的发展目标，不断提升计量科学技术水平、持续增强计量服务保障能力、逐步完善计量监督管理体制，协同推进计量工作的体制机制不断完善。

1. 不断提升计量科学技术水平

通过不断加强量子计量建设、扁平化量值传递建设、数字化计量技术建设，创建国际一流的国家计量基准，攻克一批关键计量测试技术，研制一批具有原创性成果的计量标准装置、仪器仪表和标准物质，建设一批国家计量科技创新基地和先进测量实验室，培养造就一批具有国际影响力的计量科研团队和计量专家队伍，确保国家校准测量能力处于世界先进水平。

2. 持续增强计量服务保障能力

计量在国家重大战略中的基础支撑和保障作用更加突出，计量测试服务能力基本覆盖重要产业发展领域。在战略性新兴产业、现代服务业等重点领域建立一批国家产业计量测试中心，研制一批专用计量测试设备，形成一批专用计量测试方法和标准规范，计量服务经济社会各领域高质量发展体系日趋完善。

3. 逐步完善计量监督管理体制

推动计量法和配套法规规章的制修订，构建适应时代发展的法律法规体系。充分运用大数据、区块链、人工智能等现代技术，探索建立新型计量监管模式和制度，推动监管重点从管器具向管数据、管行为、管结果的全链条计量监管体制转变。社会各方计量溯源性意识得到明显增强，开放共享的计量协同发展机制基本建立并不断完善。

二、国家现代先进测量体系建设目标

为贯彻落实《关于加强国家现代先进测量体系建设的指导意见》（国市监计量发〔2021〕86号）中关于“到2035年，计量基准的准确度和稳定性得到大幅提升，数字化量传溯源应用领域不断扩大”的要求，积极开展具有新时代特色的测量技术、测量仪器设备的研究，计划建设国家先进测量实验室50家，培育测量仪器设备品牌企业100家，形成核心测量技术或能力200项，以先进技术和现代管理为手段，服务社会经济高质量发展。

1. 创新引领，优化升级

以国际单位制量子化变革为契机，加大计量科技创新力度，加强基础性、前沿性、共用性、探索性和颠覆性测量技术研究，加快量子测量标准和先进测量仪器设备的研制，补充完善重点测量方法，提升现有测量能力和水平。

2. 需求牵引，重点突破

围绕制造强国等国家重大战略，全面梳理经济社会各领域对精准测量的需求，系统分析普遍性和关键共性测量难题，明确测量技术研究主攻方向和建设目标，有计划、有重点地进行突破。

3. 政府引导，市场驱动

加强顶层制度设计，从政府层面加大对现代先进测量体系的整体规划和布局，探索建立有效的激励引导机制，调动各类市场主体积极性，发挥市场在测量技术创新和测量资源配置中的重要作用。

4. 开放共享，协同推进

鼓励社会各方共同参与现代先进测量体系建设，建立不同行业、不同领域协同攻关和成果共享机制，形成理论研究为基础、产业需求为主导、技术攻关有机制、成果转化有渠道的协同推进局面。

三、国家级单位现代先进测量体系建设目标

为贯彻落实关于“到 2025 年，基本建成‘体系先进、技术领先、管理一流、服务卓越’的公司现代先进测量体系”的要求，落实公司“一体四翼”发展布局和建设世界一流企业提出的新任务新要求，践行数字化理念，统筹推进测量技术、测量装备、监控系统、应用生态、管理体系五方面行动任务，全面支撑国家“双碳”战略目标实现、新型电力系统建设和电力市场化改革，为公司高质量发展提供有力支撑，将公司现代先进测量体系打造成为国家现代先进测量体系的标杆。

1. 测量基础能力显著提升

建立 500kV 国家工频高电压比例基准，新型电力系统相关计量基准自主可控能力显著提升，公司量传溯源体系更加完整。“设备自动化、业务智能化、管理智慧化”的电力计量智慧实验室全面建成，试验检测覆盖范围和能力大幅提升，计量自动化检定能力实现技术引领，质量监督保持国际领先。

2. 测量技术装备更加先进

建立 500kV 国家工频高电压比例基准，新型电力系统相关计量基准自主可控能力显著提升，公司量传溯源体系更加完整。“设备自动化、业务智能化、管理智慧化”的电力计量智慧实验室全面建成，试验检测覆盖范围和能力大幅提升，计量自动化检定能力实现技术引领，质量监督保持国际领先。

3. 采集监控水平国际领先

全面建成全球规模最大、技术领先的采集 2.0 系统，构建以采集 2.0、新型采集终端、本地双模通信、智能物联电能表为主体的广域实时监控体系。系统运行效能、共享应用能力实现跨越式发展，业务管控能力全面覆盖，系统安全保障能力实现“可感、可防、可控、可溯”。

4. 测量应用生态全面引领

采集数据创新应用水平大幅提升，支撑公司战略的应用价值更加凸显。涵盖采集主站、采集终端、电能表、移动作业终端等各类微应用的开发、评价和使用生态全面构建。计量检测数据价值应用全面加强，服务全产业链和产品质量提升的生态圈全面打造。低压分布式光伏群调群控、碳计量典型应用示范区建设有序推进，有力支撑新型电力系统建设。

5. 测量管理质效世界一流

计量资产实现全品类标准化、数字化建档和全景可视化管理，计量资产精益运营水平全面领先。计量装置典型设计实现推广应用，计量方案标准化管理全面加强。计量现场施工质量管

控和运维手段更加灵活，线上化、数字化水平大幅提升。计量“走出去”步伐不断加快，国际影响力显著增强。适应公司先进测量体系需要的高素质计量人才队伍建设全面加强。

四、省级单位现代先进测量体系建设目标

为全面贯彻党的二十大精神，支撑“两个先行”和公司高质量发展，以全面建设“两个示范”为战略目标，聚焦公司践行“电等发展”，加快“两个转型”工作主题、主线，坚持数字化牵引，深化改革创新，面向当前重大测量需求，巩固提升电学测量标准量传能力，创新测量技术装备，建立测量可持续发展生态，推动测量管理体系变革。全力实施计量体系数字化转型，全面构建公司现代先进测量体系，支撑新型电力系统建设和电力市场化交易，服务国家“双碳”战略目标。

利用三年时间，到2025年末，基本建成“体系先进、技术领先、管理高效、服务卓越”的公司现代先进测量体系，测量技术、测量装备、测量应用和管理水平国网领先，测量对经济社会和公司高质量发展的贡献显著增强。

1. 测量能力基础显著提升

小电流、时频标准量传能力进一步增强，新型电力系统相关量子计量标准基本建成，公司量传溯源体系更加完整。“设备自动化、业务智能化、管理智慧化”的电力计量智慧实验室全面建成，覆盖范围和能力提升，测量基础支撑服务能力显著增强。

2. 测量装备体系先进优良

自主可控的先进测量装备研制和规模性应用加快推进，新一代柔性检定流水线实现技术引领，计量自动化检定技术水平保持国际领先。老旧计量采集设备实现更新换代和全面升级，智能物联电能表、新型采集终端、双模通信、智能量测开关和智能物联锁具等新型计量设备全面推广应用。

3. 测量监控水平国网领先

采集2.0系统建设应用全面深化，形成国网领先的以采集2.0、新型采集终端、双模通信、智能物联电能表为主体的广域实时监控系统。系统运行效能、数据共享能力实现跨越式发展，业务管控能力全面覆盖，系统安全保障实现“可感、可防、可控、可溯”。典型应用示范区建设有序推进，有力支撑新型电力系统建设。台区感知能力大幅增强，线损精确诊断更加智能。

4. 测量应用生态开放共享

建成服务产业链质量提升的应用体系，质量基础设施与产业深度融合。计量数据应用全

面加强，支撑公司战略的计量数据价值更加凸显。全面建成涵盖采集主站、采集终端、电能表等各类基础软件的开发、评价和使用生态。积极参与计量国际标准制定，计量“走出去”步伐不断加快。

5. 测量管理体系高效卓越

计量资产实现全品类标准化、档案数字化和全景可视化管理，计量资产精益运营水平达到国网领先水平。电能表、互感器等状态监测及状态评价能力全面加强，线上化、数字化作业水平大幅提升，计量装置技术监督手段实现跨越式变革。台区线损管理责任进一步压实严紧，全面建成台区线损管理新体系。测量人才培养体系更加完善，基层队伍综合业务能力大幅提升，适应公司先进测量体系需要的高素质测量人才队伍建设全面加强。

第三节　现代先进测量体系的建设内容

一、国家级单位建设内容

1. 构建适应新型电力系统的量传溯源体系

(1) 推动国家计量基准革新。开展国家工频电压/电流比例计量基准原创性、引领性基础研究，依托国家高电压计量站新建 500kV 国家工频高电压比例基准，填补国内高电压基准空白。推进 60kA 国家工频大电流比例基准升级换代，完成基准配套测量设施的自动化改造，全面提升国家工频电流最高测量能力。

(2) 拓展新型电学量值溯源能力。开展相位及小电流电能溯源技术研究，研制相位计量校准系统，提升电能计量标准在低功率因数、小电流工况下的计量能力。研制并建立公司宽频动态交直流电能最高计量标准，研制 1300kV 直流电压比例标准、600A 谐波电流比例标准、110kV 谐波电压比例标准、1000kV 双级工频电压比例标准和 1200kV 冲击电压标准等装置，完善适用于新型电力系统的电学量值溯源体系。

(3) 建成公司时频计量体系。完善总部侧时频计量标准守时能力，建成国家时频计量中心电力分中心。推进省侧时频计量标准、溯源比对、校准检测能力建设。建立基于用电信息采集系统的计量设备时间校核、远程对时工作机制，规范开展现场计量设备时钟全过程管理。在台区、厂站侧探索建立基于北斗卫星的授时终端时频量值远程校准能力，开展终端侧设备时频信号的精准传递和应用，实现计量设备时频量值的在线、实时校准。

2. 建成电力计量智慧实验室

（1）完成智慧实验室两级平台建设。开展总部侧智慧计量管理平台和省侧智慧计量工控平台建设，制定两级平台与量传质检实验室、“四线一库”系统、二三级库房、市县实验室交互规范，推进两级平台业务和数据的纵向贯通、横向集成，实现公司系统各级各类计量实验室资源的汇聚和检定检测信息的共享应用。

（2）推进实验室全要素接入贯通。开展实验室设备的自动化、数字化改造，制定设备接口协议规范，制定统一的实验室计量体系全要素数据格式和检测方案，推进“人、机、料、法、环”全环节、全要素信息的自动化感知和采录，实现实验室设备自动接入与调度和实验全过程线上化、数字化。

（3）推动实验室体系高效运转。开展基于实验检测数据分析的标准装置运行状态监测、稳定性考核评价、试验比对和误差分析，推进各项计量体系活动高效运转、智慧管理。全面开展报告电子化应用，制定电力计量数字校准证书应用行业标准，推动数字校准证书跨机构互信互认。

（4）开展自动化设施智能运维。依托智慧计量工控平台，开展“四线一库”设备工况可视化监控，实施“四线一库”底层设备智能控制和健康管理，建立“四线一库”故障智能诊断专家库，实现自动化设施主动精准运维，提高运维效率，减少人工维护与零配件更换成本。

3. 建立健全试验检测能力

（1）拓展全性能检测和验收检测能力。建立智能物联电能表、导轨式电能表、双模通信单元等设备全性能检测能力。健全低压计量箱、背夹、智能量测开关、外置断路器和智能物联锁具抽样验收检测能力，因地制宜建设充电桩和岸电设施检定检测能力，推进充电设施建标与计量检定授权，确保设备质量可控、能控、在控。

（2）建立全功能检测和通信协议检测认证能力。制定电能表、采集终端全功能检测方案，建立涵盖主站、终端、电能表的联调实验测试环境，开展设备投运前全功能检测试验。建立量测设备通信协议检测能力，开展协议认证检测和协议一致性核查，提升量测设备协议互操作性。

（3）开展计量设备质量监督。开展电能表、采集终端用关键元器件抽检，落实非标计量箱检查、计量箱和断路器飞行抽检，筑牢量测产品质量安全底线。开展电能表到货后可靠性抽检、电能表关键元器件可靠性检测。建立国网公司级、省公司级两级交直流电子式互感器、互感器合并单元、数字化电能表等计量标准，规范开展数字化计量设备全性能、抽样和现场检测等质量监督工作。

（4）做好在运检定流水线优化升级。开展自动化检定流水线现状分析和运行评估，推进新技术应用和升级改造，开展流水线全检环节参数配置规范性检查，确保新装表计冻结类、事件类、安全类等重要参数规范统一，提升流水线的兼容性和运行效能。制定小型化标准表（互感器）技术规范，推进小型化标准装置在计量检定流水线中的应用。

4. 加快引领型测量技术机构建设

（1）加快国家先进测量实验室建设。加快先进测量实验室能力建设，开展公司、省两级计量中心测量仪器设备、测量技术和服务平台等研究建设，在高电压大电流、电力计量量子化、电力高速载波通信、电力信息采集与监控和客户侧物联感知等领域，建立核心技术优势，打造国家先进测量实验室，满足高效精准的先进测量需求。

（2）推进“双碳”支撑机构建设。深入开展碳计量体系和关键技术研究，推进电力碳计量技术、管理和服务能力建设，筹建能源电力领域国家碳计量中心，推进全国碳达峰碳中和计量技术委员会电力计量分委会高效运行，服务“双碳”战略目标实现。

（3）推动计量比对中心建设。制定国家级高电压大电流计量比对实施方案，在全国范围内开展电压电流比例量值的计量比对。建立参比计量技术机构测量能力信息库，搭建国家高电压大电流计量比对平台和移动端应用，推进比对业务全流程线上化，建成国家高电压大电流计量比对中心，为政府开展技术监管及公司开展技术监督提供技术支撑。

（4）推进“两中心一基地”高效运转。制定国家智能电网量测系统产业计量测试中心、国家能源计量中心（电力）和国家计量数据建设应用基地（智慧电力）的建设运营方案，构建横向协同、相互促进、融合发展模式，完成基地筹建验收，推进国家能源计量中心（电力）分中心建设，提升服务产业发展、服务能源战略、服务数字经济的能力。

二、省级单位建设内容

1. 构建技术先进的测量装备体系

（1）推进新一代柔性检定流水线研制。推进新一代柔性自动化检定流水线技术标准研制，自适应、高兼容性输送系统和检定单元研发，以及智能灵活的控制调度策略设计，实现多种计量设备的高效灵活检定、运行异常的自动隔离和智能维护，提升流水线的运行效能及智能化水平，推动计量设备检定由自动化向智能化转变。

（2）加快全性能自动化检测流水线建设。开展电能表和采集终端全性能自动化检测技术研究和产品研制，推进计量采集设备全性能自动化检测流水线的建设应用，提高全性能流水线的运行可靠性、功能完备性和普遍适用性。

2. 推动先进测量装备应用

（1）推进电能表升级换代。淘汰 09 版智能电能表，在易发生洪涝地区研究推广应用高防护等级电能表，实现老旧设备换代升级。创新智能物联电能表应用场景，研制新型功能扩展模组，持续丰富智能物联电能表功能，因地制宜大力推广智能物联电能表，发挥智能物联电能表技术领先优势，以技术进步促进计量管理和采集支撑能力的全面提升。

（2）加快互感器在线监测装置应用。推广 CVT 在线监测装置，实现 220kV 及以上电压等级交易结算关口全覆盖。制定 CVT 在线监测装置校准工作方案，部署采集 2.0 系统互感器在线监测微应用，开展互感器在线监测和状态评价，推动政府出台互感器在线检定支持政策，实现检定模式由固定周期检定向状态检定转变。

（3）加快新型计量设备应用。推广应用新型材料计量箱、光伏专用计量箱、专用断路器，实现分布式光伏可观、可测、可控。推广应用导轨表、新型量测开关、智能物联锁具，推动整箱计量技术应用，实现计量箱开闭状态远程实时在线监测，全面提高现场运行设备感知能力和智能化水平。

（4）推动计量装置“能迁尽迁”“应装尽装”。梳理专线用户计量装置安装位置的情况，对不在产权分界点的计量装置与用户协商后，结合现场实际情况进行迁改。持续规范无表临时用电和定量用电管理，以“应装尽装”为原则，因地制宜配置计量装置，实现准确计量；对具备条件的新增用户全部安装计量装置，杜绝无表用电。加强台区总表管理，杜绝台区无总表运行。

3. 构建全国领先的测量监控系统

（1）推进采集 2.0 系统功能提升。

1）开展采集 2.0 业务可视化建设。开展计量业务和运行状态图形化管理功能开发和部署，应用 GIS 技术实现计量关键业务和指标的可视化管理，实现档案、查询操作便捷化，线损、采集质量等核心指标可视化，装接、异常处理、状态监测、控制等关键业务执行高效化。

2）完善采集数据接入。结合电能量采集系统（TMR）的升级改造，完善关口计量装置数据同源同质实时获取机制，推动各类关口计量装置接入采集系统，实现运行参数远程配置、电气量异常远程监测、时钟偏差精准校时。

（2）推动采集设备感知技术升级换代。提升各类采集终端功能、性能，老旧采集终端全量完成改造更换，新建台区全面应用新型采集终端，新增专变用户全面应用能源控制器。加快推进本地双模通信技术应用，优先覆盖线损异常台区，深度挖掘双模通信极限采集能力。完成窄带载波、窄带无线通信单元清零，淘汰 2G、3G 通信模块，建立本地及远程采集感知的高速通路。开展采集终端在客户侧感知能力建设试点，实现终端对各类感知单元的灵活接入和高效采集。

（3）深化采集数据支撑能力。

1）丰富采集业务场景应用。深入开展采集数据在计量运行监测、故障智能诊断、接线异常定位、末端精细化用能监测、电网运行状态感知、“源网荷储”协同控制等业务场景的应用，全面提高采集数据对营销卓越服务、电网安全运行、多元化负荷柔性调控的支撑能力。拓展采集数据应用领域、应用场景和应用频次，深度挖掘碳计量、低压分布式光伏、储能、高耗能监测等场景数据价值，重构价值链条，形成一批采集数据支撑“示范窗口”建设的优秀案例。

2）完善采集移动作业功能建设。开展“掌上采集”建设，落实基于网上国网/i 国网的营销计量采集专业移动侧应用，支撑设备巡检、用户负荷精细化管理、一键调试、异常处理、现场停复电、现场参数设置、反窃电管理、现场巡视巡测、现场检验、分布式电源、储能及充电桩建设等相关工作的开展，为计量人员提供基础数据查询及高级诊断分析类数据决策支持，助力现场作业数字化转型和基层减负的有效落地。

3）优化采集数据监测应用。开展全业务通信链路监测建设，利用采集系统数据流，开展全环节通信质量在线监测与智能诊断，及时发现通信“薄弱点”与采集任务执行“堵点”。建立以数据需求为导向的数据采集策略灵活调整能力，支持特殊时段、特殊用户群体的负荷数据采集频次动态调整。完成采集主站侧分钟级、亚分钟级数据采集功能开发，实现亚运赛事场馆等重点用户的分钟级数据采集，探索高压用户亚分钟级、低压用户分钟级数据采集。

（4）构筑采集 2.0 安全保障体系。

1）筑牢采集 2.0 安全防线。夯实覆盖采集 2.0 系统的一体化安全运行监控能力，常态化开展主站系统漏洞分析和监测，实现安全能力集中管控、安全威胁多维监测、安全事件及时处置。部署正反向隔离装置、专用网关等设备，设置安全接入区，采集 2.0 基座和核心功能部署于专用的生产控制域（营销）。强化设备安全防护能力，全面启用专变终端密钥，并根据试点验证情况逐步启用其他终端密钥，全面部署采集终端安全在线监测功能。建设数据共享溯源、合规使用管控、全链路安全监测等能力，全面部署数据全寿命周期安全管理控件。建立采集无线公网环境下的量子加密“专线隧道”，开展基于量子加密的客户侧负荷控制关键技术研究及应用。

2）建成采集 2.0 应用级灾备。按照“一体化部署、双机房运行”模式，完成采集 2.0 全链路应用级灾备系统建设，实现主备功能一键切换、策略预案灵活编排、全量数据同步备份、业务资源动态调配等。建立定期灾备演练机制，滚动优化应急预案，保证核心业务高效运转、快速切换、全量数据完整可用。

（5）打造典型应用场景。

1）打造低压分布式光伏群调群控示范区。开展分布式光伏群调群控建设，夯实分布式光伏可观可测可控能力基础，打造低压分布式光伏调控示范区；开展光伏台区状态实时监测、出力负荷超短期预测，研究计及用电特征的光伏上网特性分析，建立刚性控制、柔性控制、边缘自控协同互济控制模式。

2）试点建立碳计量应用示范区。开展电力系统碳核查计量支撑基础网络构建与关键技术研究，提出适用复杂用电园区的电碳计量方案，开展典型工业行业碳计量试点应用，实现用户生产过程碳排放在线监测。开展电碳表试点应用，实现电力系统用户侧电碳排放量的准确计量。开展碳计量技术、设备和方案的验证与应用落地，部署应用电碳表、采集 2.0 系统碳计量功能模块，完成区域电力碳计量基础网络构建，实现用户侧碳排放准确计量。

3）探索能效计量技术研究应用。开展设备级、系统级、行业级的能效检测与评估技术研究，提出用户多层级能效在线监测设备优化配置方案，研究能效分析与诊断方法，构建能效多维度评价体系。

（6）强化台区线损感知能力。

1）提升线损“精确诊断”能力。推动台区档案实时变更，强化变更流程管理，实现营配数据分钟级同步，增加一致性、合规性校验，提升台区线损统计实时性、准确性。迭代线损算法模型，优化压降算法模型，针对光伏、充电桩等用户特点，进一步提升压降法赋值率和准确率；更新智能诊断算法，融合计量在线监测、反窃电预警算法模型等分析结果，结合台区标签，助力台区精准治理。建成台区线损移动微应用，依托 i 国网、营销现场作业平台，实现“指标实时查询、指尖分析诊断、现场移动引导、工单闭环管控”，赋能台区经理治理，助力管理人员掌上管控。推进线损治理工器具应用，开展分段线损统计监测，全量实现 HPLC 采集台区基于电流特征分析的台区拓扑识别应用，定位疑难问题原因。

2）加大高损台区“精准治理”力度。常态化开展工单闭环管理及日常监控，依托智能诊断排查结果，厘清异常源头，针对系统无法定位原因的疑难台区，一周内完成现场排查。落实“一台一策”整改计划，压实专业协同治理职责，明确治理措施、时限和责任人，推动简单问题隔日清、突发异常当月清、高损台区当季治。强化长期高损管控，超过2个月未治理的纳入省公司督办，超过3个月未治理的，市县公司通过揭榜挂帅组建专家团队联合排查，年底前确保持续半年及以上高损台区清零。

4. 打造开放共享的测量应用生态

（1）打造服务产业链质量提升的应用体系。推进产业质量（NQI）高品质服务，加快计量设备质量（NQI）一站式服务平台建设与应用，推动质量基础设施与产业深度融合，推进计量设备制造、检测、运行等全过程全环节质量数据汇聚，开展更全维度、更多场景的质量数据分析服务，打造惠及电网企业、生产企业、监管机构、广大用户的质量服务生态圈。畅通基层员工、计量中心和生产厂家的测量设备质量问题反馈通道，推动问题受理、结果反馈线上化，营造高效协同、流程闭环的质量问题管理生态。

（2）创新计量数据应用模式。开展电力计量数据采集、治理、分析和共享能力建设，开发数据分析工具，构建计量大数据应用服务平台，形成一批有代表性的计量数据应用产品，服务国家重大战略实施、政府治理能力提升和产业链、供应链发展，打造多元共享的计量数据服务新高地。

（3）构建设备软件管理机制。

1）拓展建立软件检测能力。建立采集主站、采集终端、电能表、“手机＋背夹”等各类设备软件检测能力，制定软件检测规范，开展软件功能、性能、安全、兼容性等试验检测，确保软件质量可靠和兼容互换。

2）创新建立软件全寿命周期管理机制。依托采集2.0研发微应用全寿命周期管理模块，实现软件需求、开发、上架、下载、安装、升级、运行、评价、版本等全寿命周期一站式管理。开展微应用软件综合评价，推进微应用软件生态示范应用。

3）构建内外协同软件应用生态圈。推动微应用生态圈用户协议和参与规则编制，明确使用者、开发者、检测方、管理方等各参与方的权利和义务，推进微应用软件评价规则制定，实施软件综合评价，推动示范应用，形成开放共享、公平竞争、健康有序的微应用管理模式。

（4）推进计量国际化发展。

1）积极参与计量国际标准制定。推进电力计量领域现代先进测量国际标准制定的前期布局和后期验证，梳理新型电力系统测量专业技术标准优势领域，推进《电能自动化试验系统》《板面安装式仪表一电测量仪表一板面安装尺寸》《配网电流互感器带电检验校准导则》等国际标准制定，推动新标准立项申报，提升国际标准话语权。

2）加速计量国际业务拓展。支持公司“走出去”战略，依托海外项目，加快推进公司测量相关的先进技术、解决方案、管理经验等国际化业务拓展，实现在“一带一路”地区的广泛应用。

5. 建立高效卓越的测量管理体系

（1）深化计量资产精益化运营。

1）做精计量资产规范化管理。规范电能表、采集终端、低压电流互感器、通信单元、背夹等营销资产档案管理，消除冗余字段，规范档案信息表，构建适应新形势、新业务的计量设备档案新标准，完成档案数据清理。建立健全计量箱数字化管理手段，严格落实计量箱档案现场查补、激光打码等综合治理措施，确保所有计量箱实物与系统档案一致。深化计量设备主人制应用，开展计量装置数智化运维，推动计量装置缺陷及时精准治理。优化通信单元、SIM 卡、封印、功能模组、移动作业终端及背夹等小散资产管理模式。

2）建立充电设施全寿命周期管理模式。建立充电桩及岸电设施的资产全寿命周期管理体系，全面开展充电设备现状普查和数字化建档，重点普查充电设备与供电设备、接网方式、运行情况等内容，推广充电设备统一编码和刻蚀二维码，实现现场扫描作业。基于充电设备的建档，开发上线采集系统相关微应用，通过集中器、导轨式电能表、本地双模通信技术实现充电设备接入采集系统。全面梳理业务需求，建立资产全寿命管理功能，实现资产精益管理、设备运行监测、计量误差在线监测、基于 GIS 地图的全景可视化管理等功能。

3）做优仓储配送精益化管理。强化计量资产库存定期盘点机制（省级库房半年一次，二三级库房每季度一次），建立自动化盘点能力，提升盘点质量与效率，合理压降智能电能表库存运行比，杜绝新增高龄库存。推进二、三级（市县、供电所）智能库房建设，规范库房管理流程。利用智慧计量工控平台，建成二、三级库房省市两级远程集中监控与运维体系。开展配送自动化装卸技术研究，部署一级库房自动化装卸设备设施，进一步提升计量生产全过程自动化水平。

4）做实拆回资产规范化处置。修订电能表分拣标准化方案，统一故障研判标准，开展电能表自动化分拣技术研究，建设具备分选、分拣、配套输送与仓储全过程功能的模块化流水线。开展采集终端、通信单元及功能模组分拣技术方案研究，制定相应拆回分拣装置技术规范、标准化业务流程，开展采集终端、通信单元及功能模组分拣能力建设。

（2）优化设备运行管理模式。

1）推进计量方案标准化管理。制定电能表、采集终端参数设置标准化管理方案，实现新装电能表和采集终端参数自动设置、运行参数远程核验，严防参数设置错误引起的采集故障及计量差错。

2）促进运行管理数字化转型。全面建立“手机＋背夹”作业模式，实现“一个背夹”覆盖营销现场全业务场景，开展“一键式装拆”和“设备主人现场巡视”等业务应用，通过点、选、扫等操作，实时记录现场作业状态，简化作业流程，提高作业效率，支撑可视化管理。规范计量现场服务，优化批量配表管理流程，落实换表提前告知、表箱安装位置提前沟通、换表后与用户确认等工作要求，减少计量服务投诉。加强电能表新装、换装工作验收，推广应用新建小区验收管控装置，保障施工质量，杜绝错接线。研究推广应用不停电换表装置，建立低压计量相关带电作业管理模式。开发采集 2.0 计量设备品级评价功能，利用图像识别技术，自动辨识设备缺陷并完成缺陷定级，开展分级治理，提高设备健康水平。

3）提升采集智能运维质效。部署智能运维闭环管理微应用，利用设备事件信息建立测量异常智能诊断模型，逐步推动工单驱动模式转变为主动运维模式，提升运维效率。推广应用现场智能运维移动微应用，构建运行数据实时查看、故障原因精准分析、运维流程简洁规范的先进运维作业模式。部署电能表时段费率调整工作配套功能。

（3）促进计量装置监管模式转变。

1）深化低压电能表状态评价。制定多表位计量箱整箱计量技术应用工作方案，明确新建住宅区、存量老旧小区电能计量装置建设改造要求，加快推广应用导轨式电能表和智能量测开关，利用整箱计量功能，提高电能表计量失准判别准确度；完善智能电能表批次故障预警模型，开展电能表寿命评价预测与验证，谨防批量故障发生。推动电能表状态评价政策的落实落地，严格执行国家计量检定规程和地方技术规范，主动接受地方政府监督，确保运行电能表状态更换依法合规。

2）构建广域计量装置在线监测体系。探索研究关口计量装置采集监测技术，构建关口电能表失准监测模型和广域高压电磁式电压、电流互感器在线监测及状态评价算法，研发部署采集系统广域在线监测微应用，推动电能表状态评价技术向关口电能计量装置延伸。试点开展低压电流互感器在线监测，推动在运互感器批次质量评价和技术监督。

（4）压实台区线损管理责任制。建立统一考核规则要求，联合发展、设备等部门，坚持

“管业务必须管考核”的原则，合理分解总部指标，科学制定分层级降损目标。建立台区线损管理责任制，签订责任书，明确省－市－县－所四级责任人，确保各类线损异常治理责任到岗到人，市、县公司明确台区线损治理奖惩要求；建立台区线损分析例会制度，定期通报治理情况，重点研究制定高损台区治理措施，协调解决跨专业配合和基层反映的疑难问题，对线损管理不到位的单位进行约谈问责；对线损治理成绩突出的单位和个人进行通报表扬。编制《浙江公司台区线损治理工作规范》，按照“线损牵头、专业配合”原则，开展技术降损投入产出分析，厘清管理线损和技术线损的边界，实施精益化、差异化管理，明确工单闭环要求。

第四节 省级计量采集工作建设重点

一、支撑新型电力系统建设

（一）开展碳计量中心建设

筹建省级碳计量中心，响应低碳绿色发展需求，系统性开展碳计量相关重大问题研究和服务。一是强化碳排放计量数据应用研究。在温州、嘉兴开展源网荷储一体化工业园区能效及碳计量示范应用，打造可复制推广的工业园区能效计量及低碳高效应用样板。二是开展碳计量技术及管理服务。依托流程工业在线碳排测算和低碳智能控制研究，提出流程工业碳计量方法，搭建能碳数据驱动应用平台，在金华水泥企业开展示范应用。三是做好碳计量技术支撑。开展分布式碳计量设备通信测试试验平台能力建设，具备开展碳计量网络及终端设备的实验室测试、分析能力。

（二）开展低压分布式光伏“四可”改造

编制存量低压分布式光伏“四可”升级改造的技术方案和实施方案，充分摸排现场光伏逆变器厂家及型号，研发物联表模组、光伏逆变器接口转接器等相关设备，完成现场设备和采集主站的适应性改造，构建“采集主站＋采集终端＋物联表＋光伏断路器”感知物理架构。在宁波、绍兴等地区开展全流程功能验证和试点，有序推进全省低压分布式光伏“四可”升级改造，实现低压接入的分布式光伏刚性控制和柔性控制。开展光伏采集任务策略智能调度研究，针对光伏发电不同时段特点，制定灵活智能的采集任务策略。完善采集系统软件微应用管理功能，提升采集设备远程升级的管理水平，支撑分钟级采集。开展高频数据缺点、漏点等采集质量问题专项研究，提升高频采集数据质量。

（三）加强客户侧“荷储”感知研究

1. 做好负荷管理技术支撑

推进用户储能装置的专项计量采集，研究储能功率和剩余电量等状态信息全量感知技术路径，做好储能参与电力市场和负荷响应的技术储备。探索客户侧负荷资源柔性调节和直控技术储备，研究电动汽车参与电力市场实时柔性互动的计量设备技术需求，制定计量设备支持用户储能直控的技术标准。开展分布式光伏、客户侧储能、虚拟电厂和 V2G 等“微电源”调控应用验证，打通采集系统和末端“微电源”之间的控制信号链路，建立有效响应验证机制，及时做好无响应用户的现场设备运维消缺。

2. 拓展智能物联表多场景应用

拓展非介入式负荷识别应用场景，在宁波、杭州试点开展农业生产用电服务、违约用电智能监测，跟踪应用效果动态优化算法模型，提升卓越服务精准性。推广电能质量监测功能应用，动态预警电压偏差、频率偏差、谐波含有率等指标，重点服务光伏用户和高电能质量需求大工业用户，做好现场运维消缺，降低电网运行风险，提升用户服务质效。持续深化车网互动技术，依托杭州“云表车”揭榜挂帅项目，研究车网互动设备自动装接流程机制。

二、保障电力市场化改革

（一）开展灵活费率及“云费率”研究

1. 开展用户时段费率灵活调整工作

一是建立时段费率调整快速响应机制，主动跟踪省发改委政策要求，通过提前开展功能验证、完善参数设置流程等手段提升政策响应速度，缩短时段费率调整前期准备时间至 3 天以内。二是全力做好全省 6.7 万大工业用户、26.6 万 1 千伏及以上工商业用户、41.7 万 1 千伏以下分时电价工商业用户时段费率参数调整，以及所有居民分时电价、月阶梯电价调整工作，引导用户削峰填谷，助推“双碳”目标实现。

2. 提升计量设备远程设参能力

一是提升采集主站设参能力，升级加密服务器等硬件设施配置，优化参数设置软件流程，按满足全省 3400 万用户 3 天全覆盖的要求，完善采集系统支撑能力。二是专题分析设参失败原因，通过采集设备程序升级、参数设置程序优化及现场设备改造等手段，提升设置成功率至高压用户不低于 95%、低压用户不低于 90%。

3. 开展远程“云费率”探索研究

一是研究利用高频率数据采集技术，在采集主站侧通过建立云端计量防篡改、可溯源、可审计，完成不同时段用电量计算的远程“云费率”新模式，提升更加灵活、动态的时段费率调整能力。二是开展远程“云费率”技术应用试点，对比远程与本地两种时段费率模式效果，形成应用试点总结分析报告。三是积极加强与省市场监管部门沟通汇报，争取为远程“云费率”模式取得政策上支持。

（二）提升采集支撑能力

1. 提升精准高频采集能力

一是提高96点冻结曲线采集成功率，通过电能表参数设置、终端软件升级、采集任务自动配置维护、系统功能页面优化等，实现低压用户96点冻结曲线采集任务全覆盖。二是推动基层提升采集运维能力提升，加强省级指标管控，实现专变冻结96点采集成功率达到99.9%，有力支撑电力市场现货交易体系建设。

2. 提升时钟监测校准能力

强化远程自动校时机制和通信执行效率，同时基于电力现货市场交易、光伏调控、重要活动保障等不同应用场景，建立与数据采集频次适配的分层分级时钟管理模式，实现全量设备时钟监测和校准能力提升。

3. 开展电量拟合规则及应用研究

一是统一市场化交易、需求侧管理、台区线损应用等不同专业不同场景下电量拟合的规则和版本管理。二是完成采集系统适应性改造，开展采集系统拟合准确性监测、应用成效，异常清单展示，异常数据治理等功能建设，满足各专业业务需求。三是根据政府部门政策要求，研究拓展电量拟合场景可行性。

三、赋能卓越供电服务体系建设

（一）加强采抄一体化“源头”采集管理

一是建立采抄一体化全过程管控机制。规范采抄一体化规范处理流程，建立标准处理流程卡，按照“同源异常，一次处理”的原则，明确现场处理流程和规范要点，提升采抄一体管控效率。二是加快采集抄表队伍建设。有序推进队伍建设，开展抄表人员和运维人员的业务和技能培训，地市公司定期开展“人人过关”，实现计费数据“远程采集一现场补抄一运维消缺”一体化管理。建立抄表异常处理典型案例集，提升现场运维消缺效率。三是提升采抄一体精益化管控水平。研究建立工作质量管控体系，根据采集日明确月度采集运维主要工作内容、质量目标。优化“源采”指标监督机制，建立省市县三级审核的“源采”异常白名单，严格考核长期未处理手工抄表事件，源头采集成功率达99.99%以上。

（二）健全 10kV 及以下互感器“到检配装”流程

一是研究在供电企业出资采购 10(20) kV 及以下互感器的新模式下，省营销服务中心、地市公司在检定、仓储、配送和安装等环节配套能力建设思路，以及相关支撑系统功能和流程优化方案，支撑国办函 129 号文“投资到红线”的要求。二是编制 10(20) kV 及以下高压互感器资产全寿命周期管理办法，有力支撑高压互感器标准化、精益化管理。

（三）着力提升地市计量中心支撑能力

1. 探索地市计量中心标准化运营模式

探索地市计量中心业务架构深化改革，通过标准化机构和人员配置，解决基层计量专业人员紧缺、业务不精等实际困难。一是开展地市级计量中心机构调研。开展地市公司、区县公司实地调研，梳理全省计量业务管控模式先进做法，筛选地市计量中心人员机构配置典型经验。二是探索业务集约化管理体系制定。理顺市、县计量、采集、线损业务功能定位、职责界面，制定地市计量专业机构优化的标准化管理模式，探索业务集约化管控，形成一套人员精简、业务集约、作业高效的管理体系。三是提供标准化机构配置指导意见。撰写地市计量中心标准化机构配置指导意见并行文下发，以“业务最优化、人员最精化”为导向，实现地市计量业务和指标全面实时管控和高效闭环，形成“前台作战－中台管控－后台决策”的卓越供电服务体系新格局。

2. 打造高素质计量专业人才队伍

持续强化计量专业人才队伍建设，聚焦计量队伍核心业务技能提升，为卓越供电服务体系建设提供坚强队伍保障。一是构建省市联动培养机制。构建省营销服务中心和地市级计量中心联动培养机制，搭建人才互通、定期送培的纽带，在互感器现场检验专业能力培养、电能表现场检验能力提升等方面实行检验检测“以做代练”。重塑计量培训体系，精心设计培训课程，紧扣计量工作痛点、难点，按照“线上＋线下”“实操＋理论”“专项＋普适”等原则，及时迭代省培和地市培训课程，强化参培人员质量，提升培训质效。二是完善各层级计量专业实训室。通过计量实训能力建设营销项目的实施，补充完善各地市计量实训室设备，年内实现区县计量实训室建设全覆盖。在装表接电、错接线分析、采集运维、线损排查等方面，每季度开展基层人员“人人过关”，充分激发和调动计量专业技能人员立足本职岗位，努力钻研技术。三是以赛带练提升计量业务技能。围绕卓越供电服务体系建设，开展计量专业竞赛比武，培育发掘各地市骨干技能人才。依托技能骨干，发挥传帮带作用，着力提升基层人员计量现场作业能力、采集运维能力、线损排查能力、检验检测能力。强化基层创新能力培育，实现智能量测课题研究、QC 等创新成果在基层多点开花、齐头并进。

四、提升客户侧计量服务水平

（一）持续深化“停电感知”能力建设

一是提升采集设备感知能力，实现采集终端、电能表等计量设备缺陷排查厂家全覆盖，开展设备缺陷常态化管控，避免出现已知的同类设备缺陷，停电事件的上报准确率提升到60%以上。二是提升系统停电研判能力。合理配置前置机资源和停电事件召测策略，提高停电事件完整性。汇聚 PMS3.0、营销 2.0 等系统的计划停电、现场运维工作计划相关信息，完善采集系统的用户停电研判模型和推送供电指挥系统策略。三是研究停电差异化服务策略，进一步完善客户标签，设计停电事件风险客户识别规则及客户诉求风险体系，实现对重要客户、民生客户、敏感民生客户停电抢修的差异化服务。四是推行“微停电”主动抢修服务。联动相关专业，梳理固化“四主动”低压抢修业务流程，逐步扩大试点范围。

（二）全面深化换表精准告知服务

一是全面推广应用营销 2.0 换表短信告知功能，实现换表前工作计划及换表后拆表底度精准告知，拓展短信回执及回复功能，及时响应用户换表时间调整等服务诉求，2024 年底前实现短信告知功能应用市县全覆盖。二是加强用电高峰以及用电敏感时段的换表管理，对现场确需临时换表的，应提前通过电话或上门等方式告知，经用户确认后再安排现场换表，避免投诉舆情风险。三是推动客户基础信息持续完善，在装表接电、现场补抄、计量设备巡视等环节核实确认，及时维护、动态更新客户基础信息，确保联系电话等信息完整、规范、准确。

（三）持续提升计量装置健康运行水平

进一步加强计量箱健康运行管理。一是加强表箱位置投诉管理，联合稽查、客服专业开展表箱位置类投诉穿透分析，查找典型原因，制定整改策略，全年共压降涉表箱类 95598 工单数量 20%及以上。二是严控表箱缺陷整改，利用计量箱建档图像，对照当年巡视情况核查表箱缺陷整改情况，确保各类缺陷整改率 100%。开展老旧表箱改造、危急缺陷整改情况“回头看”，针对客户长期反映的老旧表箱、危急缺陷等情况，按季度核查整改。三是开展计量装置普查专项行动。编制细化实施方案，坚持以问题为导向，坚持“线上筛查”与“现场核查”相结合，分级分类实施问题整改，实现普查范围内计量装置普查覆盖率 100%、档案数据完整率 100%，保证计量装置的准确安全运行，提升客户服务体验。

（四）深化不停电换表等新技术应用

优化提升低压用户无感服务体验。一是统一低压电能表不停电更换接插件的型式结构，明确低压电流互感器不停电检测技术路线，打造计量装置运行管理新模式。二是推动出台低压不停电换表、低压电流互感器不停电检测等3项地方性技术标准，建立标准化、规范化服务体系。三是实现不少于3家属地单位试点推广应用，不断优化电力营商环境，逐步形成“浙江经验”。

（五）开展面向申校用户的低压用能诊断服务

一是构建申校业务标准化服务新模式。根据嘉兴公司试点情况，加快总结形成具备全省推广条件的标准化服务新模式，在全省推行面向申校用户的低压用能诊断服务创新做法。二是实施申校人员服务角色转型。围绕电能表现场校验、表后故障排查、电费账单解读、“网上国网”推广、节能用电宣传，实施计量人员五维服务能力建设，推动“低压用能诊断师”角色转型。三是注重推广工作质量。常态化开展全省申校业务质量监测，杜绝业务时限超期，各地市逐步提升申校业务现场一次办结率。实施标准设备全过程精益管理，保障电能表现场校验仪准确可靠。

五、强化数字化管理能力

（一）开展计量业务可视化建设

1. 地理信息可视化

一是开展计量监测“一张图”试点建设。结合计量箱数字化建档成果，推进营销2.0系统数据互联互通，开展“采集终端一计量箱一电能表”信息连通试点建设和应用，建立计量专业监测“一张图”，实现计量资产全景化监控。二是开展计量装置地理信息展示试点建设。依托公司专业地图及计量箱档案信息形成计量装置地理信息全景展示，全面展示采集终端、电能表（含关口表）、计量箱等设备的地理分布情况。三是开展台区计量地理拓扑图试点建设。依托计量箱建档数据自动生成台区计量装置拓扑图，实现台区地理和逻辑“双拓扑”平滑切换。

2. 运维辅助可视化

一是依托国网统推的计量业务可视化平台，开展计量类工单可视化管控应用，以工单区域、执行人员、工单类型、优先级等维度对工单执行状态、接派单情况、现场到岗率、作业质量等进行综合监控。二是开发图上作业模块，基于工单类型、优先级、工作位置、预计超期时间、工作量等因子综合研判，实现工作任务的智能派工，并根据现场完成情况，实时调整下一步作业内容，实现最优工作方案和最优路径的灵活更动和快速实施。三是贯通营销、采集、营销现场作业平台等多维系统数据，利用移动作业终端在各类运维作业现场中定向校核设备位置坐标等空间拓扑数据，支持实时同步调整，保障图实一致。

3. 运行监测可视化

一是在地图上实时全景展示电能表、采集终端、计量箱和分布式电源等设备设施的停运状态、安装年限、异常缺陷等，实现在运设备要素的精准监测，辅助支撑快速改造和运维消缺。二是分图层直观展示台区级的采集指标和线损指标情况，凸显采集异常设备和线损异常台区，支持穿透查看智能诊断结果，辅助靶向排查治理。三是在电力保供、应急抢险等特殊时期，实时地图展示应急（保供）区域中计量装置运行及异常情况，支撑相关决策研判。

（二）深化计量箱缺陷图像识别深化应用

一是开展计量箱缺陷图像识别模型扩大应用。全面应用图像识别技术开展计量箱缺陷巡视，进一步完善现有缺陷样本库，完成至少一次样本库迭代更新。二是提升缺陷识别模型识别能力。开展缺陷图像样本的拓展筛选和标注，完成恶劣环境下和微小缺陷类型的分类标注和识别，探寻多表位表箱高效识别的技术路线，提升缺陷模型识别和适应能力。三是开展图像识别模型典型方案推广。联合数字化部，完善图像识别模型典型方案设计和技术路线应用，争取在国网系统内推广应用。

（三）上线台区线损监测微应用

一是上线运行基于采集 2.0 版台区线损监测微应用以及移动端 App，全面应用统推版微应用，不断改进和优化系统应用。二是优化线损异常诊断模型库，并通过现场反馈促进模型迭代，动态更新模型库，确保诊断准确率不低于 90%。

（四）实现数据模型统一共享管理

一是搭建基础模型库，创建具有独立功能的模型，形成全面的基础模型库，便于使用人员根据业务需求灵活调用库中的模型。二是系统梳理模型需求，全面审查采集、计量和线损等模型，收集模型需求以确保满足业务开展。三是优化模型并统一规范。优化现有模型，提升其效率和准确性；统一各类模型的输入输出规范，确保数据的一致性和可比较性。

六、夯实基础精益化管理

（一）加强计量资产精益管理

1. 二三级表库建设

推进二、三级智能库房建设，规范库房管理流程，实现无人化管理。一是开展二级库房智能平库试点应用，采用平库货架＋自动叉车/AGV 的方式出入库，提升表库可靠性，同时总结试点应用经验，验证平库模式与计量业务的适配性。二是推进三级智能库房结合融合仓建设改造，周转柜具备货位管理功能，箱表位安装RFID读取设备和光电传感器，实现取放表计后自动更新库存信息。三是加快推进自动化盘点技术应用，严格实施计量资产库存定期盘点。推进盘点设备与计量工控平台等系统的集成贯通，将自动化盘点设备纳入计量工控平台管理。

2. 充换桩及岸电设施管理

建立健全充电桩及岸电设施到、检、配、装工作机制，开展资产全寿命周期管理。一是开展充电桩及岸电设施检定检测能力培训取证，各地市完成充电桩建标与计量检定授权，全面建成充电桩检定检测能力。二是开发上线采集系统功能模块，通过集中器、导轨式电能表、本地双模通信技术实现公司产权充电设备接入采集2.0系统，采集接入率达到100%，实现高频采集、设备运行监测、计量误差在线监测等功能。三是探索研究充电设施周期检定工作模式及机制流程，开展人力资源和设备配置评估，推动解决人力物力及资金渠道等问题。

3. 设备质量闭环管理

一是构建采集设备和电能表“实验室—现场—实验室”质量管理闭环反馈机制，动态更新现场设备故障典型案例库，利用实验室资源复现故障触发环境，确定相关质量问题根源。二是优化完善采集设备和电能表供货技术条件、全性能试验和全检验收等环节质量检测方法，不断提升设备质量水平。

（二）持续提升线损“三精”管理

1. 加快完善台区拓扑自动识别技术

一是对线损异常台区、现场户变关系混乱台区积极推进HPLC/双模通信采集改造，实现表计的即装即采及台区拓扑的自动识别。二是优化拓扑识别技术应用，深化系统功能开发，提升定位准确性，推进识别流程更加规范、高效、便捷。三是强化功能应用宣贯，全面推进台区拓扑识别技术落地，提升一线员工新技术应用的自觉性和主动性。

2. 加大力度开展台区线损异常治理

一是健全台区线损管理机制，明确各级责任人职责，完善新上、改造台区验收机制，健全例会制度、奖惩制度。二是夯实线损精细分析基础，加强台区档案管理，严格规范无表用电管理，实现全量台区分时段线损计算，开展光伏、负荷异动等类型理论线损计算，完善基于动态赋值的线损评价方法。三是强化高、负损台区治理，开展智能诊断结果应用，建立疑难台区逐级上报机制，实行台区线损异常治理线上跟踪闭环，开展台区管理降损和技术降损相结合，确保月度高、负损台区占比低于0.15%。四是加大线损核查力度，健全省、市、县四级线损核查与评价考核机制，构建省级核查规则库并开展规则核查，开展“一台区一指标”赋值结果评价。

（三）深化电能表状态评价与延期更换应用

构建新型计量监管机制，实现企业自控、用户监督、政府监管。一是积极推动电能表状态评价与延期更换政策的落地实施，加强与省市场监管局沟通汇报，推动浙江省域实施规范出台，确保运行电能表状态评价与延期更换依法合规。二是优化完善电能表失准算法模型，开展数据质量治理，提升整台区时钟一致性，提高电能表计量失准判别准确度。三是完善智能电能表批次故障预警模型，开展批量电能表寿命的评价预测与验证，谨防批量故障发生。

（四）强化关口采集监测

1. 关口失准监测

开展关口失准监测技术研究。一是开展专线用户计量装置综合误差在线实时监测技术路线研究，实现准确定位误差超限或存在失准风险的计量装置。二是辅助开展用户能效异常分析，指导用户精准能效治理。三是进一步推进计量装置状态检验评价与更换，延长计量装置检定周期，推进监管模式创新。

2. 互感器在线监测

提升关口 CVT 在线监测数智化水平。一是有序开展 220 千伏及以上电压等级交易结算关口对侧变电站 CVT 在线监测能力建设，完成 12 个厂站计量设备容器安装和监测装置调试，逐步构建广域级在线监测拓扑结构，实现在线监测横向联动、纵向贯通；二是研究以主站分析为主、本地监测为辅的关口 CVT 在线监测技术，基于采集 2.0 系统部署上线广域级在线监测微应用，全面提升主站数据分析及状态评价能力，助力关口互感器监管模式数字化转型，支撑电力现货市场精准交易。

3. 电厂发电信息采集

推动电厂发电信息采集全量接入。一是打通调度－采集系统数据交互壁垒，推动发电上网关口全量数据高频采集，实现关口计量装置运行状态实时可视化监测；二是强化时钟信息采集管控，建立远程高效对时机制，实现主站—采集设备—计量装置时钟信息逐级联动，确保对时精准可靠。

（五）加强精益合规风险防控

一是针对各类审计检查发现的拆旧资产报废处置不及时、表计丢失管理不规范等问题，完善电能表报废技术鉴定，加强待报废状态管控，确保报废合理合规。规范电能表丢失管理，完善营销系统丢失流程，确保丢失管理规范。二是对计量异常应补未补、反向电量异常、表计未装用直接报废等问题，完善营销系统校验规则，确保增量计量装置配置规范。增加营销系统主题查询，定期落实整改；加强省侧业务管控，按季度开展计量装置配置规范性核查，进一步加强专业管理提升基础业务精益合规。三是深化计量箱项目精准管理，开展项目储备数量与现场巡视缺陷数量联动评价，判断缺陷数量与项目数量离散度，评价计量箱项目申报质量。四是强化计量与稽查专业协同，通过系统数据融会贯通，主动纳入数字化营销稽查的预警规则与主题，健全风险管控长效机制。

（六）开展新技术研究

一是开展新一代柔性检定流水线关键技术研究。完成自动化检定流水线改造，实现三相直接式和互感式电能表、普通和宽量程型互感器兼容检定。开展全兼容式柔性检定流水线关键技术攻关，牵头完成相关国网企标修订。二是力争完成电能表自动化检定 IEC 国际标准出版。跟踪最终草案（FDIS）的二次投票流程进展，积极对接 IEC/TC13 秘书处和中办官员，力争推动 IEC 国际标准正式出版。三是研究高压互感器远程检定技术。积极与政府计量检测院合作，在地市大型县级供电企业探索建设高压互感器远程检定仓。开展高压互感器远程检定技术研究与应用，减少高压互感器的检定环节，减短检定时间，改善营商环境，为进一步提升高压互感器法制化管理提供技术支撑。四是落地数智赋能，提升试验智能水平。实现质检全性能试验效率提升。加速推进全性能集成化试验系统二、三期建设，实现试验专机智能互联，被试设备高效流转，具备实用化运营条件。深化采集全功能检测应用。结合典型台区样板，由点及面开展用户侧全功能检测环境规模化建设，拓展升级系统深化应用场景功能。

第三章　电能计量设备基础知识

第一节　电能表基础知识

一、电能表的简介

电能表是用来测量电路消耗电能的仪表。它是供电企业与用电客户之间的“一杆称”，根据电力客户所消耗电能量的多少，与供电企业进行电费结算。

1. 电能表的分类

电能表有多种分类方式，常见的有以下几种分类情况：

按照结构原理可分为感应式（机电式）电能表、电子式（静止式）电能表两种；

按所测的电源可分为直流式电能表和交流式电能表两种；

按所测的电能可分为有功电能表和无功电能表两种；

按接入线路的方式可分为直接接入式电能表和经互感器接入式电能表；

按用途可分为单相电能表、三相电能表和特殊用途电能表（包括标准电能表、复费率电能表、预付费电能表、多功能电能表及智能电能表等）。

以下主要通过结构原理来介绍下感应式（机电式）电能表、电子式（静止式）电能表和智能电能表。

（1）感应式（机电式）电能表。感应式电能表是一种基于电磁感应原理测量电量的仪表。其主要由电压线圈和电流线圈组成，通过在磁场中产生涡流来测量电流和电压。

电流线圈通常由铜线制成，它们围绕着电能表的芯片。当电流通过电流线圈时，它会产生一个磁场。电压线圈也是由铜线制成，它们围绕着电能表的芯片。当电压通过电压线圈时，它会产生一个磁场。这个旋转磁场会使得电能表内部的铝盘旋转。铝盘上有一个磁铁，它会随着铝盘的旋转而旋转。磁铁的旋转会产生一个电动势，这个电动势与电流和电压的乘积成正比。因此，电能表可以通过测量铝盘的旋转来测量电能的消耗。

而机电式电能表原理与感应式电能表相同，以感应式电能表作为基础，同时应用电子电路来扩展新的功能，但难以克服感应式电能表准确度低、功能扩展困难、防窃电能力差的缺点。

（2）电子式（静止式）电能表。电子式电能表是用电子器件组成测量电路的交流电能表，其电流和电压作用于固态（电子）元件上，与一定时间内产生的电能成正比。因为它不同于机电式（感应式）交流电能表具有转动元件，所以又称为静止式交流电能表。

电子式电能表可以采用汉化液晶显示，具有正向有功电能、反向有功电能、无功电能计量功能，能存储其数据，并可以据此设置组合有功。有功电能量按相应的时段分别累计、存储总、尖、峰、平、谷电能量。可以具有事件记录功能，并可以具有红外、RS 485、载波和蓝牙通信功能。

电子电表比感应电表量精度高，环境影响小。校准容易，是不受运输中的振动等影响的测量精度。因为使用了芯片测量方法，它本身的电功耗也可以被减小，并且这样的电表可以被添加到检测异常使用中。

（3）智能电能表。智能电能表是一个新的概念，但是计量器具的属性没有变，其计量原理、物理构成同样是在静止式电能表的基础上，对其技术的延续和发展。

作为智能用电中的基础设备，智能电能表涉及了多个学科、多项新兴技术领域。同时，智能电能表也是目前使用最广泛的电表，智能电能表具有高效的电能计量功能，可以精确地测量和记录家庭的用电量。它包括有功电能和无功电能的计量，支持正反向有功电量的计量，同时也支持组合有功和无功电量的计量。

智能电能表可以实现实时电力监测，对电压、电流、频率等电力参数进行实时监测和存储。此外，智能电能表还可以监测电路中的谐波和不平衡度，保障家庭用电的安全和稳定。

智能电能表不只采用了电子集成电路的设计，再加上具有远传通信功能，可以与电脑联网并采用软件进行控制，用户可以通过电力公司的后台系统，远程查看和控制智能电能表，实现抄表、断电、恢复供电等多种远程操作。智能电能表采用双向通信技术，可以实现与电力系统的远程通信。智能电能表支持远程控制，可以通过后台系统实现远程控制和调节。例如，用户可以通过手机 App 或电力公司后台系统，远程控制智能电能表的开关，实现远程断电和通电。

智能电能表具有丰富的报警功能，当出现异常情况时，会发出警报提示用户。例如，当电量过低或过高时，智能电能表会发出警报提示用户及时充电或减少用电。此外，当电路出现故障时，智能电能表也会发出警报提示用户及时处理。它还具有大容量的数据存储功能，可以存储最近的用电量、电流、电压等电力参数，方便用户随时查看和掌握家庭的用电情况。

智能电能表支持自动化管理，电力公司可以通过后台系统，对智能电能表进行远程管理和维护。例如，电力公司可以通过后台系统远程更新智能电能表的程序和设置，实现远程升级和维护。此外，智能电能表还支持自动化抄表和结算，大大提高了电力管理的效率和准确性，省去了手动复印和预充电的麻烦，促进电子数据的采用、统一修订和支付。可以不用出门就可以确认电功耗，支付账单，而随着智能控制和物联网技术的发展，人们的生活会更加便利和高效。

采用智能电表可省去人工抄表的成本，并且减少窃电的损失。电力公司利用智能电表取得客户的用电量资料后，再用网络的方式实时回传给用户参考，客户可据以分散用电的时间（因尖峰时段费率高），作电力使用的管理，有助用户节约用电，可以达到节能减碳的政策目标。

2. 电能表的型号和铭牌

（1）电能表型号命名一般规则如图 3-1 所示。

类别代号：D—电能表；

第一组别号：D—单相；S—三相三线；T—三相四线；X—无功；B—标准；

第二组别号：Z—智能表；D—多功能；S—全电子式；F—复费率；

功能代号：Y—费控；无—不带费控功能；

注册号：用阿拉伯数字表示；

费控介质类型代号：C—CPU 卡；S—射频卡；无—不带固态介质；

连接符：—；

通信方式代号：Z—载波，G—GPRS，C—CDMA，J—微功率无线。

例如：DDZY—单相远程费控智能电能表，如 DDZY67 型；DTZ —三相四线智能电能表，如 DTZ341 型。

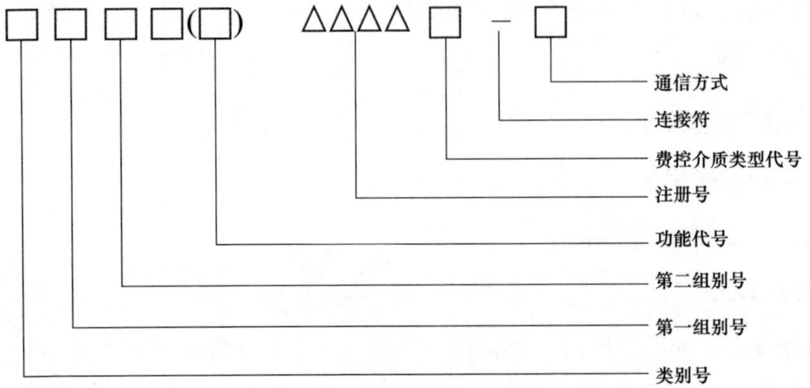

图 3-1　电能表型号命名一般规则

（2）铭牌。铭牌上应包含以下内容：

1）商标。

2）计量许可标志（CMC）。

3）计量单位名称或符号，如：有功电能表为“千瓦·时”或“kWh”；无功电能表为“千乏·时”或“kvarh”。

4）电能表的名称及型号。

5）基本电流和额定最大电流。基本电流（标定电流）是确定电能表有关特性的电流值，是电能表的基本工作电流，以 I_b 表示；额定最大电流是仪表能满足其制造标准规定的准确度的最大电流值。以 I_{max} 表示。如1.5(6) A即电能表的基本电流值为1.5A，额定最大电流为6A。如果额定最大电流小于基本电流的150%时，则只标明基本电流。对于三相电能表应在前面乘以相数，如3×5(20)A。

6）参比电压。参比电压是确定电能表有关特性的电压值，是电能表的工作电压，以 U_n 表示。参比电压对于三相三线电能表以相数乘以线电压表示，如3×100V：对于三相四线电能表则以相数乘以相电压/线电压表示，如3×220/380V；对于单相电能表则以相电压表示，如220V。

7）参比频率。参比频率是确定电能表有关特性的频率值，即工频，以赫兹（Hz）作为单位。

8）电能表常数。电能表常数是电能表记录的电能和相应的转数或脉冲数之间关系的常数，有功电能表以r(imp)/kWh或kWh/r(imp)形式表示，无功电能表以r(imp)/kvarh或kvarh/r(imp)形式表示。两种常数互为倒数关系。

9）准确度等级。以记入圆圈中的等级数字表示，如1.0、0.5S、0.2S，无标志时，电能表视为2级。

10）相数、线数的符号。

11）产品执行标准编号。

铭牌含义解释如图3-2所示。

3. 电能表的功能

（1）计量功能。

1）具有正向有功电能、反向有功电能计量功能，能存储其数据，并可以据此设置组合有功。

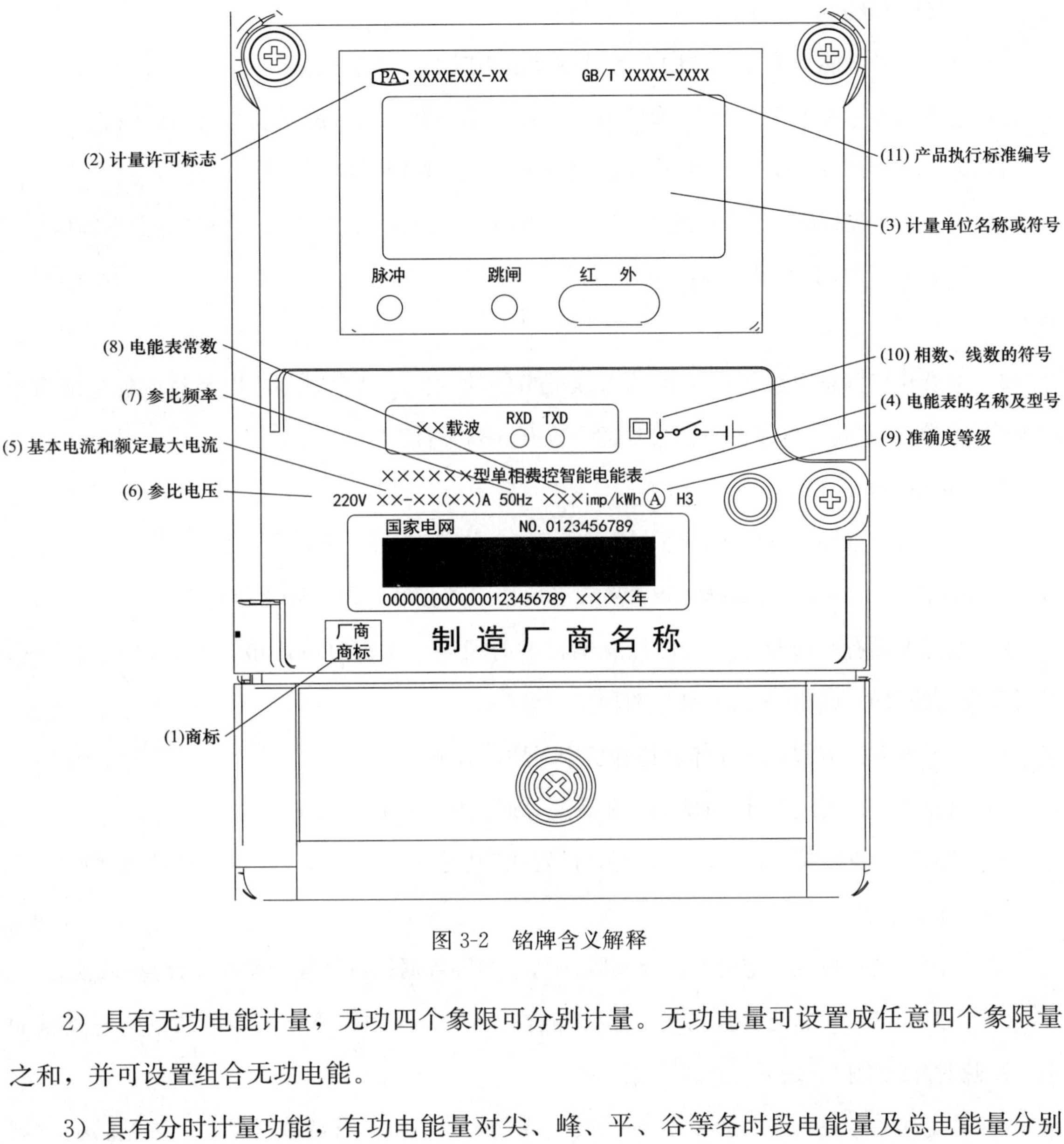

图 3-2　铭牌含义解释

2）具有无功电能计量，无功四个象限可分别计量。无功电量可设置成任意四个象限量之和，并可设置组合无功电能。

3）具有分时计量功能，有功电能量对尖、峰、平、谷等各时段电能量及总电能量分别进行累计、存储。

4）至少能存储上 24 个结算日的总电能和各费率电能量；数据存储分界时刻为月初零时，或在每月 1 号至 28 号内的整点时刻。

5）停电期间错过结算时刻，上电时补全结算日电能量数据，最多补冻最近 12 次。

6）当前电能量支持 4 位小数存储，允许小数部位每次按单个脉冲代表的电能量增长。

（2）测量及监测功能。能测量、记录、显示当前电能表的电压、电流（包括零线电流）、功率、功率因数等运行参数。

(3) 事件记录。

1) 永久记录电能表清零事件的发生时刻及清零时的电能量数据。

2) 记录编程总次数，最近10次的编程记录、操作者代码、编程项的数据标识。

3) 记录时钟设置总次数，最近10次校时前时刻、校时后时刻、操作者代码。

4) 记录广播校时总次数，最近100次校时前时刻、校时后时刻及对应电能量数据等信息。

5) 记录最近10次拉闸和最近10次合闸事件，记录拉、合闸事件发生时刻和电能量等数据。

6) 记录开表盖总次数，最近10次开表盖事件的发生、结束时刻，以及对应的电能量数据等信息；停电期间，电能表只记最早的一次开表盖事件。

(4) 费率和时段功能。

1) 一天内可以任意设置尖、峰、平、谷等12种费率；24小时内最多可以设置14个时段，最小时段为15min，可跨越零点设置，各时段设置按时间从小到大排列。

2) 电能表具有两套及以上可以任意编程的时段表，每套时段内最多有8个日时段表，并可在设定的时间点启动第二套费率时段。

3) 电能表支持节假日和周休日特殊费率时段的设置。

4) 电能表支持通过蓝牙、RS 485和载波等通信接口修改时段表。

5) 日时段表支持按实际时段数设置，设置成功后按最后一个日时段补齐后续时段。

(5) 冻结功能。

1) 定时冻结：按照约定的时间及间隔冻结电能量数据；每个冻结量至少保存60次。

2) 瞬时冻结：在非正常情况下，冻结当前的日历、时间、所有电能量和重要测量量的数据；瞬时冻结量保存最后3次的数据。

3) 约定冻结：在新老两套费率/时段转换或电力公司认为有特殊需要时，冻结转换时刻的电能量以及其他重要数据。

4) 日冻结：存储每天零点时刻的电能量，可存储254天的数据。

5) 月冻结：存储每月1日零点的总电能和各费率的电能数据，可存储24次。

6) 整点冻结：存储整点时刻或半点时刻的有功总电能，可存储254个数据。

二、电能表的工作原理

1. 电能表的基本工作原理

当把电能表接入被测电路时，电流线圈和电压线圈中就有交变电流流过，这两个交变电流分别在它们的铁心中产生交变的磁通；交变磁通穿过铝盘，在铝盘中感应出涡流；涡流又在磁场中受到力的作用，从而使铝盘得到转矩（主动力矩）而转动。负载消耗的功率越大，通过电流线圈的电流越大，铝盘中感应出的涡流也越大，使铝盘转动的力矩就越大。即转矩的大小跟负载消耗的功率成正比。功率越大，转矩也越大，铝盘转动也就越快。铝盘转动时，又受到永久磁铁产生的制动力矩的作用，制动力矩与主动力矩方向相反；制动力矩的大小与铝盘的转速成正比，铝盘转动得越快，制动力矩也越大。当主动力矩与制动力矩达到暂时平衡时，铝盘将匀速转动。负载所消耗的电能与铝盘的转数成正比。铝盘转动时，带动计数器，把所消耗的电能指示出来。这就是电能表工作的简单过程。单相电能表的测量机构简图如图 3-3 所示。

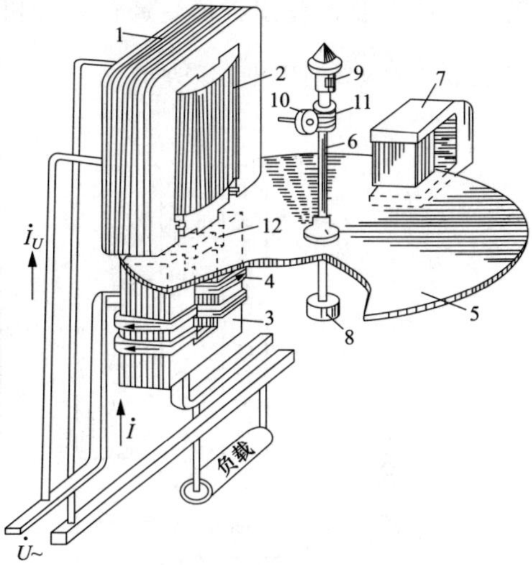

图 3-3 单相电能表的测量机构简图

1—制动磁铁；2—电压线圈；3—电流铁芯；4—电流线圈；5—转盘；6—转轴；7—电压铁芯；8—下轴承；9—上轴承；10—蜗轮；11—蜗杆；12—回磁极

2. 电子式电能表工作原理

电能表由两个主要功能组成：一是电能计量部分，二是微处理器控制部分。电子式电能表的电能计量部分使用大规模专用集成电路，产生表示用电多少的脉冲序列，送至微处理器进行电能计量。微处理器接收到脉冲信号后，通过对输入脉冲个数进行累计，并根据脉冲常数大小来实现对电能的精确计量，通过各种接口传递数据，实现各种控制功能。

被测量的电压、电流经电压和电流变换器转换后送至乘法器，乘法器完成电压和电流的瞬时值相乘，输出一个与一段时间内的平均功率成正比的直流电压数字信号，然后再利用功能/频率转换器，转换成相应的脉冲频率，将该频率分频，并通过一段时间内计数器的计数，显示出相应的电能。电子式电能表工作原理如图 3-4 所示。

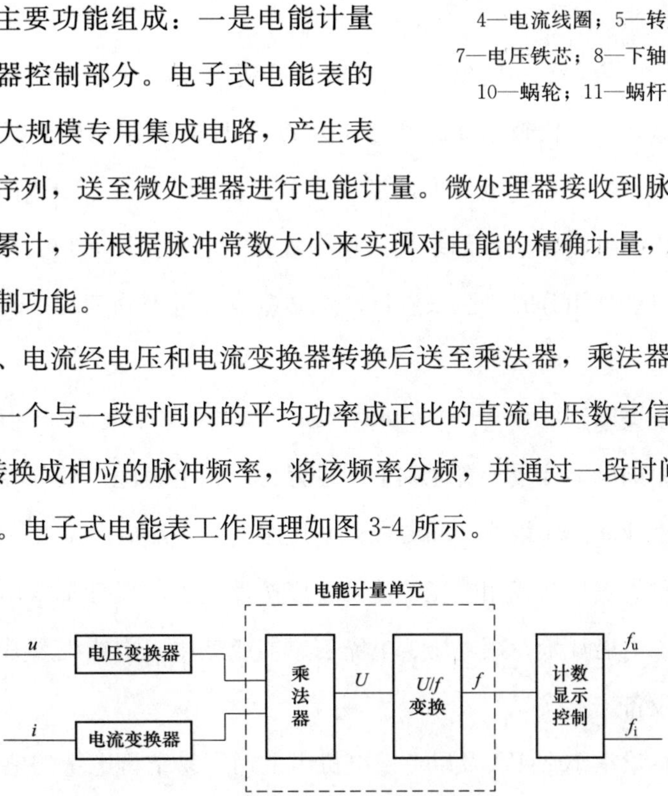

图 3-4 电子式电能表工作原理

3. 智能电能表的工作原理

电子式智能电表主要是由电子元器件构成，其工作原理是先通过对用户供电电压和电流的实时采样，再采用专用的电能表集成电路，对采样电压和电流信号进行处理，并转换成与电能成正比的脉冲输出，最后通过单片机进行处理、控制，把脉冲显示为用电量并输出。智能电能表工作原理如图 3-5 所示。

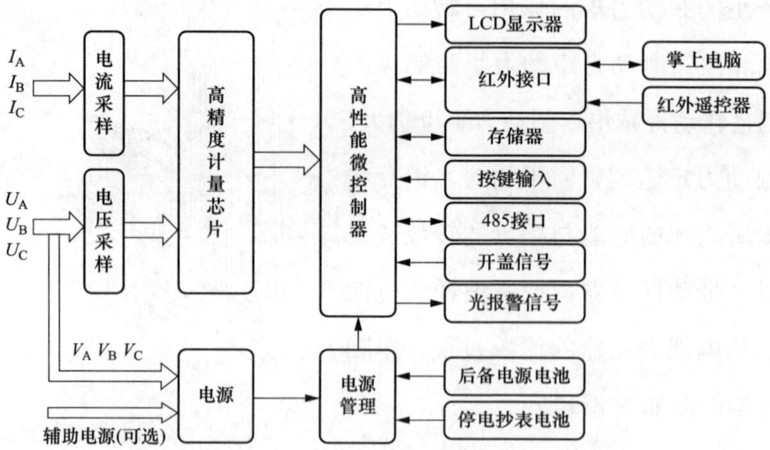

图 3-5　智能电能表工作原理

通常我们把智能电表计量一度电时 A/D 转换器所发出的脉冲个数称之为脉冲常数，对于智能电表来说，这是一个比较重要的常数，因为 A/D 转换器在单位时间内所发出脉冲个数的多少，将直接决定着该表计量的准确度。目前智能电表大多都采用一户一个 A/D 转换器的设计原则，但也有些厂家生产的多用户集中式智能电表采用多户共用一个 A/D 转换器，这样对电能的计量只能采用分时排队来进行，势必造成计量准确度的下降，这点在设计选型时应该注意。

三、电能表的配置原则

（1）贸易结算用的电能计量装置原则上应设置在供用电设施产权分界处；在发电企业上网线路、电网经营企业间的联络线路和专线供电线路的另一端应设置考核用电能计量装置。

（2）Ⅰ、Ⅱ、Ⅲ类贸易结算用电能计量装置应按计量点配置计量专用电压、电流互感器或者专用二次绕组。电能计量专用电压、电流互感器或专用二次绕组及其二次回路不得接入与电能计量无关的设备。

（3）计量单机容量在 100MW 及以上发电机组上网贸易结算电量的电能计量装置和电网经营企业之间购销电量的电能计量装置，宜配置准确度等级相同的主副两套有功电能表。

（4）35kV 以上贸易结算用电能计量装置中电压互感器二次回路，应不装设隔离开关辅助接点，但可装设熔断器；35kV 及以下贸易结算用电能计量装置中电压互感器二次回路，不应装设隔离开关辅助接点和熔断器。

（5）安装在用户处的贸易结算用电能计量装置，10kV 及以下电压供电的用户，应配置全国统一标准的电能计量柜或电能计量箱；35kV 电压供电的用户，宜配置全国统一标准的电能计量柜或电能计量箱。

（6）贸易结算用高压电能计量装置应装设电压失压计时器。未配置计量柜（箱）的，其互感器二次回路的所有接线端子、试验端子应能实施铅封。

（7）为提高低负荷计量的准确性，应选用过载 4 倍及以上的电能表。

（8）经电流互感器接入的电能表，其标定电流宜不超过电流互感器额定二次电流的 30%，其额定最大电流应为电流互感器额定二次电流的 120%左右。直接接入式电能表的标定电流应按正常运行负荷电流的 30%左右进行选择。

（9）执行功率因数调整电费的用户，应安装能计量有功电量、感性和容性无功电量的电能计量装置；按最大需量计收基本电费的用户应装设具有最大需量计量功能的电能表；实行分时电价的用户应装设复费率电能表或多功能电能表。

（10）带有数据通信接口的电能表，其通信规约应符合 DL/T 645 的要求。

（11）具有正、反向送电的计量点应装设计量正向和反向有功电量以及四象限无功电量的电能表。

第二节　电压互感器基础知识

一、电压互感器简介

电压互感器（Voltage Transformer，简称 VT）是一种用于测量高压电力系统中电压的装置，也称为电压变压器。它主要将高电压转换为低电压，以实现安全测量和监测，电压互感器实体图如图 3-6 所示。

电压互感器的主要功能是降低高压电网中的电压，使之适合于低压测量设备（如测量仪表、保护继电器等）的使用。它采用互感器的原理，即通过磁耦合将高压侧和低压侧连接起来，实现电压的传递和变换。

电压互感器通常由高压绕组、低压绕组和磁芯组成。高压绕组将高电压引入互感器中，低压绕组将降低后的电压输出给测量设备。磁芯则起到集中磁场、提高传输效率的作用。

(a) 单相电压互感器

(b) 三相电压互感器

(c) 低压互感器

(d) 高压互感器

图 3-6　电压互感器实体图

在电力系统中，电压互感器广泛应用于以下方面：

(1) 测量与监测：电压互感器将高压电网中的电压变换为适合测量仪表使用的低电压，实现对电压的精确测量和监测。这对于电力系统的运行管理、故障诊断和安全保护非常重要。

(2) 保护与安全：电压互感器作为电力系统的保护设备之一，为继电器和保护装置提供所需的低电压输入。它能够监测电力系统的电压异常，并在需要时触发保护动作，确保电力系统的安全运行。

(3) 计量与计费：电压互感器在电力计费和结算中起着重要作用。它能够准确测量用户用电量，提供可靠的计量数据，为用户提供公平计费和结算依据。

(4) 控制与调节：电压互感器还在电力系统的控制和调节中发挥作用。通过监测电压的变化，系统可以根据实际需求进行电力调节和控制，以实现供需平衡和稳定运行。

二、电压互感器的基本原理

电压互感器基于互感器的原理，通过磁耦合将高压电路与低压电路连接起来，实现电压的传递和变换，其电气关系原理图如图 3-7 所示。

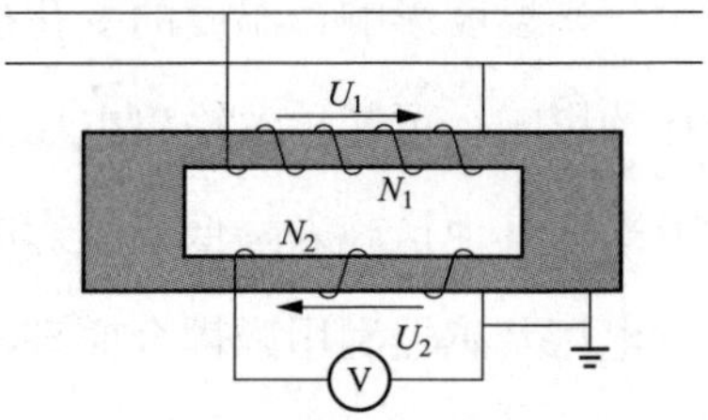

图 3-7 电压互感器原理图

电压互感器的基本原理主要可分为以下几个部分。

（1）磁耦合作用：电压互感器中的磁芯起到集中磁场的作用。当高压侧的电压（被测量的电压）施加在高压绕组上时，产生的交变电流在磁芯中形成交变磁场。这个交变磁场会感应到低压绕组上，从而在低压侧产生对应的电压。

（2）高低压绕组比例：为了使电压转换得到准确和稳定，电压互感器的高压绕组和低压绕组之间的匝数一般按照一定的比例来确定。通常，高压绕组匝数较多，低压绕组匝数较少。

（3）反向电势消除：由于电压互感器中的磁耦合，高压绕组在高压电路上会产生电势差。为了减小这种电势差的影响，引入了反向电势消除装置。这个装置通常是一个辅助绕组，它产生的电势与高压绕组中产生的电势相反，从而抵消了大部分的电势差。

（4）精确的变比关系：为了确保电压互感器的精确性，高压绕组和低压绕组之间的变比关系需要非常准确。这可以通过合理设计和制造来实现。

通过以上原理，电压互感器能够将高电压转换为适合测量和监测的低电压，实现对电压的准确测量和传递。这使得电压互感器成为电力系统中重要的测量设备，用于保护、控制、计量和监测等应用。

当高压电路中的电压施加在电压互感器的高压绕组上时，根据电磁感应定律，高压绕组中的交流电流会产生一个交变磁场。这个交变磁场会穿过磁芯，感应到低压绕组中，并在低压绕组上产生相应的交流电压。根据互感器的基本原理，电压的传递与变换是通过磁耦合实现的。

为了确保电压互感器的准确性和稳定性，需要注意以下几个方面：

（1）核心材料的选择：磁芯是电压互感器中起关键作用的部分。常见的核心材料有硅钢片和铁氧体。它们具有较高的磁导率和磁饱和特性，能够提供良好的磁路传输效果。

（2）匝数比例和变比误差：高压绕组和低压绕组的匝数比例决定了电压互感器的变比关系。变比误差是指实际的变比与理论变比之间的差异。为了确保准确的变比关系，制造过程中需要精确控制匝数比例和降低变比误差。

（3）负载影响：电压互感器的输出电压会受到负载的影响。负载的变化可以导致输出电压的变化，影响电压互感器的准确性。因此，在设计和使用电压互感器时，需要考虑负载特性，并进行合理的负载匹配。

（4）温度影响：温度的变化也会对电压互感器的准确性产生影响。磁芯的磁导率受温度变化的影响，可能导致输出电压的偏差。因此，电压互感器需要在设计和使用中考虑温度补偿或采取其他措施来降低温度影响。

电压互感器利用磁耦合原理实现高压电路与低压电路之间的电压传递和变换。通过合理选择核心材料、控制匝数比例、减小变比误差以及考虑负载和温度的影响，可以确保电压互感器的准确性和稳定性。它在电力系统中广泛应用于测量、保护、控制和计量等方面。

当电压互感器应用于电能计量时，需要考虑以下方面确保准确性和可靠性：

（1）校准和精度：电压互感器需要经过准确的校准来确保其输出电压与真实电压之间的准确度。校准通常在专门的实验室或校准机构进行，校准结果以校准证书为准。精确的校准能够提高电压互感器的测量精度，确保电能计量的准确性。

（2）线性度：电压互感器的输出电压应与输入电压之间保持良好的线性关系。线性度表示电压互感器输出电压与输入电压之间的偏差程度。较高的线性度意味着电压互感器能够提供更准确的电能计量结果。

（3）频率响应：电压互感器的频率响应范围需要符合电力系统的工作频率要求。通常，电压互感器应具有广泛的频率响应范围，以适应电力系统中可能存在的不同频率。

（4）温度特性：电压互感器的输出电压应在不同的温度下保持稳定。温度变化可能导致电压互感器的输出电压发生漂移，因此需要对温度进行补偿或采用温度稳定性较好的材料和元件。

（5）负载影响：电压互感器的输出电压应对不同负载的影响较小。负载变化可能引起电压互感器输出电压的变化，因此需要选择合适的负载匹配和稳定性较好的设计。

（6）防护和安全：电压互感器需要具备良好的绝缘性能和防护能力，以确保其在电力系统中的安全运行。这包括合适的绝缘材料、绝缘等级和外壳防护等方面的考虑。

电压互感器在电能计量中的应用需要考虑校准和精度、线性度、频率响应、温度特性、负载影响以及防护和安全等因素。通过合理设计和严格控制，可以确保电压互感器在电能计量中提供准确、可靠的测量结果。使用用途不同，对应的电压互感器的型号也不同，故须对型号进行详细说明。电压互感器具体型号如图 3-8 所示。

按照使用用途、功能的不同，电压互感器可分为以下多种类型：

（1）按绝缘介质分：油浸式、干式（含环氧树脂浇注式）。

（2）按使用场所分：户内式、户外式。

(3) 按相数分：三相式、单相式。

(4) 按电压分：高压（1kV 以上）、低压（0.5kV 及以下）。

(5) 按绕组分：三绕组、双绕组。

(6) 按用途分：测量用的其准确度要求较高，规定为 0.1、0.2、0.5、1、3；保护用的准确度较低，一般有 3P 级和 6P 级，其中用于小接地系统电压互感器（如三相五心柱式）的辅助二次绕组准确度级规定为 6P 级。

(7) 按结构原理分：电容分压式、电磁感应式。

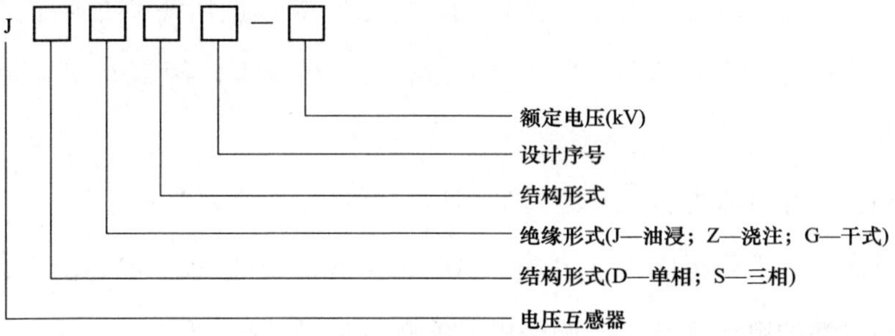

图 3-8 电压互感器型号

三、电压互感器的配置原则

1. 配置电压互感器基本原则

在电能计量中，配置电压互感器需要遵循一些基本原则，以确保准确性和可靠性。

(1) 变比匹配：电压互感器的变比应该与电流互感器的变比相匹配。通过匹配变比，可以实现电压和电流的正确比例关系，从而获得准确的功率计算结果。

(2) 准确度要求：根据电能计量的准确度要求，选择具有相应准确度等级的电压互感器。准确度等级通常根据国际或国家标准规定，并且与电能计量设备的精度等级相对应。

(3) 额定电压：根据供电系统的额定电压，选择适合的电压互感器额定电压。电压互感器的额定电压应与电网的额定电压匹配，以确保在正常运行范围内获得可靠的测量结果。

(4) 铭牌负荷：电压互感器的铭牌负荷应根据电能计量系统中的最大负荷量进行指定。铭牌负荷表示电压互感器能够承受的最大负载能力，该负载能力应能满足电能计量系统的需求。

(5) 非线性校正：对于高精度电能计量系统，可能需要考虑非线性校正技术，以提高电压互感器在不同负载情况下的准确度。非线性校正可以通过使用非线性补偿电路或计算机算法等方式来实现。

（6）安全性要求：配置电压互感器时，需要考虑安全方面的要求。例如，选择具有合适的绝缘等级的绝缘材料，以确保电压互感器在高压环境下的安全性。

2. 配置电压互感器注意事项

当配置电压互感器用于电能计量时，以下是一些配置的原则和注意事项：

（1）标定和准确度：首先要对电压互感器进行校准以确保其准确度。校准应由合格的实验室或校准机构进行，并根据国际或国家标准进行。选择合适的准确度等级与所需的计量准确度相匹配。

（2）额定电流和负载电流：电压互感器的额定电流应根据所需测量的负载电流来选择。额定电流是指电压互感器能够承受的最大电流值。通常情况下，额定电流应大于或等于所需测量的最大负载电流。

（3）漂移和稳定性：考虑电压互感器的漂移和稳定性。漂移是指电压互感器的输出电压随时间的变化，而稳定性是指电压互感器输出电压在给定条件下的长期稳定性。选择具有较小漂移和良好稳定性的电压互感器以确保可靠的测量结果。

（4）频率响应：根据所测量的电力系统的频率，选择具有适当频率响应范围的电压互感器。一般来说，电压互感器的频率响应范围应符合电力系统的标准频率要求。

（5）防护等级：电压互感器应具备适当的防护等级以保护其内部元件免受环境因素的影响。防护等级取决于电压互感器所处的环境条件，如湿度、灰尘、震动等。选择具有适当防护等级的电压互感器可以确保其长期可靠运行。

（6）安装位置和连接：电压互感器应在电力系统中合适的位置进行安装，并正确连接到测量设备或监控系统。安装位置应考虑电压互感器的安全和便利状态，同时避免电磁干扰和误差。

（7）维护和定期检查：配置电压互感器后，定期进行维护和检查以确保其正常运行。包括检查连接线路、清洁设备表面、检查绝缘状况等。定期的维护和检查可以减少故障风险和提高测量准确度。

配置电压互感器需要考虑准确度、额定电流、漂移和稳定性、频率响应、防护等级、安装位置和连接以及维护等因素。遵循这些原则和注意事项可以确保电压互感器在电能计量中提供准确且可靠的测量结果。此外，还应遵循适用的国际、国家或行业标准以确保配置符合规范。

第三节 电流互感器基础知识

一、电流互感器简介

电流互感器（Current Transformer，简称 CT）是一种用于测量高电流电力系统中电流的装置。它通过电磁感应原理将高电流转换为低电流，以实现安全的测量和监测，电流互感器实体图如图 3-9 所示。

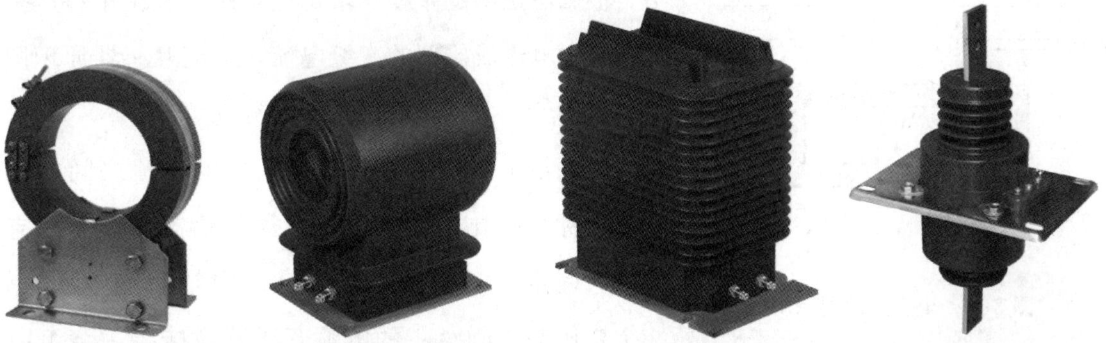

(a) 零序电流互感器 (b) 母线式电流互感器 (c) 支柱式电流互感器 (d) 贯穿式电流互感器

图 3-9 电流互感器实体图

电流互感器的主要功能是降低高电流电网中的电流，使之适合于低电流测量设备（如仪表、保护继电器等）的使用。它采用互感器的工作原理，利用线圈和磁芯实现电流的感应和变换。

电流互感器通常由一侧高电流绕组、另一侧低电流绕组和磁芯组成。高电流绕组连接在电力系统的高压侧，通过电流感应作用产生磁场。磁场经过磁芯传导到低电流绕组，引起次级电流的流动，形成一个由原电流到次级电流的比例变换。

在电力系统中，电流互感器广泛应用于以下方面：

（1）测量和监测：电流互感器用于将高电流变换为低电流，提供准确的电流测量和监测。通过测量电流，可以了解电力系统的负荷情况，实施管理和调整策略。

（2）保护和安全：电流互感器是电力系统保护装置不可或缺的组成部分。它能够监测电流异常，及时触发保护装置，以保护设备和电网的安全运行。

（3）控制和调节：电流互感器在电力系统的控制和调节中有关键作用。通过监测电流的变化，可以进行电力调节和控制，保持供需平衡，提高电网稳定性和效率。

(4) 仪表和计量：电流互感器用于仪表和计量设备中，测量和记录电路中的电流值。它们确保准确和可靠的电流计量，为电能计费和结算提供依据。

电流互感器是一种关键的电力测量和保护装置，在测量、保护、控制和计量等方面发挥着重要的作用。它通过将高电流转换为低电流，使其适合于低电流设备的使用，确保电力系统的安全、可靠和高效运行。

二、电流互感器的基本原理

当电流通过电流互感器的主绕组时，主绕组中的感应磁场会通过磁芯传导到次级绕组中。根据法拉第定律和安培定律，次级绕组中将产生与主绕组中电流成比例的次级电流，电流互感器原理图如图 3-10 所示。

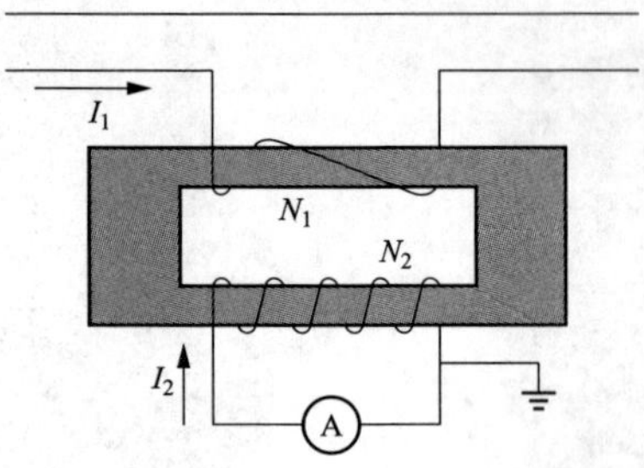

图 3-10 电流互感器原理图

主绕组中的电流和次级绕组中的电流之间的比例关系被称为变比。变比可以根据互感器的设计和应用要求来确定，一般在电流互感器中是固定的。例如，一个变比为 1000∶1 的电流互感器意味着主绕组中的电流是次级绕组中电流的 1000 倍。为了实现准确的电流变换，电流互感器通常采用铁心来增强磁通，并使磁场更容易通过次级绕组。铁心的材料通常选择具有高磁导率的材料，如硅钢片。

通过变换和降低高电流到低电流的比例，电流互感器实现了对电流的精确测量和监测。输出的低电流信号可供测量仪表、保护继电器、控制设备等使用。这种测量、监测和控制有助于确保电力系统的安全运行和有效管理。

电流互感器利用磁场感应和变比原理将高电流转换为低电流，以实现对电流的准确测量和监测。变比决定着主绕组和次级绕组中电流的比例关系，铁心在其中起着重要的辅助作用。这些原理和设计可确保电流互感器的可靠性和准确性。

(1) 磁场感应原理：电流在导体中产生磁场。当通过电流互感器主绕组的高电流通过时，它产生的磁场通过磁芯传导到次级绕组中。这种磁场感应原理是电流互感器正常工作的基础。

(2) 互感作用：电流互感器的主绕组和次级绕组通过磁芯相互连接，形成了一个互感器。根据互感器的设计，主绕组和次级绕组的匝数比例决定了电流的变压比例。

(3) 变比和绕组：电流互感器的变比是通过绕组之间的匝数比来实现的。主绕组通常包含较多的匝数，以适应高电流。次级绕组则包含较少的匝数，以输出相应比例的低电流。

（4）次级电流输出：通过次级绕组，电流互感器输出与主绕组中的电流成比例的低电流信号。这样，低电流信号可以被接入测量仪表、保护继电器或其他设备进行监测、计量和保护等用途。电流互感器用途多种多样，对应型号产品也较丰富，电流互感器型号如图 3-11 所示。

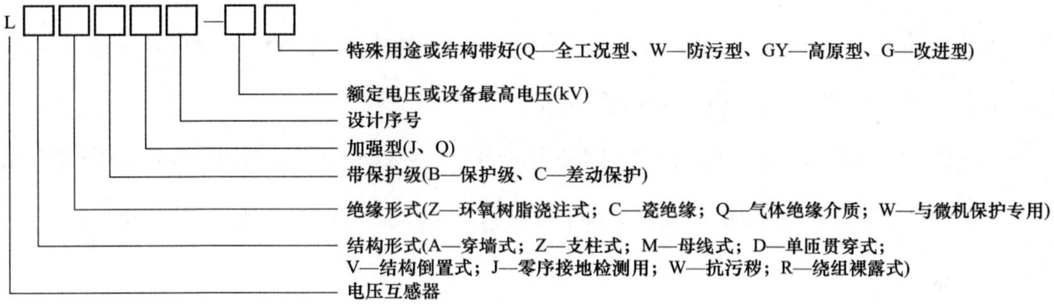

图 3-11　电流互感器型号

按照使用用途、功能的不同，电流互感器可分为以下多种类型：

（1）按用途不同分：测量用电流互感器（或电流互感器的测量绕组）、保护用电流互感器（或电流互感器的保护绕组）；

（2）按绝缘介质分：干式电流互感器、浇注式电流互感器、油浸式绝缘电流互感器、气体绝缘电流互感器；

（3）按工作原理分：电磁式电流互感器、光电式电流互感器；

（4）按二次绕组所在位置分：正立式电流互感器、倒立式电流互感器。

三、电流互感器的配置原则

在电能计量方面，电流互感器的配置原则主要涉及以下几个方面：

（1）变比选择：电能计量需要准确测量电流，因此选择适合的电流互感器变比至关重要。变比的选择应该基于所需测量电流范围和精度要求。一般情况下，变比的选取应使得被测电流在互感器额定电流范围内，并且在整个测量范围内保持较高的准确性。

（2）准确度要求：电能计量中需要高精度的电流测量，因此电流互感器的准确度要求较高。选择具备较高准确度等级的互感器可以提供准确的电流测量结果，以确保电能计量的准确性。一般情况下，电流互感器的准确度等级应符合国家或地区的相关准则和标准。

（3）负载特性考虑：电流互感器在计量中的负载特性对计量的准确性有一定影响。负载特性涉及互感器的内阻、外阻、相角等参数。在电能计量中，应选择具有较低的负载影响、较小的相角误差和较好的线性度的电流互感器，以确保计量结果的准确性和稳定性。

(4) 安装位置与布线：电流互感器的安装位置也需要合理选择，通常应与负载设备相连，并采取合适的布线方式。在安装时，应注意避免磁场干扰、温升过高以及绕组的绝缘与保护等问题，以确保互感器的正常运行和测量的准确性。

(5) 互感器的精度等级：根据不同的应用需求，电流互感器的精度等级可以选择。具有更高精度等级的互感器可以提供更准确的测量结果，但其成本也会相应增加。因此，需要根据实际需求和经济因素来选择适当的精度等级。

(6) 互感器的额定电流：电流互感器应具有适当的额定电流，其值应根据所需测量范围确定。额定电流应略高于所需测量的最大电流，以确保在正常运行情况下互感器不会过载。

(7) 验证与校准：在安装和使用电流互感器之前，需要进行验证和校准以确保其准确性。验证包括检查互感器的基本参数、外观和连接，以确保其符合规格要求。校准需要定期进行，以确保互感器的测量结果与标准值一致。

(8) 定期检查与维护：电流互感器的定期检查与维护对于保持其准确性和可靠性至关重要。应定期检查互感器的外观、连接、绝缘和温度等参数，确保其正常运行。如果发现任何问题，需要及时采取措施修复或更换互感器。

(9) 数据采集系统：电流互感器的配置还需要考虑与数据采集系统的兼容性。确保互感器的输出信号与数据采集系统的输入要求相匹配，以保证数据的准确采集和处理。

在电能计量中，正确配置电流互感器至关重要，它直接影响着测量结果的准确性和可靠性。变比选择、准确度要求、负载特性考虑以及安装位置与布线等因素应该综合考虑，以满足计量的精确要求。

第四节　计量箱（屏、柜）基础知识

一、计量箱（屏、柜）简介

计量箱是用于封闭电能表、计量用电压互感器、电流互感器及其二次回路等设备的辅助设备（见图 3-12）。它主要包含外壳和刀闸等其他设备，具有防护和绝缘功能。

计量柜用于安装专用计量表（装置）的柜体，通过电流互感器、电压互感器、电能表等计量装置用电情况和反映负载的用电量（见图 3-13）。通常直接安装在用电设备的供电开关和集中式计量系统中，需要满足强电安全要求，同时也需要考虑设备的使用寿命和可靠性。

计量屏是用于显示电器设备消耗的电量的装置（见图 3-14）。是用来监测、显示电能参数和电能质量参数，如电流、电压、功率因数、频率等，便于运维人员对电力系统进行实时监测和远程通信，同时也具备防护等级高、安装方便的特点。

图 3-12 计量箱

图 3-13 计量柜

图 3-14 计量屏

二、计量箱（屏、柜）的组成

1. 外壳材料

（1）技术要求。电能计量箱表面外观应无气泡、裂纹、变形、毛刺及缩壁等缺陷。箱盖与箱体能方便分卸。要求在户内、户外使用环境下，寿命 20 年以上，并符合以下要求：

1）绝缘强度：对地承受工频耐压（50＋5）Hz，正弦波 2500V/min 不发生飞弧、击穿现象。

2）气候温度在(60＋2)℃/4h，低温(－30＋2)℃/4h 的情况下箱体不变形、不开裂。表箱具有 FV-O 级阻燃、防日晒雨淋及抗腐蚀等性能，抗冲击强度大于等于 30kJ/m^2、抗压性能符合国家有关标准。

3）户内环境使用时，防护等级不低于 IP30；户外环境使用时，防护等级不低于 IP54。

4）计量箱观察窗口要求清晰、透明、20 年不变色。观察窗功能和面积应满足抄表、费控及运行监视的要求。

（2）材料类别。目前电能计量箱的材料主要分为三种，其中高压计量箱（屏、柜）普遍使用金属材料，低压计量箱（屏、柜）除金属材料外多采用 PC/ABS 合金工程塑料和 SMC 玻璃钢材料。

PC/ABS 合金工程塑料计量箱具有绝缘性能好、耐老化、易于安装管理等优点，但也存在承压能力差，易产生高温蠕变等不足。

SMC玻璃钢计量箱具有箱体坚固、永不变形、耐腐蚀、抗老化、长寿命、易于安装、操作简便等特点，但存在回收利用难等问题；但是该材料环保性差，需要做深埋处理，否则会对环境造成污染。

金属电能计量箱具有美观、坚硬、刚性强、抗酸碱腐蚀、较好的荷载能力，但是金属计量箱的绝缘性差，存在一定的安全隐患。

2. 内部主要构成

（1）低压计量箱（屏、柜）。低压计量箱（柜）是用于380V及以下低压电能计量的箱型成套装置，它主要包括电能表、计量用电压互感器、电流互感器及其二次回路。计量箱（柜）内部除了计量设备外主要有接线端子、各种刀闸、保护设备（如空气开关、熔断器之类）。

隔离开关宜采用模数化隔离开关，根据安装处的负载电流选择（见图3-15）。

断路器应根据安装处电能表的额定最大电流和可能出现的最大短路电流来选择，单相采用两极断路器，三相选用三极/四极断路器（见图3-16）；断路器应有明显的分合闸指示标志。

农村电力客户应配置漏电保护器（见图3-17）。但漏电保护器资产属于用户，在计量箱内预留安装位置。

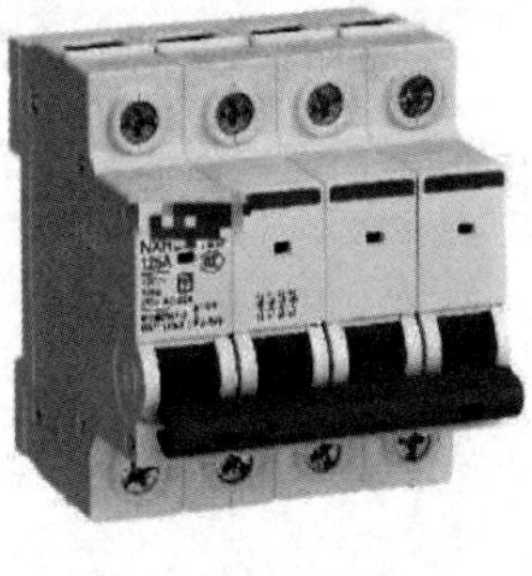

图3-15　隔离开关

图3-16　三极断路器

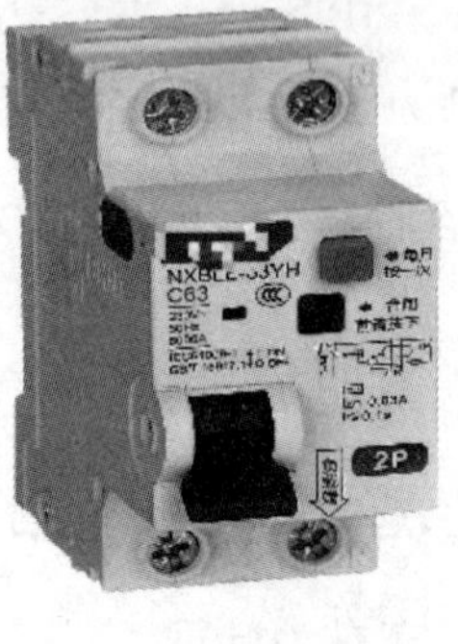

图3-17　漏电保护器

（2）高压计量箱（屏、柜）。高压计量箱（柜）主要由计量装置、继电器保护装置和电压（电流）互感器等组成。

计量装置则负责对电能进行计量，包括电流、电压、功率因数等参数的测量。

继电器保护装置用于监测电能的运行状态，一旦发生故障或异常情况，会及时切断电路，保护电力设备和系统的安全运行。

电压互感器用于提供测量表计的电压回路，隔离刀则用于提供操作盒操作电源，每段母线过电压保护器的装设以及继电保护的需要如母线绝缘、过压、欠压、备自投条件等。

电流互感器用于母线的分配电能作用，将主电源分配到各个用电支路开关上去，对各支路过流过载保护盒接通断开支路电源的作用。

高压计量柜还包括高压熔断器和带电显示器等主要元器件（见图 3-18 和图 3-19）。

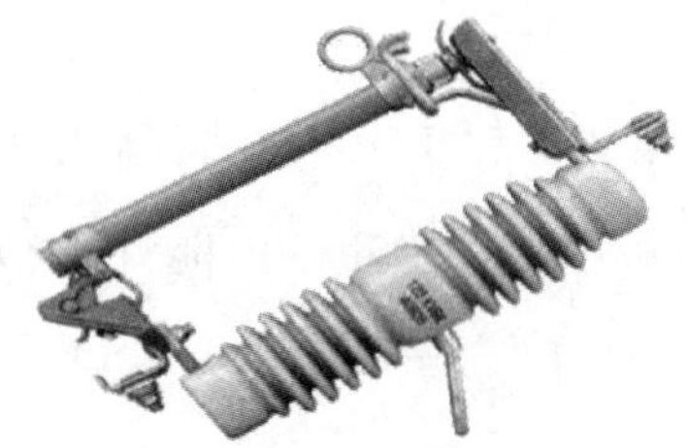

图 3-18　高压熔断器

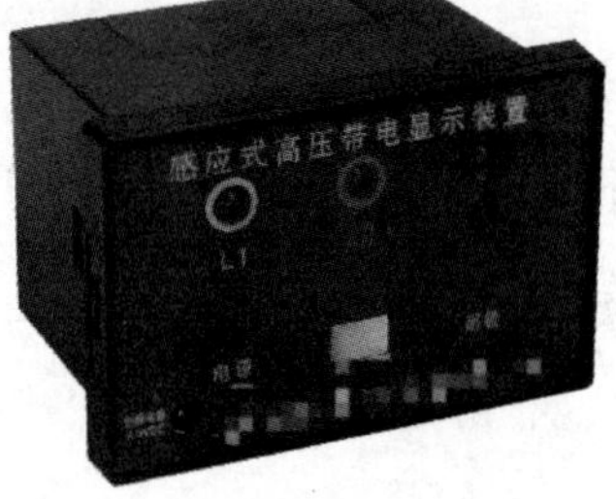

图 3-19　带电显示器

三、计量箱（屏、柜）的安装

1. 低压计量箱的安装

（1）计量箱可采用悬挂式或落地式安装。为保证安装质量，悬挂式箱体固定必须蚕蛹内置膨胀螺栓，螺栓尺寸满足安全牢固的要求及户外安装条件。

（2）电能计量箱最高观察窗中心线距安装地面不高于 1.8m。

（3）墙面安装的单体电能计量箱，其下沿距安装处地面不宜低于 1.4m。

（4）墙面安装的多表位整体组合电能计量箱，其下沿距安装处地面不宜低于 0.8m。

（5）电能计量箱安装在 GPRS 信号良好的位置，原则上不宜安装在地下建筑内（如地下车库、人防工程等）。确需安装地下建筑内的表箱安装位置必须满足采集终端对 GPRS 信号通信的要求，且其下沿距安装处地面不得低于 1.0m。

2. 高压计量箱的安装

（1）高压计量箱安装前应试验合格，配置相应电压等级的氧化锌避雷器或阀式避雷器，其接地电阻小于等于 10Ω。

（2）接线应辨明电网电源的相序 A、B、C 与高压电力计量箱一次导电端子的相序 A、B、C 各相分别对应连接（必须是正相序）方可投入运行。

（3）高压电力计量箱应水平安装，电能表位置应垂直，不得任意倾斜，箱体外壳和互感器二次绕组应可靠接地。

（4）高压电力计量箱装好后，应带负荷进行试验观察，看有功、无功电能表转动是否正常或调试遥测抄表各项功能是否正常，经过全面检查试验合格后，方可正式投入运行。

四、计量箱（屏、柜）的配置原则

1. 10kV、35kV电能计量柜配置原则

（1）配置原则。

1）系统变电站10kV、35kV户内配电装置中，电能计量柜选用线路开关柜，电能表安装在其计量室内。

2）客户侧电能计量装置原则上采用专用电能计量柜；柜中需要安装高压开关时，采用固定结构的整体柜。当采用户外组合互感器时，可采用电能计量箱，电能计量箱与组合互感器宜分体安装。

（2）特殊要求。

1）35kV专用电能计量柜原则上布置在第二柜；10kV专用电能计量柜宜布置在第一柜，采用环网结构时应布置在第二柜。

2）专用电能计量柜与进线开关柜应有防止误操作的闭锁装置，整体式电能计量柜应设置防止误操作安全连锁装置。

3）整体式电能计量柜内的电压互感器的一次绕组应接在电流互感器的前面。

4）移开结构形式的专用电能计量柜的电流、电压互感器宜装设在同一架手车内。电能表与互感器之间的二次回路连接线应接触可靠。

5）电源进出线原则上不设置在同一侧，应优先采用上进下出或下进上出方案。进线裸露部分应采用封闭措施。前后门和侧边门宜采用内嵌式设计，并能加锁加封。户外组合互感器一次桩头应加装绝缘型封盒。

6）电能计量柜、箱内计量单元和辅助单元应分区设计，各单元之间应以隔板或采用箱形结构体加以区分或隔离，便于运行维护。

7）电能计量柜、箱的计量室宜按三表位设计，应有足够空间安装电能表、专变采集终端、回路状态巡检仪、试验接线盒以及控制信号辅助单元元器件。

8）户外式组合互感器进线侧应加装避雷器、断路器或跌落式熔断器，客户侧总开关出线处应加装避雷器。

（3）注意事项。

1）对运行中的高压电力计量箱，根据有关规程必须定期检查和预防性试验，每年一次，若发现有抄表不正常现象或其他缺失，应做处理后再继续运行。

2）高压电力计量箱保存期间注意防潮。

2. 380V电能计量箱（屏、柜）配置原则

（1）配置原则。

1）公用配电变压器低压侧总电能计量装置宜采用JP柜或计量箱。

2）10kV高供低计专变用户变压器低压侧总计量柜宜采用专用计量柜或配电柜，容量为100kVA及以下，变压器低压侧总计量柜也可采用JP柜。

3）380V供电的电力客户电能计量装置采用电能计量箱。同一供电地点，有多个计量点，可采用多表位电能计量箱，并应考虑满足后续客户供电需求的预留表位。

4）箱式变电站的电能计量装置应设置在箱式柜内。

（2）特殊要求。

1）专用计量柜、计量用配电柜应布置在第一柜；JP柜安装在变压器低压出线侧；电能计量箱安装在客户端电源进线侧。

2）专用计量柜、计量用配电柜采用落地式安装，JP柜宜安装在变压器台架下方或悬挂安装。电能计量箱宜采用墙挂式或嵌入式安装。

3）当变压器与低压配电装置采用户内装置时，若变压器容量小于400kVA，进线柜宜采用铠装电缆；若变压器容量大于或等400kVA，进柜母线宜采用母线槽。

4）户外安装的JP柜、电能计量箱进线宜采用铠装电缆。电流互感器宜安装在进线开关之前。

5）柜、箱内计量单元和辅助单元应分区设计，各单元之间应以隔板或采用箱形结构体加以区分或隔离，可设立计量室（可含专变采集终端）、互感器室、断路器室等。

6）变压器低压桩头、试验接线盒、计量室、互感器室、计量柜（箱）门等处均应采用封闭措施。

7）专用计量柜、计量用配电柜、JP柜的进线侧应设置避雷器。

8）双电源供电的电能计量装置必须设置安全连锁装置。

（3）注意事项。

1）高层（十层及以上）宜采用每层集中或多层集中方式设置，电能计量箱宜设在电缆竖井附近的墙面。

2）多层和小高层（十层以下）宜设置在底层的墙面上、专用计量间或其他合适的位置。

3）别墅宜数户集中装表，计量箱应设在户外（围墙、围栏外）。

4）散户及小商铺店面宜设置在户外公共通道上，相对集中的用户，宜数户集中装表。

第五节 计量回路基础知识

一、计量回路简介

电能计量回路（electric energy metering circuit）是用于测量和记录电能消耗的电路。它包括一系列的组件与功能，以实现对电能的准确计量。它的主要作用是记录和监测电能使用量，以便进行电费结算、能源管理和能效评估等应用。

1. 计量回路的组成

（1）电能表：是用来记录电能消耗量的仪表，可以分为感应式电能表和电子式电能表。感应式电能表是利用电磁感应原理工作的，电子式电能表是利用电子技术和微处理器工作的。电能表的种类有很多，根据测量的电能类型，可以分为有功电能表、无功电能表、复合电能表等；根据测量的相数，可以分为单相电能表、三相电能表等；根据测量的费率，可以分为单费率电能表、复费率电能表等。电能表的精度等级有 0.2、0.5、1.0、2.0 等，表示电能表的允许误差范围。

（2）互感器：是用来将高电压或高电流转换为低电压或低电流的装置，以便与电能表匹配。互感器的种类有两种，一种是电压互感器，又称为电压变压器或势变器，它的作用是将高电压降低到电能表的额定电压，如 100V 或 57.7V；另一种是电流互感器，又称为电流变压器或流变器，它的作用是将高电流降低到电能表的额定电流，如 5A 或 1A。互感器的精度等级有 0.2、0.5、1.0 等，表示互感器的允许误差范围。

（3）导线：是用来连接电能表和互感器的电缆，通常采用铜芯或铝芯的绝缘导线。导线的长度、截面和接触情况都会影响电能计量的准确性，因此应尽量缩短导线长度，增大导线截面，保证导线接头牢固可靠。

计量回路原理图如图 3-20 所示。

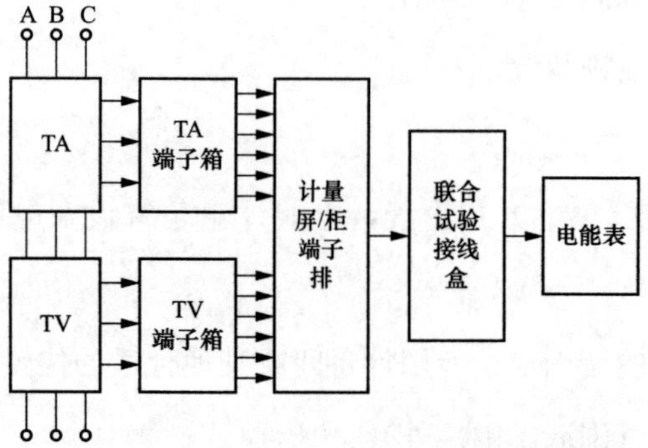

图 3-20 计量回路原理图

2. 计量回路的分类

电能计量回路的种类有以下几种：

（1）高压计量回路：是指电压等级在 10kV 及以上的计量回路，通常由高压电能表、高压互感器和导线等组成。高压计量回路的接线方式有三相三线制和三相四线制两种，根据电力系统的运行方式和供电对象的不同，可以选择不同的接线方式。高压计量回路的电能表可以采用三相三线三元件或三相四线三元件的电能表，额定电压为100V或57.7V，额定电流为1A或5A。高压计量回路的互感器可以采用电压互感器和电流互感器，电压互感器的二次额定电压一般为100V或$100/\sqrt{3}$V，电流互感器的二次额定电流一般为5A或1A。高压计量回路的导线应采用足够截面的绝缘导线，导线长度应尽量缩短，导线接头应牢固可靠。高压计量回路的安装应符合有关规范和要求，应有专业人员进行检验和试验，确保计量回路的安全和准确。

（2）低压计量回路：是指电压等级在380V及以下的计量回路，通常由低压电能表和导线等组成。低压计量回路的接线方式有单相二线制、三相三线制和三相四线制三种，根据供电对象的不同，可以选择不同的接线方式。低压计量回路的电能表可以采用单相或三相的电能表，额定电压为220V或380V，额定电流为5(60)、10(100)A等。低压计量回路的导线应采用足够截面的绝缘导线，导线长度应尽量缩短，导线接头应牢固可靠。低压计量回路的安装应符合有关规范和要求，应有专业人员进行检验和试验，确保计量回路的安全和准确。

3. 计量回路的重要作用

电能计量回路在电力系统中扮演着非常重要的角色。在电力系统的每个环节，都需要对电能进行计量和监测。

（1）计量回路可以实现对电能的计量和结算，为电力供应商和用户提供准确的电能数据，保证电能的公平交易和合理分配。

（2）计量回路可以实现对电能的监测和分析，为电力系统的运行和管理提供有价值的信息，如负荷特性、功率因数、电能损耗、电能质量等。

（3）计量回路可以实现对电能的控制和优化，为电力系统的节能和环保提供有效的手段，如需求响应、峰谷平衡、分布式发电、智能电网等。

4. 计量回路的运行与维护

电能计量回路的正确配置和安装是保证电能计量准确的重要条件，电能计量回路的运行和维护也是保证电能计量可靠的必要措施。电能计量回路的运行和维护应遵循以下原则：

（1）定期检查：应定期对电能计量回路的电能表、互感器、导线、接头等进行检查，发现问题及时处理，防止计量误差和事故发生。

（2）定期检定：应定期对电能计量回路的电能表、互感器进行检定，保证计量精度。检定周期应根据计量装置的类别和精度等级确定。

（3）定期更换：应定期对电能计量回路的电能表、互感器、导线、接头等进行更换，淘汰老旧、损坏、不合格的计量器具，更新计量设备，提高计量水平。

二、计量回路的设计验收

电能计量回路的设计与验收是指在建设电能计量系统时，对电能计量回路的设计方案进行制定和审核，同时对电能计量回路建设完成后进行测试和验证的过程。设计与验收的目的是保证电能计量回路设计方案的可行性和合理性，并评估系统的性能指标，确保电能计量回路的测量结果精确可靠、数据传输准确无误，为用电单位提供合法的计量服务。

1. 计量回路的设计

电能计量回路是用于测量电能消耗的一种电路。电能计量回路的设计一般要遵循以下步骤：

（1）选择合适的电能表：选择电表的容量时，需要结合实际情况和需求来进行选择。大容量电表适用于工业、商业等场合，而小容量电表适用于家庭和小型企业。选择电表品牌和型号时也要注意质量和安全。

（2）安装电能表：将选定的电能表安装在电路中适当的位置。通常是将电能表安装在主要电源入口处，以便测量整个电路的总电能消耗。

（3）连接电能表：将电能表与电路连接，通常需要使用适当的电缆和接线。确保连接正确，并遵循电能表的安装说明。

（4）监测和记录数据：一旦电能表安装和连接完成，开始监测和记录电能消耗数据。可以通过电能表上的显示屏或其他外部监测设备进行。

在电能计量回路的设计中，还需要考虑一些其他因素，包括：

（1）电缆长度和截面积：电缆的长度和截面积会影响电能消耗的计量精度。选择合适长度和截面积的电缆可以提高计量精度。

（2）抗干扰：建立电能计量回路时，需要考虑如何防止电源波动、诱导噪声、接地干扰等问题对计量精度的影响。

（3）安全性：在设计电能计量回路时，需要确保电路的安全性。例如，必须正确连接地线以确保电路中电流的安全流动。

（4）校验：定期校验电能计量回路，以确保电路的准确计量。更换电能计量装置后，需要重新电能计量回路进行首次检验。

除了之前提到的因素，还有一些其他要考虑的因素，包括：

（1）环境因素：电能计量回路通常需要在各种环境条件下运行，包括温度、湿度和振动等。确保所选择的电能计量设备和组件能够在所处环境条件下正常工作，并具备良好的耐久性和可靠性。

（2）数据传输和存储：确定如何传输和存储电能计量数据。需要使用通过有线或无线方式传输数据，同时需要确定数据存储的方式和容量需求。

（3）通信协议和接口：如果需要将电能计量数据上传到能源管理系统或其他监控系统中，需要选择适当的通信协议和接口，以确保数据的可靠传输和兼容性。

（4）防护措施：考虑采取适当的防护措施，以防止电能计量回路受到盗窃、物理损坏或未经授权的访问。这可能包括使用安全封条、加密通信和访问控制等措施。

（5）用户需求和应用场景：了解用户的特定需求和应用场景，以确保电能计量回路能够满足这些需求并提供所需的功能和性能。

2. 计量回路的验收

电能计量回路的验收是指对新建或改造的电能计量装置及其所处的电能计量回路进行测试、检验和确认的过程。其目的是确保电能计量装置及其回路的安装、接线和工作符合相关标准和规范要求，能够准确、可靠地计量电能。电能计量回路的验收通常包括以下内容：

（1）安装检查：对电能计量装置的安装位置、基础设施和防护措施进行检查，确认其符合安全规范和要求。

（2）接线检查：对电能计量装置的电气接线进行检查，包括线缆连接、接地、绝缘等，以确保连接正确可靠。

（3）参数设置：根据实际需求和计量要求，对电能计量装置进行参数设置，包括电压、电流、频率等参数的设定。

（4）功能测试：对电能计量装置的各项功能进行测试，包括正向有功、反向有功、无功功率计量、需量计量、时段计量等功能的正确性和准确性。

（5）计量准确性测试：通过使用标准电能表或检定装置与待验收的电能计量装置进行比较，对电能计量装置的准确性进行测试，以确认其测量误差在规定范围内。

（6）数据采集系统测试：对与电能计量装置相连接的数据采集系统进行测试，包括数据传输、数据存储和数据处理等系统功能的可靠性和准确性。

验收完成后，需要出具验收报告，记录验收过程、测试结果和问题发现等信息。如果存在问题，需要及时进行修复和调整，直到符合要求为止。验收合格的电能计量回路可以投入正常使用，并确保计量数据的准确性和可信度。当完成电能计量回路的验收后，需要进行以下工作。

（1）编制验收报告：将验收过程中的检查、测试和结果记录在验收报告中，包括电能计量装置和回路的信息、测试结果、问题发现以及必要的修复和调整情况等。验收报告可以作为后续运维管理和监测的参考依据。

（2）运行监测与管理：对已验收的电能计量装置和回路进行持续的监测和管理。监测包括对电能计量装置的运行状态、计量数据和通信状态等进行定期检查，以确保其正常运行和计量准确性。管理包括对设备的维护、故障处理、数据管理和数据安全等方面的管理工作。

（3）定期维护：定期对电能计量装置进行维护。维护工作包括清洁设备、检查连接和接线、紧固螺栓、更换损坏的零部件等，以确保设备的正常运行。

（4）数据处理与分析：对采集到的电能计量数据进行处理与分析，包括数据存储、数据校验、数据清洗和数据分析等。通过对电能计量数据的处理与分析，可以获得电能使用情况、能效分析、负荷评估等信息，为能源管理和决策提供依据。

（5）故障处理与维修：当发生电能计量装置或回路的故障时，需要及时处理和修复。故障处理包括对故障进行排查、检修和更换故障部件等，以恢复设备的正常运行。

（6）运行规程和操作培训：制定计量装置和回路的运行规程，明确操作流程和注意事项。对操作人员进行培训，确保工作人员了解正确的操作方法和操作要点。

电能计量回路的验收是一个综合性的过程，旨在确保电能计量装置和回路的安全、准确和可靠运行。通过仔细的测试和调试，可以提高电能计量的准确性和可信度，为能源管理和计量结算提供可靠的数据依据。

三、计量回路的配置原则

计量回路的配置原则是指在电力系统中，根据计量要求和技术要求，合理选择和配置计量设备的准则。以下是计量回路配置的一些原则。

（1）正确性原则：计量回路配置要满足准确测量电能和功率的要求，确保测量结果的准确性。选择合适的计量设备，确保其精度和稳定性。

（2）安全性原则：计量回路配置要考虑电力系统的安全，确保计量设备与其他设备的安全隔离，防止电能传输中的故障对计量设备的影响。同时，要注意选用符合安全标准的计量设备，并采取必要的保护措施，如过流保护、过压保护等。

（3）经济性原则：计量回路配置要尽量节约成本，选择合适的计量设备和布置方式，避免不必要的测量设备和线路，降低投资和运维成本。

（4）可靠性原则：计量回路配置要保证计量设备的可靠运行，减少故障和损坏的可能性。选择品牌可靠、质量过硬的计量设备，避免使用过时或性能不稳定的设备。另外，配置合理的备用计量设备，确保在设备故障时能够及时切换并保证计量的连续性。

（5）实用性原则：计量回路配置要满足使用者的实际需求，并考虑到系统的可操作性。根据具体要求选择合适的计量参数和测量范围，使计量结果能够满足系统管理和分析的需要。

（6）扩展性原则：计量回路的配置要具备一定的扩展性，能够适应系统的发展和改造需求。考虑到未来可能的电源接入、容量扩展或系统结构变化，预留足够的安装空间和接口。

（7）统一性原则：对于同一电力系统中的不同计量回路，要统一计量设备的选择、安装方式和参数设置，以便于管理和对比分析。统一的配置有助于提高系统运行的效率和准确性。

（8）可维护性原则：配置计量回路时要考虑设备的维护和检修需求，确保易于操作和维护。合理布置计量设备，使其易于观察、检修和更换。

（9）兼容性原则：计量回路配置要与其他系统和设备兼容，避免不必要的干扰和影响。对于数字化计量系统，要考虑与其他自动化系统的接口和通信协议的兼容性。

（10）法规要求原则：不同国家和地区对计量回路的配置有各自的法规要求，必要时需要遵循相应的法规和标准，确保计量回路的合规性和合法性。

总之，在配置计量回路时，需要综合考虑准确性、安全性、经济性、可靠性、实用性等方面的原则，并结合具体的系统要求和实际情况进行设计，以确保计量回路满足需求并能够稳定、准确地进行电能和功率测量。通过遵循以上配置原则，设计和配置电能表计量回路时可以提高电能计量的准确性、稳定性、可靠性和安全性，从而满足电力供应和能源管理的需求，并为能源节约和高效利用提供支持。

第四章　电能计量设备的装接

第一节　装　接　条　件

一、安全的作业现场

为保护电网、设备、人身安全，根据《电力安全规程》营销部分规定，对装接条件下的作业现场环境严格要求，具体如下：

（1）作业现场的生产条件和安全设施等应符合有关标准规范的要求。

（2）作业人员的劳动防护用品应合格齐备，经常有人工作的场所及施工车辆上应配备急救箱存放急救用品，并应指定专人经常检查补充或更换进出屏、柜、箱等现场设备的电缆及接线应有标识牌或编号。

（3）孔、洞应用防火材料严密封堵。设备运维管理单位应将配电站开闭所的井、坑、孔、洞或沟槽，覆以与地面齐平而坚固的盖板，所有吊物孔没有盖板的孔洞，楼梯和平台应装设符合安全要求的栏杆和护板，计量装置充换电设备等检查检修的门应开启灵活，朝向外开，进入 SF_6 装置室，应确认能报警的氧气含量仪和气体泄漏报警仪无异常，报警后方可进入。

（4）入口处若无 SF_6 气体含量显示器应先通风 15min，并用检漏仪检测测试。SF_6 气体含量合格，不宜一人进入 SF_6 配电装置室进行巡视，不准一人进入从事工作工作区，空气中 SF_6 气体含量不得超过 $1000\mu L/L$。

（5）在多电源和有自备电源的客户线路的高压系统接入点应有明显断开点。

（6）现场作业过程中要防止误入高压带电区域，无论设备是否带电，作业人员严禁擅自穿越安全围栏或超越安全警戒线，不得单独移开或越过遮拦进行工作。现场作业过程中应提前观察周围应急逃生路线指示和消防通道等，不得进行和工作无关的作业。

（7）在夜间、雾天、地下电缆隧道以及室内作业应有足够的照明，金属计量箱的箱体、充电桩、外壳等设备的接地电阻应合格。

（8）对于风险较高的营销作业现场，如变电站电厂内作业以及高压部位需停电并做安全措施的作业，宜开启视频监控设备对工作现场进行监控，视频设备应放置合理牢固，已具备定位、实时对讲功能。视频设备已与相关业务应用系统挂接视频音频的开启与录制，宜满足相关监控要求。

二、合适的工作人员

（1）经医师鉴定无妨碍工作的病症（体格检查每两年至少一次）。具备必要的安全生产知识，学会紧急救护法，特别要学会触电急救。接受相应的安全生产知识教育和技能培训，掌握营销现场作业必备的电器知识和业务技能，并按工作性质熟悉安规的相关部分，经考试合格后上岗。

（2）作业人员应被告知其作业现场和工作岗位存在的危险因素，防范措施和事故紧急处理措施。作业前设备运维管理单位应告知现场电气设备接线情况、危险点和安全注意事项。进入作业现场，应正确佩戴安全帽，实验室计量工作除外。

（3）现场作业人员还应穿全棉长袖工作服、绝缘鞋。作业人员对安规应每年考试一次，因故间断电气工作连续三个月及以上者应重新学习安规，并经考试合格后方可进行工作。新参加电气工作的人员、实习人员和临时参加劳动的人员，管理人员、非全日制用工等，必须参加安全生产知识教育，并经考试合格后方可下现场参加指定的工作，并且不得单独工作。特种作业人员应按照国家规定的培训大纲，接受与本工种相适应的专门的安全技术培训，经考核合格取得特种作业操作证，并经本单位书面批准后方可参加相应的作业。

三、适配的安全工器具

（1）作业人员应了解机具、电动工具及安全工器具相关性能，熟悉其使用方法，现场使用的机具、安全工具应经检验合格，机具的各种监测仪表以及制动器、限位器、安全阀闭锁机构等安全装置应完好。

（2）机具在运行中不得进行检修或调整，禁止在运行中或未完全停止的情况下，清扫、擦拭机具的转动部分。检修动力电源箱的支路，开关临时电源，都应加装剩余电流动作保护装置，剩余电流动作保护装置应定期检查试验测试动作特性。施工机具和安全工器具统一编号，专人保管。

（3）入库、出库、使用前应检查。禁止使用损坏变形、有故障等不合格的机具和安全工器具。自制或改装以及主要部件更换或检修后的机具应按其用途依据国家相关标准进行型式实验，经鉴定合格后方可使用。

（4）连接电动机械及电动工具的电气回路，应单独设开关或插座，并装设剩余电流动作保护装置，金属外壳应接地，电动工具应做到一机一闸一保护，电动工具使用前应检查确认接线接地或接零完好，检查确认工具的金属外壳可靠接地，长期停用或新领用的电动工具，应用绝缘电阻表测量其绝缘电阻。如果带电部件与外壳之间的绝缘电阻值达不到2MΩ禁止使用。电动工具的电气部分维修后，应进行绝缘电阻测量及绝缘耐压试验，使用电动工具不得手提导线或转动部分，使用金属外壳的电动工具应戴绝缘手套，电动工具的电线不得接触热体或放在湿地上，使用时应避免载重车辆和重物压在电线上。

（5）在使用电动工具的工作中，因故离开工作场或暂时停止工作，以及遇到临时停电时应立即切断电源，在一般作业场所应使用二类电动工具，在潮湿或含有酸类的场地上以及在金属容器内，应使用24V及以下电动工具或二类电动工具，并装设额定动作电流小于10mA，一般型的剩余电流动作保护装置，且应设专人不间断监护，剩余电流动作保护装置、电源连接器和控制箱等应放在容器外面，电动工具的开关应设在监护人伸手可及的地方。

四、电能表装接条件

（1）装置在干燥及不受震动的场所，且便于安装、试验和抄表工作。

定型产品的开关柜（箱）内，或装置在电能表箱或配电盘上。按供电方案确定的位置安装。

（2）下列场所不应安装电能表：①有易燃、易爆危险的场所；②有腐蚀性气体或高温的场所；③有磁力影响及多灰尘的场所；④潮湿场所。

（3）住宅建筑原则上应按“一户一表”要求安装电能计量装置。住宅楼内楼道照明应安装在共用电能计量装置上。住宅的电能计量装置应采用专用电能表箱，电能表箱应装于户外。

（4）高层住宅建筑除应按“一户一表”要求安装电能计量装置外，楼内动力用电及公共用电部分应在配电间内安装电能计量装置。住宅建筑的配套商服部门应根据用电性质单独装设电能计量装置。

（5）距地面1.8～2.2m；装立式盘和成套开关柜时，不应低于0.7m；除成套开关柜外，电能表上方一般不装设经常操作的电气设备。电能表表板、盘（包括立式盘）以及明、暗装配电箱的安装应符合下列要求：电能表表板底口距地面不应低于1.8m。电能表箱暗装时，底口距地面不应低于1.4m，明装时不应低于1.8m，特殊情况者不低于1.2m。

（6）电能表装置在露天、公共场所及人易接触的地方，应加装表箱；电能表表箱处于室外时，应有防雨水侵入的措施。电能表与表板、盘、箱和其他相邻的电器装置距离不应小于下列数值：电能表上端距表板、盘的上沿不小于50mm。电能表上端距表箱顶端不小于80mm。电能表侧面距表板、表箱侧边不小于60mm。电能表侧面距相邻的开关或其他电器装置不小于 60mm。

五、电压互感器装接条件

（1）电能计量装置用互感器应符合互感器的相关规定。

（2）电压互感器一次侧应安装隔离开关，35kV 及以下计量用互感器的二次回路不应装设隔离开关、辅助接点和熔断器。互感器安装符合下列规定：

1）互感器的安装位置应便于巡视、检修、试验。

2）同一组互感器的极性方向应安装一致。

3）互感器二次侧端子位置应朝向便于检查的一侧。

4）电流互感器不适用的二次线圈在接线板处应短路并接地；互感器二次侧连接导线应采取单股铜芯绝缘导线，截面积不得小于 4mm。

5）商业用电容量在 50kW 及以上和普通非工业用电容量在 100kW 及以上的用户安装复费率利断相计时功能的计量装置。

六、电流互感器装接条件

（1）在安装之前，应检查电流互感器外观是否损坏或有缺陷。

（2）对于截面积较小的电缆，应使用电缆连接器。连接时要按照正确的顺序进行，以确保安装正确。

（3）在接线前，应注意电流互感器的极性方向。

（4）电流互感器的接地应按照规定进行。

（5）安装时应注意防水和避免机械损伤。

（6）在装接电流互感器之前，应确保它已经进行过校验和检测。

（7）不要使用不当或不合格的附件设备，例如夹子或连接器等不要让电流互感器负载超过其额定容量。

七、计量箱（屏、柜）装接条件

（1）计量柜可设置在主受电柜后面。

（2）计量柜（屏）上的设备与各构件间连接应牢固，允许偏差应满足 GB 50171—2012 的要求。

（3）电能表和电能信息采集终端宜平行排列，设备下端应加有回路名称的标签。

（4）电能表和电能信息采集终端宜装在 0.8～1.8m 的高度（设备水平中心线距地面尺寸），至少不应低于 600mm。

（5）电能表和电能信息采集终端应分别安装在固定夹具上，安装必须垂直牢固，设备中心线向各方向的倾斜不大于1°。

（6）电能表与电能表、电能信息采集终端之间的水平距离不应小于80mm。

（7）单相电能表之间的距离不应小于30mm。

（8）试验接线盒、电能表、电能信息采集终端与壳体之间的距离不应小于60mm。

（9）电能表、电能信息采集终端与试验接线盒之间的垂直距离不应小于40mm。

（10）计量柜（屏）柜体接地应牢固可靠，标识应明显。柜内二次回路接地应设接地铜排。电流互感器二次回路中性点应分别一点接地，接地截面不应小于4mm²，且不得与其他回路接地压在同一接线鼻子内。

（11）安装后的计量柜（屏）孔洞应封堵严密。

（12）柜式的进线和互感器一次采用硬母排，互感器一次排应为单排形式，排间距离保证不同外形尺寸互感器的安装。箱式的一次进、出应有固定和密封措施，按照进线、互感器、仪表、控制的顺序顺向排列布局计量箱结构分布。

第二节 电能表的装接

一、电能表的装接流程

电能表装接流程图如图4-1所示。

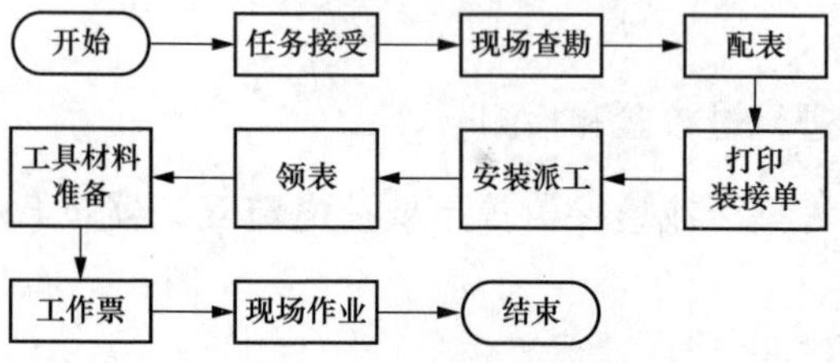

图4-1　电能表装接流程图

（1）前期查勘。安装前，应联系客户进行现场安装实地查勘，并确定电能计量装置安装时间。

（2）检查计量装置是否符合相关要求。

（3）检查现场无线通信信号是否良好。

（4）进入营销系统中选择工作单列表，选中待处理任务后点击处理，完成采集点方案后点击发送。

（5）打印装接单。打印电能计量装接单，装接单中包含申请类别，户号、供电电压、容量、联系人信息等相关内容。

（6）安装派工，选中待办事项后点击界面右下角处理，在派工信息中选择装拆人员，发送后在页面弹窗处点击确认按钮。

(7) 派工要求：工作人员身体健康，精神状态良好；具备相关资质；个人工器具和劳动防护用品齐全、合格；至少两人一组，并指定工作负责人。

(8) 营销系统进入领表界面，选中待办事项点击处理，在新弹出页面的电能表方案选项下勾选要处理事项，弹出应用成功消息提示后点击返回，选中领表人列表点击确认。

(9) 工具材料准备，常用工具如剥线钳、手电钻、油性笔、照明工具等。若需在高处作业，还需要配置合格的高处作业工具，如步步高、绝缘梯、安全带等。

(10) 工作票。装表施工作业票，适用于计量一、二次界限与外部电源无电气连接情况下装表等工作；变电站（发电厂）第二种工作票适用于运行中的高压计量装置装（拆）电能表等工作；电能表带电装（拆）作业票适用于运行中的高压计量装置装（拆）电能表等工作；业扩工程危险点预防措施卡适用于各类专用变压器业扩工程中计量装置安装、竣工验收等工作。

(11) 工作负责人到达现场，办理工作票许可手续。严禁未经许可开始工作；工作负责人在工作许可人完成施工现场的安全措施后还应再次检查安全措施、工作票签名、带电部位及注意事项。

二、电能表的装接要点

(1) 电能表的安装高度。对计量屏，应使电能表水平中心线距地面在0.6～1.8m的范围内；对安装于墙壁的计量箱宜为1.6～2.0m的范围。

(2) 装在计量屏（箱）内及电能表板上的开关、熔断器等设备应垂直安装，上端接电源，下端接负荷。相序应一致，从左侧起排列相序为U、V、W或U（V、W）、N。

(3) 电能表的空间距离及表与表之间的距离均不小于10cm。

(4) 电能表安装必须牢固垂直，每只表除挂表螺丝外至少还有一只定位螺丝，应使表中心线向各方向的倾斜度不大于1°。

(5) 当装用或校验感应式电能表时，由于安装位置偏离中心线而倾斜一定的角度时，将会引起附加误差，其原因有两个：①由于圆盘对于电磁铁的相对位置发生变化，引起了转动力矩的改变。当电磁铁对于圆盘的相对位置两边不对称时，就会产生一个附加的力矩。其作用原理和低负荷补偿力矩相似。②由于转动体对上下轴承的侧压力随着电能表的倾斜而增大，引起了摩擦力矩的增大，使得电能表出现负误差。

(6) 倾斜引起的表计误差在轻负荷时会大得多，对磁力轴承的电能表倾斜引起的误差更为严重。因此感应式电能表安装时不能倾斜，以减少倾斜误差。

(7) 安装在绝缘板上的三相电能表，若有接地端钮，应将其可靠接地或接零。

(8)《交流有功和无功电能表》(JB/T 5467—1991) 规定：对在正常条件下连接到对地电压超过250V的供电线路上，外壳全部或部分用金属制成的电能表，应该提供一个保护端。因此，单相220V电能表一般不设接地端；三相电能表有的也未设接地端。但对设有接地端钮的三相电能表，应可靠接地或接零。

(9) 在多雷地区，计量装置应装设防雷保护，如采用低压阀型避雷器。当低压配电线路受到雷击时，雷电波将由接户线引入屋内，危害极大。最简单的防雷方法是将接户线入户前的电杆绝缘瓷瓶铁脚接地，这样当线路受到雷击时，就能对绝缘的瓷瓶铁脚放电，把雷电流泄掉，从而使设备和人员不受高电压的危害。在多雷地区，安装阀型避雷器或压敏电阻，较为适宜。

(10) 在装表接电时，必须严格按照接线盒内的图纸施工。对无图纸的电能表，应先查明内部接线。现场检查的方法可使用万用表测量各端钮之间的电阻值，一般电压线圈阻值在kΩ级，而电流线圈的阻值近似为零。若在现场难以查明电能表的内部接线，应将表退回。

(11) 在装表接线时，必须遵守以下接线原则。

1) 单相电能表必须将相线接入电流线圈。

2) 三相电能表必须按正相序接线。

3) 三相四线电能表必须接零线。

4) 电能表的零线必须与电源零线直接联通，进出有序，不允许相互串联，不允许采用接地、接金属外壳等方式代替。

5) 进表导线与电能表接线端钮应为同种金属导体。

(12) 直接接入式电能表导线截面，应根据正常负荷电流选择，参见表4-1。

表4-1　　常用导线允许连接电流表

芯线截面积	芯线直径	允许电流(A)		芯线截面积	芯线直径	允许电流(A)	
(mm^2)	芯线	铜芯	铝芯	(mm2)	芯线	铜芯	铝芯
2.5	1/1.76	15	12	35	7/2.49	150	116
4	1/2.24	25	19	50	19/1.81	190	145
6	1/2.73	35	27	70	19/2.14	240	185
10	7/1.33	60	46	95	19/2.49	290	225
16	7/1.68	90	69	120	37/2.01	340	260
25	7/2.11	125	96	150	37/2.24	390	300

进表线导体裸露部分必须全部插入接线盒内，并将端钮螺丝逐个拧紧。线小孔大时，应采取有效的补救措施。带电压连接片的电能表，安装时应检查其接触是否良好。

（13）零散居民户和单相供电的经营性照明用户电能表的安装要求。

1）电能表一般安装在户外临街的墙上，临街安装确有困难时，可安装在用户室内进门处。装表点应尽量靠近沿墙敷设的接户线，并便于抄表和巡视的地方，电能表的安装高度，应使电能表的水平中心线距地面1.8～2.0m。

2）电能表的安装，采用表板加专用电能表箱的方式。每一用户在表板上安装单相电能表1块、封闭电能表的专用表箱1个、瓷插式熔断器2个、单相闸刀开关1只。

3）专用电能表箱应由电力公司统一设计，其作用为：①保护电能表；②加强封闭性能，防止窃电；③防雨、防潮、防锈蚀、防阳光直射。

4）电能表的电源侧应采用电缆（或护套线）从接户线的支持点直接引入表箱，电源侧不装设熔断器，也不应有破口、接头的地方。

5）电能表的负荷侧，应在表箱外的表板上安装瓷插式熔断器和总开关，熔体的熔断电流宜为电能表额定最大电流的1.5倍左右。

6）电能表及电能表箱均应分别加封，用户不得自行启封。

（14）高层住宅居民户电能表的安装要求。

1）对于居民户集中的高层住宅，宜以单元为单位，集中安装电能表。在高层住宅每单元的一楼（或2楼，或1、2楼之间的楼梯间）安装公用电能表箱1～2个，将该单元所有用户的电能表均集中装于其中。表箱的安装高度一般为1.6～2.0m。

2）表箱应有便于抄表的观察窗。电能表及电能表箱均应分别加封，用户不得自行启封。

3）表箱内应装有总进线熔断器及专用接线盒，电源进入电能表箱后，先进入总熔断器，然后通过专用接线盒，再分配到各用户的电能表。

4）由电能表箱至各用户的线路上，必须装设瓷插熔断器。熔体的熔断电流宜为电能表额定最大电流的1.5倍左右。

5）低压供电方式为单相二线者，应安装单相有功电能表。低压供电方式为三相者，应安装三相四线有功电能表；有考核功率因数要求者，应加装三相无功电能表。特殊情况亦可安装三只感应式无止逆单相有功电能表。

6）高压供电方式为中性点非有效接地系统的，一般采用三相三线有功、无功电能表，但经消弧线圈等接地的计费用户且年平均中性点电流（至少每季测试一次）大于0.1%I_N

（额定电流）时，也应采用三相四线有功、无功电能表。

7）高压供电方式为中性点有效接地系统的，应采用三相四线有功、无功电能表。

三、电能表的装接方法

1. 三相三线有功电能表常用的正确接线

电能表的接线是指电能表或连同测量用互感器与被测电路间的连接关系。电能表的接线方式多种多样，它是由被测电路（单相、三相三线、三相四线等）、测量对象（有功电能或无功电能）以及选用的电能表或电流互感器、电压互感器等多种情况决定的。不管选择哪种接线方式，都必须保证接线的正确性。如果接线不正确，即使电能表和互感器本身的准确度都很高，也达不到准确计量的目的。因为接线错误，常常会使计量的电能值发生错误，甚至无法计量，严重的还可能造成人身伤亡或仪器仪表、设备的损坏。所以，电能表的接线必须按设计要求和规程的规定正确进行。本节将介绍三相三线电能表、三相四线电能表常用的正确接线与不常用的正确接线方式等内容。电能表的接线与功率表的接线基本相同，不同之处仅是电能表所计量的是一段时间内的电能，而功率表则是测量某一瞬时的功率，在计算公式上仅是电能 $W=Pt$ 和功率 P 之差。为了叙述和讨论的方便，本节有关电能的公式均按功率公式方式来表示，将以相量图为主要分析工具，以分析电能表反映的功率是否正确来研讨电能表的接线问题。

由于各类电能表的电压、电流量限各有不同，被测电路又有不同的电压等级和线路电流，因此，电能表在接于被测电路时，一种情况是可以直接接入；另一种情况是必须经互感器接入。因此，电子类电能表的接线方式分为直接接入式和经互感器接入式两类。本节将对这两类接线方式分别介绍。

三相电路的功率为

$$P=\dot{U}_{\mathrm{u}}\dot{I}_{\mathrm{u}}+\dot{U}_{\mathrm{v}}\dot{I}_{\mathrm{v}}+\dot{U}_{\mathrm{w}}\dot{I}_{\mathrm{w}} \tag{4-1}$$

若 $\dot{I}_{\mathrm{u}}+\dot{I}_{\mathrm{v}}+\dot{I}_{\mathrm{w}}=0$，则 $\dot{I}_{\mathrm{v}}=-\dot{I}_{\mathrm{u}}-\dot{I}_{\mathrm{w}}$

$$P=\dot{U}_{\mathrm{u}}\dot{I}_{\mathrm{u}}+(-\dot{U}_{\mathrm{v}}\dot{I}_{\mathrm{v}}-\dot{U}_{\mathrm{v}}\dot{I}_{\mathrm{w}})=\dot{U}_{\mathrm{vu}}\dot{I}_{\mathrm{v}}+\dot{U}_{\mathrm{vw}}\dot{I}_{\mathrm{v}} \tag{4-2}$$

同样，将 $\dot{I}_{\mathrm{u}}=-\dot{I}_{\mathrm{v}}-\dot{I}_{\mathrm{w}}$ 代入式（4-1）中

可得

$$P=\dot{U}_{\mathrm{vu}}\dot{I}_{\mathrm{v}}+\dot{U}_{\mathrm{wu}}\dot{I}_{\mathrm{w}} \tag{4-3}$$

将 $\dot{I}_{\mathrm{w}}=-\dot{I}_{\mathrm{u}}-\dot{I}_{\mathrm{v}}$ 代入式（4-1）

可得

$$P = \dot{U}_{uw}\dot{I}_u + \dot{U}_{vw}\dot{I}_v \tag{4-4}$$

从式（4-2）～式（4-4）可以看出，只要满足$\dot{I}_u+\dot{I}_v+\dot{I}_w=0$这个条件，那么不论负载是否对称，都可以不用其中一相电流就准确计量三相电能。

在没有中性线的三相三线系统中，$\dot{I}_u+\dot{I}_v+\dot{I}_w=0$因此可采用只有二相电流的三相三线计量方式计量三相有功电能。下面介绍三相三线有功电能表的接线。

（1）直接接入式。如图4-2所示为计量三相三线电路有功电能规定的标准接线方式。此种接线方式适用于没有中性线的三相三线系统有功电能的计量。而且不论负载是感性或是容性或是电阻性，也不论负载是否三相对称，均能正确计量。

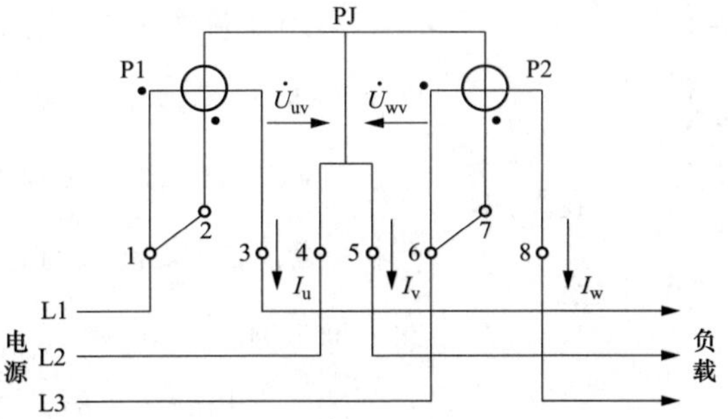

图4-2 计量三相三线有功电能的标准接线方式

这种电能表的接线盒有3个接线端子，从左向右编号1、2、3、4、5、6、7、8。其中1、4、6是进线，用来连接电源的L1、L2、L3三根相线；3、5、8是出线，三根相线从这里引出分别接到出线总开关的三个进线桩头上；2、7是连通电压线圈的端子。在直接接入式电能表的接线盒内有两块连接片分别连接1与2、6与7，这两块连片不可拆下，并应连接可靠。

（2）经互感器接入式。三相三线有功电能表经互感器接入三相三线电路时，其接线也可分为电流、电压线共用方式和分开方式两种。图4-3为三相三线电能表只经电流互感器接入时的接线。当采用图4-3(a)所示的共用方式时，虽然接线方便，还可减少电缆芯数，但当发生接线错误时，例如端子4与端子1、3、5、7中的任何一个位置互换时，便会造成相应的电流线圈因短路而被烧坏等事故。当采用图4-3(b)所示的分开方式时，虽然所用电缆芯数增加，但不易造成上述短路故障。而且还有利于电能表的现场检测，所以，分开方式较为多用。

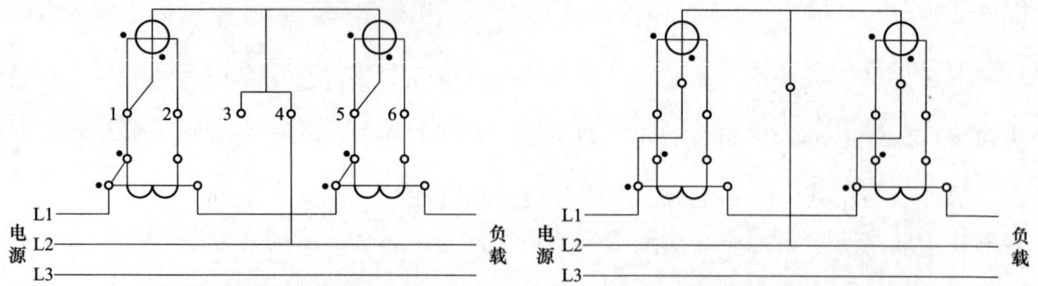

(a) 电压与电流线共用的接线方式　　(b) 电压线与电流线分开的接线方式

图 4-3　三相三线电能表经电流互感器接入

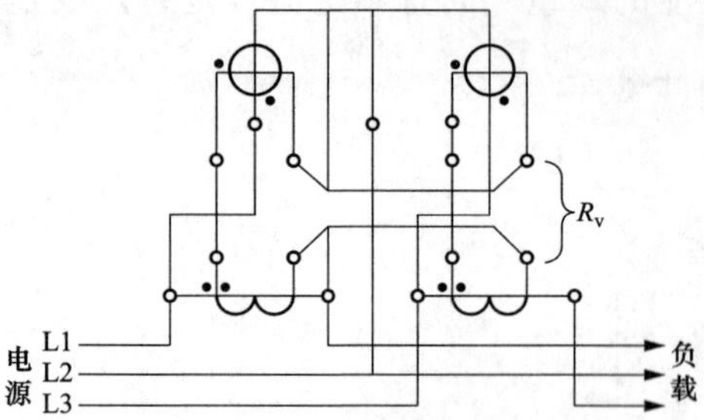

图 4-4　电流互感器接线不完全星形时的分开式

为了既采用分开方式接线又可减少电缆芯数，可将两个电流互感器接成不完全星形，如图 4-4 所示。

采用此种方式应注意，只有当电流互感器二次回路 V 相导线电阻 $R_y \approx 0$ 时，才能保证准确计量。当电阻 R_v 较大（例如 V 相导线过长），并且三相电流差别又较大时，会由于电流互感器误差变大而使计量不准确。

图 4-5 和图 4-6 都是三相三线有功电能表经电流互感器和电压互感器计量没有中性点直接接地的高压三相三线系统中有功电能的接线图。两图的不同点是：图 4-5 所示线路中采用的是两台单项电压互感器的三相 V，v 形接线；图 4-6 所示线路中采用的是一台三相或三台单项电压互感器的 Y，yn 形接线。

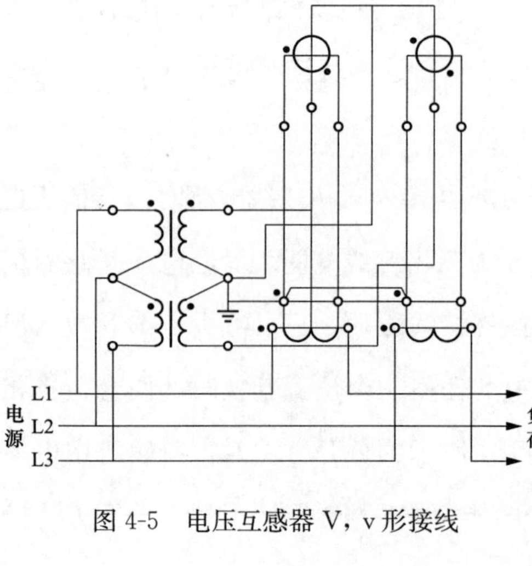

图 4-5　电压互感器 V，v 形接线

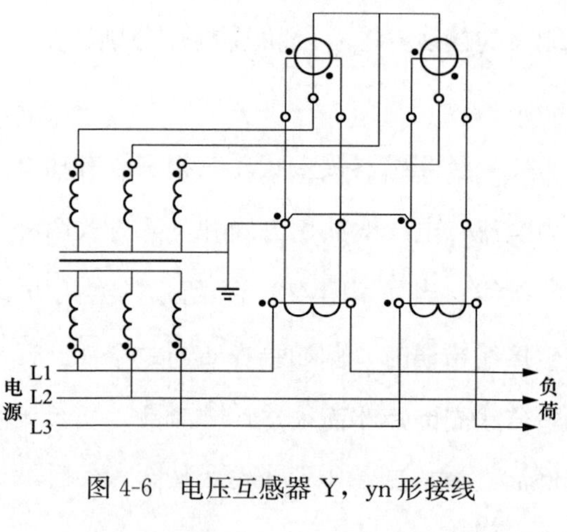

图 4-6　电压互感器 Y，yn 形接线

图 4-7 所示的是量子具有止逆器的三相三线有功电能表经电流、电压互感器接入的三相三线计量有功电能的接线图。可装于高压联络母线上计量甲方或乙方的受电量。图上的两个箭头表示电能传送方向，当乙方受电时，电能表 PJ1 计量甲方供给乙方的有功电能，PJ2 不转；当甲方受电时，电能表 PJ2 计量乙方供给甲方的有功电能，PJ1 不转。甲乙两方供电量之差，可用 PJ1 与 PJ2 计量的电量差来算得。采用这种接线方式应注意的问题是：当甲方由乙方供电时，因为电压互感器变为接在电流互感器的负荷侧，PJ2 计量的电量包含电压互感器消耗的电能，尤其在负荷功率较低并且电流互感器变比较小时，电能表 PJ2 会产生较大的正附加误差，也就是说电能表 PJ2 多计了一些有功电量。

在高压三相三线系统中，电压互感器一般是采用 V 形接线，且在二次侧 V 相接地，这种接线的优点是可等用一台单相电压互感器，同时也便于检查电压二次回路的接线。当然也可以采用 Y 形接线，这时应在二次侧中性点接地。电流互感器二次侧也必须有一点接地。

2. 三相三线有功电能表不常用的正确接线

（1）直接接入式。除上述图 4-2 所示计量三相三线电路有功电能规定的标准接线方式外，根据式（4-3）和式（4-4），还有图 4-7 与图 4-8 所示计量三相电路有功电能的二种不常用的正确接线方式。该两种接线方式适用于低压三相三线系统或高压三相三线系统有功电能的计量，不论负载是感性或是容性或是电阻性，亦不论负载是否对称，都能正确计量。

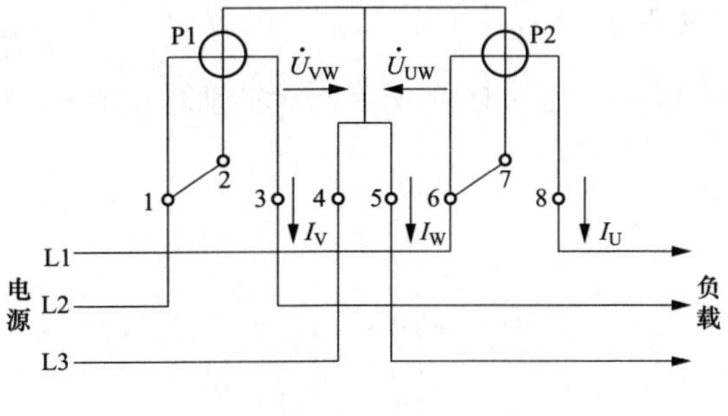

图 4-7　三相三线电能表 W 相不经电流线圈的接线

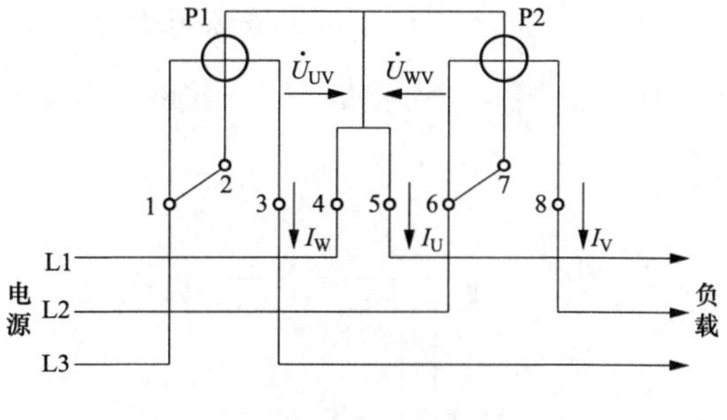

图 4-8　三相三线电能表 U 相不经电流线圈的接线

这两种接线方式的具体接线与规定的标准接线基本相同，接线盒端子编号 1、4、6 是进线，3、5、8 是出线。所不相同的是：图 4-7 中 6、1、4 三个进线端子分别对应连接电源的 L1、L2、L3 三根相线，而图 4-8 中是 4、6、1 三个进线端子分别对应连接电源的 L1、L2、L3 三根相线，8、3、5 是出线。图 4-7 所示的接线方式是 4、6、1 三个进线端子分别对应连接电源的 L1、L2、L3 三根相线，5、8、3 三个端子为出线，三根相线从这里引出分别接到出线总开关的三个进线桩头上。

三相三线电能表在不常用的正确接线中，除上述两种接线方式之外，还有一种就是采用三相三线电能表计量单相 380V 电焊机的接线。在本章第一节中提到采用两只单相电能表计。

载所消耗总电能的，当 $\cos\varphi < 0.5$ 时，有一只电能表会反转，其反转时会增大附加误差，使计量不够准确。如果采用图 4-9 所示的一只三相三线有功电能表来计量电焊机所消耗的有功电能，则是较适用和准确的。电焊机接在 U、W 相时的向量图如图 4-10 所示。

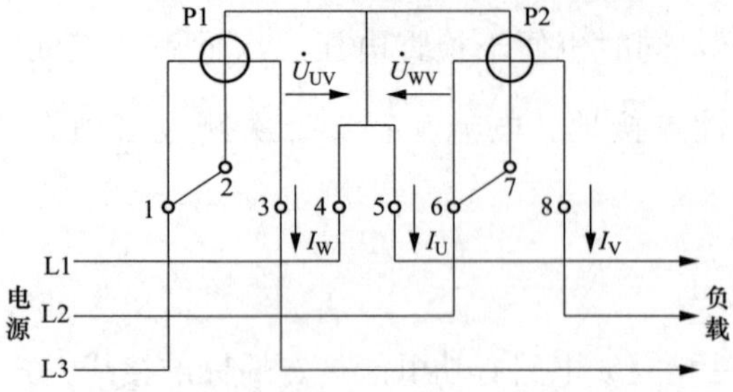

图 4-9　三相三线电能表计量电焊机电能的接线

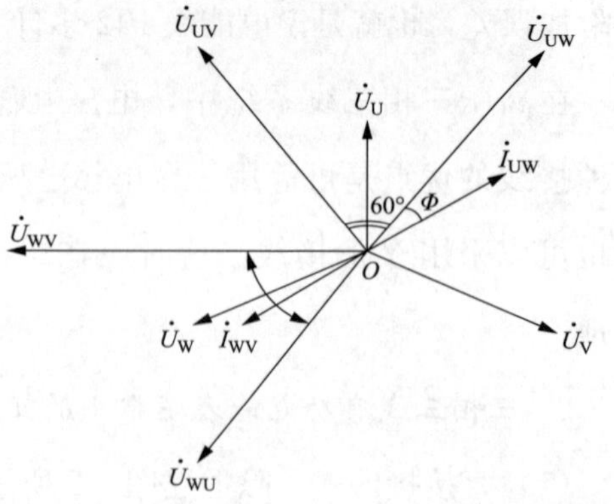

图 4-10　电焊机接在 U、W 相时的向量图

（2）经互感器接入式。在不常用的正确接线中的三相三线有功电能表经互感器接入三相三线电路时，其接线方式也可分为电流、电压线共用式，如图 4-11 所示；电流、电压线分开式，如图 4-12 所示；电流互感器接成不完全星形时的分开式，如图 4-13 所示。在高压计量中电压互感器同样可接成 V，v 接线形，如图 4-14 所示，也可接成 Y，yn 接线形，如图 4-15 所示。

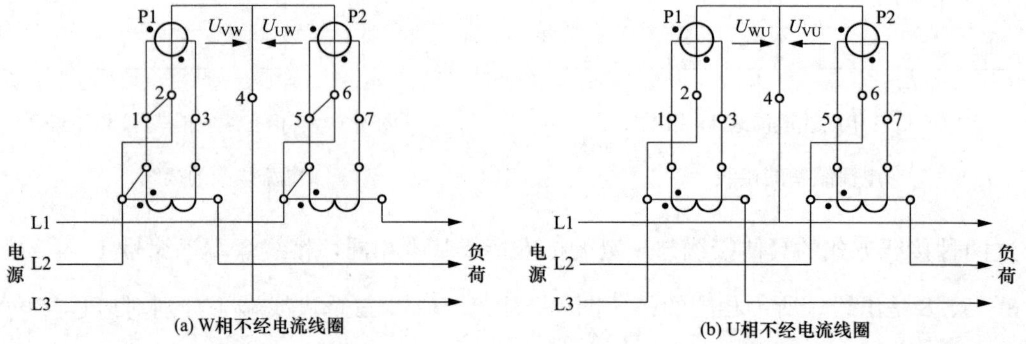

图 4-11　电流、电压线共用式

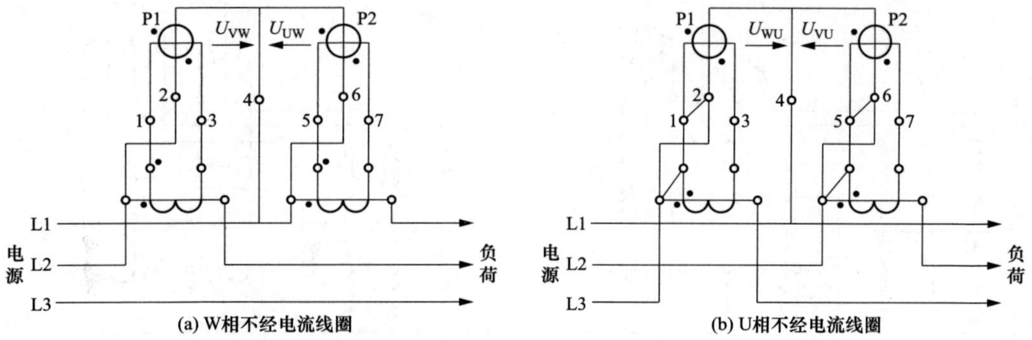

图 4-12　电流、电压线分开式

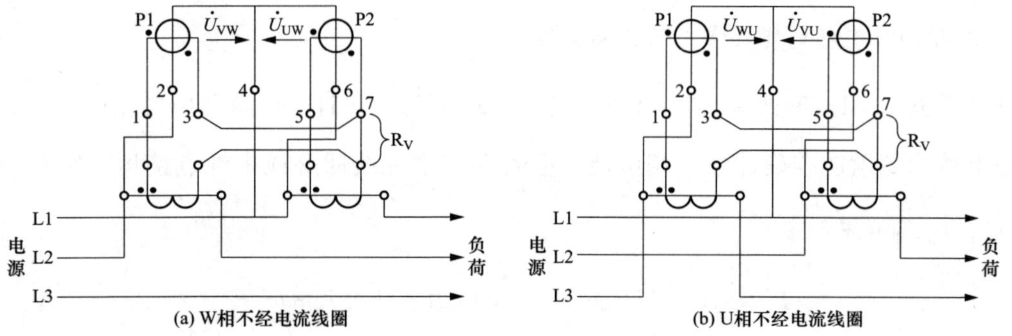

图 4-13　电流互感器不完全星形时的分开式

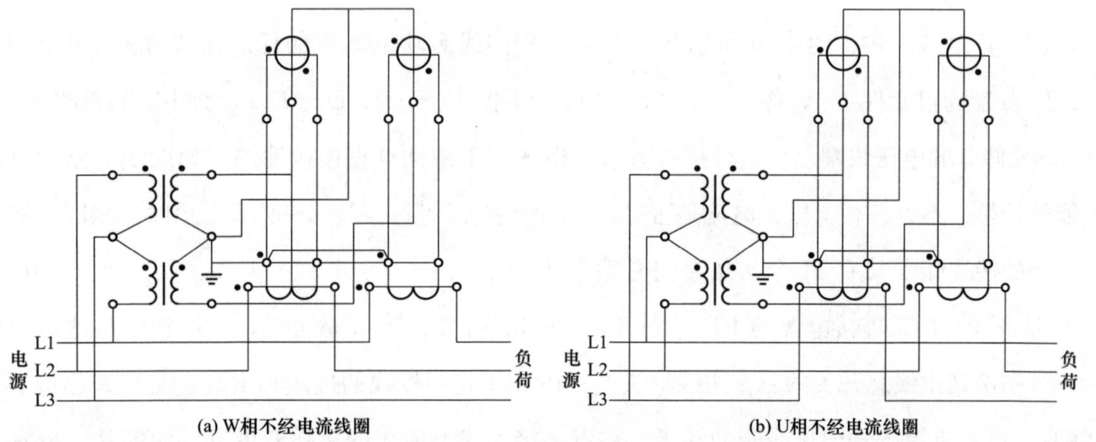

图 4-14　电压互感器 V，v 形连接时的接线

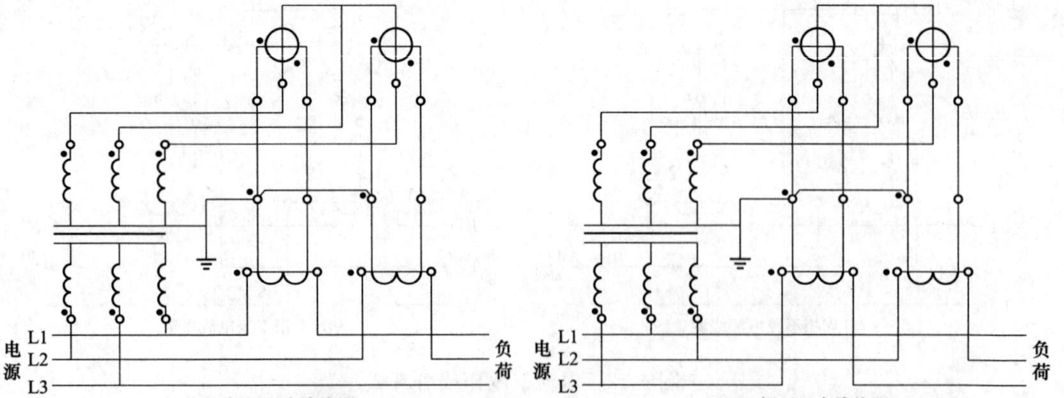

(a) W相不经电流线圈　　(b) U相不经电流线圈

图 4-15　电压互感器 Y，yn 形连接时的接线

3. 三相四线有功电能表常用的正确接线

由上节式（4-1）和式（4-4）可知，当$\dot{I}_u+\dot{I}_v+\dot{I}_w=0$时，只需利用二相电流，采用三相三线接线方式就能准确计量三相电能。但若存在中性线回路或中性点接地，则$\dot{I}_u+\dot{I}_v+\dot{I}_w=\dot{I}_n$，$\dot{I}_n$往往不等于 0。

$$P=\dot{U}_u\dot{I}_u+\dot{U}_v\dot{I}_v+\dot{U}_w\dot{I}_w=\dot{U}_{uv}\dot{I}_u+\dot{U}_{wv}\dot{I}_v+\dot{U}_v\dot{I}_n \tag{4-5}$$

这时若仍采用三相三线计量，则存在一个$\dot{U}_v\ \dot{I}_n$的误差，误差的大小与U_v和I_n的夹角及I_n的大小有关。很显然，这时必须根据式（4-5），利用三相电流，采用三相四线的计量方式才能准确计量有功电能。

（1）直接接入式。图 4-16 所示是三元件三相四线有功电能表的标准接线方式。电流I_u、I_v、I_w分别通过元件 1、元件 2、元件 3 的电流线圈，电压U_u、U_v、U_w分别并接于元件 1、元件 2、元件 3 的电压线圈上。这种接线方式，最适用于中性点直接接地的三相四线电路中有功电能的计量，不论三相电压、电流是否对称，均能准确计量。图 4-16 所示三元件三相四线有功电能表的接线端子共有 11 个，从左向右编号 1、2、3、4、5、6、7、8、9、10、11。其中 1、4、7 是进线，用来连接电源的 L1、L2、L3 三根相线；3、6、9 是出线，三根相线从这里引出后，分别接到出线总开关的三个进线桩头上；10、11 是中性线的进线和出线，是用来连接中性线的；2、5、8 是连通电压线圈的端子，在直接接入式电能表的接线盒内有三块连片，分别连接 1 与 2、4 与 5、7 与 8。因此 2、5、8 不需另行接线，但三块连片不可拆下，并应连接可靠。

（2）经互感器接入式。三相四线有功电能表经互感器接入时，也同三相三线有功电能表一样，可分为电压、电流线共用方式与分开方式两种。图 4-17 所示为经电流互感器接入的电压、电流线共用方式接线。图 4-18 所示为经电流互感器接入的电压、电流线分开方式接线。

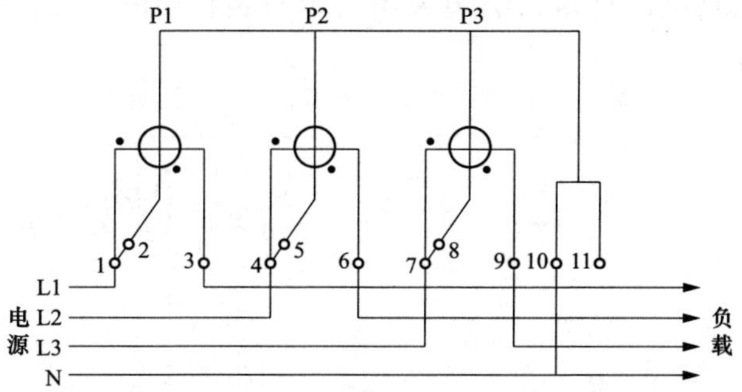

图 4-16　计量三相四线有功电能表的标准接线方式

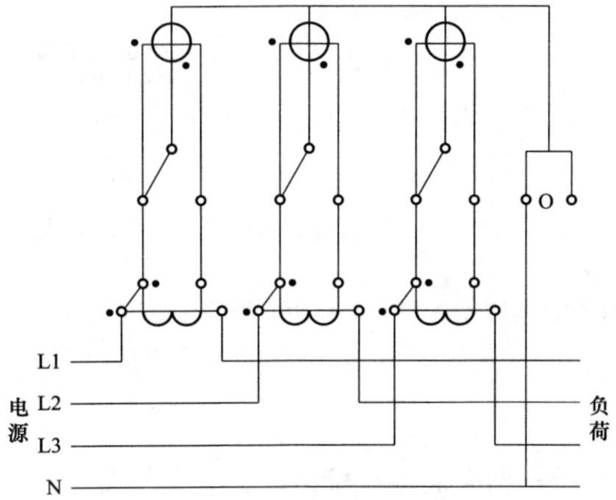

图 4-17　电压、电流线共用接线方式

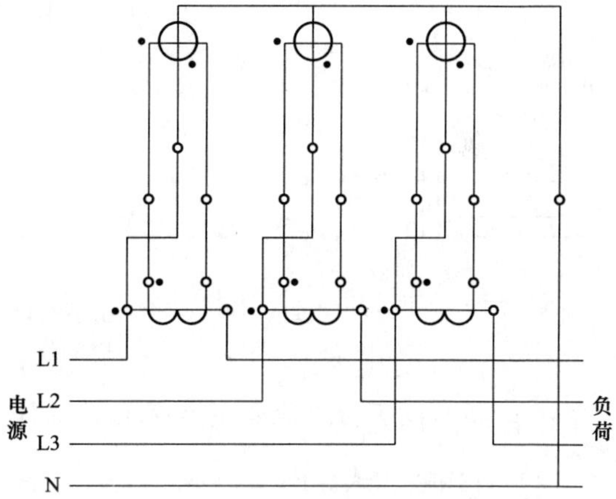

图 4-18　电压、电流线分开接线方式

图 4-19 所示是三相四线有功电能表经三个电流互感器接成星形时的电压、电流线分开接线方式。采用这种接线方式时应注意：当二次电流回路中性线电阻 R_n 较大，并且三相电流差别也较大时，这就会使电流互感器的误差改变较大，从而导致计量不准确；当 $R_n \approx 0$ 时，即便三相电流差较大，也不会导致电流互感器误差的增大，所以仍能保证计量精度。图 4-20 所示是三相四线有功电能表经 YN，yn 界限的电压互感器和三个电流互感器，计量中性点直接接地的高压三相系统有功电能的接线。这种接线因为不受流过中性点电流 I_N 的影响，所

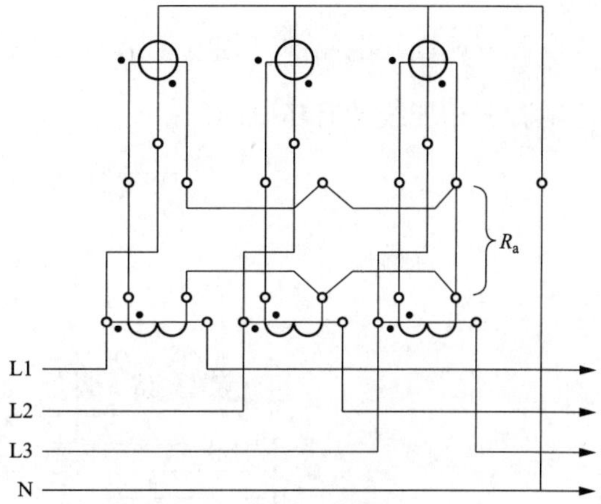

图 4-19　星形接线时的分开方式

以能正确计量中性点直接接地的高压三相系统的有功电能。因此，在中性点直接接地的高压三相系统中，对三相有功电能计量，必须采用三相四线有功电能表按图 4-20 所示的接线方式，才能保证计量准确。

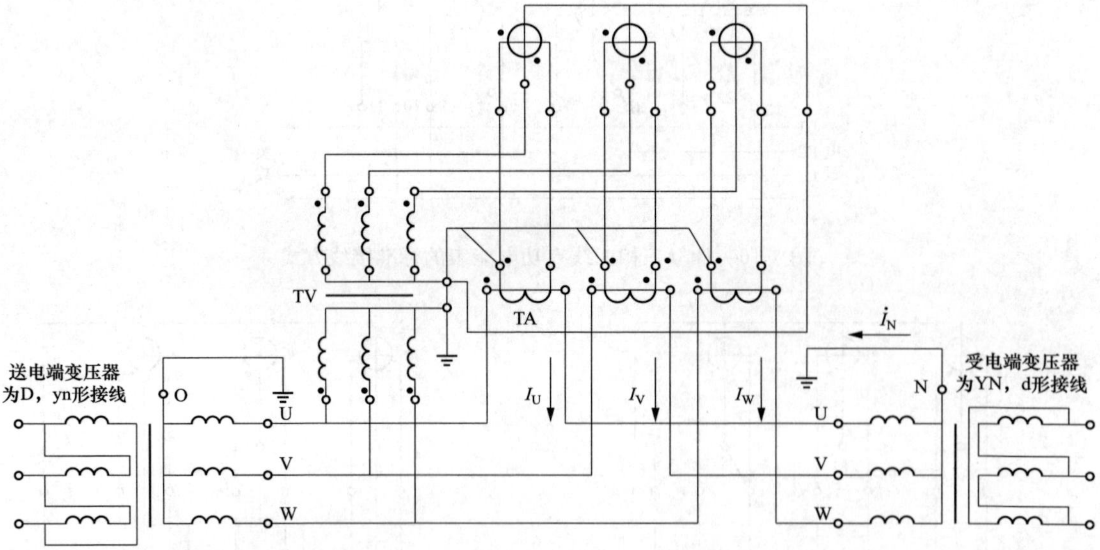

图 4-20　三相四线有功电能表经互感器计量中性点直接接地三相系统有功电能的接线图

4. 三相四线有功电能表不常用的正确接线

（1）直接接入式。图 4-21 所示是二元件三相四线有功电能表直接接入方式接线图。三相四线有功电能表采用的是差流线圈（或称附加串联线圈），电流（I_U-I_v）和（I_w-I_v）分别通过元件 1 和元件 2 的电流线圈，电压 U_{un} 和 U_{wn} 分别并接于元件 1 和元件 2 的电压线圈上。这种接线方式的电能表可以计量电压对称而电流对称或不对称的三相四线有功电能。但是，因为实际三相四线电路中三相电压是不对称的，所以，这种电能表的接线方式，只能计量简单不对称三相四线的有功电能。

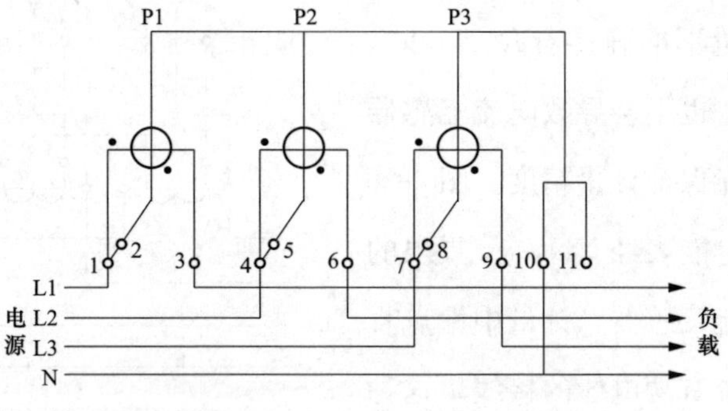

图 4-21　差流圈三相四线有功电能表的接线方式

（2）经互感器接入式。利用三只电流互感器连接成三角形接入二元件三相电能表来计量三相四线电路的有功电能。其接线图如图 4-22 所示。三相电能表第一元件的电流线圈通过 I_U 和 I_b 之差的电流，而第二元件的电流线圈通过 I_w 和 I_v 之差的电流。这种接线的计量原理与前述附加串联线圈三相四线有功电能表相同，也可按图 4-23 所示相量图加以证明。

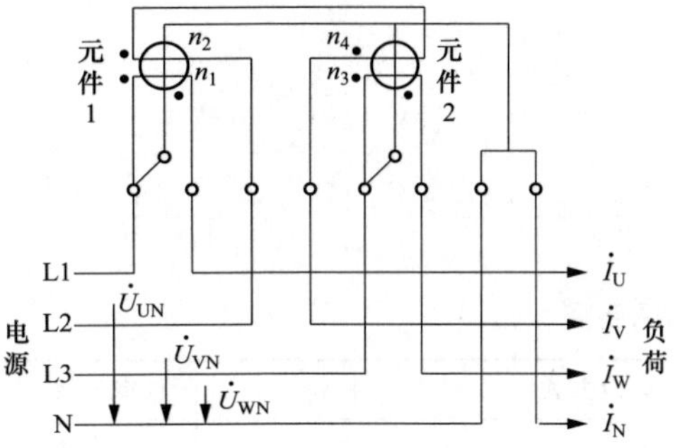

图 4-22 利用三只电流互感器连接成三角形接入二元件三相电能表

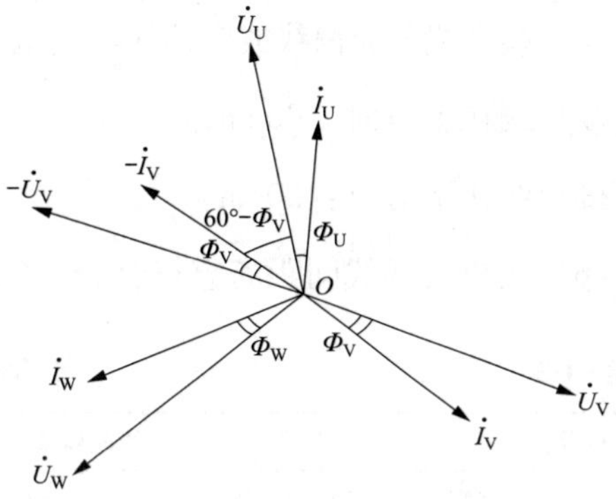

图 4-23 经电流互感器组成三角形接入二元件三相电能表计量三相四线有功电能的向量图

四、进户装置的选择及安装

1. 接户线

（1）从低压配电线路到用户室外第一支持点的一段线路，或由一个用户接到另一个用户的线路，称为接户线。每一路接户线，支持进户点不应多于 10 个，线长不应超过 60m。超过 60m 时，应按低压配电线路架设。

安装接户线之前要确定好进户点，一建筑物内部互相连通的房屋、高层住宅每一单元，同一围墙、同一用户的所有相邻建筑物，只允许装设一个进户点。选择进户点时应综合考虑到进户点处的所有相邻建筑物是否牢固且不漏水，是否接近供电线路，是否接近用电负荷中心，是否与邻近房屋的接户点协调一致。

（2）接户线的档距不应大于 25m，超过 25m 时应装设接户杆，超过 40m 时应按低压配电线路架设。沿墙敷设的接户线，档距不应大于 6m。同杆架设的接户线横担与架空线横担的最小距离为 0.3m。

（3）接户线的对地距离，不应小于 2.5m。对街道的垂直距离，不应小于表 4-2 的数值。

（4）接户线与建筑物有关部分的距离不应小于下列数值：与接户线下方窗户的垂直距离：0.3m；与接户线上方阳台或窗户的垂直距离：0.8m；与窗户或阳台的水平距离：0.75m；与墙壁构架的距离：0.05m。

表 4-2　　　　接户线对街道的最小处置距离　　　　(m)

分类	城镇	农村
通车街道	5	6
通车困难的街道人行道	3.5	3
小街巷	3	

(5) 接户线与通信线或广播线等弱电线路交叉时，两线间的垂直距离不应小于下列数值：

接户线在上方时：60cm；

接户线在下方时：30cm。

(6) 接户线的线间距离应符合表 4-3 的要求。

表 4-3　　　　低压接户线的间隔距离

架设方式	档距	线间距离（mm）	架设方式	档距	线间距离（mm）
自杆上引下	25m 及以下	150	沿墙敷设	6m 及以下	100
	25m 以上	200		6m 以上	150

(7) 接户线应采用绝缘导线。导线的截面按允许载流量和机械强度选择（见表 4-1），但不应小于表 4-4 的数值。用户增加用电容量时，应对接户线进行验算，导线截面过小时，应予以更换。

表 4-4　　　　低压接户线最小允许截面

接户线架设方式	档距	铜线（mm^2）	铝线（mm^2）
自电杆引下	25m 及以下	4.0	10.0
沿墙敷设	6m 及以下	4.0	6.0

三相四线制零线的截面不宜小于相线截面，单相制零线的截面与相线截面相同。

当接户线的材料与低压配电线路的材料不一致时，应采取铜、铝过渡措施。

(8) 在人口密集的城市和有特殊要求的场所，接户线可采用电缆的方式。电缆的敷设应做到：

1) 电缆防护措施齐全，外皮无损伤，各部位防腐措施符合要求；

2) 敷设整齐美观，固定牢固；

3) 电缆与各种设施之间的距离符合规定；

4) 分支和终端处，应装设牢固可靠的地面接线箱，箱内装有开关和保护熔丝；

5) 电缆沟及隧道内清洁无杂物、无积水。

(9) 用户接户线的金具必须镀锌，其表面不应有锌皮脱落及锈蚀等现象。

装置在接户线上的绝缘子，其工作电压不应低于 500V。瓷釉表面应光滑，无裂纹、破损现象。

(10) 自电杆上引下的接户线，两端均应绑扎在绝缘子上，绝缘子和进户线支架应按下列规定选用：

1) 导线截面在 $16mm^2$ 以下时，宜采用针式绝缘子，支架宜采用不小于 50mm×5mm 的扁钢；

2) 导线截面在 $16mm^2$ 及以上时，应采用蝴蝶绝缘子，支架宜采用不小于 50mm×50mm×5mm 的角钢。

(11) 装置在建筑物上的接户线支架必须固定在建筑物的主体上，不应固定在建筑物的抹灰层或木结构房屋的板壁上。

接户线支架应端正牢固，支架两端水平差不应大于 5mm。

(12) 在低压配电线路接入单相负荷时，应考虑配电线路电流平衡分配。现场查勘供电方案时，应确定单相接户线接电的线路具体相别。

(13) 城镇商居小区开发建设、改造，应做好公用供电设施建设、改造规划，一步到位，避免重复建设。

2. 进户线

(1) 由接户线引到计量装置的一段导线称为进户线。

进户线应采用护套线或硬管布线，其长度一般不宜超过 6m，最长不得超过 10m。

进户线应是绝缘良好的铜芯导线，其截面的选择应满足导线的安全载流量，即大于或等于表计容量。

(2) 同一用电单位，在同一受电点的照明、动力等不同电价的各种用电，以及居民集中的高层住宅需要安装多只照明电能表时，原则上只允许一个进户点统一进户（但安装备用电源或厂区统一控制照明用电等特殊情况除外）。

(3) 进户点的选择应符合下列条件：

1) 进户点处的建筑物应坚固，并无漏水情况；

2) 便于进行施工、维修和检修；

3) 靠近供电线路和负荷中心；

4) 尽可能与附近房屋的进户点取得一致。

(4) 进户线穿管引至电能计量装置，应符合下列条件：

1）管口与接户线第一支持点的垂直距离宜在0.5m以内；

2）金属管或塑料管在室外进线口应做防水弯头，弯头或管口应向下；

3）穿墙硬管的安装应内高外低，以免雨水灌入，硬管露出墙部分不应小于30mm；

4）用钢管穿线时，同一交流回路的所有导线必须穿在同一根钢管内，且管的两端应套护圈；

5）管径选择，宜使导线截面之和占管子总截面的40%；

6）导线在管内不准有接头；

7）进户线与通信线、广播线进户点必须分开。

（5）进户线引入到用电计量装置前，相线宜装进户熔断器（或自动开关），零线不装熔断器。进户熔断器应装在封闭式进户保险（开关）箱内或计量箱（屏）内，安装位置应便于维护操作。进户熔断器的选择，应略大于表后熔体的容量，一般熔断电流可按电表额定最大电流的1.5～2倍选用。

第三节　电压互感器的装接

一、电压互感器的装接流程

电压互感器装接流程图如图4-24所示。

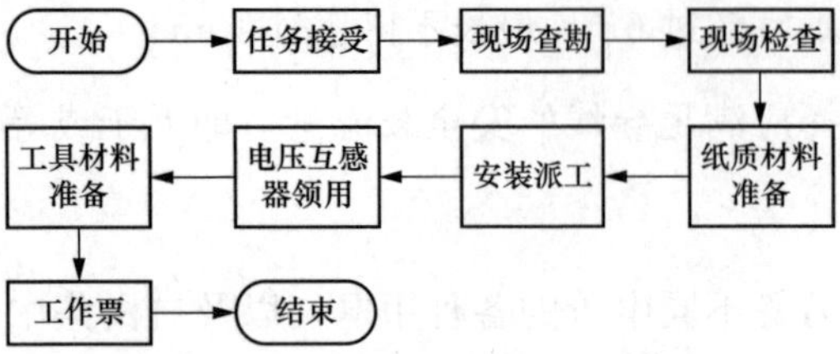

图4-24　电压互感器装接流程图

1. 安装作业危险点分析与控制措施

（1）运行中的电压互感器二次回路不允许短路，必须在二次侧装设短路保护设备。

（2）安装电压互感器可能需要接触电缆、导线等电气设备。在操作之前，务必切断电源，穿戴绝缘手套和绝缘鞋，以防止电击事故的发生。

（3）安装过程中，互感器可能因操作不当或外部力量的作用而受损。这可能导致设备故障和测量不准确。确保在安装过程中小心操作，避免对设备造成损害。

（4）错误的连接可能导致测量不准确或设备损坏。按照制造商提供的安装指南和电气图正确连接互感器，确保操作准确。

（5）电压互感器在各种环境条件下使用，包括高温、低温和湿度等。在安装过程中，考虑设备的工作环境，并采取相应的防护措施，以确保其正常运行。

（6）安装过程中需遵循适当的安全间距，以防止设备之间的电气击穿或其他意外情况。确保遵循相关的安全标准和规定，保障设备运行的稳定性。

（7）大型电压互感器可能较重，需确保设备得到适当的支撑和悬挂，防止由于重量问题导致脱落或损坏。

（8）由于计量装置的安装与高、低压电气设备有关，因此，在作业前要做好安全措施，确认安全措施完善无误后方可进行工作。

2. 作业前准备

（1）安装资料的准备。

1）接受安装任务单，确定计量装置项目及工作内容。安装任务单来源有新装、增容及变更用电业务、安全生产管理及项目管理等设备安装任务。

2）准备有关安装技术资料，熟悉图纸及上次安装记录。

（2）安装设备、工器具、材料的准备。工作人员根据安装任务单到库房中领取相应的安装设备，并进行核对。核对内容包括：

1）检查领用的互感器是否完好，有效的封闭措施是否完整。

2）工器具包括操作工具、万用表、钳形电流表、相位表以及相应的安全工器具等。

3）安装中所需要的材料有一、二次导线，编码管，线鼻子，绝缘胶布和塑料带等。

二、电压互感器的装接要点

1. 技术要求

（1）为了减少三相三线电能计量装置的合成误差，安装互感器时，应考虑互感器合理匹配问题，即尽量使接到电能表同一元件的电压互感器比差符号相反，数值相近；角差符号相同，数值相近。计量感性负荷时，应把误差小的电压互感器接到电能表W原件。

（2）同一组的电压互感器应采用制造厂、符号、额定电压变比、准确度等级、二次容量均相同的互感器。

2. 安装要求

（1）互感器二次回路应安装试验接线盒，便于实负荷校表和带电换表。

（2）35kV以上贸易结算用电能计量装置中电压互感器二次回路不得装设隔离开关辅助触点，但可装设熔断器或快速开关；35kV及以下贸易结算用电能计量装置中，电压互感器二次回路不应装设任何辅助触点、熔断器或快速开关，对于二次回路中经熔断器接入式电能表，必须接入相应的失压告警回路或失压计时仪。

（3）互感器二次回路不得接入与电能计量无关的设备，不得任意改变互感器实际二次负荷，应保证实际二次负荷在下限值至电压互感器额定二次容量的范围以内。

（4）电压互感器的二次回路只允许一处接地，接地线中不应串接有可能断开的设备。采用母线电压互感器需要二次电压并列或切换时，接地点应在控制室或保护小室等；其他情况接地点宜在互感器端子箱。接地点在控制室或保护小室时，接地的二次线在互感器就地端子箱内经放电间隙或氧化锌阀片接地。

三、电压互感器的装接方法

1. 电压互感器常见接线类型

（1）星形接线。在中性点不接地或经消弧线圈接地的系统中，为了测量相对地电压，PT 一次绕组必须接成星形接地的方式。

（2）V-V 形接线。用两台单相互感器分别跨接于电网的 U_{AB} 及 U_{BC} 的线间电压上，接成不完全三角形接线（也称 V，v 形接线），广泛应用在 20kV 以下中性点不接地或经消弧线圈接地的电网中测量三个相间电压，但不能测相对地电压。

（3）开口三角接线。三台单相三绕组电压互感器构成 YN，yn，d11 或 YN，y，d11 形的接线形式（二次侧星形绕组中性点不直接接地，而采用 b 相接地），广泛应用于各级电压系统中，而 3～15kV 电压级广泛采用三相式电压互感器。其二次绕组用于测量相间电压或相对地电压，辅助二次绕组接成开口三角形，供接入中性点不接地电网绝缘监视仪表、继电器使用，或供中性点直接接地系统的接地保护。

2. 电压互感器装接方法

（1）电压互感器二次接线方式：采用分相接线方式，这包括星形接线和三角形接线两种方式。在实际应用中，可根据系统要求和设备设计的需要选择合适的接线方式。

（2）电压回路导线颜色及排列：

1）星形接线方式：U、V、W 三相导线分别采用黄、绿、红色线。中性线采用黑色线或专用编号电缆。导线排列顺序可按正相序，例如，从左到右排列为黄、绿、红色线。

2）三角形接线方式：U、V、W 三相导线同样分别采用黄、绿、红色线。中性线同样采用黑色线或专用编号电缆。导线排列顺序也应按正相序排列。

（3）电压互感器二次回路导线截面积：不论采用星形还是三角形接线方式，导线截面积不得小于规定的 2.5mm^2。

（4）电压互感器二次回路接地：无论是星形还是三角形接线方式，规定应只有一处可靠接地。

（5）电压互感器二次回路的安装工艺要求：接线应按照图纸进行，确保电气连接可靠、接触良好，配线整齐美观，导线无损伤，绝缘良好。这同样适用于星形和三角形接线方式。

（6）二次回路接线极性端符号：在星形和三角形接线方式下，都需要注意电压互感器的极性端符号。连接各相的接地线，电流回路接好后再按相接入电压回路。

（7）接线正确性检查：无论是星形还是三角形接线方式，二次回路接好后都需要进行接线正确性检查，以确保系统的准确性和稳定性。

四、安装注意事项

（1）严格按《低压电气装置安装规程》《高压电气装置安装规程》等有关工艺要求进行现场施工。

（2）电能计量装置的安装应严格按通过审查的施工设计或用电客户业扩工程确定的供电方案进行，严格遵守电力工程安装规程的有关规定。

（3）安装前应检查经过运输到现场的电能表、互感器，检查表内有无异常响动，表计外壳是否密封牢固，接线端子和接地螺钉是否齐全及无锈蚀现象，互感器额定电压和变比是否正确。对电能计量装置做到轻拿轻放，防止撞击、损坏电能表和互感器。

（4）电能计量装置安装完毕应填写竣工单，整理有关的原始技术资料，做好验收交接准备。

（5）对于带电更换的互感器，应注意记录无表计费期间的起止时间和功率值、电能表的互感器倍率等。

（6）安装结束后对相关设备进行施封，记录现场安装信息（信息内容包括电能表基本信息、互感器安装信息），并请运行管理人员对电能计量设备的安装信息及封印信息签字确认。

第四节　电流互感器的装接

一、电流互感器的装接流程

电流互感器装接流程图如图 4-25 所示。

1. 安装作业危险点分析与控制措施

（1）运行中的电流互感器二次回路不允许开路，必须在二次侧装设开路保护设备。

（2）与电压互感器类似，电流互感器的安

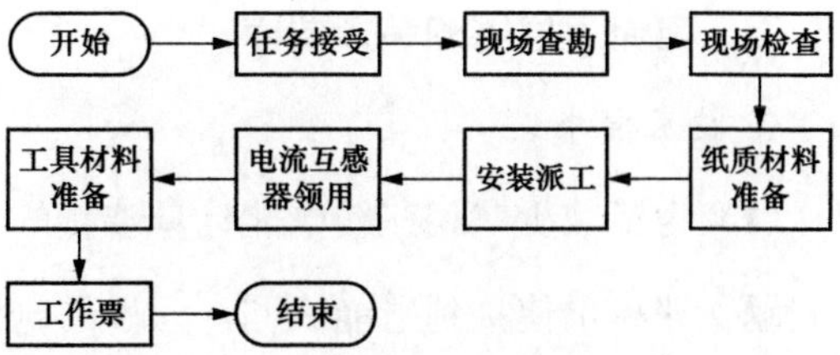

图 4-25　电流互感器装接流程图

装也涉及到与电气设备的接触，存在电击危险。在进行任何操作之前，务必切断电源，并穿戴适当的个人防护装备，如绝缘手套和绝缘鞋，以最大程度地减少触电风险。

（3）设备损坏：安装过程中，电流互感器可能会受到错误操作或外部力量的影响，导致设备损坏。这不仅可能影响测量的准确性，还可能导致系统故障。因此，在操作时要小心谨慎，确保互感器设备免受损害。

（4）错误连接：错误的接线可能导致测量不准确或设备故障。为了确保安装的准确性和可靠性，必须仔细遵循制造商提供的安装指南和电气图，确保正确连接电流互感器。

（5）环境条件：电流互感器通常在各种环境条件下使用，包括高温、低温和湿度等。在安装过程中，要考虑设备的工作环境，并采取适当的措施，以确保其在各种条件下正常运行。

（6）安全间距：安装电流互感器时，也需要遵循适当的安全间距，以防止设备之间发生电气击穿或其他意外情况。确保符合相关的安全标准和规定，以提高设备运行的可靠性。

（7）重量和悬挂：电流互感器的尺寸和重量可能因型号而异。确保在安装过程中提供适当的支撑和悬挂，以防止设备因重量问题而脱落或损坏。

2. 作业前准备

（1）安装资料的准备：

1）接受安装任务单，确定计量装置项目及工作内容。安装任务单来源有新装、增容及变更用电业务、安全生产管理及项目管理等设备安装任务。

2）准备有关安装技术资料，熟悉图纸及上次安装记录。

（2）安装设备、工器具、材料的准备：工作人员根据安装任务单到库房中领取相应的安装设备，并进行核对。核对内容包括：

1）检查领用的互感器是否完好，有效的封闭措施是否完整。

2）工器具包括操作工具、万用表、钳形电流表、相位表以及相应的安全工器具等。

3）安装中所需要的材料有一、二次导线，编码管，线鼻子，绝缘胶布和塑料带等。

二、电流互感器的装接要点

1. 技术要求

（1）为了减少三相三线电能计量装置的合成误差，安装互感器时，应考虑互感器合理匹配问题，即尽量使接到电能表同一元件的电流互感器比差符号相反，数值相近；角差符号相同，数值相近。计量感性负荷时，应把误差小的电流互感器接到电能表 W 原件。

（2）同一组的电流互感器应采用制造厂、符号、额定电流变比、准确度等级、二次容量均相同的互感器。

（3）低压电流互感器二次负荷容量不得小于10kVA；高压电流互感器二次负荷可根据实际安装情况计算确定。

2. 安装要求

（1）同组电流互感器应按照同一方向安装，以保证同组互感器一、二次电流方向一致，并尽可能将铭牌向外，以便于观察。

（2）互感器二次回路应安装试验接线盒，便于实负荷校表和带电换表。

（3）低压穿心电流互感器应采用固定单一的变比，以防止发生互感器倍率差错。

（4）互感器二次回路不得接入与电能计量无关的设备，不得任意改变互感器实际二次负荷，应保证实际二次负荷在下限值至电压互感器额定二次容量的范围以内。

（5）高压电流互感器的二次回路只允许有一处可靠接地，一般在端子箱经端子排接地；采用“和电流”时。电流互感器二次回路的接地点应在电能计量屏“和电流”的端子处，且一点接地。低压电流互感器二次侧不接地。

（6）在安装电流互感器时，首先要确定线路是否带电，必须先用验电器验电后，挂接地线，再进行操作；其次，电流互感器必须选择合适的电流比和电压等级，电流比不能小于额定电流，但不能高出太多；最后，在安装过程中电流互感器二次端不能开路，电压互感器二次端不能短路。

（7）使用电流互感器时应满足以下七点要求：一是电流互感器的配置应满足测量表计、自动装置的要求；二要合理选择变流比；三是极性应连接正确；四是运行中的电流互感器二次线圈不许开路；五是电流互感器二次应可靠接地；六是二次短路时严禁用保险丝代替短路；七是二次线不得缠绕。

三、电流互感器的装接方法

1. 电流互感器常见接线类型

（1）单台电流互感器的接线形式。只能反映单相电流的情况，适用于需要测量一相电流或三相负荷平衡，测量一相就可知道三相的情况，大部分接用电流表。

（2）三相完全星形接线和三角形接线形式。三相电流互感器能够及时准确了解三相负荷的变化情况，多用在变压器差动保护接线中。只使用三相完全星形接线的可在中性点直接接地系统中用于电能表的电流采集。三相三继电器接线方式不仅能反应各种类型的相间短路，也能反应单相接地短路，所以这种接线方式用于中性点直接接地系统中作为相间短路保护和单相接地短路的保护。

（3）两相不完全星形接线形式。在实际工作中用得最多。它节省了一台电流互感器，用A、C相的合成电流形成反相的B相电流。二相双继电器接线方式能反应相间短路，但不能完全反应单相接地短路，所以不能作单相接地保护。这种接线方式用于中性点不接地系统或经消弧线圈接地系统作相间短路保护。

（4）两相差电流接线形式。仅用于三相三线制电路中，中性点不接地，也无中性线，这种接线的优点是不但节省一块电流互感器，而且也可以用一块继电器反映三相电路中的各种相间短路故障，即用最少的继电器完成三相过电流保护，节省投资。但故障形式不同时，其灵敏度不同。这种接线方式常用于10kV及以下的配电网作相间短路保护。

2. 电流互感器装接方法

（1）三相完全星形接线：将电流互感器的三相导线（U、V、W）分别连接至相应相线。U相导线使用黄色导线，V相使用绿色导线，W相使用红色导线。中性线连接至中性端，通常采用黑色导线或专用编号电缆。三个相导线的连接顺序需按照正相序排列，例如自左向右或自上向下为黄、绿、红色线。所有导线的接地点应该是共享的，形成完全星形接地。

（2）三相不完全星形接线：与完全星形相似，三相导线分别连接至相应相线，中性线连接至中性端。但在不完全星形中，某一相的导线（通常选择U相）不与中性线直接相连，而是通过一个附加的电阻连接至中性线，形成一个不完全的星形接线。这样的接线方式可以用于特定的系统要求，提供一些电流不平衡的补偿。

（3）三角形接线：三相导线（U、V、W）直接连接成一个闭合的三角形。U相导线使用黄色导线，V相使用绿色导线，W相使用红色导线。中性线不使用，也不接地，形成一个三角形回路。这种接线方式通常用于某些特殊系统，对于三相电流的测量和控制提供了一些灵活性。

（4）导线应采用单股绝缘铜质线，电流互感器从输出端子直接接至试验接线盒。

（5）经电流互感器接入的低压三相四线电能表，其电压引入线应单独接入，不得与电流线共用，电压引入线的另一端应接在电流互感器一次电源侧，并在电源侧母线上另行引出，禁止在母线连接螺钉处引出。

（6）电流互感器二次回路导线截面积不得小于2.5mm^2。

（7）电流互感器二次回路应只有一处可靠接地。

3. 安装时注意事项

（1）二次回路的安装工艺要求按图施工、接线正确；电气连接可靠、接触良好；配线整齐美观；导线无损伤，绝缘良好。

（2）二次回路接线应注意电流互感器的极性端符号。连接各相的接地线，电流回路接好后再按相接入电压回路。

（3）二次回路接好后，应进行接线正确性检查。

（4）当导线接入的端子是接触螺钉，应根据螺钉的直径将导线的末端弯成一个环，其弯曲方向应与螺钉旋入方向相同，螺钉（或螺母）与导线间、导线与导线间应加垫圈。

（5）直接接入式电能表采用多股绝缘导线，应按表计容量选择。若选择的导线过粗，应采用断股后再接入电能表端钮盒的方式；当导线小于端子孔径较多时，应在接入导线上加扎线后再接入。

（6）严格按《低压电气装置安装规程》《高压电气装置安装规程》等有关工艺要求进行现场施工。

（7）电能计量装置的安装应严格按通过审查的施工设计或用电客户业扩工程确定的供电方案进行，严格遵守电力工程安装规程的有关规定。

（8）安装前应检查经过运输到现场的电能表、互感器，检查表内有无异常响动，表计外壳是否密封牢固，接线端子和接地螺钉是否齐全及无锈蚀现象，互感器额定电压和变比是否正确。对电能计量装置做到轻拿轻放，防止撞击、损坏电能表和互感器。

（9）电能计量装置安装完毕应填写竣工单，整理有关的原始技术资料，做好验收交接准备。

第五节　计量箱（屏、柜）的装接

一、低压计量箱装接流程

低压计量箱装接流程图如图 4-26 所示。

1. 任务接受

工作人员根据工作计划接收低压计量箱装拆任务并核对相关信息进行任务初判，提前联系用户约定现场勘查时间，然后在营销作业平台上创建作业计划。

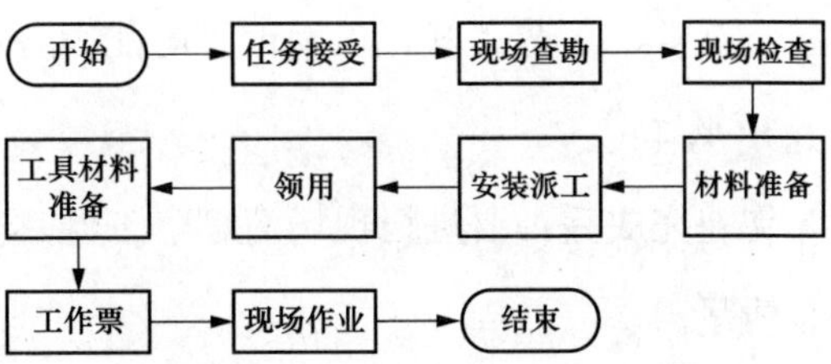

图 4-26　低压计量箱装接流程图

2. 现场勘查

工作票签发人或工作负责人认为有必要时需进行现场勘查，勘查时必须核实设备运行状态，严禁工作人员未履行工作许可手续，擅自开启计量箱门或操作电气设备。查看现场接户点，计量箱安装位置，接地条件，确定计量箱规格、材质、表位数等，并做好记录。对危险性、复杂性和困难程度较大的作业项目，应编制组织措施、技术措施、安全措施，经本单位批准后执行。现场勘查记录，应送交工作票签发人、工作负责人以及相关各方，作为填写签发工作票等的依据。

3. 现场检查

到达现场后，工作负责人检查并确认安全措施。向客户说明工作任务，记录表底指示数后，让客户确认签字。拆除或者更换表箱时，需协调客户进行停电。检查电能计量装置三封一锁是否完好，如三封一锁遭到破坏则转入核实窃电流程。

4. 班前会

确认三封一锁完整无误后，召开班前会，检查人员着装、精神状态和所使用的工器具。向工作班成员交代工作内容、工作地点、人员分工、带电部位和现场安全措施，进行危险点告知、技术交底。工作班成员履行签名确认手续。随后办理工作票许可手续。工作负责人在作业前应要求工作人员当面验电，必要时，工作负责人还可使用自带验电笔重复验电。

5. 低压计量箱装拆作业

作业时核对电能表信息是否与装拆工作单相符。确认电源进出线方向先断开出线开关，再拉开上级电源开关。在上级电源开关操作把手上悬挂“禁止合闸，有人工作!”标识牌之后，验电开启低压计量箱，断开进线开关。在实际作业中，应尽量采用漏电保护开关上方输入、下方输出的计量箱，验电确认处于停电状态。

拆除表计，拆除进出线，按照从左到右，从火到零、拆一包一原则。拆除计量箱，检查新计量箱的完好性，安装新计量箱与进户线、接户线。接线顺序与拆卸顺序相反。对电能计量装置安装质量和机械进行检查，确保接线正确，工艺符合规范要求。通电后确认电能表工作状态正常、工艺完好，正确记录电能表各项读数，并拍照留证确认无误后，施加封印。

6. 收工

作业完成后，要进行现场清理，工器具整理。随后告知客户任务已结束，确认指示数与安装质量。

现场安装的工作记录及传单完善，应签字认可的地方应由相关人员签字。之后，办理工作终结手续。现场工作结束有序离开现场。

7. 收尾工作

计量装置记录归档，工作传单及营销系统流程流转。

二、计量箱（屏、柜）的安装要点

1. 电能表、采集终端安装

（1）电能表的安装。

1）按照电能表的相应要求，计量箱应具备电能表快速、方便、安全、牢靠等安装功能。

2）电能表安装、电气连接应通过电能表专用接插件实现，电能表接插件宜采用过盈配合插头。

3）计量箱底部或电能表接插件对应电能表挂鼻处应有相应安装固定点，确保安装后的电能表无晃动。

（2）采集终端的安装。

1）按照DL/T 698.1—2009相应要求，计量箱应具备采集终端快速、方便、安全等安装功能。

2）采集终端安装位置与安装措施。

a. RS 485通信导线、RS 485总线连接装置及通信电缆连接通道。

b. 屏蔽电缆接地措施。

（3）电能表、采集终端的安装的共性要求。

1）电能表、采集终端安装应垂直牢固，电压回路为正相序，电流回路相路正确。

2）每一回路的电能表、采集终端应垂直或水平排列，端子标志清晰正确。

3）三相电能表间的最小距离应大于80mm，单相电能表间的最小距离应大于30mm。

4）电能表、采集终端与周围壳体结构件之间的距离不应小于40mm。

5）电能表、采集终端中心线向各方向的倾斜不大于1°。

6）采集终端与电能表间的485接口的连接必须一一对应，并将外接天线放置在信号灵敏的位置。

7）电能表、采集终端要使用螺钉固定。

2. 互感器安装

按照互感器通用技术要求中相应规定，经互感器接入式计量箱应具备互感器快速、方便、安全等安装功能。

（1）互感器室应有互感器安装定位、紧固及底座电气短接互联措施（非金属计量箱）。

（2）一次导线型式及连接应便于穿心式互感器安装。

（3）互感器二次端子连接导线应预留足够长度，联合接线盒处接线准确无误。

（4）经互感器接入式低压计量箱宜有安装防窃电监测装置空间，且应具备防电子攻击与电磁干扰能力。

（5）低压穿心式电流互感器应采用固定单一的变比，以防发生互感器倍率差错。

（6）宜预留互感器固定支架，互感器采用穿心式或母排式。

3. 进线电缆及分户出线安装

电能计量箱应能满足各种电源进线方式。采用电缆进线时，应在箱内进线开关室可靠固定电缆及电缆接头。采用导线进线时，应采用穿管敷设，穿线管插入箱内进线开关室内的长度不小于2cm并能可靠固定。具备电源电缆、通信电缆及出户线快速、方便、安全连接功能，计量箱内应具有：

（1）与计量箱容量匹配的进线电缆通道及相应的固定、导引措施。

（2）线缆方便、有效的连接措施，满足多种电缆接头接入及电气安全间隙要求。

（3）电缆折弯、人工接线操作所需合适空间。

（4）电缆上进、下进，分户线上出、下出等方式的结构措施。

4. 电源进线

（1）电源进线为三相的，导线采用黄（A）、绿（B）、红（C）色线，零线采用黑色（N），接地线采用双色线（PE）。分户线与进线颜色应保持一致。

（2）计量单元额定电流为40A及以下的，电能计量箱内导线采用截面积按10mm^{2}单股铜芯线；额定电流为40A以上时，按实际导线载流量进行配置，但不得低于16mm^{2}多股铜芯线（见表4-5）。电能计量箱内485通信线采用双绞线，单幢楼的电能计量箱间应预先穿管等方式敷设485线缆。

表4-5　　绝缘铜芯导线截面表

负荷电流（I）（A）	铜芯绝缘导线截面（mm^2）
$I \leqslant 40$	10
$40 < I < 80$	16
$80 \leqslant I < 100$	25

注　按DL/T 448—2000规定，负荷电流为50A以上时，宜采用经电流互感器接入的接线方式。

5. 导线的扎束

（1）导线应采用塑料捆扎带扎成线束，扎带尾线应修剪平整。

（2）导线在扎束时必须把每根导线拉直，直线放外档，转弯处的导线放里档。

（3）导线转弯应均匀，转弯弧度不得小于线径的 2 倍，禁止导线绝缘出现破损现象。

（4）捆扎带之间的距离：直线为 100mm，转弯处为 50mm。

导线的扎束如图 4-27 所示。

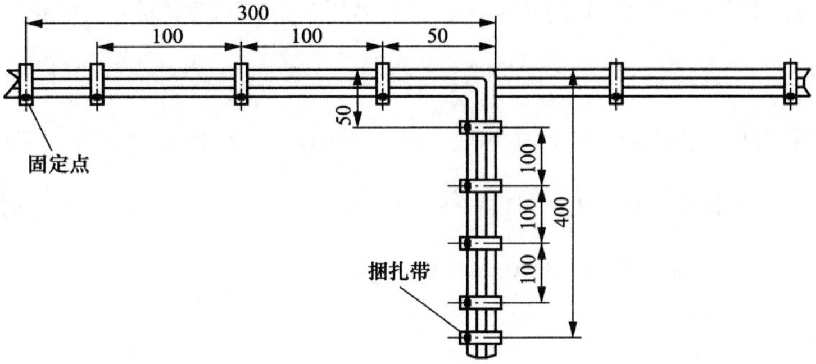

图 4-27　导线的扎束

6. 电能表接插件安装

（1）采用电能表接插件的计量箱应具备电能表快速、方便、安全、牢靠等安装功能，电能表接插件的安装应保证安装后的电能表端正、排列整齐，并与箱门观察窗完整对应。

（2）电能表接插件由金属插头及绝缘支撑件组成，应符合以下规定：应具备通用性，每种规格插头应能与公差范围（±0.1mm）内相应的电能表插孔实现（插拔）过盈配合或（插入）间隙配合，间隙配合时插头与螺钉应可靠接触。

便于插拔，应具备一次性插入功能，宜具有带电拔插和防护机构；接插件在电能表拆下时仍能保证用户正常用电，通以 90％的额定工作电流温升应满足表 4-6 的要求。

表 4-6　　**温升极限值**　　单位：K

计量箱的部件		温升
电能表接插件	Φ8.5mm	70
	Φ6.0mm、Φ7.5mm	60
进、出线端子	塑壳断路器（MCCB）	70
	小型断路器（MCB）	65
母排、导线，连接到母排上的可移式部件和抽出式部件插接式触点（如有）		70
外壳表面		30

（3）应有插拔滑动导向及限位结构措施。

（4）应有户号粘贴结构与定位措施。

（5）宜附加 RS 485 端子和外置断路器费控端子插接措施或其他方便、可靠的连接措施。

（6）接入接插件的导线连接点无多余裸露导体部分，电能表安装到位后，应有安全防护措施，无法触及接插件金属插头裸露部分，接插件应设计有防止电能表被盗窃的辅助技术措施。

（7）电能表接插件应具备盖板防护结构，并实现电能表带电插拔功能。

（8）接插件在计量箱内的位置宜固定 4 个点，单相电能表接插件上下两孔间距宜为 110mm±1mm，左右两孔的间距宜为 80mm±1mm，下孔距到位线的距离宜为 18mm±1mm；三相电能表接插件上下两孔间距宜为 195mm±1mm，左右两孔的间距宜为 134mm±1mm，下孔距到位线的距离宜为 15mm±1mm。

7. 箱体安装

计量箱箱体安装应安全、可靠，易于操作。

（1）计量箱应有相应独立的专用安装附件，满足墙面、嵌入、电杆和落地等方式安装需求。

（2）箱体及安装板应有相应的安装定位措施及相应安装操作所需空间。

（3）箱组式计量箱应易于用户现场电气连接、拼装，安装附件应具备水平方向位置基准调节功能。

（4）计量箱侧下面应预留有电缆通道位置。

（5）计量箱应紧靠进线处，柜式应落地安装，箱式可采用悬挂或嵌墙安装。

（6）高层（十层及以上）客户：采用每层集中或多层集中方式设置，电能计量箱宜设在电缆竖井附近的墙面。

（7）多层和小高层（十层以下）客户：设置在底层的墙面上、专用计量间或其他合适的位置。

（8）别墅客户：宜数户集中装表，计量箱应设在户外（围墙、围栏外）。

（9）散户及小商铺店面：设置在户外公共通道上，相对集中的用户，宜数户集中装表。

8. 附属设施安装

（1）计量箱应具有内置无线信号通信设备附属天线、计量箱标识或标贴等附属设施安装功能。

（2）计量箱应有通信天线箱内、箱外安装的结构措施，金属计量箱通信天线部位还应具备无线信号防屏蔽措施，并具有防盗防护措施。

（3）多表位计量箱分路（户）开关、电能表、观察窗的安装处应有户号标贴定位安装的结构措施，粘贴或压铸一一对应的序号标识，序号以表达对应线路的逻辑关系，标识应清晰、准确。

（4）计量箱加封位置应位于锁体或铅封门（挂锁防护门）上。

三、计量箱（屏、柜）的基本施工工艺

基本施工工艺应符合如下要求：

（1）按图施工、接线应正确；电气连接应可靠、接触良好；配线应整齐美观；导线应无损伤、绝缘良好，接入端子处松紧应适度，接线处铜芯不应外露、不应有压皮。

（2）电能信息采集终端通信天线安装应满足通信信号要求，馈线与天线应可靠旋紧，安装在计量箱（柜）外的馈线应穿管保护。

（3）多表位表箱内预留表位的导线裸露部分应采取绝缘措施，并断开对应开关。

（4）检查计量箱设备外观完整、无破损变形现象。计量箱柜应有永固铭牌、电气原理接线图、条码等必要信息。各类信息正确，字迹清晰、无脱落可能。设备资产号、型号、规格应与任务单一致。

四、计量箱（屏、柜）的技术要求

（1）箱体材料。为确保安全用电和计量箱外壳可靠接地，电能计量箱选用 SMC（增强纤维型不饱和聚酯）材料，材料厚度不低于 2.5mm。

电能计量箱表面外观应无气泡、裂纹、变形、毛刺及缩壁等缺陷。箱盖与箱体能方便分卸。要求在户内、户外使用环境下，寿命 20 年以上，并符合以下要求：

1）绝缘强度：对地承受工频耐压（50+5）Hz，正弦波 2500V/min 不发生飞弧、击穿现象。

2）气候温度在（60+2）℃/4h，低温（−30+2）℃/4h 的情况下箱体不变形、不开裂。表箱具有 FV-O 级阻燃、防日晒雨淋及抗腐蚀等性能，抗冲击强度≥30kJ/ m^2、抗压性能符合国家有关标准。

3）户内环境使用时，防护等级不低于 IP30；户外环境使用时，防护等级不低于 IP54。

4）计量箱观察窗窗口采用聚碳树脂材料，要求窗口清晰、透明、20 年不变色。观察窗功能和面积应满足抄表、费控及运行监视的要求。

（2）开关元器件。

1）隔离开关。宜用模数化隔离开关，根据安装处的负载电流选择。

2）断路器。根据安装处电能表的额定最大电流和可能出现的最大短路电流来选择相应的出线断路器，单相采用两极断路器，三相选用三极/四极断路器；断路器应有明显的分合闸指示标志。

3）漏电保护器。农村电力客户配置漏电保护器。但漏电保护器资产属于用户，在计量箱内预留安装位置。

（3）标识。计量箱门上应有明显警示标识，标识内容为“有电危险，严禁启封”。计量箱门上正面对应每个表位都应有用于固定电费通知单的插槽。

五、计量箱（屏、柜）的质量验收标准

电能计量箱安装质量验收标准见表 4-7。

表 4-7　电能计量箱安装质量验收标准

序号	验收项目	质量标准
1	设备安装	（1）安装位置正确，部件齐全，进出线开孔与导管管径适配； （2）设备安装应装牢固，垂直度允许偏差为 1.5‰
2	安装工艺	（1）设备结构及元件的安装位置应符合设计要求； （2）门的开闭应灵活，开启角度不小于 90°； （3）元器件外观完好，绝缘器件无裂纹； （4）元件安装牢固、整齐，操作灵活可靠； （5）接线正确，电气连接可靠，接触良好，配线整齐美观； （6）不同电压等级、交流、直流线路及强弱电间导线应分别绑扎，且有标识
3	接地要求	（1）金属箱体应可靠接地，标识清晰； （2）装有电器的可开启门，门和框架的接地端子间应用裸编织铜线连接

第五章　电能计量设备的检定

电能计量设备的检定是指对电能计量设备进行外观、工作性能和测量精度的检测和验证，以确保其计量准确性、可靠性和有效性。这是为了保障电能计量的公正、准确，防止因计量错误而导致电能计量差错、用户权益受损等问题。

电能计量设备的检定通常由专业的计量检定机构或实验室进行，符合相关的国家和行业标准。检定是电能计量管理的重要环节，对于维护电能计量系统的公正性和准确性具有重要意义。

本章将从电能计量设备的检定条件、流程、要点以及检定方法分别展开叙述。

第一节　检　定　条　件

一、电能表检定条件

电能表的检定分为首次检定和后续检定。首次检定是对未被检定过的电能表进行的检定；后续检定是在首次检定后的任何一种检定；修理后的电能表须按首次检定进行。下面介绍电子式交流电能表的检定条件。

1. 参比条件

参比条件及其允许偏差不超过表 5-1 的规定。

检定三相电能表时，三相电压电流的相序应符合接线规定，电压和电流平衡条件应符合表 5-2 的规定。

在 $\cos\varphi=1$（对有功电能表）或 $\sin\varphi=1$（对无功电能表）的条件下，电压线路加参比电压，电流线路通参比电流 I_b 或 I_n 预热 30min（对 0.2S 级、0.5S 级电能表）或 15min（对 1 级以下的电能表）后，按负载电流逐次减小的顺序测量基本误差。

表 5-1 参比条件及其允许偏差

参比条件	参比值	有功电能表准确度等级				无功电表准确度等级	
		0.2S	0.5S	1	2	2	3
		允许偏差					
环境温度	参比温度	±2℃	±2℃	±2℃	±2℃	±2℃	±2℃
电压	参比电压	±1.0%	±1.0%	±1.0%	±1.0%	±1.0%	±1.0%
频率	参比频率	±0.3%	±0.3%	±0.3%	±0.5%	±0.5%	±0.5%
波形	正弦波	波形畸变因数小于/%					
		2	2	2	3	2	3
参比频率的外部磁感应强度①	磁感应强度为零	磁感应强度使电能表误差变化不超过/%					
		±0.1	±0.1	±0.2	±0.3	±0.3	±0.3

① 磁感应强度在任何情况下应小于 0.05mT。

表 5-2 电压和电流平衡条件

电能表类别及其准确度等级	三相有功电能表			三相无功电能表		
	0.2S	0.5S	1	2	2	3
每一相（线）电压与三相（线）电压的平均值相差不超过①/%	±1.0	±1.0	±1.0	±1.0	±1.0	±1.0
每相电流与各相电流的平均值相差不超过①/%	±1.0	±1.0	±2.0	±2.0	±2.0	±2.0
任一相的相电流和相电压间的相位差，与另一相的相电流和电压间的相位差相差不超过②	2°	2°	2°	2°	2°	2°

① 按下式确定各电压（电流）对三相电压（各相电流）的平均值相差的百分数：

$$\gamma_i = \frac{x_i - x_p}{x_p} \times 100 \leqslant \text{规定值}$$

式中：x_i 为任一相（线）电压（电流）（$i=1$，2，3）；x_p 为各相（线）电压（电流）的平均值，即：

$$x_p = \frac{x_1 + x_2 + x_3}{3}$$

三相四线电路中的相电压和线电压，都应满足上表中第一项规定。该项规定（不带%），表明各相（线）电压间的相位差与 120°之差值，不应超过的角度。

② 相电压$\dot{U}_a$、$\dot{U}_b$、$\dot{U}_c$ 与其相别相对应的相电流$\dot{I}_a$、$\dot{I}_b$、$\dot{I}_c$ 间的相位差：

$$\varphi_a = \dot{U}_a \hat{,} \dot{I}_a, \varphi_b = \dot{U}_b \hat{,} \dot{I}_b, \varphi_c = \dot{U}_c \hat{,} \dot{I}_c$$

式中：φ_a 为$\dot{U}_a$ 与$\dot{I}_a$ 间相位差；φ_b 为$\dot{U}_b$ 与$\dot{I}_b$ 间相位差；φ_c 为$\dot{U}_c$ 与$\dot{I}_c$ 间相位差。

则 $|\varphi_a - \varphi_b| \leqslant 2°$，$|\varphi_b - \varphi_c| \leqslant 2°$，$|\varphi_c - \varphi_a| \leqslant 2°$。

当相电压超前于相电流时，相位差为正值；相电压滞后于相电流时，相位差为负值。

2. 检定装置条件

(1) 外观。装置的标志应符合国家相关技术文件的规定，应明示以下信息：

1）制造计量器具许可证标志及编号；

2）产品名称及型号；

3）出厂编号（或设备编号）；

4）辅助电源的额定电压和额定频率；

5）准确度等级及对应的测量范围（或量限）；

6）生产日期；

7）制造厂商（或商标）。

（2）结构。

1）装置应设有接地旋钮，并标明接地符号。

2）装置的开关、旋钮、按键、接口等控制和调节机构应有明确标志。

3）装置配套仪表的放置位置应固定，用于置放被检表的支（台）架应保证被检电能表处于正常的工作位置，对连接线有特殊要求时应配置专用导线。

4）装置的结构应整齐合理、线路正确、连接可靠。

（3）装置的输出端子与误差提示。

1）装置电压、电流输出端子的位置、导通能力、结构应与测量范围相适应，并有明确标志。

2）装置的电能脉冲输出端子应有明确标志，并在合适的位置给出装置的电能常数。

3）装置显示被检表误差时，误差分辨力不应超过被检表最大允许误差的1/100；具有自校准功能的装置，装置进行自校准时，校准误差的分辨力不应超过装置最大允许误差的1/100。

（4）输出电量。

1）量程及范围。输出电量的量程或范围应能满足检验各种常用规格电能表的需要。对于电压、电流量程自动切换的装置，电压、电流量程只是制造厂为满足装置的线性要求而设定的，与用户的使用关系不大，用户也不易觉察。电压量程至少包括57.7、100、220、380V，多数实现了自动量程切换。电流量程一般在0.1～100A之间选取，量程比多为2∶1，也有选得更小的，以保证良好的线性，有的产品已实现了自动量程切换。移相范围多数产品都能在0°～360°范围内任意调整负载阻抗角，也就是说，可以设置四象限功率因数。频率范围45～65Hz。

2）输出功率稳定度。改用功率稳定度的标准偏差估计值表示，用百分数表示的允许极限一般等于被检表等级指数的1/5。例如，0.05级装置的功率稳定度标准偏差估计值极限为0.01%。

（5）装置的磁场。在置放被检表的位置上，磁感应强度不应大于下列数值：

$I \leqslant 10A$ 时，$B \leqslant 0.0025mT$；$I = 200A$ 时，$B \leqslant 0.05mT$；10A和200A之间的磁感应强度极限值可按内插法求得。

（6）装置的绝缘。

1）在室温和相对湿度不超过85%的条件下，试验部位应能承受50Hz、正弦波、电压有效值2kV、历时1min的工频耐压试验。标称线路电压低于50V的辅助电路的试验电压为500V。试验电压应施加于：

a. 装置的电源输入电路和不通电的外露金属部件之间；

b. 装置的输出电路和不通电的外露金属部件之间；

c. 可触及的带电部件和不通电的外露金属部件之间；

d. 装置的电源输入电路和装置的输出电路之间。

2）在参与上述试验的电路之间，在试验前后绝缘电阻值不低于5MΩ。

（7）调节设备。对调节设备的原则要求是所有输出量都应能调节到所需要的工作点，其偏差不应超过允许值。

（8）监视仪表。检定电能表时的参比条件是由监视仪表来指示的，电压、频率、功率因数、三相电压、电流对称度等影响量是否符合参比条件，都由监视仪表的准确度来保证。监视仪表的等级比装置的等级低得多。

在有些检定装置中，输出电量指示值全部取自多功能标准表，已不存在监视表，实际上也不需要对监视值按监视表要求进行检定，因为综合误差合格的装置，其监视值必然是合格的。对于这种装置，监视表的误差应由装置输出量的设定误差（即设定值与实际输出值的差值）来体现。

（9）多路输出一致性要求。多路输出一致性要求就是要求电能表在检定装置不同表位上所测得误差具有一致性。

多路输出一致性要求，对三相装置，相当于提出了电压降要求，对单相装置，除提出了电压降要求以外，相当于对隔离电压互感器的准确度提出了要求。

（10）热稳定性。制造商应给出装置达到稳定状态必需的预热时间。0.1级以下装置所需的预热时间不得超过半小时。

二、电压互感器检定条件

1. 环境条件

（1）环境温度 10～35℃，相对湿度不大于 80%。

（2）用于检定的设备如升压器、调压器等在工作中产生的电磁干扰引入的测量误差不大于被检电压互感器误差限值的 1/10。

（3）由外界电磁场引起的测量误差不大于被检电压互感器误差限值的 1/20。

2. 电源及调节设备

电源及其调节设备应具有足够的容量和调节细度，电源的频率为 50Hz±0.5Hz(60Hz±0.6Hz)，波形畸变系数不超过 5%。当检定 0.01 级及以上电压互感器时，要注意电源的波形失真和供电电源的中性线对地电压对测量结果的影响，当发现测量示值不稳定或异常时，应考虑采用更高质量的电源。

3. 标准器

标准器包括标准电压互感器、工频电压比例标准器和电容式电压比例装置，标准器的准确度级别及技术性能，应满足如下要求：

（1）标准器与被检电压互感器额定电压比相同，准确度至少比被检电压互感器高两个级别，其实际误差不大于被检电压互感器误差限值的 1/5。

（2）标准器的升降变差不大于其误差限值的 1/5。

（3）在检定周期内，标准器的误差变化不大于其误差限值的 1/3。

（4）标准器必须具有有效的检定或校准证书。标准器比被检电压互感器高出两个准确度级别时，其实际二次负荷不应超出额定和下限负荷范围；标准器比被检电压互感器高出一个准确度级别时，使用时的二次负荷实际值与证书上所标负荷之差不应超过±10%。

差压回路负荷以及由一次绕组流入二次绕组的容性电流产生的泄漏负荷也应包括在实际二次负荷之内。额定负荷为零的标准器，二次回路实际负荷对标准器的影响，不应大于被检电压互感器误差限值的 1/10。

（5）电容式电压比例装置在各检定百分点的误差变化（电压系数），不大于被检互感器误差限值的 1/10。

4. 误差测量装置

由误差测量装置所引起的测量误差，不应大于被检电压互感器误差限值的 1/10。其中，装置灵敏度引起的测量误差不大于 1/20，最小分度值引起的测量误差不大于 1/15，差压测量回路的附加二次负荷引起的测量误差不大于1/20。

5. 监视用电压表

检定时，监视电压互感器二次工作电压用的电压表准确度级别不低于1.5级，电压表在所有误差测量点的相对误差均不大于20%。在同一量程的所有示值范围内，电压表的内阻抗应保持不变。

6. 电压负荷箱

电压负荷箱在额定频率50Hz（或60Hz），额定电压20%～120%，环境温度为（20±5)℃时，电压负荷的有功分量和无功分量的误差不得超过±3%，当$\cos\varphi=1$时，残余无功分量不得超过额定负荷的±3%。周围温度每变化10℃时，负荷的误差变化不超过±2%。

三、电流互感器检定条件

1. 环境条件

（1）环境温度10～35℃，相对湿度不大于80%。

（2）用于检定的设备如升流器、调压器等在工作中产生的电磁干扰引入的测量误差不大于被检电流互感器误差限值的1/10。

（3）由外界电磁场引起的测量误差不大于被检电流互感器误差限值的1/20。

2. 电源及调节设备

电源及其调节设备应具有足够的容量和调节细度，电源的频率应为50Hz±0.5Hz或60Hz±0.6Hz，波形畸变系数不超过5%。当检定0.01级及以上电流互感器时，要注意电源的波形失真和供电电源的中性线对地电压对测量结果的影响，当发现测量示值不稳定或异常时，应考虑采用更高质量的电源。

3. 标准器

标准器包括标准电流互感器和电流比例标准器，标准器的准确度级别及技术性能，应满足如下要求：

（1）标准器与被检电流互感器额定电流比相同，准确度至少比被检电流互感器高两个级别，其实际误差不大于被检电流互感器误差限值的1/5。

（2）标准器的升降变差不大于标准器误差限值的1/5。

（3）在检定周期内，标准器的误差变化不大于其误差限值的1/3。

（4）标准器必须具有有效的检定或校准证书。标准器比被检电流互感器高出两个准确度级别时，其实际二次负荷不应超出额定和下限负荷范围，标准器比被检电流互感器高出一个准确度级别时，使用时的二次负荷实际值与证书上所标负荷之差不应超过±10%。差流回路负荷应包括在实际二次负荷之内。双级电流互感器和补偿式电流比较仪差流回路压降对测量结果的影响，不应大于被检电流互感器误差限值的1/10。

4. 误差测量装置

由误差测量装置所引起的测量误差，不应大于被检电流互感器误差限值的1/10，其中装置灵敏度引起的测量误差不大于1/20；最小分度值引起的测量误差不大于1/15；差流测量回路的附加二次负荷引起的测量误差不大于1/20。

5. 监视用电流表

检定时，监视电流互感器二次工作电流用的电流表准确度级别不低于1.5级，电流表在所有误差测量点的相对误差均不大于20%。在同一量程的所有示值范围内，电流表的内阻抗应保持不变。

6. 电流负荷箱

(1) 电流负荷箱在额定频率50Hz（或60Hz），额定电流的20%～120%，环境温度为(20±5)℃时，电流负荷（与规定的二次引线电阻一并计算）的有功分量和无功分量的相对误差不得超过±3%，当$\cos\varphi=1$时，残余无功分量不得超过额定负荷的±3%。周围温度每变化10℃时，负荷的误差变化不超过±2%。

(2) 电流负荷箱在电流百分数20%以下的附加误差限值为：电流百分数每变化5%，误差增加1%。

第二节 电能表的检定

一、电能表的检定流程

电能表室内检验的种类，根据项目的不同可以分为常规检定、验收检验和型式检验。常规检定的主要工作内容是新表检定、故障表和申校表的临时检定、库存复检表和拆回复用表的检定/检测、运行电能表质量监督抽检检定。室内检定的基本流程及项目按照表5-3所列顺序及项目进行。

表5-3　电能表检定流程及项目

序号	检定项目	首次检定[①]	后续检定[①]
1	外观检查	+	+

续表

序号	检定项目	首次检定①	后续检定①
2	交流电压试验	+	−
3	潜动试验	+	+
4	起动试验	+	+
5	基本误差	+	+
6	仪表常数试验	+	+
7	时钟日计时误差	+	+
8	时钟示值误差	+	+
9	电能示值组合误差②	+	−
10	需量示值误差③	+	+

① 符号“+”表示必做项目，符号“−”表示可不做项目。

② 多费率表首次检定时需开展此项目。

③ 需量表检定时需开展此项目。

二、电能表的检定要点

1. 外观检查

(1) 电能表铭牌上应有下列标志：

1) 名称和型号；

2) 制造厂名；

3) 制造计量器具许可证标志和编号；

4) 产品所依据的标准；

5) 顺序号和制造年份；

6) 参比频率、参比电压、参比电流和最大电流；

7) 仪表常数；

8) 准确度等级；

9) 仪表适用的相数和线数（可用GB/T 17215.352—2009所规定的图形符号）；

10) 计量单位（显示单元为液晶元件时，计量单位可在液晶元件中显示）；

11) Ⅱ类防护绝缘包封仪表应有双方框符号“回”。

以上各种标志应符合相关标准的规定。

(2) 在电能表上应标志出接线图，对于三相电能表还应标志出接入的相序。如果对接线端子进行了编号，则此编号应在接线图对应的位置体现；有计时功能的电能表，应有供测试的秒脉冲输出端子标志。

(3) 有下列缺陷之一的电能表判定为外观不合格。

1) 铭牌字迹不清楚，或经过日照后已无法辨别，影响到日后的读数或计量检定。

2) 内部有杂物。

3) 计度器显示不清晰，字轮式计度器上的数字约有 1/5 高度以上被字窗遮盖；液晶或数码显示器缺少笔画、断码；指示灯不亮等现象。

4) 表壳损坏，视窗模糊和固定不牢或破裂。

5) 电能表基本功能不正常。

6) 封印破坏。

2. 交流电压试验

对首次检定的电能表进行 50Hz 或 60Hz 的交流电压试验。试验应在下列条件下进行：

(1) 环境温度：(15～25)℃；

(2) 相对湿度：45%～75%；

(3) 大气压力：(80～106)kPa；

(4) 试验电压波形：近似正弦波（波形畸变因数不大于 5%）；

(5) 频率：(45～65)Hz；

(6) 试验装置容量：不小于 500VA（如果试验装置为多表位，则每一表位均应满足试验要求）；

(7) 试验电压：按表 5-4 规定；

(8) 试验时间：1min。

表 5-4　　　　交流电压试验

试验电压（方均根）		试验电压施加点
Ⅰ类防护电能表	Ⅱ类防护电能表	
2kV	4kV	所有电流线路和电压线路以及参比电压超过 40V 的辅助线路连接在一起为一点，另一点是地，试验电压施加于该两点间
2kV	2kV	在工作中不连接的线路之间

所有的电流线路和电压线路以及参比电压超过 40V 的辅助线路连接在一起为一点，另一点是地，试验电压施加于该两点间；对于互感器接入式的电能表，应增加不相连接的电压线路与电流线路间的试验。

试验电压应在 5～10s 内由零升到表 5-4 的规定值，保持 1min，随后以同样速度将试验电压降到零。试验中，电能表不应出现闪络、破坏性放电或击穿；试验后，电能表无机械损坏，电能表应能正确工作。

3. 潜动试验

试验时，电流线路不加电流，电压线路施加电压为参比电压的115%，$\cos\varphi(\sin\varphi)=1$，测试输出单元所发脉冲不应多于1个。在潜动试验中保证检定装置电流输出为零，以免差错。

不同准确度等级电能表的潜动试验最短试验时间Δt分别见式（5-1）～式（5-3）。

0.2S级表

$$\Delta t \geqslant \frac{900\times 10^6}{CmU_nI_{max}}(\text{min}) \tag{5-1}$$

0.5S级、1级表

$$\Delta t \geqslant \frac{600\times 10^6}{CmU_nI_{max}}(\text{min}) \tag{5-2}$$

2级表

$$\Delta t \geqslant \frac{480\times 10^6}{CmU_nI_{max}}(\text{min}) \tag{5-3}$$

式中：C为电能表输出单元发出的脉冲数，imp/kWh或imp/kvarh；U_n为参比电压，V；I_{max}为最大电流，A；m为系数，对单相电能表，$m=1$，对三相四线电能表，$m=3$，对三相三线电能表，$m=\sqrt{3}$。

4. 起动试验

在参比频率、参比电压和$\cos\varphi=1$(对有功电能表）或$\sin\varphi=1$(对无功电能表）的条件下，电流线路通以表5-5规定的起动电流（三相电能表各相同时加电压、通起动电流），在规定的时限内电能表应能起动并连续记录。时限按式（5-4）确定

$$t_Q \leqslant 1.2\times\frac{60\times 1000}{CmU_nI_Q}(\text{min}) \tag{5-4}$$

式中：I_Q为起动电流，A。

表5-5　单相和三相电能表的起动电流

类别	有功电能表准确度等级				无功电能表准确度等级	
	0.2S	0.5S	1	2	2	3
	起动电流（A）					
直接接入的电能表	—	—	$0.004I_b$	$0.005I_b$	$0.005I_b$	$0.01I_b$
经互感器接入的电能表	$0.001I_n$	$0.001I_n$	$0.002I_n$	$0.003I_n$	$0.003I_n$	$0.005I_n$

注　经互感器接入的宽负载电能表（$I_{max}\geqslant 4I_b$）[如3×1.5(6)A]，按I_b确定起动电流。

如果该电能表为用于双方向电能测量仪表，则该试验应用于每一个方向的电能测量。

5. 基本误差

（1）基本误差限。电能表的基本误差用相对误差表示。在规定的参比条件下，有功和无功电能表的基本误差限应满足表 5-6 和表 5-7 规定。

如果电能表应用于测量双向电能，则表 5-6 和表 5-7 中的规定适用于每一方向的电能测量。

（2）基本误差检定。使用的电能表检定装置的等级与被检电能表的等级相比一般高两个等级。电能表上台正确接线，测试参数设置无误，通电预热时间符合检定规程规定时测量基本误差，中间过程不再预热。平衡负载与不平衡负载时误差之差在 I_b 或 I_n 负载点下测试，是测基本误差时必做的项目。

表 5-6　　单相电能表和平衡负载时三相电能表的基本误差限

类别	直接接入	经互感器接入④	功率因数		电能表准确度等级				
					0.2S③	0.5S③	1	2	3
	负载电流①				基本误差限（%）				
有功电能表	—	$0.01I_n \leqslant I < 0.05I_n$	cosφ②	1	±0.4	±1.0	—	—	—
	$0.05I_b \leqslant I < 0.1I_b$	$0.02I_n \leqslant I < 0.05I_n$		1	—	—	±1.5	±2.5	—
	$0.1I_n \leqslant I \leqslant I_{max}$	$0.05I_n \leqslant I \leqslant I_{max}$		1	±0.2	±0.5	±1.0	±2.0	—
	—	$0.02I_n \leqslant I < 0.1I_n$		0.5L	±0.5	±1.0	—	—	—
				0.8C	±0.5	±1.0	—	—	—
	$0.1I_b \leqslant I < 0.2I_b$	$0.05I_n \leqslant I < 0.1I_n$		0.5L	—	—	±1.5	±2.5	—
				0.8C	—	—	±1.5	—	—
	$0.2I_b \leqslant I \leqslant I_{max}$	$0.1I_n \leqslant I \leqslant I_{max}$		0.5L	±0.3	±0.6	±1.0	±2.0	—
				0.8C	±0.3	±0.6	±1.0	—	—
	当用户特殊要求时			0.25L	±0.5	±1.0	±3.5	—	—
	$0.2I_b \leqslant I \leqslant I_{max}$	$0.1I_n \leqslant I \leqslant I_{max}$		0.5C	±0.5	±1.0	±2.5	—	—
无功电能表	$0.05I_b \leqslant I < 0.1I_b$	$0.02I_n \leqslant I < 0.05I_n$	sinφ（L或C）	1	—	—	—	±2.5	±4.0
	$0.1I_b \leqslant I \leqslant I_{max}$	$0.05I_n \leqslant I \leqslant I_{max}$		1	—	—	—	±2.0	±3.0
	$0.1I_b \leqslant I < 0.2I_b$	$0.05I_n \leqslant I < 0.1I_n$		0.5	—	—	—	±2.5	±4.0
	$0.2I_b \leqslant I \leqslant I_{max}$	$0.1I_n \leqslant I \leqslant I_{max}$		0.5	—	—	—	±2.0	±3.0
	$0.2I_b \leqslant I \leqslant I_{max}$	$0.1I_n \leqslant I \leqslant I_{max}$		0.25	—	—	—	±2.5	±4.0

① I_b—基本电流；I_{max}—最大电流；I_n—经电流互感器接入的电能表额定电流，其值与电流互感器次级额定电流相同；经电流互感器接入的电能表最大电流 I_{max} 与互感器次级额定扩展电流（$1.2I_n$，$1.5I_n$ 或 $2I_n$）相同。

② 角 φ 是星形负载支路相电压与相电流间的相位差；L—感性负载，C—容性负载。

③ 对 0.2S 级、0.5S 级表只适用于经互感器接入的有功电能表。

④ 经互感器接入的宽负载电能表（$I_{max} \geqslant 4I_b$）[如 3×1.5(6)A]，其计量性能仍按 I_b 确定。

表 5-7　　不平衡负载①时三相电能表的基本误差限

直接接入的电能表	经互感器接入的电能表	每组元件功率因数② $\cos\theta$（$\sin\theta$）	有功电能表准确度等级				无功电能表准确度等级	
负载电流 I			0.2S	0.5S	1	2	2	3
			基本误差限（%）					
$0.1I_b \leqslant I \leqslant I_{max}$	$0.05I_n \leqslant I \leqslant I_{max}$	1	±0.3	±0.6	±2.0	±3.0	—	—
$0.2I_b \leqslant I \leqslant I_{max}$	$0.1I_n \leqslant I \leqslant I_{max}$	0.5L	±0.4	±1.0	±2.0	±3.0	—	—
$0.1I_b \leqslant I \leqslant I_{max}$	$0.05I_n \leqslant I \leqslant I_{max}$	1(L 或 C)	—	—	—	—	±3.0	±4.0
$0.2I_b \leqslant I \leqslant I_{max}$	$0.1I_n \leqslant I \leqslant I_{max}$	0.5(L 或 C)	—	—	—	—	±3.0	±4.0
I_b	I_n	1	不平衡负载与平衡负载时的误差之差不超过（%）					
			±0.4	±1.0	±1.5	±2.5	±2.5	±3.5

① 不平衡负载是指三相电能表电压线路加对称的三相参比电压，任一相电流线路通电流，其余各相电流线路无电流。

② 角 θ 是指加在同一组驱动元件的相（线）电压与电流间的相位差。

基本误差不正常时，不一定是表计本身的原因，有必要进一步核查参数设置的正确性、检查接线的正确完好和检定装置表位的工作状态等，忽视这点很容易造成错判表计本身的工作状况。如当误差偏负或浮动时特别注意电压端子连接是否稳定紧密，三相四线接入式表计零线接入不正确将产生测试误差的偏移。

1）调定的负载点。在参比频率和参比电压下，通常应按表 5-8 和表 5-9 规定的调定负载点。在不同功率因数下，按负载电流逐次减小的顺序测量基本误差。根据需要，允许增加误差测量点。

表 5-8　　检定单相电能表和平衡负载下的三相电能表时应调定的负载点

电能表类别		电能表准确度等级	$\cos\varphi=1$ $\sin\varphi=1$ （L 或 C）	$\cos\varphi=0.5L$ $\cos\varphi=0.8C$① $\sin\varphi=0.5$（L 或 C）	$\sin\varphi=0.25$ （L 或 C）	特殊要求时 $\cos\varphi=0.25L$ $\cos\varphi=0.5C$
			负载电流②			
直接接入	有功电能表	1，2	I_{max}，$(0.5I_{max})$②，I_b，$0.1I_b$，$0.05I_b$	I_{max}，$(0.5I_{max})$②，I_b，$0.2I_b$，$0.1I_b$	—	I_{max}，$0.2I_b$
	无功电能表	2，3	I_{max}，$(0.5I_{max})$②，I_b，$0.1I_b$，$0.05I_b$	I_{max}，$(0.5I_{max})$②，I_b，$0.2I_b$，$0.1I_b$	I_b	—
经互感器接入③	有功电能表	0.2S，0.5S	I_{max}，I_n，$0.05I_n$，$0.01I_n$	I_{max}，I_n，$0.1I_n$，$0.02I_n$	—	I_{max}，$0.1I_n$
		1，2	I_{max}，I_n，$0.05I_n$，$0.02I_n$	I_{max}，I_n，$0.1I_n$，$0.05I_n$	—	I_{max}，$0.1I_n$
	无功电能表	2，3	I_{max}，I_n，$0.05I_n$，$0.02I_n$	I_{max}，I_n，$0.1I_n$，$0.05I_n$	I_n	—

① $\cos\varphi=0.8C$ 只适用于 0.2S、0.5S 和 1 级有功电能表。

② 当 $I_{max} \geqslant 4I_b$ 时，应适当增加负载点，如增加 $0.5I_{max}$ 负载点等。

③ 经互感器接入的宽负载电能表（$I_{max} \geqslant 4I_b$）[如 3×1.5(6)A]，其计量性能仍按 I_b 确定。

表 5-9 不平衡负载时三相电能表分组检定时应调定的负载点

电能表类别		电能表准确度等级	$\cos\theta=1$ $\sin\theta=1$ (L 或 C)	$\cos\theta=0.5$L $\sin\theta=0.5$ (L 或 C)
			负载电流	
直接接入	有功电能表	1，2	I_{max}，I_b，$0.1I_b$	I_{max}，I_b，$0.2I_b$
	无功电能表	2，3	I_{max}，I_b，$0.1I_b$	I_{max}，I_b，$0.2I_b$
经互感器接入	有功电能表	0.2S，0.5S	I_{max}，I_n，$0.05I_n$	I_{max}，I_n，$0.1I_n$
		1，2	I_{max}，I_n，$0.05I_n$	I_{max}，I_n，$0.1I_n$
	无功电能表	2，3	I_{max}，I_n，$0.05I_n$	I_{max}，I_n，$0.1I_n$

2）用标准表法检定电能表。标准电能表与被检电能表都在连续工作的情况下，用被检电能表输出的脉冲（低频或高频）控制标准电能表计数来确定被检电能表的相对误差。

被检电能表的相对误差 γ 按式（5-5）计算

$$\gamma=\frac{m_0-m}{m}\times 100(\%) \tag{5-5}$$

式中：m 为实测脉冲数；m_0 为算定（或预置）的脉冲数，按式（5-6）计算

$$m_0=\frac{C_0 N}{C_L K_I K_U} \tag{5-6}$$

式中：N 为被检电能表低频或高频脉冲数；C_0 为标准表的（脉冲）仪表常数，imp/kWh；C_L 为被检电能表的（脉冲）仪表常数，imp/kWh；K_I，K_U 为标准表外接的电流、电压互感器变比。当没有外接电流、电压互感器时，K_I 和 K_U 都等于 1。

对铭牌上标有电流互感器变比 K_L 或电压互感器变比 K_Y 经互感器式的电能表，算定（或预置）的脉冲数按式（5-7）计算

$$m_0=\frac{C_0 N}{C_L K_L K_Y K_I K_U} \tag{5-7}$$

要适当地选择被检电能表的低频（或高频）脉冲数 N 和标准表外接的互感器量程和标准表外接的倍率开关挡，使算定（或预置）脉冲数和实测脉冲数满足规定，同时每次测试时间不小 5s。

3）用瓦秒法检定电能表。用标准功率表测定调定的恒定功率，或用标准功率源确定功率，同时用标准测时器测量电能表在恒定功率下输出若干脉冲所需时间，该时间与恒定功率的乘积所得实际电能，与电能表测定的电能相比较来确定电能表的相对误差。

相对误差按式（5-8）计算

$$\gamma = \frac{m - m_0}{m_0} \times 100(\%) \tag{5-8}$$

式中：m 为实测脉冲数，即电能表有功误差时在 T_n(s) 内显示的脉冲数；m_0 为算定（或预置）脉冲数，按式（5-9）计算

$$m_0 = \frac{CPT_n K_I K_U}{3.6 \times 10^6}(\text{imp}) \tag{5-9}$$

式中：T_n 为选定的测量时间，s；P 为调定的恒定功率值，W。

用自动方法控制标准测时器，被检电能表连续运行，测定时间不少于 10s；若用手动方法控制标准测时器，被检电能表连续转动，测量时间不少于 50s。

若标准功率表或标准功率源所发功率脉冲序列不够均匀或其响应速度较慢，还需适当增加测量时间。功率表或功率源显示位数满足表 5-10 的规定。

4）算定脉冲数和显示被检电能表误差的小数位数应满足表 5-10 规定。

表 5-10　算定（或预置）脉冲数、功率表或功率源显示位数和显示被检电能表误差的小数位数

检定装置准确度等级	0.05 级	0.1 级	0.2 级	0.3 级
算定（或预置）脉冲数	50000	20000	10000	6000
功率表或功率源显示位数	6	5	5	5
显示被检电能表误差的小数位数（%）	0.001	0.01	0.01	0.01

5）重复测量次数原则。每一个负载功率下，至少记录两次误差测定数据，取其平均值作为实测基本误差值。若不能正确地采集被检电能表脉冲数，舍去测得的数据。若测得的误差值等于 0.8 倍或 1.2 倍被检电能表的基本误差限，再进行两次测量，取这两次与前两次测量数据的平均值作为最后测得的基本误差值。

6. 仪表常数试验

电能表测试输出与显示器指示的电能量变化之间的关系，应与铭牌标志的常数一致。仪表常数试验分为计读脉冲法、走字试验法和标准表法，以下分别介绍。

(1) 计读脉冲法。在参比频率、参比电压和最大电流及 $\cos\varphi(\sin\varphi)=1$ 的条件下，被检电能表计度器末位（是否是小数位无关）改变至少 1 个数字，输出脉冲数 N 应符合式（5-10）的要求，即

$$N = bC \times 10^{-a} \tag{5-10}$$

式中：a 为计度器小数位数，无小数位时 $a=0$；b 为计度器倍率，未标注者为 1；C 为被检电能表常数，单位为 imp/kWh(kvarh)。

（2）走字试验法。在规格相同的一批被检电能表中，选用误差较稳定（在试验期间误差的变化不超过1/6基本误差限）而常数已知的两只电能表作为参照表。各表电流线路串联而电压线路并联，在参比电压和最大电流及 $\cos\varphi(\sin\varphi)=1$ 的条件下，当计度器末位（是否是小数位无关）改变不少于15（对0.2S和0.5级表）或10（对1～3级表）个数字时，参照表与其他表的示数（通电前后示值之差）应符合式（5-11）要求

$$\gamma=\frac{D_{\mathrm{i}}-D_0}{D_0}\times 100+\gamma_0\leqslant 1.5E_{\mathrm{b}}(\%) \tag{5-11}$$

式中：E_{b} 为电能表基本误差限；D_0 为两只参照表示数的平均值；γ_0 为两只参照表相对误差的平均值,%；D_{i} 为第 i 只被检电能表示数（$i=1, 2, \cdots, n$）。

（3）标准表法。对标志完全相同的一批被检电能表，可用一台标准电能表校核常数。将各被检表与标准表的同相电流线路串联，电压线路并联，在参比电压和最大电流及 $\cos\varphi(\sin\varphi)=1$ 的条件下，运行一段时间。停止运行后，按式（5-12）计算每个被检表的误差 γ，要求不超过基本误差限。

$$\gamma=\frac{W'-W}{W}\times 100+\gamma_0(\%) \tag{5-12}$$

式中：γ_0 为标准表的已定系统误差，不需修正时 $\gamma_0=0$；W'为每台被检电能表停止运行与运行前示值之差，kWh；W 为标准电能表显示的电能值（换算为kWh）。

在此，要使标准表与被检电能表同步运行，运行的时间要足够长，以使得被检电能表计度器末位一字（或最小分格）代表的电能值与所记的 W'之比（%）不大于被检电能表等级指数的1/10。

若标准表显示位数不够多，可用计数器记录标准表的输出脉冲数 m。

若标准表经外配电流、电压互感器接入，则 W 要乘以电流、电压互感器的变比 K_{I}、K_{U}。

7. 测定时钟日计时误差

电压线路（或辅助电源线路）施加参比电压1h后，用标准时钟测试仪测电能表时基频率输出，连续测量5次，每次测量时间为1min，取其算术平均值，对具有计时功能的电能表，在参比条件下，其内部时钟日计时误差限为±0.5s/d。智能电能表技术规范里增加备用电源供电时钟偏差要求，即在参比温度下，单纯采用时钟电池供电，电能表的时钟偏差应优于±1.5s/72h。

8. 时钟示值误差

对于多费率表（或需量表）显示日期应准确，多费率表（或需量表）和标准时钟测试仪同时加参比电压，记录其指示时间，按式（5-13）计算时钟示值误差

$$\Delta T = T' - T \tag{5-13}$$

式中：T 为标准时钟测试仪的显示时刻，s；T'为被检电能表的显示时刻，s。

首次检定时，在设定多费率表（或需量表）的时间后，测量并计算其时钟示值误差；后续检定时，直接测量并计算多费率表（或需量表）时钟示值误差。

9. 电能示值的组合误差

对首次检定的多费率表要进行电能示值的组合误差试验。

（1）对多费率表费率时段有编制权限时，可采用以下方法进行试验。将被检多费率表的各费率时段按 15～60min 任意交替编制，费率时段切换不少于 5 次，使该表的运行时间不少于 4h 或其总计度器记录的电能增量不少于 $(200\times10^{-\alpha})$kW·h(kvar·h)，各费率计度器记录的电能增量不少于 $(1\times10^{-\alpha})$kW·h(kvar·h)。其中，α 为总计度器的小数位数。读取总电能和各费率计度器的电能示值（初始）。试验时，在多费率表电压线路加参比电压，电流线路加负载电流 $I_b(I_n)$ 或 I_{max}，$\cos\varphi=1$(无功 $\sin\varphi=1$) 的条件下，再次读取总电能和各费率计度器的电能示值，计算出总电能增量和各费率时段的电能增量，试验结果应满足式（5-14）要求。

$$|\Delta W_D - (\Delta W_{D1} + \Delta W_{D2} + \cdots + \Delta W_{Dn})| \leqslant (n-1)\times10^{-\alpha} \tag{5-14}$$

式中：ΔW_D 为试验时间内，总计度器电能增量，kW·h 或 kvar·h；ΔW_{D1}，ΔW_{D2}，…，ΔW_{Dn} 为试验时间内，费率 1，2，…，n 对应的各费率计度器的电能增量，kW·h 或 kvar·h；n 为费率数；α 为总计度器的小数位数。

（2）对多费率表不具有费率时段编制权限时，可采用以下方法进行试验。读取总电能和各费率计度器的电能（初始）示值后，在电压线路加参比电压，电流线路加负载电流 $I_b(I_n)$ 或 I_{max}，功率因数为 1 的条件下，被检多费率表在默认费率时段运行不少于 24h，再次读取总电能和各费率计度器的电能示值，计算出总电能增量和各费率时段的电能增量，试验结果同样应满足式（5-14）要求。

10. 需量示值误差

试验开始前将电能表需量清零，并将该电能表的需量周期设置为 15min，滑差时间设置为 1min。

在参比电压、参比频率、$\cos\varphi=1$ 条件下，$0.1I_b(0.1I_n)$、$I_b(I_n)$、I_{max} 负载点分别测

量需量测量准确度。

（1）标准功率表法。电压线路加参比电压、电流线路从小到大分别加负载电流，功率因数为1条件下，每个负载点连续运行20min，读取仪表的最大需量，按式（5-15）计算需量示值误差γ_p(%)

$$\gamma_P=\frac{P-P_0}{P_0}\times 100\% \tag{5-15}$$

式中：P为被测电能表的最大需量示值，kW；P_0为标准功率表的示值，kW，若标准功率表接在装置的二次侧，则需要将标准功率表的功率读数折算成装置一次侧的实际值。

试验结果判定应满足式（5-16）的规定

$$\delta_P=\pm\left|X+\frac{0.05P_n}{P}\right|100\% \tag{5-16}$$

式中：δ_P需量表的需量示值误差限,%；X为需量表的等级；P_n为需量表额定功率，kW；P为测量负载点功率，kW。

（2）标准电能表法。由标准电能表在一个需量周期内累计的脉冲数，按式（5-17）计算出

$$P_0=\frac{60\times m\times K_I\times K_U}{C_0\times T_0} \tag{5-17}$$

式中：m为标准电能表累计脉冲数；P_0为由标准电能表计算得出的施加在被检表的实际功率，kW；C_0为标准电能表常数，imp/kWh；T_0为最大需量测量周期，15min；K_I为检定装置的电流互感器变比；K_U为检定装置的电压互感器变比。

再按式（5-16）计算需量示值误差，试验结果判定同样应满足式（5-17）的规定。

实验室广泛使用标准电能表法来测试电能表的需量示值误差，此法受测量设备稳定度的影响较小，但存在因累计电能分辨力不足而引起小电流负载下容易产生失真的问题。确定需量示值误差时，标准装置输出功率稳定度不应低于0.05%，标准电能表准确度等级不应低于0.05级，测量设备的宽量程、高精度和稳定度的提高大大改善了累计电能分辨力不足的问题。

11. 检验结果的处理

（1）检验结果修约。

1）修约间距数为1时的修约方法：保留位右边对保留位数字1来说，若大于0.5，则保留位加1；若小于0.5，则保留位不变；若等于0.5，则保留位是偶数时不变，保留位是奇数时加1。

2）修约间距数为$n(n\neq 1)$时的修约方法：将测得数据除以n，再按修约间距数为1时的修约方法修约，修约以后再乘以n，即为最后修约结果。

注：“保留位”是指比仪表等级指数多一位的数，该值称为“保留位”。

3）按表 5-11 规定，将电能表相对误差修约为修约间距的整数倍。

表 5-11　　相对误差修约间距

电能表准确度等级	0.2S	0.5S	1	2	3
修约间距（%）	0.02	0.05	0.1	0.2	0.2

4）日计时误差的修约间距为 0.01s/d；时钟示值误差修约间距为 1s。

5）判断测量数据是否满足要求，一律以修约后的数据为准。

（2）检验结果输出。检验结束，由检验单位出具检验结论，根据需要粘贴检验标识或出具检验报告。检验结果记录格式如图 5-1 所示。

检定结果

1. 外观检查：
2. 交流电压试验：
3. 潜动试验：
4. 启动试验：
5. 基本误差：

相线：__________ 接入方式：__________

电压：______ V 电流：______ A 常数：______ 频率：______ Hz

a) ____向有功[直接接入/经互感器接入（宽负载）]

□单相/□三相平衡负载 基本误差/%			
负载电流	$\cos\varphi=1$	$\cos\varphi=0.5L$	$\cos\varphi=0.8C$
I_{max}			
$0.5I_{max}$			
I_b			
$0.2I_b$	——		
$0.1I_b$			
$0.05I_b$		——	——

不平衡负载 基本误差/%						
负载电流	A相		B相		C相	
	$\cos\theta=1$	$\cos\theta=0.5L$	$\cos\theta=1$	$\cos\theta=0.5L$	$\cos\theta=1$	$\cos\theta=0.5L$
I_{max}						
I_b						
$0.2I_b$	——		——		——	
$0.1I_b$		——		——		——

负载电流 I_b $\cos\varphi/\cos\theta=1$ 不平衡负载与平衡负载时误差之差/%					
A相		B相		C相	

b) ____向有功（经互感器接入）

□单相/□三相平衡负载 基本误差/%			
负载电流	$\cos\varphi=1$	$\cos\varphi=0.5L$	$\cos\varphi=0.8C$
I_{max}			
I_n			
$0.1I_n$	——		
$0.05I_n$			
$0.02I_n$			
$0.01I_n$		——	——

不平衡负载 基本误差/%						
负载电流	A相		B相		C相	
	$\cos\theta=1$	$\cos\theta=0.5L$	$\cos\theta=1$	$\cos\theta=0.5L$	$\cos\theta=1$	$\cos\theta=0.5L$
I_{max}						
I_n						
$0.1I_n$	——		——		——	
$0.05I_n$		——		——		——

负载电流 I_n $\cos\varphi/\cos\theta=1$ 不平衡负载与平衡负载时误差之差/%					
A相		B相		C相	

c) ____向无功[直接接入/经互感器接入（宽负载）]

□单相/□三相平衡负载 基本误差/%					
负载电流	$\sin\varphi=1$	$\sin\varphi=0.5L$	$\sin\varphi=0.5C$	$\sin\varphi=0.25L$	$\sin\varphi=0.25C$
I_{max}				——	——
$0.5I_{max}$				——	——
I_b					
$0.2I_b$	——			——	——
$0.1I_b$				——	——
$0.05I_b$		——	——	——	——

不平衡负载 基本误差/%									
负载电流	A相			B相			C相		
	$\sin\theta=1$	$\sin\theta=0.5L$	$\sin\theta=0.5C$	$\sin\theta=1$	$\sin\theta=0.5L$	$\sin\theta=0.5C$	$\sin\theta=1$	$\sin\theta=0.5L$	$\sin\theta=0.5C$
I_{max}									
I_b									
$0.2I_b$	——			——			——		
$0.1I_b$		——	——		——	——		——	——

负载电流 I_b $\sin\varphi/\sin\theta=1$ 不平衡负载与平衡负载时误差之差/%					
A相		B相		C相	

d) ____向无功（经互感器接入）

□单相/□三相平衡负载 基本误差/%					
负载电流	$\sin\varphi=1$	$\sin\varphi=0.5L$	$\sin\varphi=0.5C$	$\sin\varphi=0.25L$	$\sin\varphi=0.25C$
I_{max}				——	——
I_n					
$0.1I_n$	——			——	——
$0.05I_n$				——	——
$0.02I_n$		——	——	——	——

不平衡负载 基本误差/%									
负载电流	A相			B相			C相		
	$\sin\theta=1$	$\sin\theta=0.5L$	$\sin\theta=0.5C$	$\sin\theta=1$	$\sin\theta=0.5L$	$\sin\theta=0.5C$	$\sin\theta=1$	$\sin\theta=0.5L$	$\sin\theta=0.5C$
I_{max}									
I_n									
$0.1I_n$	——			——			——		
$0.05I_n$		——	——		——	——		——	——

负载电流 I_n $\sin\varphi/\sin\theta=1$ 不平衡负载与平衡负载时误差之差/%					
A相		B相		C相	

6. 常数试验：

7. 时钟日计时误差：　　s/d

8. 检定结论：

以下空白

图 5-1　电能表检定结果记录单

12. 检定周期

0.2S 级、0.5S 级有功电能表，其检定周期一般不超过 6 年；1 级、2 级有功电能表和 2 级、3 级无功电能表，其检定周期一般不超过 8 年。

三、电能表的检定方法

1. 电能表检定装置

(1) 概况。电能表检定装置的发展经历了多个阶段。早期的检定装置主要侧重于机械结构和简单的电路校准。随着电子技术的进步，自动化和数字化的检定装置逐渐取代了传统的手动方法。

20 世纪后期，微处理器和数字信号处理技术的应用推动了电能表检定装置的发展。这些先进的系统提供了更高的精度和更多的功能，例如多功能波形分析、误差分析和自动报告生成。同时，国际标准的不断完善也推动了检定装置的标准化和国际互操作性。

近年来，随着物联网（IoT）技术的发展，电能表检定装置也开始与云计算和远程监测相结合，实现远程诊断、远程升级和数据共享，提高了效率和便捷性。未来，随着新技术的涌现，电能表检定装置有望继续不断演进，以适应电能计量领域的不断发展和变化。电能表检定装置的发展可以分为几个关键阶段：

1）机械时代（19 世纪末～20 世纪初）：最早期的电能表检定主要依赖于机械结构，对电流和电压的校准主要通过机械手段实现。

2）电子技术引入（20 世纪 50～70 年代）：随着电子技术的兴起，电能表检定装置开始使用电子元件，如电子放大器和电子计数器，提高了测量的准确性和稳定性。

3）数字化时代（80～90 年代）：微处理器和数字信号处理技术的引入使电能表检定装置更加智能化和自动化。数字显示、自动校准等功能成为可能。

4）互联网时代（2000 年至今）：物联网技术的应用推动了电能表检定装置与云计算和远程监测的融合。远程诊断、数据分析和远程管理成为现代电能表检定装置的重要特征。

每个阶段都反映了科技的不断进步，推动了电能表检定装置在精度、自动化和互联互通方面的不断演进。本书将主要介绍电子式检定装置。

(2) 工作原理。三相电能表校验装置由一体化的数字合成信号源、高稳定度的功率源、过载自动保护电路以及电流、电压输出变换电路和多功能标准电能表、分布式误差计算器等组成。

信号源采用高速处理芯片，波形发生部分利用高速处理芯片向 DA 转换芯片实时高速发送数据，合成所需要的各种波形（正弦波、可控硅波形、次谐波、各种含量谐波等）。

信号源产生的三相电压和电流信号，分别通过各自的反馈补偿调整电路送到电压功放和电流功放进行功率放大。电压信号经电压输出变压器升压后送到被校表和标准电能表。电流信号通过升流变压器升流后由装置的电流输出端子输出，串接各被校表电流线圈后回到升流器。输出电压、电流信号经电流、电压反馈采样互感器采样，反馈回补偿调整电路。校验装置可靠的设计，使输出电压、电流、相位、频率均具有满意的设置精度和调节细度，并保证了装置具有较高的输出稳定度和较低的失真度。

（3）样机及功能。图 5-2 和图 5-3 分别为三相电能表检定装置电路框图及检定装置，装置主要由信号源、标准表、误差计算器、挂表台体、PC 机控制软件等组成。下面列举一些常用功能。

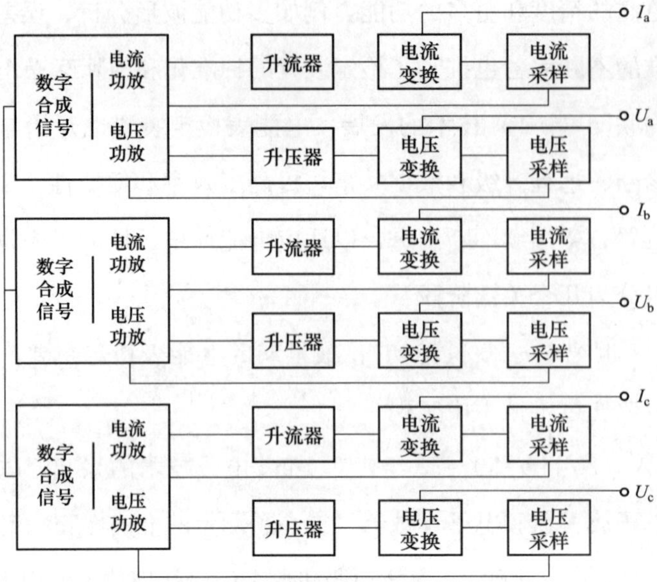

图 5-2　三相电能表检定装置电路框图

图 5-3　三相电能表装置测试仪

1）基本误差测试。通过内置高精度标准表，测试被检电能表是否存在超差。

2）启动/潜动试验。测试被检电能表是否满足起动/潜动试验的要求。

3）温度保护。检定装置可采用新型测温及控制技术，能自动读取功率管上的温度，建立温控曲线，适当调整输出匹配，使整个检定过程在功率管的适宜温度下工作，保持饱满的工作负荷，利于功放的稳定。

4）负载自动切换。功放可以根据负载的不同，自动调整容量输出，以合适的工作状态完成整个校验过程。

5）多功能测试。在测试有功正反向校验试验时，可通过有功/无功专用接线把被检表的有功/无功端子线接到多功能测试板有功插座上，进行有功或无功正反向测试。

6）RS 485 功能测试。如被检表具有 RS 485 接口，并且校验时需要通信时，可通过 RS 485 通信专用接线把被检表的 RS 485 接线端子和 RS 485 插座连接，进行 RS 485 功能测试。

7）多功能测试。在测试多功能试验时，可通过多功能专用接线把被检表的多功能端子相应线接到多功能测试板多功能插座上。需量示值和需量周期误差测试、日计时误差测试、GPS 对时以及时段投切误差测试。

2. 电能表室内检定实施过程

电能表室内检定的实施过程如图 5-4 所示。下面将针对每一个环节逐一阐述。

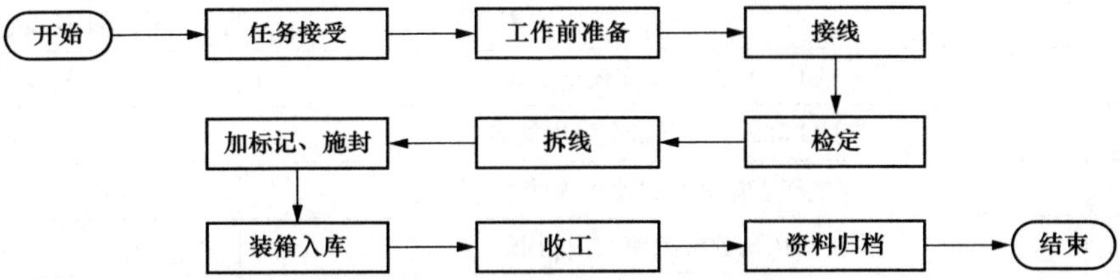

图 5-4　电能表室内检定流程图

（1）前期准备。

1）任务安排。工作负责人根据工作计划，接受任务安排。

2）领取材料。工作负责人根据工作任务，领取合格证等。

3）检查实验室环境条件。检查实验室环境条件是否符合检定规程要求，并形成实验室温、湿度监控记录。

4）准备和检查试验设备。根据工作任务准备所需试验设备，检查是否符合试验要求，并形成仪器设备使用记录。

5）准备和检查工器具。根据工作任务准备所需工器具，检查是否符合试验要求。电能表检定常用工器具和仪器仪表见表 5-12。

表 5-12　电能表检定常用工器具和仪器仪表

序号	名称	型号及规格	单位	数量	安全要求
1	耐压试验装置	/	台	1	（1）仪器仪表应检验合格，并在有效期内。 （2）检定装置应具有有效期内的《计量标准考核证书》
2	单相电能表检定装置	/	台	1	
3	三相电能表标准装置	/	台	1	

6）领取电能表。按照检定任务单领取待检电能表，放到标准装置旁边的待检区，认真核对任务单，以防错领电能表。电能表按批次分别摆放在待检区。一次搬运待检电能表适量。搬运过程轻拿轻放，防止人身伤害及设备损坏。

7）核验电能表信息。检查电能表外观是否完好，电能表信息和标准装置信息应与检定任务单要求一致。临时检定电能表状态应与检定任务单要求一致，检定原因及要求清楚、无疑义。

8）准备技术资料。内容主要包括检定场所需使用的检定规程、装置使用说明书、试验记录等，见表 5-13。

表 5-13　　电能表检定相关技术资料

序号	名称	备注
1	JJG 596 电子式交流电能表	计量检定规程
2	JJG 691 多费率交流电能表	计量检定规程
3	JJG 569 最大需量交流电能表	计量检定规程
4	电能表标准装置使用说明书	/
5	耐压试验装置使用说明书	/
6	电能表说明书	/

9）试验负责人向试验小组成员交代工作内容、人员分工、带电部位和现场安全措施，进行危险点告知和技术交底，并履行确认手续，防止危险点未告知，引起人身伤害和设备损坏。常见危险点见表 5-14。

表 5-14　　电能表检定危险点分析及预防控制措施

序号	防范类型	危险点	预防控制措施
1	人身触电与伤害	装置检修维护时未断电，引起人身触电	（1）设备检修时，应切断装置电源。 （2）设备检修时，应设专人监督。 （3）拆、装被检电能表必须在装置电压、电流输出为零后进行
		误碰电压线路、电流线路引起人身触电	
		跨越或拆除安全围栏，无关人员进入试验区域	（1）交流电压试验时，试验区域应设安全围栏，围栏上悬挂适当数量的“止步，高压危险！”标示牌，标示牌应朝向围栏外面，操作过程需站在绝缘垫上。 （2）加强监护，试验过程中不得跨越和拆除安全围栏。 （3）加强监护，无关人员不得进入试验区域
2	机械伤害	周转箱堆放过高倒塌伤人	（1）禁止无关人员进入周转箱堆放区域。 （2）周转箱应堆放在规定区域，堆放高度适宜
		搬运过程中伤人	（1）一次搬运待检电能表适量。 （2）搬运过程中轻拿轻放

续表

序号	防范类型	危险点	预防控制措施
3	设备损坏	试验设备、工器具等损坏	（1）仔细阅读试验设备、工器具的说明书，选择合适的量程，并正确使用。 （2）禁止带负荷切换量程
		接线时压接不牢固或错误	（1）接线时，螺丝应紧固并充分接触。 （2）加强作业过程中的监护、检查，防止接线时因压接不牢固引起设备过热，或错误接线引起的设备损坏
		搬运过程中设备掉落损坏	（1）一次搬运待检电能表适量。 （2）搬运过程中轻拿轻放，防止电能表掉落导致损坏

（2）接线。严格按照电能表检定规程的接线图接线。接线过程中应加强监护，正确使用工器具。接线应正确无误，防止相间及电压回路短路，电流回路开路造成设备和人身伤害。接线时，螺丝应紧固并充分接触，防止因压接不牢引起设备过热。接线完成后进行复核，确保正确无误。单相电能表、三相三线及三相四线电能表的检定原理图如图 5-5 所示。

（3）检定。

1）资产信息下载。根据待检电能表信息从营销业务应用系统（或省级计量中心生产调度平台）内下载电能表资产信息，并进行信息复核。

2）选择检定方案。根据检定类别和电能表类型，在检定软件中选择检定方案如图 5-6 所示。选择方案时需加强审核，防止错选导致的设备损坏。在此界面可自由添加、删除、修改方案，自由修改、添加、删除测试点。

3）开始检定。按 JJG 596、JJG 691、JJG 569 的要求，根据电能表的不同用途，完成外观检查、交流电压试验、潜动试验、起动试验、基本误差、仪表常数试验、时钟日计时误差、需量示值误差、电能示值组合误差、校核计度器示数等检定项目。按智能电能表技术规范和供货技术要求，完成预置参数检查、费控拉合闸试验、预置参数设置、清零、密钥下装等检测项目。抽检试验中还应增加误差一致性、负载电流升降变差和误差变差试验等。检定过程中，工作班成员应及时发现检定异常情况，如接线松动、脉冲线接触不良、装置异常报警、出现粗大误差等，及时进行处理、恢复，确保检定任务顺利完成。注意检查电能表时钟、电价、时段是否准确，电量是否清零。基本误差检定如图 5-7 所示。

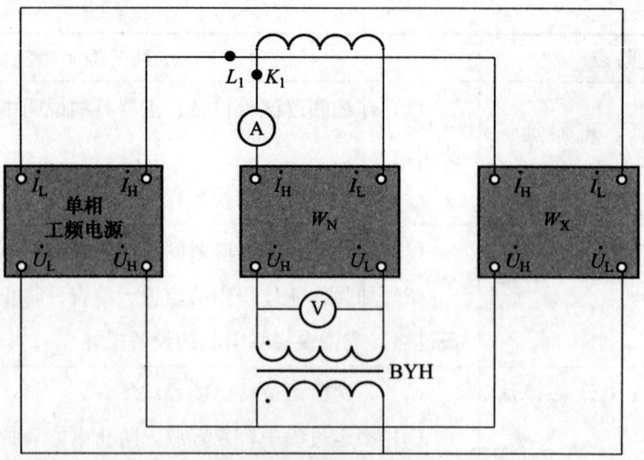

(a) 单相电能表检定原理

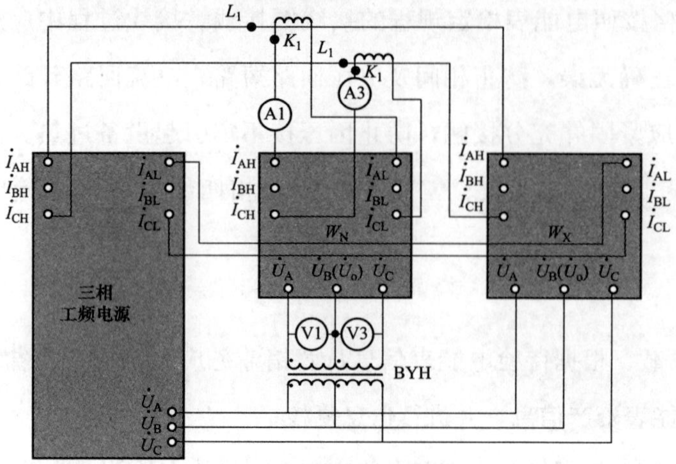

(b) 三相三线电能表检定原理

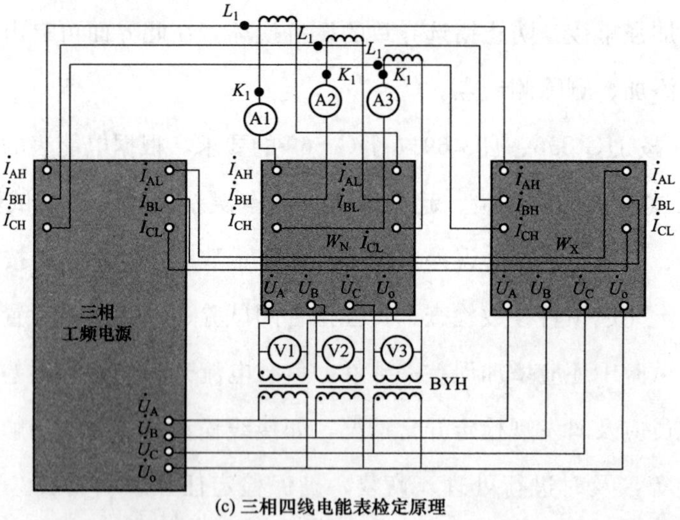

(c) 三相四线电能表检定原理

图 5-5　单相电能表、三相三线电能表及三相四线电能表检定原理图

注：W_N 为标准电能表或功率表；W_X 为被检电能表；A 为电流表；V 为电压表；

BYH 为标准电压互感器；L，K 为标准电流互感器初、次级绕组的发电机端。

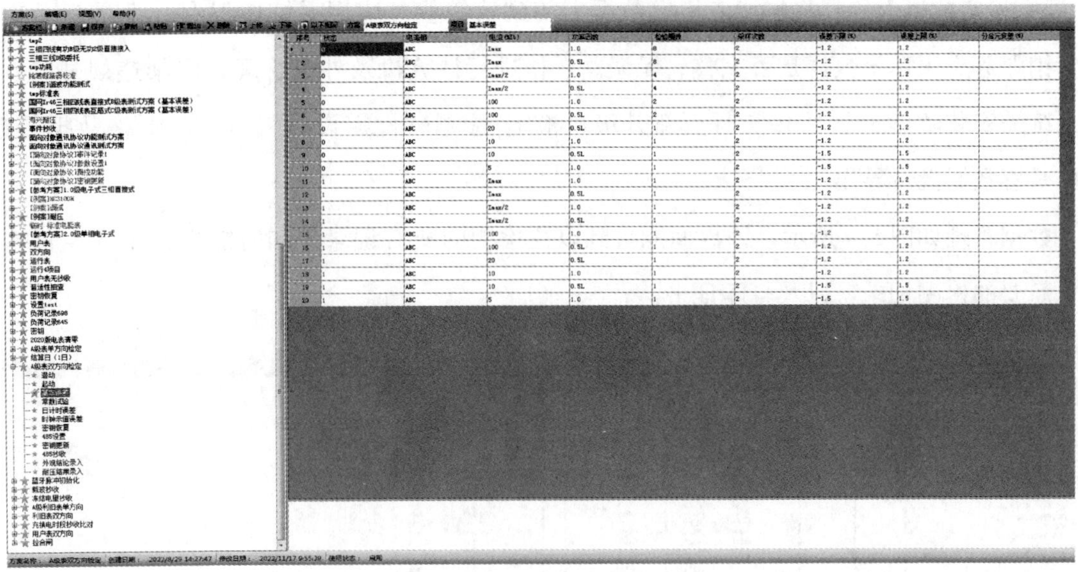

图 5-6　电能表检定方案设置

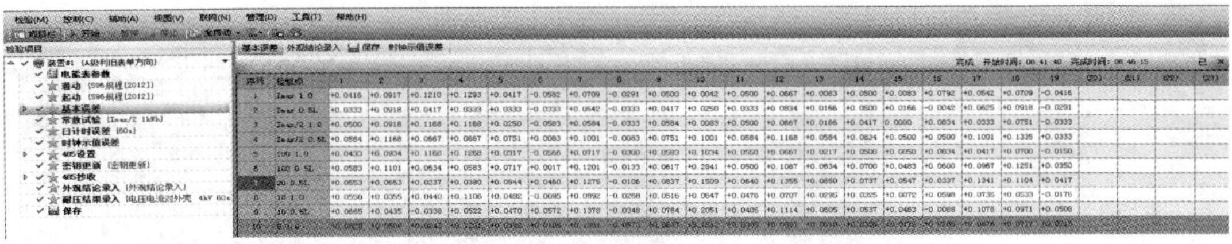

图 5-7　电能表基本误差检定

4）检定结果审核、保存。检定完成后，进行审核，并保存检定结果，如图 5-8 所示。

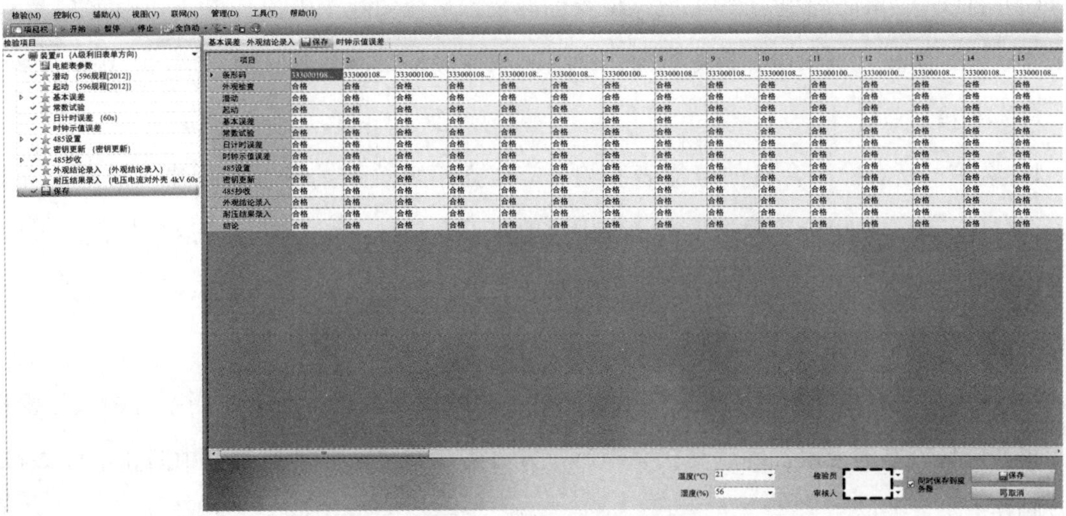

图 5-8　电能表检定数据保存

5）检定数据上传。将电能表检定数据上传到营销业务应用系统中保存。上传后及时抽查营销业务应用系统数据是否完整、无误。严格进行计算机及外设管理，严禁违规外联。操作系统需安装防病毒软件并及时更新升级，检定/检测软件需设置强口令。严格数据管理，防范敏感数据批量导出。

数据管理如图 5-9 所示，该界面能看到以往检测的所有记录，同时能根据不同条件查询用户需要的检测记录，以及打印证书。

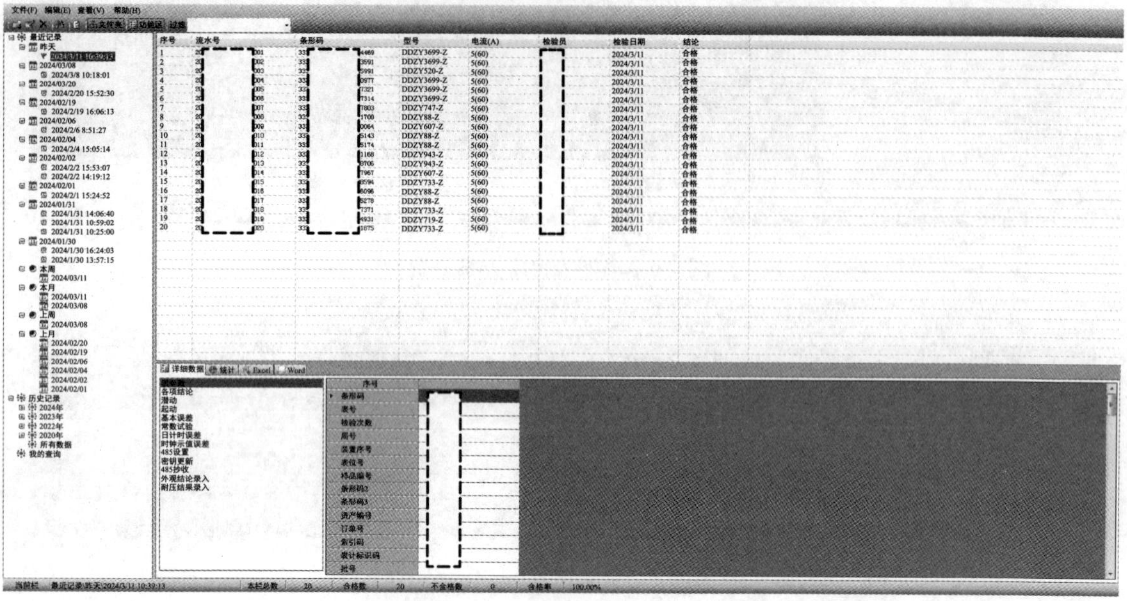

图 5-9　电能表检定数据管理

（4）拆线。切断试验电压、电流，检查标准装置是否切断了电流、电压，确定装置不处于工作状态，防止人身触电。拆除试验接线。测试导线、工器具等安全、整洁、规范放置。

（5）装箱入库。

1）装箱。新表检测合格的电能表装箱，应建立箱表关系，箱表关系建立应准确无误，放置合格区，不合格电能表根据批次，集中放置于不合格区，统一复检或返厂处理。拆回复用表、临时检定之类表计视情况依规处理。禁止无关人员进入周转箱堆放区域。周转箱堆放不宜过高，防止倒塌伤人。

2）入库。将检测完毕电能表交接给资产班，协助完成在营销业务应用系统中入库操作，入库资产信息应准确无误。确认交接完毕后，方可离开交接区。搬运过程中防止电能表摔坏以及砸伤人员。

（6）收工。

1）关闭电源。检查检测用标准装置电源是否关闭。

2）清理工作现场。检查、整理、清点工作班成员工器具；清扫整理实验室。

（7）资料归档。

1）出具结果报告。如客户有需求，应出具证书报告。

2）材料归档。对所有手工记录进行资料归档。

第三节 电压互感器的检定

一、电压互感器的检定流程

电压互感器的室内检定流程及项目按照表 5-15 所列顺序及项目进行。

表 5-15 电压互感器检定项目

检定项目		检定类别		
		首次检定	后续检定	使用中检验
1	外观检查	＋	＋	＋
2	绝缘电阻测量	＋	＋	－
3	绝缘强度试验	＋	－	－
4	绕组极性检查	＋	－	－
5	基本误差测量	＋	＋	＋
6	稳定性试验	－	＋	＋

注 表中符号“＋”表示必检项目，符号“－”表示可不检项目。

二、电压互感器的检定要点

1．外观检查

有下列缺陷之一的电压互感器，必须修复后再检定：

（1）无铭牌或铭牌中缺少必要的标志；

（2）接线端子缺少、损坏或无标志；

（3）有多个电压比的互感器没有标示出相应接线方式；

（4）绝缘表面破损，油位或气体压力不正确；

（5）内部结构件松动；

（6）其他严重影响检定工作进行的缺陷。

2. 绝缘电阻测量

1kV及以下的电压互感器用500V绝缘电阻表测量，一次绕组对二次绕组及接地端子之间的绝缘电阻不小于20MΩ；1kV以上的电压互感器用2500V绝缘电阻表测量，不接地互感器一次绕组对二次绕组及接地端子之间的绝缘电阻不小于10MΩ/kV，且不小于40MΩ；二次绕组对接地端子之间以及二次绕组之间的绝缘电阻不小于40MΩ。

3. 绝缘强度试验

绝缘强度试验包括一次绕组或二次绕组的外加电压试验，试验电压可从一次绕组或二次绕组施加。试验电压值按JB/T 5473的6.7.1款选取。有多个电压比的互感器选择额定一次电压最高的绕组进行。

试验设备和方法应符合GB/T 16927.1要求。试验过程中如果没有发生绝缘损坏或放电闪络，则认为通过试验。

特殊用途的电压互感器，可根据用户要求进行绝缘强度试验。

试验室作标准用的互感器，在周期复检时可根据用户要求进行工频电压试验。

4. 绕组极性检查

测量用电压互感器的绕组极性规定为减极性。推荐使用装有极性指示器的误差测量装置按正常接线进行绕组的极性检查。使用没有极性指示器的误差测量装置检查极性时，应在工作电压不大于5%时进行，如果测得的误差超出校验仪测量范围，则极性异常。规程也允许用其他方法（如直流法或交流法）检查电压互感器绕组极性。

5. 基本误差测量

电压互感器基本误差可以使用标准电压互感器、电压比例标准器或电容式电压比例装置通过比较法测量。

（1）比较法检定线路。下面各种检定线路接线时均应分别完成一次回路、二次差压回路和校验仪工作电压回路的接线，最后在三个回路的接地点用各自的接地导线接地检定线路中，允许用辅助互感器或互感器的辅助绕组供电，其准确度不低于0.5级。

1）自检线路。当被检电压互感器的额定变比为1时，可按如图5-10所示线路进行检定。

2）使用标准电压互感器作为标准器的检定线路。标准器为标准电压互感器时，可使用如图5-11所示的比较线路。根据误差测量装置类型，选择从高电位端取出差压或从低电位端取出差压进行误差测量。当差压从低电位端取出时，标准器一次和二次绕组之间的电容电流反向流入被检互感器，所引起的附加误差不得大于被检互感器误差限值的1/20。

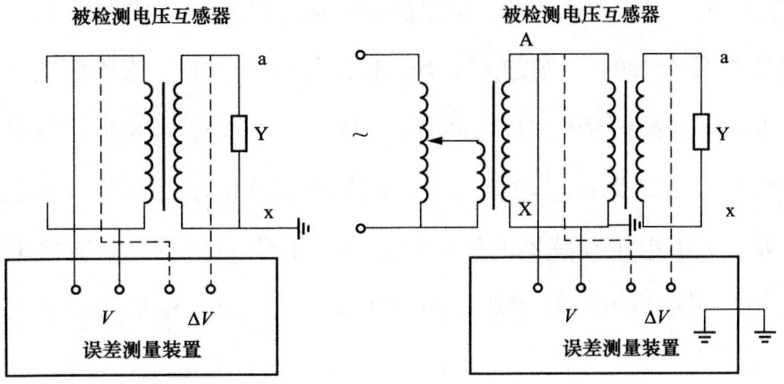

(a) 高电位端测量误差　　(b) 低电位端测量误差

图 5-10　电压互感器自检线路

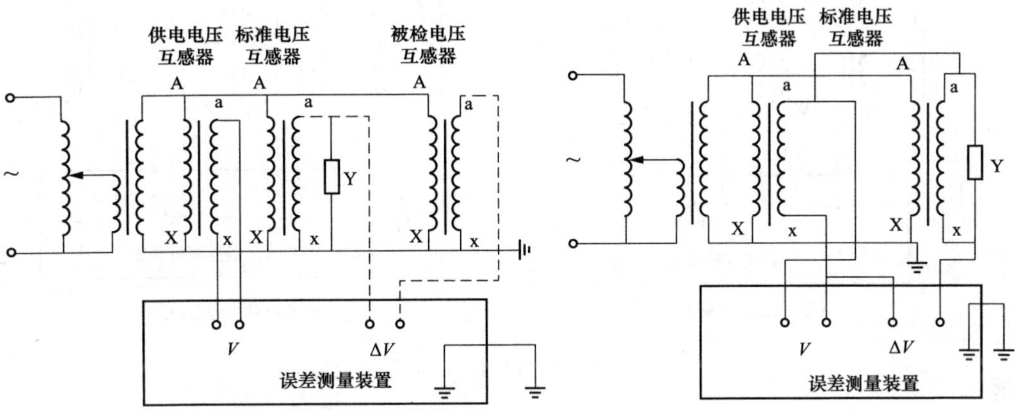

(a) 高电位端测量误差　　(b) 低电位端测量误差

图 5-11　使用电压互感器作标准器的线路

3）使用感应分压器作标准器的测量线路。标准器为感应分压器时可使用如图 5-12 所示的比较线路。宜使用电位差式校验仪在高电位端测量差压。不具备以上条件时，允许从低电位端取出差压进行误差测量，此时感应分压器一次对地的电容电流反向流入被检互感器所引起的附加误差不得大于被检互感器误差限值的 1/20。差压回路电流在感应分压器内阻上的压降引起的测量误差不大于被检互感器误差限值的 1/20。

在图 5-10～图 5-12 中，A-X 为电压互感器一次绕组接线端子或感应分压器励磁绕组接线端子；a-x 为电压互感器二次绕组接线端子；A-X 为感应分压器比例绕组接线端子；Y 为电压负荷箱。

4）使用电容式电压比例装置的检定线路。标准器为电容式电压比例装置时，应根据装置的结构选择适合的比较线路、等功率电桥线路或阻抗电桥线路的误差测量装置。测量过程分为两个步骤进行：第一步是用标准电压互感器校准电容式电压比例装置，选用的标准电压互感器在20%电压百分点下的准确度应符合标准器与被检电压互感器额定电压比相同，准确度至少比被检电压互感器高两个级别，其实际误差不大于被检电压互感器误差限值的1/5的要求。在不低于额定电压20%的试验电压下，调整电容式电压比例装置的电压比例量值使误差测量装置示值等于标准电压互感器的误差检定值，示值偏差不大于被检电压互感器误差限值的1/10。第二步是用被检电压互感器替换标准电压互感器，然后按规程要求的电压测量点进行误差测量。

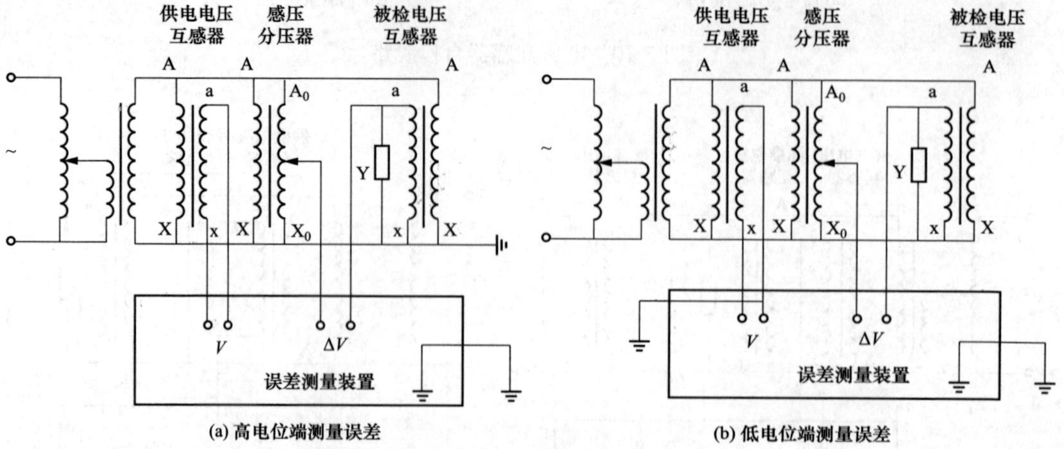

图 5-12　使用感应分压器作标准器的线路

使用电容式电压比例装置的检定线路如图5-13所示。其中图5-13(a) 使用电位差电桥型误差测量装置，图5-13(b) 使用高压电容电桥型误差测量装置，图5-13(c) 使用导纳电桥型误差测量装置。图5-13中C1为高压标准电容器；C2为低压标准电容器；A-X为电压互感器一次绕组接线端子；a-x为电压互感器二次绕组接线端子；Y为电压负荷箱；U_p-0为误差测量装置工作电压接线端子。

(2) 测量误差时所用的电压、负荷及功率因数。周期检定时，电压互感器的误差测量按表5-16所列条件进行，二次负荷可以置额定值或者实际值，新制造和修理后的电压互感器的二次负荷规定为额定值。在特殊条件下使用的电压互感器，按实际使用的电压百分数、二次负荷及功率因数条件下进行误差测试。

检定大批新制造的同型号电压互感器时，经计量机构或主管部门的监督抽检后，在确认符合本安规要求的前提下，可以减少误差的测量点。

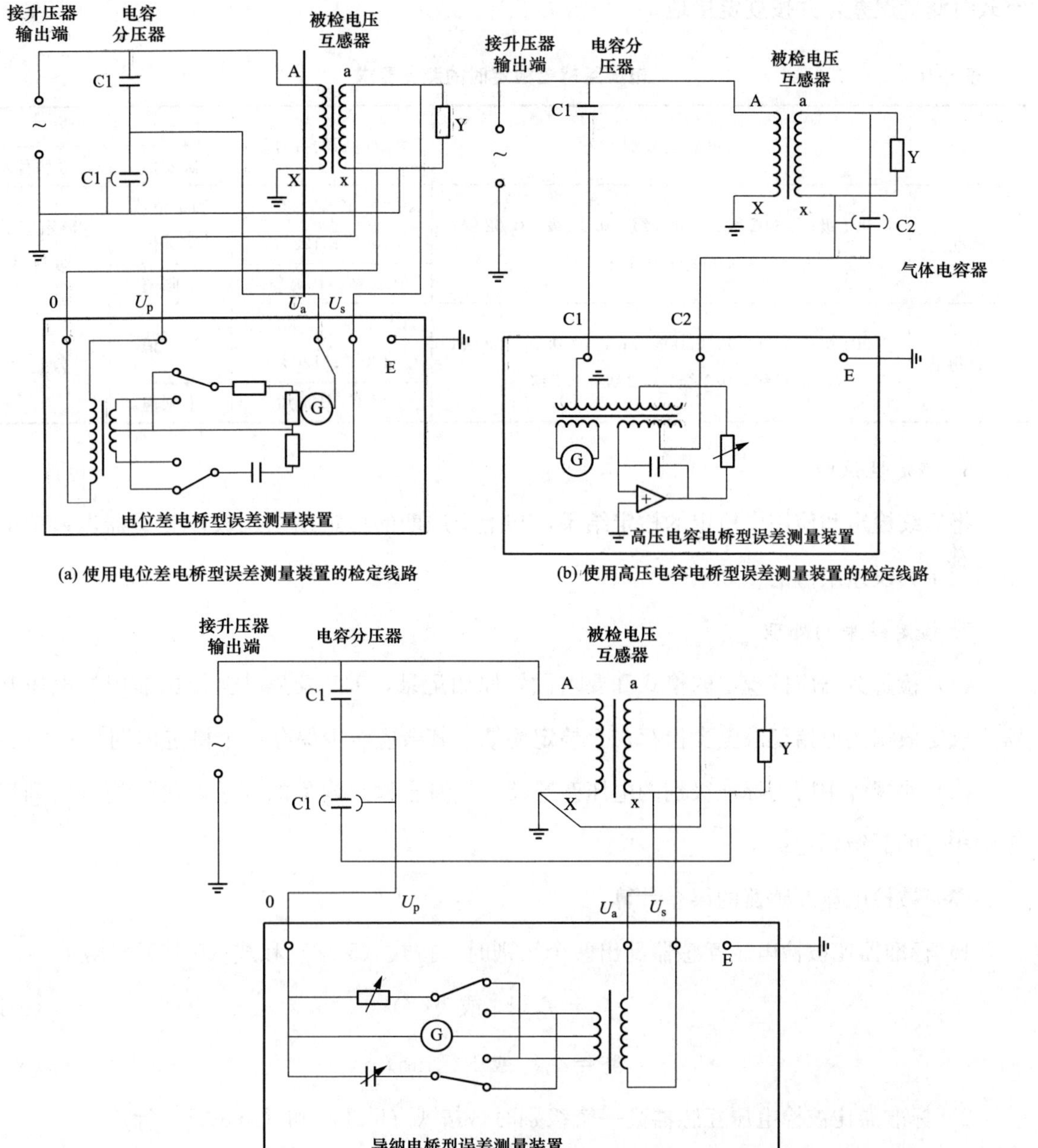

(a) 使用电位差电桥型误差测量装置的检定线路

(b) 使用高压电容电桥型误差测量装置的检定线路

(c) 导纳比较线路

图 5-13 使用导纳电桥型误差测量装置的检定线路

（3）电压互感器各测量点误差的测量次数。0.1 级及以上的电压互感器，除 120%点误差测一次外，其余每点误差在电压上升和下降时各测一次。0.2 级及以下的电压互感器，每个测量点只测量电压上升时的误差。

（4）共用一次绕组的电压互感器的两个二次绕组，应各自在另一个绕组接入额定负荷和空载时测量误差，并按规定接地。

表 5-16　电压互感器检定时的测量要求

用途	准确度级别	额定电压的百分值	二次负荷	
			伏安值	功率因数
标准	0.001 级；0.002 级；0.005 级；0.01 级；0.02 级；0.05 级；0.1 级	20%；50%；80%；100%；120%	额定值或实际值	额定值或实际值
		20%；100%	下限值	
一般测量	0.001 级；0.002 级；0.005 级；0.01 级；0.02 级；0.05 级；0.1 级；0.2 级；0.5 级	20%；50%；80%；100%；120%	额定值	额定值
		20%；100%	下限值	

6. 稳定性试验

将后续检定和使用中检定的检定结果，与上个周期的检定结果比较，互感器误差值的偏差不大于其误差限值的 1/2。

7. 检定结果的处理

（1）检定数据应按规定的格式和要求做好原始记录，0.1 级及以上作标准用的电压互感器，检定数据的原始记录至少保存二个检定周期。其余应至少保存一个检定周期。

（2）非规程中所列标准级别的电压互感器，如符合检定规程的要求，可按规程所列标准级别相近的低级别定级。

（3）被检电压互感器的误差计算。

1）标准器比被检电压互感器高出两个级别时，按式（5-18）和式（5-19）计算

$$f_x = f_p (\% \text{或} 10^{-6}) \tag{5-18}$$

$$\delta_x = \delta_p ({}' \text{或} 10^{-6}\text{rad}) \tag{5-19}$$

2）标准器比被检电压互感器高一个级别时，按式（5-20）和式（5-21）计算

$$f_x = f_p + f_n (\% \text{或} 10^{-6}) \tag{5-20}$$

$$\delta_x = \delta_p + \delta_n ({}' \text{或} 10^{-6}\text{rad}) \tag{5-21}$$

（4）误差修约。0.005～0.001 级电压互感器比值误差和相位误差均按被检互感器额定电压 100%U、误差限值的 1/10 修约；0.5～0.01 级电压互感器比值误差和相位误差按表 5-17 修约。判断电压互感器是否超过允许误差时，以修约后的数据为准。

（5）检定证书及检定结果通知书。

1）表 5-15 所列项目及全部电压比检定合格的电压互感器，方可发给检定证书并标注检

定合格标志。

表 5-17　　互感器的误差修约间隔

修约间隔	准确度级别					
	0.01 级	0.02 级	0.05 级	0.1 级	0.2 级	0.5 级
比值误差（%）	0.001	0.002	0.005	0.01	0.02	0.05
相位误差（′）	0.02	0.05	0.2	0.5	1	2

2）检定证书上应给出检定时所用各种负荷下的误差数值，0.1 级及以上电压互感器还应给出最大升降变差值。

3）误差检定结果超出表 1 的限值，经用户要求，并符合规程某级别全部技术条件的电压互感器，可按所能达到的等级发给检定证书，降级使用。

4）经检定不合格的电压互感器，可发给检定结果通知书，并指明不合格项。

5）检定记录格式、检定证书内页格式及检定结果通知书内页格式如图 5-14～图 5-16 所示。

8. 检定周期

检定周期为 2 年。在连续 2 个周期 3 次检定中，最后一次检定结果与前 2 次检定结果中的任何一次比较，误差变化不大于其误差限值的 1/3，检定周期可以延长至 4 年。

检定记录格式

电压互感器检定记录

送检单位＿＿＿＿＿＿　　准确度级别＿＿＿＿＿＿
型　　号＿＿＿＿＿＿　　额定一次电压＿＿＿＿＿＿kV
制造厂名＿＿＿＿＿＿　　额定二次电压＿＿＿＿＿＿V
出厂编号＿＿＿＿＿＿　　额 定 负 荷＿＿＿＿＿＿VA
设备编号＿＿＿＿＿＿　　额定功率因数＿＿＿＿＿＿
用　　途＿＿＿＿＿＿　　额 定 频 率＿＿＿＿＿＿Hz
证书编号＿＿＿＿＿＿

检定时使用的标准器：
名　　称＿＿＿＿＿＿　　出 厂 编 号＿＿＿＿＿＿
准确度级别＿＿＿＿＿＿　　设 备 编 号＿＿＿＿＿＿

检定时环境条件：
温　　度＿＿＿＿＿＿℃　　相 对 湿 度＿＿＿＿＿＿%

检定结果：
绝缘电阻＿＿＿＿＿＿　　绝缘强度试验＿＿＿＿＿＿
极　　性＿＿＿＿＿＿　　最大升降变差＿＿＿＿＿＿
稳 定 性＿＿＿＿＿＿

结论及说明：

核验＿＿＿＿＿＿
检定＿＿＿＿＿＿

检定日期　年　月　日
有效期至　年　月　日

误差数据表格

比值差的倍率因数:＿＿＿＿＿＿
相位差的倍率因数:＿＿＿＿＿＿

量限	项目及误差		额定电压百分数					最大变差	二次负荷	
			20%	50%	80%	100%	120%		VA	cosϕ
	比值差	上升								
		下降								
		平均								
		修约								
	相位差	上升								
		下降								
		平均								
		修约								
	比值差	上升								
		下降								
		平均								
		修约								
	相位差	上升								
		下降								
		平均								
		修约								

图 5-14　检定记录格式

检定证书内页格式

额定一次电压______kV

额定二次电压______V

额定功率因数______

额 定 负 荷______VA

额 定 频 率______Hz

用　　途______

检定时的环境条件：

温度______℃　相对湿度______%

检定结果：

绝 缘 电 阻______

工频电压试验______

极　　性______

最 大 变 差______

稳　定　性______

结论及说明

下次送检，请带此证书

误 差 数 据

比值差f的倍率因数为：______

相位差δ的倍率因数为：______

量限	误差		额定电压百分值					二次负荷	
			20%	50%	80%	100%	120%	VA	cosϕ
	f								
		δ							
	f								
		δ							
	f								
		δ							
	f								
		δ							
	f								
		δ							
	f								
		δ							
	f								
		δ							
	f								
		δ							
	f								
		δ							

图 5-15　检定证书内页格式

检定结果通知书内页格式

额定一次电压______kV

额定二次电压______V

额定功率因数______

额 定 负 荷______VA

额 定 频 率______Hz

用　　途______

检定时的环境条件：

温度______℃　相对湿度______%

检定结果：

绝 缘 电 阻______

工频电压试验______

极　　性______

最 大 变 差______

结论及说明：

（指出不合格项）

误 差 数 据

比值差f的倍率因数为：______

相位差δ的倍率因数为：______

量限	误差		额定电压百分值					二次负荷	
			20%	50%	80%	100%	120%	VA	cosϕ
	f								
		δ							
	f								
		δ							
	f								
		δ							
	f								
		δ							
	f								
		δ							
	f								
		δ							
	f								
		δ							
	f								
		δ							
	f								
		δ							

图 5-16　检定结果通知书内页格式

三、电压互感器的检定方法

（一）电压互感器检定使用仪器设备

1. 全功能互感器校验仪

(1) 概况。全功能互感器校验仪是高自动化的数字测试仪器。在对互感器误差信号进行分解后，用软件运算以数字方式显示出来。本校验仪除了一般数字式操作方便、测试迅速、读数直观、稳定可靠等特点外，还具有以下独特的优点：

1) 可方便地与国内成套检定装置进行连接测试，也可用元件法检定，所以年检方便。

2) 运用高性能微处理器技术，用功能强大的软件作支持，每次测量皆对温度飘移、电网频率变化进行自动校正，所以测试性能可靠，具有相当高的年稳定性。

3) 使用温度范围宽（5～40℃），对电网稳定性要求低，所以也适用于野外操作和电网质量差的地区。

4) 功能丰富，可自动化整，使用前无须调整，且能跟踪测量，测量速度 0.3s/次，操作方便，可一机多用。

5) 具有测电网频率之功能，所以可准确测量电感和电容。

6) 量程自动切换，使用极其方便。

7) 采用触摸式液晶显示器指示误差及百分表，显示清晰，操作方便，误差数据按规程自动存储，记录总数可达 400 只以上 CT 或 PT，仪器配备标准的 RS 232 接口，在微机上运行配套的操作系统软件，能将现场数据传输到微机，其数据库格式可与大多数电业局公用库兼容，且能打印原始记录和标准检定证书。

(2) 测量项目及主要技术指标。

1) 0.01～10 级电流互感器，二次额定电流分别为 5、2、1、0.5A，工作电流范围 1%～210%，误差测量范围：f 为 0.0001%～19.99%，δ 为 0.001'～999.9'。

2) 0.01～10 级电压互感器，二次额定电压分别为 100、$100/\sqrt{3}$、100/3V，工作电压范围为 1%～200%。误差测量范围：f 为 0.0001%～19.99%，δ 为 0.001'～999.9'。

3) 阻抗（$\Delta U/I$）：0.0001～19.99Ω。

4) 导纳（$\Delta I/U$）：0.0001～19.99mS。

5) 电网频率 f(Hz)，周期 T(ms)。

6) 精度指标：

a. 仪器的同相分量和正交分量的示值误差：

$\Delta X=\pm(2\%X+2\%Y+1$ 个字)。

$\Delta Y=\pm(2\%X+2\%Y+1$ 个字)。

b. 频率、周期：$\Delta=\pm(0.5\%X+1$ 个字)。

c. 百分表精度：1.0 级　显示范围：0～999.9%。

d. 极性指示器动作值：(5～20)%I_n 或 (20～50)%U_n。

e. 最高分辨率：$f=0.0001\%$　$\delta=0.001'$　$Z=0.0001\Omega$　$Y=0.0001$mS。

(3) 校验仪的使用条件。

1) 环境温度为5～40℃。

2) 环境相对湿度不超过70%(23℃)。

3) 电源频率为 (50±2)Hz，波形畸变系数小于5%。

4) 使用时电源不应有电压脉冲冲击。

5) 使用场所不应有与工作无关的外界强磁场，不应有严重的震动和颠簸。

(4) 测量原理。本校验仪基本原理是采用差值法对差值信号进行分解，通过 A/D 转换将两路测量数据送至微机系统进行必要的处理后显示或打印。对于互感器误差，显示后可以根据其精度等级自动化整，再将结果显示或打印。

(5) 注意事项。

1) 仪器反面的“接地”为外壳接地点，测量时应将该处可靠接地，以保证校验仪处于良好的屏蔽状态。

2) 测量前如量限不明确应先从大量限开始测量。

3) 由于原理限制，本机在自测标准阻抗回路 (CT0) 时，显示为负，实为正值。

2. 自动电压负载箱

(1) 用途。自动电压互感器负载箱主要用作额定频率为50Hz，二次电压分别为100V 和 $100/\sqrt{3}$V 的电压互感器的二次负载分别为 0、2.5、3.75、5、6.25、7.5、10、12.5、15、20、25、30、37.5、40、50、60、80、100、120VA 和 150VA，功率因数为 0.8 各档组成。

(2) 使用条件。

1) 环境温度 5～40℃。

2) 相对湿度不超过 80%。

3) 工作电源的频率为 (50±0.5)Hz，波形畸变系数不得超过 5%。

4）使用场所不应有强磁场，严重震动和有害气体。

（3）技术数据。

1）额定电压：100V，$100/\sqrt{3}$V

2）电压范围：20%～120%U_n

3）准确度：3级

4）环境温度每变化10℃时，负载箱的误差变化不应超过2%。在额定条件下负载箱不间断工作不超过半小时。

（4）原理及结构。自动电压互感器负载箱由电感线圈和电阻元件组成，电感线圈由冷轧硅钢带制成C铁心线圈，电阻元件选用康铜线绕制老化而成，并加入接口线路板和控制线路板。

（5）注意事项。

1）按键切换应在无工作电压情况下切换。

2）负载箱的接地点应可靠接地。

3. 带升压器标准电压互感器

（1）主要用途。0.05级电压标准的主要用途：作为标准电压互感器，是用来检定低精度的标准或电力电压互感器。

（2）技术性能。

1）额定频率：50Hz。

2）功率因数：1.0。

3）一次电压（A，X）：103、$10/\sqrt{3}$kV。

4）二次电压（a，x）：0.1、$0.1/\sqrt{3}$kV。

5）二次额定容量：0～0.2VA。

6）各种不同型号的电压互感器的具体技术性能以铭牌或检定证书所给出的为准。

（3）使用条件。

1）环境温度：0～40℃。

2）相对湿度：不超过80%。

3）使用场所不应有与工作无关的外界强电磁场。

（4）结构原理。该标准电压互感器线圈绕在一个圆形铁心上，铁心的高压端焊牢引出，接到面板，做成单绝缘的干式电压互感器。低压端焊牢引出接到面板上面，测量时与地线相连，可靠接地。二次线圈根据不同的变比，引出接到相应的接线柱上。标准电压互感器结构原理如图 5-17 所示。

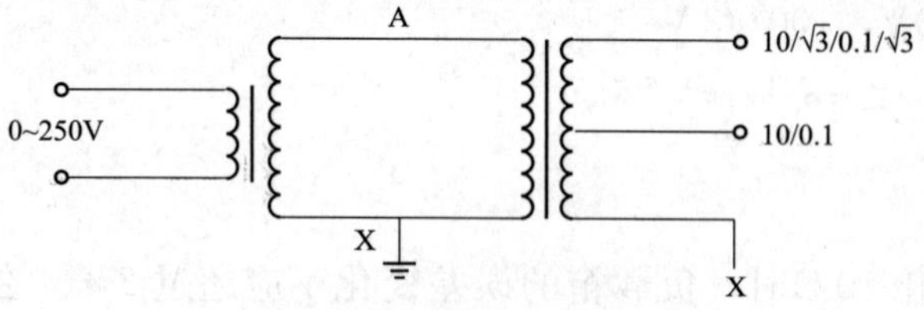

图 5-17　带升压器标准电压互感器结构原理图

升压器容量为 1kVA，升压比为 200V/10kV。

带升压器标准电压互感器结构简便，外观漂亮，便于携带，是电力系统及互感器厂家理想的计量器具。

（5）注意事项。

1）在检定电压互感器时，必须严格按电压互感器检定证书或铭牌所给出的负荷来检定。

2）在检定和使用电压互感器时，要求所有的接地点都良好接地。

3）保证标准电压互感器（X 端与⏚端）与相连设备可靠接地。

4）在检定电压互感器过程中，必须断开总电源，保证回路切断，才能更换接线。

4. 标准电压互感器

（1）主要用途。0.05 级电压标准的主要用途：作为标准电压互感器，是用来检定低精度的标准或电力电压互感器。

（2）技术性能。

1）额定频率：50Hz。

2）功率因数：1.0。

3）一次电压（A，X）：35、35/$\sqrt{3}$kV。

4）二次电压（a，x）：0.1、0.1/$\sqrt{3}$kV。

5）各种不同型号的电压互感器的具体技术性能以铭牌或检定证书所给出的为准。

（3）使用条件。

1）环境温度：0～40℃。

2）相对湿度：不超过 80%。

3）使用场所不应有与工作无关的外界强电磁场。

（4）结构原理。该标准电压互感器线圈绕在一个圆形铁心上，铁心的高压端焊牢引出接到面板，做成单绝缘的干式电压互感器。低压端焊牢引出接到面板上面，测量时与地线相连，可靠接地。二次线圈根据不同的变比，引出接到相应的接线柱上。标准电压互感器结构原理如图5-18所示。

本标准电压互感器结构简便，外观漂亮，便于携带。是电力系统及互感器厂家理想的计量器具。

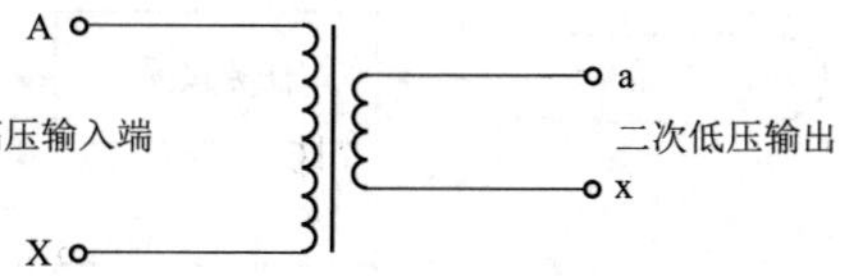

图5-18 标准电压互感器结构原理

（5）注意事项。

1）在检定电压互感器时，必须严格按电压互感器检定证书或铭牌所给出的负荷来检定。

2）在检定和使用电压互感器时，要求所有的接地点都良好接地。

3）保证标准电压互感器（X端与⏚端）与相连设备可靠接地。

4）在检定电压互感器过程中，必须断开总电源，保证回路切断，才能更换接线。

5. 升压器

（1）用途。升压器用在高电压的工作场合，一般在测量额定频率为50Hz电压互感器时，作升压用，它使小电压大电流转换成小电流高电压。

（2）使用条件。

1）环境温度为0～40℃。

2）环境相对湿度不超过80%。

3）电源频率为（50±2）Hz，波形畸变系数不得超过5%。

4）使用场所不应有强磁场、严重震动和有害气体。

（3）技术数据。

1）额定容量：5kVA。

2）输入电压：0～250V。

3）输出电压：0～50000V或25000V。

4）升压比：200/50000V。

（4）原理及结构。升压器是根据变压器原理，因为电压的大小跟线圈的匝数是成正比的，当输入段绕组匝数很少，输出段匝数多时，就可以起到升压的作用，该升压器由环形铁心和线圈绕组组成。

（5）注意事项。

1）保证标准电压互感器（X端与⏚端）与相连设备可靠接地。

2）在检定电压互感器过程中，必须断开电源，保证回路切断，才能更换接线。

（二）电压互感器室内检定实施过程

电压互感器的室内检定实施过程如图 5-19 所示。下面将针对每一个环节逐一阐述。

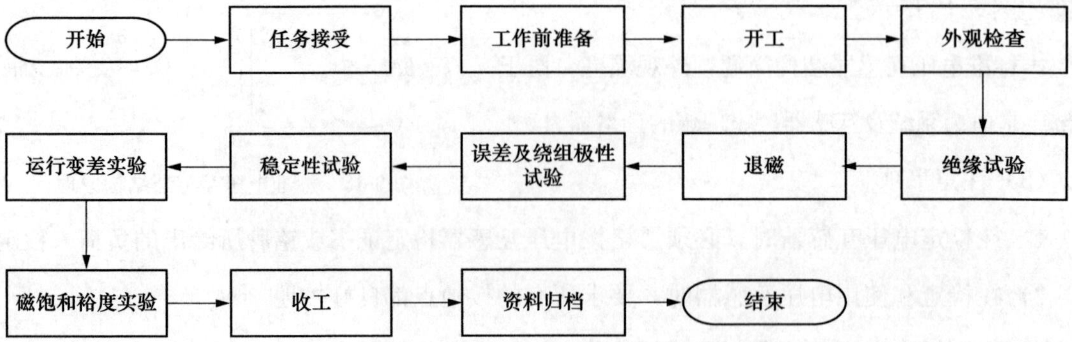

图 5-19　电压互感器室内检定流程图

（1）前期准备。

1）任务安排。工作负责人根据互感器检定委托书安排当天具体工作任务。

2）领取材料。工作负责人根据工作任务，领取合格证等。

3）检查实验室环境条件。检查实验室环境条件是否符合检定规程要求，并形成实验室温、湿度监控记录。

4）准备和检查试验设备。根据工作任务准备所需试验设备，检查是否符合试验要求，并形成仪器设备使用记录。

5）准备和检查工器具。根据工作任务准备所需工器具，检查是否符合试验要求。电压互感器检定常用工器具和仪器仪表见表 5-18。

6）准备被试电压互感器。领取被试电压互感器，核对被试电压互感器技术参数等，放置在待试品区。领取时，一次搬运被试电压互感器要适量，搬运过程轻拿轻放，防止人身伤害及设备损坏。

7）准备技术资料。内容主要包括检定场所需使用的检定规程、装置使用说明书、试验记录等，见表 5-19。

（2）工作交底。试验负责人向试验小组成员交代工作内容、人员分工、带电部位和现场安全措施，进行危险点告知和技术交底，并履行确认手续，防止危险点未告知，引起人身伤害和设备损坏。常见危险点见表 5-20。

表 5-18 电压互感器检定常用工器具和仪器仪表

序号	名称	型号及规格	单位	数量	安全要求
1	低压作业防护手套	/	副	1	（1）常用工器具金属裸露部分应采取绝缘措施，并经检验合格。螺丝刀除刀口以外的金属裸露部分应用绝缘胶布包裹。 （2）仪器仪表安全工器具应检验合格，并在有效期内。 （3）检定装置应具有有效期内的《计量标准考核证书》。 （4）其他：根据现场需求配置
2	绝缘手套	/	副	1	
3	绝缘垫	/	块	1	
4	放电棒	/	根	1	
5	电源盘	有明显断开点，具有带漏电保护功能	只	1	
6	峰值电压表	/	台	1	
7	绝缘电阻表	/	台	1	
8	互感器检定装置	/	套	1	
9	耐压试验装置	/	台	1	
10	感应分压器	/	台	1	

表 5-19 电压互感器检定相关技术资料

序号	名称	备注
1	JJG 314 测量用电压互感器	检定规程
2	JJG 1021 电力互感器	检定规程
3	检定装置的使用说明书、检定/校准证书	/
4	耐压装置使用说明书	/
5	绝缘电阻表使用说明书	/
6	被试电压互感器的使用说明书	/

表 5-20 电压互感器检定危险点分析及预防控制措施

序号	防范类型	危险点	预防控制措施
1	人身伤害或触电	走错工作位置	（1）工作负责人对工作班成员应交代工作任务，进行安全教育，作业前对工作班成员进行危险点告知，明确指明带电设备位置，交代安全措施和技术措施。 （2）相邻有多个试验区域，不得进入与自己无关的试验区域
		跨越或拆除安全围栏，无关人员进入试验区域	（1）试验区域应设安全围栏，围栏上悬挂适当数量的“止步，高压危险!”标示牌，标示牌应朝向围栏外面。根据电压等级保证足够的安全距离。 （2）加强监护，试验过程中不得跨越和拆除安全围栏。 （3）加强监护，无关人员不得进入试验区域
		测试线和电源线胶皮破损	（1）严禁踩踏测试线和电源线。 （2）设备和被试品搬动过程严禁挤压测试线和电源线。 （3）收线时，严禁拖动测试线
		接线和拆除时未切断装置电源	（1）试验过程中应专人监护、提醒。 （2）接线和拆线前试验电源高压端应挂接地棒。 （3）加强对工作人员的日常安全教育和学习，养成良好的作业习惯
		试验中触电或试验后剩余电荷引起触电	（1）试验过程中应专人监护、提醒。 （2）高压试验后，应使用放电棒对地释放剩余电荷。 （3）工作班成员应正确佩戴安全帽、棉质长袖工作服、绝缘鞋等劳动保护用品

续表

序号	防范类型	危险点	预防控制措施
2	机械伤害	搬运互感器过程中伤人	（1）一次搬运被试电压互感器要适量。 （2）搬运过程中轻拿轻放。 （3）吊运或托盘转运时，应将互感器固定牢靠，防止摔落、倾倒伤人
3	设备损坏	试验设备、工器具等损坏	（1）仔细阅读试验设备、工器具的说明书，选择合适的量程，并正确使用。 （2）禁止带负荷切换量程
		试验设备过电压损坏	（1）试验前检查并确认被试样品、标准器、测量装置、试验电源等各类高压设备的额定电压等级。 （2）试验前确认高压测量装置分压比例
		接线时压接不牢固或错误	（1）接线时，螺丝应紧固并充分接触。 （2）加强作业过程中的监护、检查，防止接线时因压接不牢固或错误损坏设备。 （3）试验前检查所有试验设备的是否有效接地
		搬运过程中设备掉落损坏	（1）一次搬运被试电压互感器适量。 （2）搬运过程中轻拿轻放，防止电压互感器掉落导致损坏

（3）资产信息下载。根据被试电压互感器的资产号，从营销业务应用系统内下载电压互感器信息，并进行信息复核工作。

（4）外观检查。根据规程进行外观检查，外观检查不合格且影响检定工作和安全操作的互感器，必须修复后再检定。

（5）绝缘电阻测定。根据规程选用绝缘电阻测试仪测量绝缘电阻，防止工作人员碰触带电部分。

（6）工频耐压试验。根据规程选用工频耐压装置进行工频耐压试验。试验过程中特别注意以下事项：

1）防止工作人员碰触带电部分。

2）在试验区域加设围栏，在围栏外侧悬挂标示牌“止步！高压危险”，防止无关人员接近。

3）加强监护，试验过程中不得跨越和拆除安全围栏。

4）加强监护，无关人员不得进入试验区域。

5）耐压试验后，应使用放电棒对地释放剩余电荷。

（7）误差及绕组极性试验。

1）检定前接线。电磁式电压互感器检定接线如图 5-20 所示。电容式电压互感器检定接线如图 5-21 所示。接线分为一次接线和二次接线，一次和二次接线时有关注意事项如下：

a. 加强监护，正确使用工器具。

b. 接线时，螺丝应紧固并充分接触。

c. 加强作业过程中的监护、检查，防止接线时因压接不牢固或错误损坏设备。

d. 安全距离不足将造成放电，注意安全距离。

e. 防止接地短路和恢复接线时接错。

f. 不试验绕组应加规定二次负载。

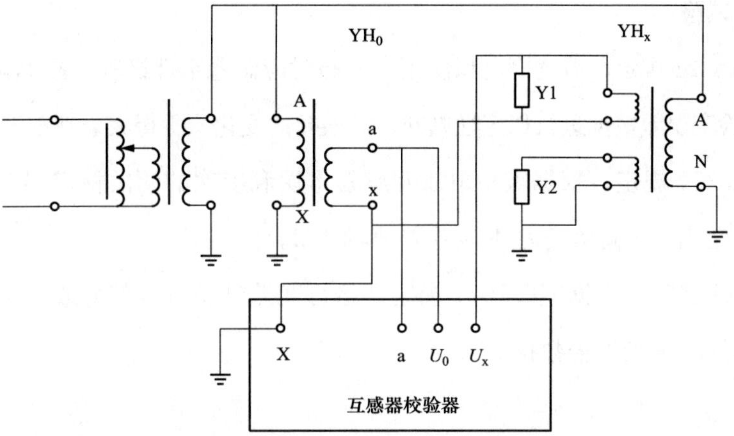

图 5-20　检定电磁式电压互感器接线图

YH$_0$—标准电压互感器；YHx—被试电磁式电压互感器；Y1、Y2—电压负荷箱

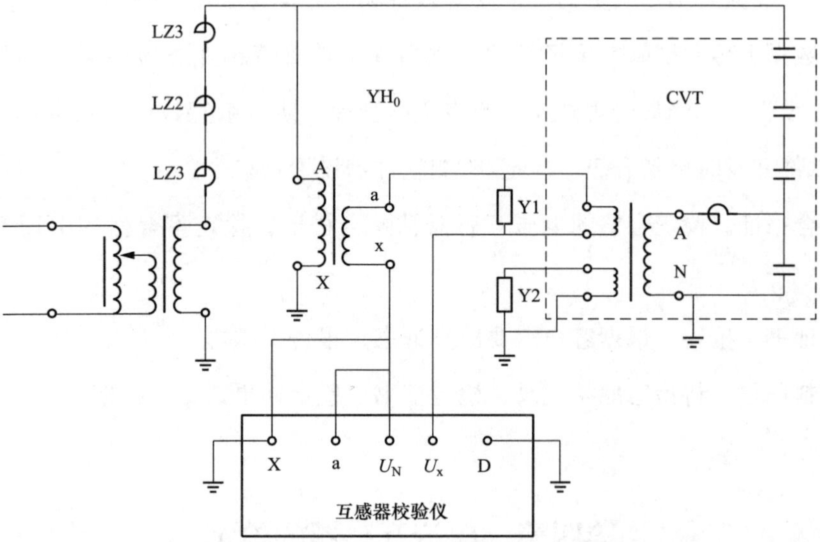

图 5-21　检定电容式电压互感器接线图

YH$_0$—标准电压互感器；CVT—被试电容式电压互感器；Y1、Y2—电压负荷箱

2）绕组极性试验。采用直流法或交流法检查电压互感器极性。测量中可使用装有极性

指示器的误差测量装置，按误差测量接线方式进行绕组的极性检查。

3）误差检定。按规程要求升压，测量不同二次负荷下的误差并记录。被检电压互感器的误差应满足检定规程的要求。检定人员应如实正确记录被检电压互感器的误差。

4）检定后拆线。检定结束后，关闭试验设备电源，验电、放电确认后拆除试验接线。过程中防止触电，一人操作，一人监护。

（8）稳定性试验。

1）根据JJG 1021规定，后续检定和使用中检验时应做稳定性试验。根据被检电压互感器本次和上次的两次检定误差数据进行稳定性判断，其误差的变化，不得大于基本误差限值的2/3。

2）根据JJG 314规定，根据被检电压互感器本次和上次的两次检定误差数据进行稳定性判断，其误差的变化，不得大于基本误差限值的1/2。

（9）运行变差试验。根据JJG 1021规定，运行变差试验可以部分或全部采用经检定机构认可的实验室提供的试验报告数据。

（10）收工。

1）试验后拆除接线。断开装置电源和设备电源，对试验设备放电后方可拆除试验接线。拆除接线后，应将工器具定置摆放，设备规则摆放，保持试验区域整洁。收线时，严禁拖动测试线。同时，加强对工作人员的日常安全教育和学习，养成良好的作业习惯。

2）试验数据上传。试验数据经核验无误后，上传到营销业务应用系统中保存。严格进行计算机及外设管理，严禁违规外连。严格数据管理，防范敏感数据批量导出。操作系统需安装防病毒软件并及时更新升级，检定/检测软件需设置强口令。

3）粘贴合格证。检定合格的电压互感器粘贴合格证；检定不合格的电压互感器粘贴不合格标签。

4）出具证书、报告。根据客户需要出具证书、报告。

（11）资料归档。将检定原始记录、检定证书、检定结果通知书归档。

第四节　电流互感器的检定

一、电流互感器的检定流程

电流互感器的检定项目按表5-21规定。

表 5-21 电流互感器检定项目

检定项目		检定类别		
		首次检定	后续检定	使用中检验
1	外观检查	+	+	+
2	绝缘电阻测量	+	+	−
3	工频耐压试验	+	−	−
4	退磁	+	+	+
5	绕组极性检查	+	−	−
6	基本误差测量	+	+	+
7	稳定性试验	−	+	+

注 表中符号“+”表示必检项目，符号“−”表示可不检项目。

二、电流互感器的检定要点

1. 外观检查

有下列缺陷之一的电流互感器，必须修复后再检定：

（1）无铭牌或铭牌中缺少必要的标志；

（2）接线端子缺少、损坏或无标志；

（3）有多个电流比的互感器没有标示出相应接线方式；

（4）绝缘表面破损或受潮；

（5）内部结构件松动；

（6）其他严重影响检定工作进行的缺陷。

2. 绝缘电阻测量

用 500V 绝缘电阻表测量各绕组之间和各绕组对地的绝缘电阻，应符合 JB/T 5472 第 6.7 款要求；额定电压 3kV 及以上的电流互感器使用 2.5kV 绝缘电阻表测量一次绕组与二次绕组之间以及一次绕组对地的绝缘电阻，不应小于 500MΩ。

3. 工频耐压试验

试验设备和方法应符合 GB/T 16927.1 要求。试验过程中如果没有发生绝缘损坏或放电闪络，则认为通过试验。

试验室作标准用的互感器，在周期复检时可根据用户要求进行工频耐压试验。

4. 退磁

若制造厂规定了退磁方法，应按标牌上的标注或技术文件的规定进行退磁。如果制造厂未规定，可根据习惯使用开路法退磁或闭路法退磁。

实施开路法退磁时，在一次（或二次）绕组中选择其匝数较少的一个绕组通以10%～15%的额定一次（或二次）电流，在其他绕组均开路的情况下，平稳、缓慢地将电流降至零。退磁过程中应监视接于匝数最多绕组两端的峰值电压表，当指示值达到2.6kV时，应在此电流值下退磁。

实施闭路法退磁时，在二次绕组上接一个相当于额定负荷10～20倍的电阻（考虑足够容量），对一次绕组通以工频电流，由零增至1.2倍的额定电流，然后均匀缓慢地降至零。

如果电流互感器的铁心绕有两个或两个以上二次绕组，则退磁时其中一个二次绕组接退磁电阻，其余的二次绕组开路。

5. 绕组极性检查

测量用电流互感器的绕组极性规定为减极性。当一次电流从一次绕组的极性端流入时，二次电流从二次绕组的极性端流出。

使用装有极性指示器的误差测量装置按正常接线进行绕组的极性检查。使用没有极性指示器的误差测量装置检查极性时，应在工作电流不大于5%时进行，如果测得的误差超出校验仪测量范围，则极性异常。

6. 误差测量

（1）进行误差测量时，应按被检电流互感器的准确度级别的要求，选择合适的标准器及测量设备。检定线路的接线均应符合以下规定：标准互感器一次绕组的极性端和被检互感器一次绕组的极性端对接，标准互感器二次绕组的极性端和被检互感器二次绕组的极性端对接；电流互感器二次极性端与误差测量装置的差流回路极性端连接，二次测量回路接地端与差流回路非极性端连接，差流回路两端电位应尽量相等并等于地电位。

为了避免被测电流从一次极性端泄漏，一次极性端应尽量接近地电位。检定额定一次电流大于或等于5A的电流量程时，一次回路可在被检电流互感器的非极性端接地；检定额定一次电流小于5A、准确度高于0.05级的电流量程时，一次回路应通过对称支路间接接地；有一次补偿绕组的标准器或被检电流互感器，应通过该绕组接地。

（2）检定线路。

1）自检线路。当被检电流互感器的额定变比为1/1时，可按图5-22线路进行检定。

2）标准电流互感器检定电流互感器的线路，其线路如图5-23所示。

3）双级电流互感器检定电流互感器的线路，其线路如图5-24所示。

4）电流比较仪检定电流互感器的线路，其线路如图5-25所示。

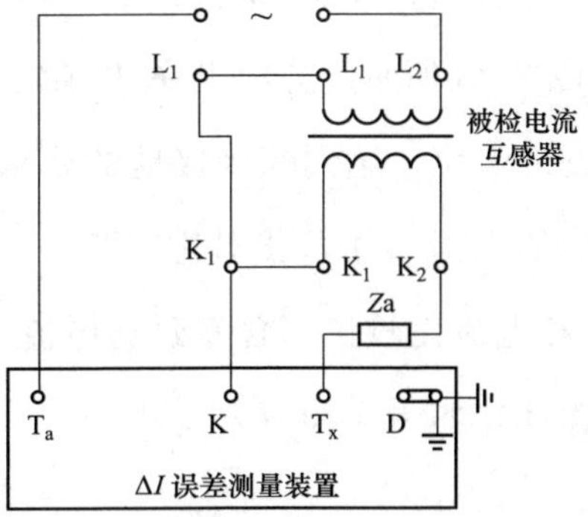

图 5-22　电流互感器自检线路

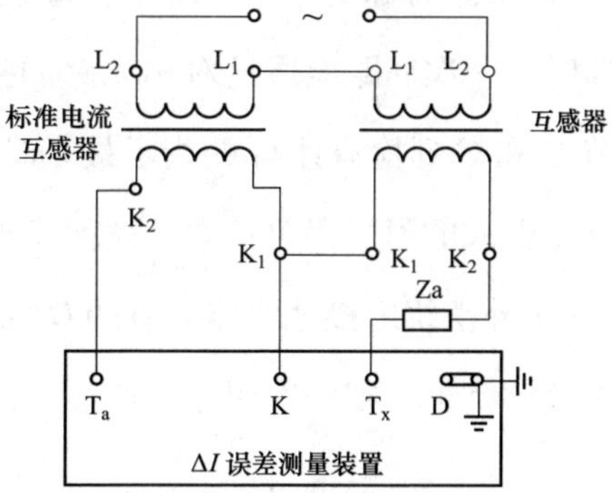

图 5-23　电流互感器比较法检定线路

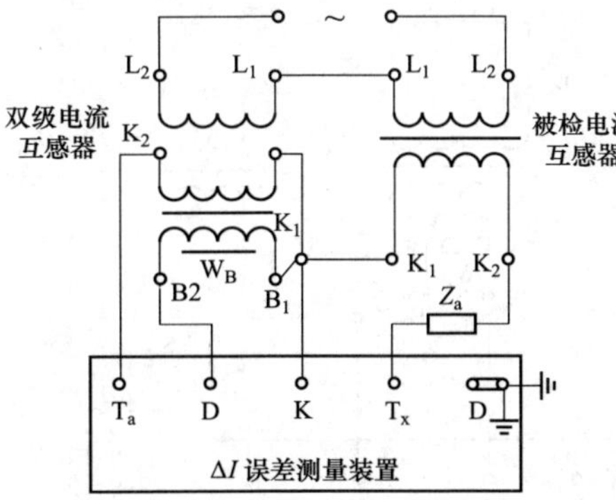

图 5-24　双级电流互感器检定电流互感器线路

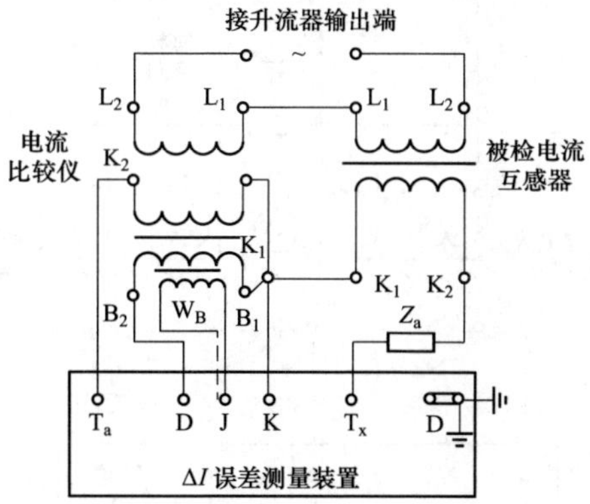

图 5-25　电流比较仪检定电流互感器线路

5）电流比较仪检定双级电流互感器的线路，其线路如图 5-26 所示。

6）感应分流器检定电流互感器线路，其线路如图 5-27 所示。

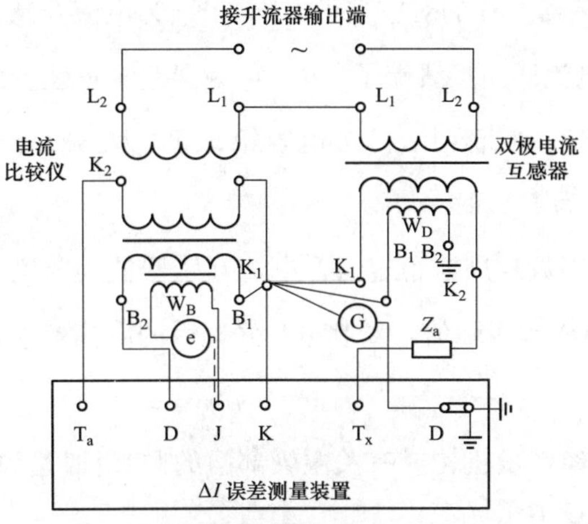

电流互感器自建线路

图 5-26　电流比较仪检定双级电流互感器线路

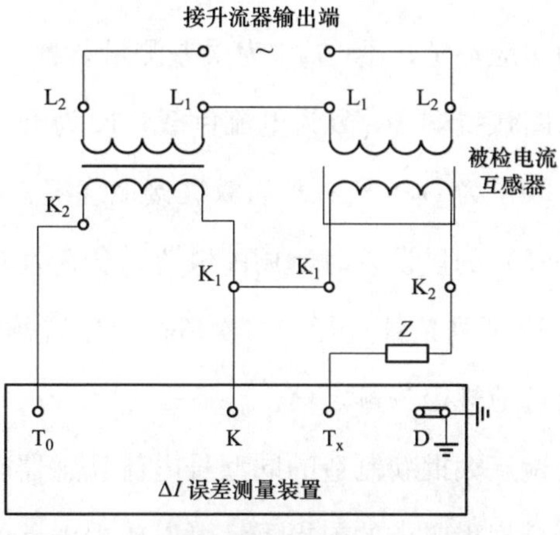

电流互感器自建线路

图 5-27　感应分流器检定电流互感器线路

7）一次回路对称支路接地线路。检定额定一次电流小于5A、准确度高于0.05级的电流互感器时，一次回路应通过对称支路间接接地，如图5-28所示。先将开关K置于适当位置，调节R和C到检流计G的指示最小时，L_1端接近地电位，达到间接接地的要求。若不接对称支路引入的附加误差不大于被检互感器误差限值的1/15，可不接对称支路。

8）一次补偿绕组接地线路。有的双级电流互感器和电流比较仪（含零磁通电流互感器）备有一次补偿绕组，则一次回路可通过一次补偿绕组接地，如图5-29所示。

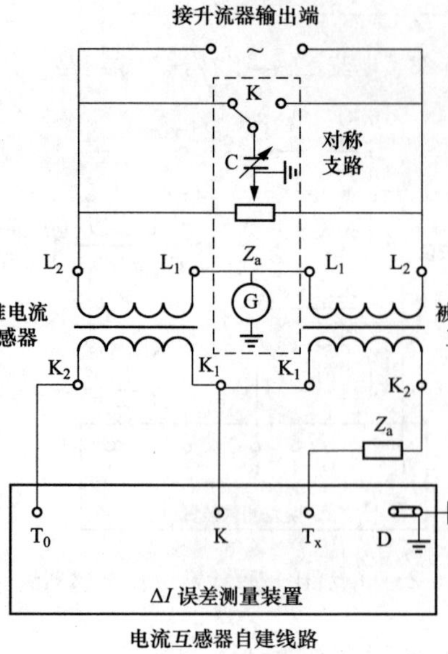

图5-28　一次回路对称支路接地线路

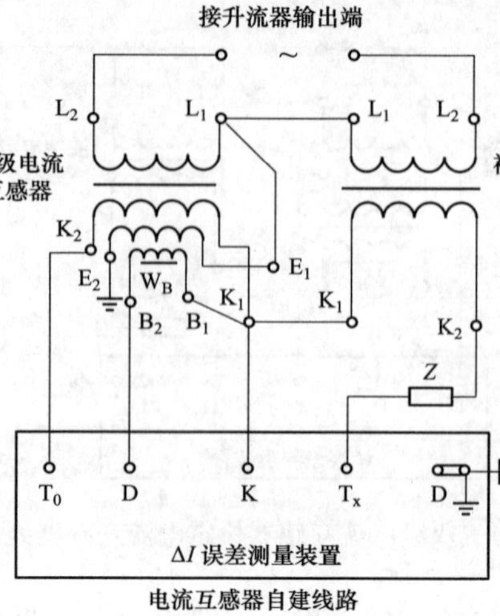

图5-29　一次补偿绕组接地线路

在图5-25～图5-29中：L_1、L_2为电流互感器一次的对应端子；K_1、K_2为电流互感器二次的对应端子；T_0—T_x为误差测量装置工作电流回路接线端子；K—D为误差测量装置的差流回路接线端子；Z为电流负载；K为开关；G为检流计；C为电容箱；W_B为二次补偿绕组，端子为B_1—B_2；E为双级接地绕组，端子为E_1—E_2。

（3）测量误差时所用的电流、负荷及功率因数。周期检定时，电流互感器的误差测量按表5-22所列条件进行，二次负荷可以置额定值或者实际值，新制造和修理后的电流互感器的二次负荷规定为额定值。

检定大批新制造的同型号电流互感器时，经计量机构或有关主管部门的监督抽检，在确认符合规程要求的前提下，可以减少误差的测量点。

除首次检定外，允许用户根据其实际使用情况仅对部分功率因数，如$\cos\varphi=0.8\sim1$时，仅选择其中的0.8或1申请检定，但未经检定的功率因数，不许在工作中使用。

（4）有多个电流比的电流互感器，所有的电流比都应检定。母线型电流互感器可以在每一额定安匝下只检定一个电流比。额定一次电流大于 2.5kA 的母线型电流互感器，在一次导体磁场对其误差影响不大于其误差限值的 1/10 时，允许用等安匝法检定；如一次导体磁场对其误差影响不大于其误差限值的 1/6，且标准器实际误差不超过被检电流互感器误差限值的 1/10 时，也可以用等安匝法检定。检定时：一次导体与中心轴线的位置偏差，不应大于穿心孔径的 1/10；一次返回导体与绕组的距离，不得小于互感器最大几何尺寸。如果一次导体为对称分布的分裂母线，可按分裂根数的比例降低距离要求。

表 5-22　　周期检定时误差的测量要求

<table>
<tr><th rowspan="2">用途</th><th rowspan="2">准确度级别</th><th rowspan="2">额定电流的百分值</th><th colspan="2">二次负荷</th></tr>
<tr><th>伏安值</th><th>功率因数</th></tr>
<tr><td rowspan="2">作标准</td><td rowspan="2">0.001 级；0.001S 级；0.002 级；0.002S 级；0.005 级；0.005S 级；0.01 级；0.01S 级；0.02 级；0.02S 级；0.05 级；0.05S 级；0.1 级；0.1S 级；0.2 级；0.2S 级</td><td>1%；5%；20%；100%；120%</td><td>额定值或实际值</td><td rowspan="2">额定值或实际值</td></tr>
<tr><td>5%；100%</td><td>下限值</td></tr>
<tr><td rowspan="2">一般测量</td><td rowspan="2">0.001 级；0.001S 级；0.002 级；0.002S 级；0.005 级；0.005S 级；0.01 级；0.01S 级；0.02 级；0.02S 级；0.05 级；0.05S 级；0.1 级；0.1S 级；0.2 级；0.2S 级；0.5 级；0.5S 级</td><td>1%；5%；20%；100%；120%</td><td>额定值或实际值</td><td rowspan="2">额定值</td></tr>
<tr><td>5%；20%；100%</td><td>下限值</td></tr>
</table>

（5）每个误差测量点的测量次数。作标准用的互感器，每个安匝数选择一个电流比，测量电流上升与下降时各检定点的误差；其余电流比只测量电流上升时的误差。作一般测量用的电流互感器，每个测量点只需测量电流上升时的误差。电流的上升和下降，均应平稳而缓慢地进行。

（6）共用一次绕组的电压互感器的两个二次绕组，应各自在另一个绕组接入额定负荷和空载时测量误差，并按规定接地。

7. 稳定性试验

将后续检定和使用中检定的检定结果，与上个周期的检定结果比较，互感器误差值的偏差不大于其误差限值的 1/2。

8. 检定结果的处理

（1）检定数据应按规定的格式和要求做好原始记录，0.1 级及以上作标准用的电流互感器，检定数据的原始记录至少保存二个检定周期。其余应至少保存一个检定周期。

（2）非规程中所列标准级别的电流互感器，如符合规程的要求，可按规程所列标准级别相近的低级别定级。

（3）被检电流互感器的误差计算。

1）标准器比被检电流互感器高出两个级别时，按式（5-22）和式（5-23）计算

$$f_x = f_p (\% \text{或} 10^{-6}) \tag{5-22}$$

$$\delta_x = \delta_p ({}' \text{或} 10^{-6}\text{rad}) \tag{5-23}$$

2）标准器比被检电流互感器高一个级别时，按式（5-24）和式（5-25）计算

$$f_x = f_p + f_n (\% \text{或} 10^{-6}) \tag{5-24}$$

$$\delta_x = \delta_p + \delta_n ({}' \text{或} 10^{-6}\text{rad}) \tag{5-25}$$

（4）误差修约。0.005～0.001 级电流互感器比值误差和相位误差均按被检互感器额定电流 100%I、误差限值的 1/10 修约；0.5～0.01 级电压互感器比值误差和相位误差按表 5-23 修约。判断电流互感器是否超过允许误差时，以修约后的数据为准。

表 5-23　　互感器的误差修约间隔

修约间隔	准确度级别					
	0.01 级	0.02 级	0.05 级	0.1 级	0.2 级	0.5 级
比值误差（%）	0.001	0.002	0.005	0.01	0.02	0.05
相位误差（′）	0.02	0.05	0.2	0.5	1	2

（5）检定证书及检定结果通知书。

1）表 5-21 所列项目及全部电压比检定合格的电流互感器，方可发给检定证书并标注检定合格标志。

2）检定证书上应给出检定时所用各种负荷下的误差数值，作标准用的还应给出最大升降变差值。

3）误差检定结果超出表 1 限值，但能符合其他级别全部技术条件的电流互感器，允许降级使用，发给检定证书或标注检定合格标志。

4）经检定不合格的电流互感器，可发给检定结果通知书，并指明不合格项。

5）检定记录格式、检定证书内页格式及检定结果通知书内页格式如图 5-30～图 5-32 所示。

9. 检定周期

检定周期为 2 年。在连续 2 个周期 3 次检定中，最后一次检定结果与前 2 次检定结果中的任何一次比较，误差变化不大于其误差限值的 1/3，检定周期可以延长至 4 年。

检定记录格式

电流互感器检定记录

送检单位＿＿＿＿＿＿　准确度级别＿＿＿＿＿＿

型　　号＿＿＿＿＿＿　额定一次电压＿＿＿＿＿＿kV

制造厂名＿＿＿＿＿＿　额定二次电压＿＿＿＿＿＿V

出厂编号＿＿＿＿＿＿　额定功率因数＿＿＿＿＿＿

用　　途＿＿＿＿＿＿　额定负荷＿＿＿＿＿＿VA

证书编号＿＿＿＿＿＿　额定频率＿＿＿＿＿＿Hz

额定电压＿＿＿＿＿＿V

检定日期　年　月　日

有效期至　年　月　日

误差数据表格

比值差的倍率因数：＿＿＿＿＿＿

相位差的倍率因数：＿＿＿＿＿＿

量限	项目及误差		额定电流百分数					最大变差	二次负荷	
			1%	5%	20%	100%	120%		VA	cos ϕ
	比值差	上升								
		下降								
		平均								
		修约								
	相位差	上升								
		下降								
		平均								
		修约								
	比值差	上升								
		下降								
		平均								
		修约								
	相位差	上升								
		下降								
		平均								
		修约								

检定时使用的标准器：

名　称＿＿＿＿＿＿　出厂编号＿＿＿＿＿＿

准确度级别＿＿＿＿＿＿　设备编号＿＿＿＿＿＿

有效期限＿＿＿＿＿＿

检定时的环境条件：

温　度＿＿＿＿＿＿℃　相对湿度＿＿＿＿＿＿%

检定结果：

外观检查＿＿＿＿＿＿

绝缘电阻＿＿＿＿＿＿

工频电压试验＿＿＿＿＿＿

极性＿＿＿＿＿＿

最大变差＿＿＿＿＿＿

稳定性＿＿＿＿＿＿

结论及说明：

核验＿＿＿＿＿＿

检定＿＿＿＿＿＿

图 5-30　检定记录格式

检定证书内页格式

额定一次电流＿＿＿＿＿＿A

额定二次电流＿＿＿＿＿＿V

额定功率因数＿＿＿＿＿＿

额定负荷＿＿＿＿＿＿VA

额定频率＿＿＿＿＿＿Hz

额定电压＿＿＿＿＿＿kV

检定时的环境条件：

温度＿＿＿＿＿＿℃　相对湿度＿＿＿＿＿＿%

检定结果：

绝缘电阻＿＿＿＿＿＿

极　　性＿＿＿＿＿＿

最大升降变差＿＿＿＿＿＿

稳定性＿＿＿＿＿＿

结论及说明：

下次送检，请带此证书

误差数据

比值差 f 的倍率因数为：＿＿＿＿＿＿

相位差 δ 的倍率因数为：＿＿＿＿＿＿

量限	误差		额定电流百分值					二次负荷	
			1%	5%	20%	100%	120%	VA	cos ϕ
	f								
		δ							
	f								
		δ							
	f								
		δ							
	f								
		δ							
	f								
		δ							
	f								
		δ							
	f								
		δ							
	f								
		δ							
	f								
		δ							
	f								
		δ							

图 5-31　检定证书内页格式

检定结果通知书内页格式

额定一次电流____________A

额定二次电流____________A

额定功率因数____________

额 定 负 荷____________VA

额 定 频 率____________Hz

额 定 电 压____________kV

检定时的环境条件：

温度________℃　相对湿度________%

检定结果：

绝 缘 电 阻____________

极　　性____________

最大升降变差____________

稳 定 性____________

结论及说明：

（指出不合格项目）

误 差 数 据

比值差f的倍率因数为：________

相位差δ的倍率因数为：________

量限	误差		额定电流百分值				二次负荷	
			5%	20%	100%	120%	VA	cos ϕ
	f							
		δ						
	f							
		δ						
	f							
		δ						
	f							
		δ						
	f							
		δ						
	f							
		δ						
	f							
		δ						
	f							
		δ						
	f							
		δ						
	f							
		δ						

图 5-32　检定结果通知书内页格式

三、电流互感器的检定方法

（一）电流互感器检定使用仪器设备

1. 全功能互感器校验仪

（1）概况。全功能互感器校验仪是高自动化的数字测试仪器。在对互感器误差信号进行分解后，用软件运算以数字方式显示出来。本仪器除了一般数字式操作方便、测试迅速、读数直观、稳定可靠等特点外，还具有以下独特的优点：

1）本校验仪可方便地与国内成套检定装置进行连接测试，也可用元件法检定，所以年检方便。

2）本校验仪运用高性能微处理器技术，用功能强大的软件作支持，每次测量皆对温度飘移、电网频率变化进行自动校正，所以测试性能可靠，具有相当高的年稳定性。

3）本校验仪使用温度范围宽（5～40℃），对电网稳定性要求低，所以也适用于野外操作和电网质量差的地区。

4）本校验仪功能丰富，性能价格比高，可自动化整，使用前无须调整，且能跟踪测量，测量速度 0.3s/次，所以操作特别方便，可一机多用。

5）本校验仪具有测电网频率之功能，所以可准确测量电感和电容。

6）校验仪量程自动切换，使用极其方便。

7）本仪器采用触摸式液晶显示器指示误差及百分表，显示清晰，操作方便，误差数据按规程自动存储，记录总数可达 400 只以上 TA 或 TV，仪器配备标准的 RS 232 接口，在微机上运行配套的操作系统软件，能将现场数据传输到微机，其数据库格式可与大多数电业局公用库兼容，且能打印原始记录和标准检定证书。

（2）测量项目及主要技术指标。

1）0.01～10 级电流互感器，二次额定电流分别为 5、2、1、0.5A，工作电流范围 1%～210%，误差测量范围：f 为 0.0001%～19.99%，δ 为 0.001′～999.9′。

2）0.01～10 级电压互感器，二次额定电压分别为 100、$100/\sqrt{3}$、100/3V，工作电压范围为 1%～200%。误差测量范围：f 为 0.0001%～19.99%，δ 为 0.001′～999.9′。

3）阻抗（$\Delta U/I$）：0.0001～19.99Ω。

4）导纳（$\Delta I/U$）：0.0001～19.99mS。

5）电网频率 f(Hz)，周期 T(ms)。

（3）精度指标。

1）仪器的同相分量和正交分量的示值误差：

$\Delta X=\pm(2\%X+2\%Y+1$ 个字)

$\Delta Y=\pm(2\%X+2\%Y+1$ 个字)

2）频率、周期：$\Delta=\pm(0.5\%X+1$ 个字)。

3）百分表精度：1.0 级　显示范围：0～999.9%。

4）极性指示器动作值：(5～20)%I_n 或 (20～50)%U_n。

5）最高分辨率：$f=0.0001\%$　$\delta=0.001'$　$Z=0.0001\Omega$　$Y=0.0001\text{mS}$。

（4）校验仪的使用条件。

1）环境温度为 5～40℃。

2）环境相对湿度不超过 70%（23℃）。

3）电源频率为（50±2）Hz，波形畸变系数小于 5%。

4）使用时电源不应有电压脉冲冲击。

5）使用场所不应有与工作无关的外界强磁场，不应有严重的震动和颠簸。

（5）测量原理 。本校验仪基本原理是采用差值法对差值信号进行分解，通过 A/D 转换将两路测量数据送至微机系统进行必要的处理后显示或打印。对于互感器误差，显示后可以根据其精度等级自动化整，再将结果显示或打印。

(6) 注意事项。

1) 仪器反面的“接地”为外壳接地点，测量时应将该处可靠接地，以保证校验仪处于良好的屏蔽状态。

2) 测量前如量限不明确，应先从大量限开始测量。

3) 由于原理限制，本机在自测标准阻抗回路（CT0）时，显示为负，实为正值。

2. 自动电流负载箱

(1) 用途。自动电流互感器负载箱主要用作额定频率为50Hz，二次电流为5、1A的电流互感器的二次负载。其中二次电流为5A时，由2.5，3.75，5，6.25，7.5，10，12.5，15，20，25，30，40，50，60(VA) 功率因数为0.8和1.0各档组成；二次电流为1A时，由1，2.5，3.75，5，6.25，7.5，10，12.5，15，20，25，30，40，50，60(VA) 功率因数为0.8和1.0各档组成，该负载箱接线电阻为0.06Ω。

(2) 使用条件。

1) 环境温度5～40℃。

2) 相对湿度不超过80%。

3) 工作电源的频率为（50±0.5）Hz，波形畸变系数不得超过5%。

4) 使用场所不应有强磁场、严重震动和有害气体。

(3) 技术数据。

1) 额定电流：5、1A。

2) 电流范围：1%～120%I_n。

3) 额定频率：50Hz。

4) 准确度：3级。

5) 环境温度每变化10℃时，负载箱的误差变化不应超过2%。在额定条件下负载箱不间断工作不超过半小时。

(4) 原理及结构。自动电流互感器负载箱由电感线圈和电阻元件组成，电感线圈由冷轧硅钢带制成C铁心线圈，电阻元件选用康铜线绕制老化而成，并加入接口线路板和控制线路板。

(5) 注意事项。

1) 按键切换应在无工作电流情况下切换。

2) 负载箱的接地点应可靠接地。

3. 标准电流互感器

(1) 概述。随着我国经济的不断发展、腾飞，我国对电能的需求越来越大，对于电力系统来说，准确的计量电能就显得尤为重要。而互感器在电能计量中起着首当其冲的作用。电流互感器的校验现今已是各个供电局必做工作之一。

(2) 标准电流互感器用途。

1) 作为标准电流互感器，用来检定比它低两级及两级以下的相应电流比的电流互感器(满足S级要求)。

2) 作为标准电流互感器，与标准表（电流表、功率表和电能表的电流线圈）配合，用来检定准确度比标准表低两级的相应电工仪表。

(3) 技术指标。

1) 额定频率：50Hz。

2) 试验电压：2kV。

3) 一次电流：5～2000A。

4) 二次电流：5、1A。

5) 额定负荷：5、1VA。

6) 下限负荷：2.5VA。

7) 功率因数：1.0。

8) 准确等级：0.05S。

(4) 使用条件。使用的场所周围环境不应有与工作无关的外界强磁场存在，环境温度在5～40℃为佳，相对湿度不超过80%。对于精度为0.05级及以上或额定电流为1000A级以上的电流互感器在额定电流下持续运行时间为2h；对于额定一次电流为5000A级以上的电流互感器，在额定电流下持续运行的时间为20min，对特殊要求的弱电流互感器允许在额定电流下能够长期工作。

(5) 结构及原理。

1) 一般结构的电流互感器。

a. 单安匝数结构的电流互感器（见图5-33）一次极性端为L，二次极性端为K。

b. 多安匝数结构的电流互感器（见图5-34），一次极性端为L_1，二次极性端为K_1。根据接线牌可知不同电流比时的一次与二次接线。

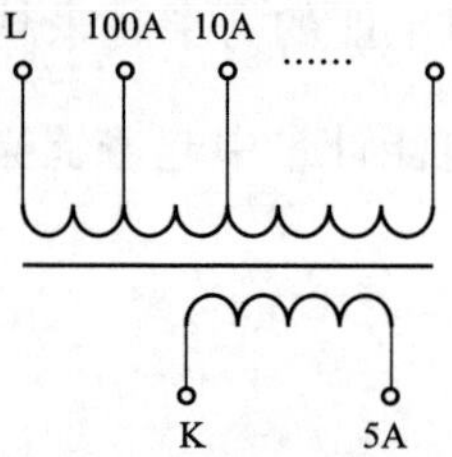

图 5-33 单安匝数结构的电流互感器

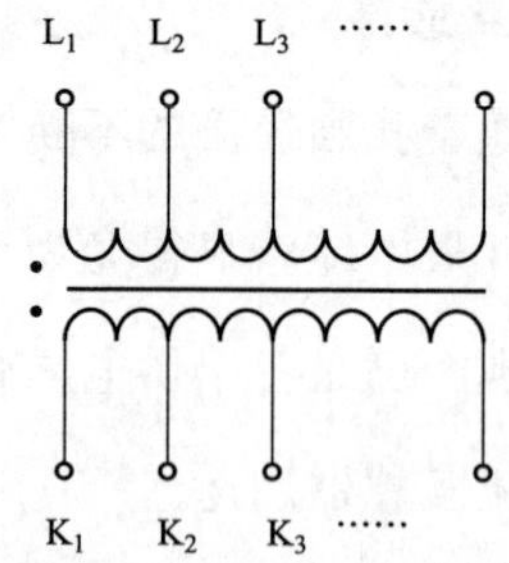

图 5-34 多安匝数结构的电流互感器

2）辅助互感器结构的电流互感器。

a. 单安匝数结构的电流互感器（见图 5-35），一次极性端为 L，非极性端为其相对应的 L，二次极性端为 K。铁Ⅰ为主铁心，铁心Ⅱ为辅助铁心。

b. 多安匝数结构的电流互感器（见图 5-36）。根据铭牌可知不同电流比时的一次与二次界线。铁心Ⅰ为主铁心，铁心Ⅱ为辅助铁心。

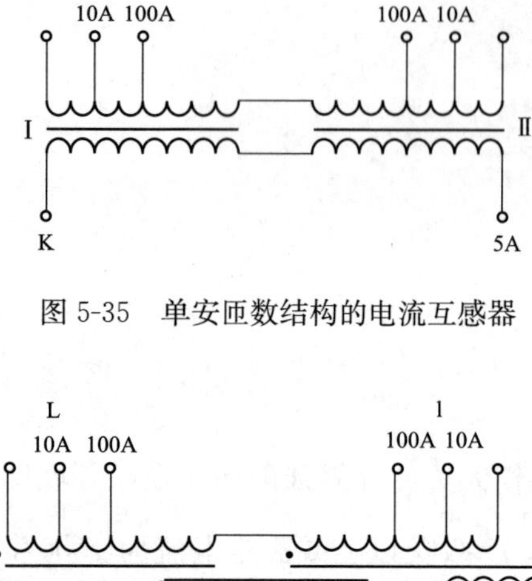

图 5-35 单安匝数结构的电流互感器

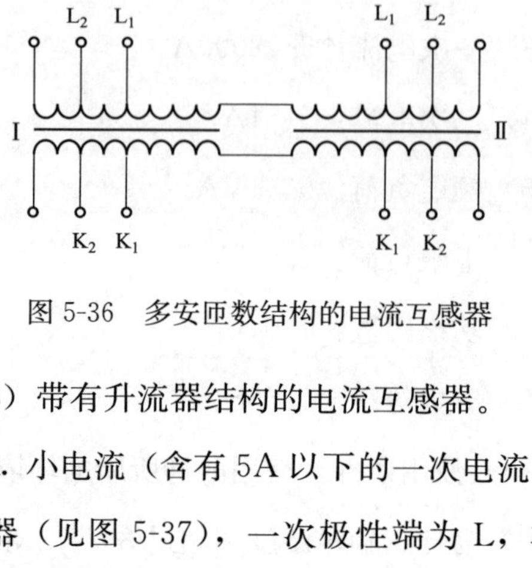

图 5-36 多安匝数结构的电流互感器

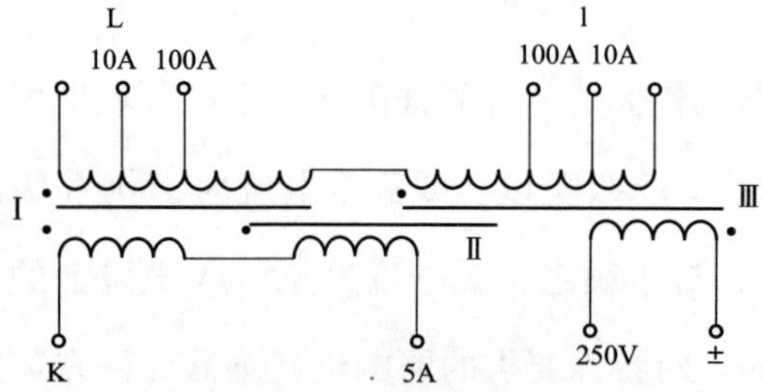

图 5-37 小电流（含有 5A 以下的一次电流）的互感器

3）带有升流器结构的电流互感器。

a. 小电流（含有 5A 以下的一次电流）的互感器（见图 5-37），一次极性端为 L，非极性端为其相对应的Ⅰ。铁心Ⅰ主铁心，铁心 z 为辅助铁心，铁心Ⅲ为生流器铁心。

b. 大电流（一次电流 I_1 大于等于 5A）互感器（见图 5-38），一次极性端 L_1，二次极性端为 K_1，根据铭牌可知不同电流比时的一次与二次的接线。铁心Ⅰ为主互感器，铁心Ⅱ为升流器铁心。升流器的输入电压可以是 0～250V 间的任意值，其同名端如图 5-38 中所示。将标准用互感器二次安匝数最小的两个端子端接起来（即 K_1，K_2），可做升流器使用。

4）一次极性端不变的带有辅助互感器结构或升流器结构的电流互感器。

a. 带有辅助互感器结构的标准电流互感器（见图 5-39），一次极性端 L_1，非极性端为 L_2，不同的一次电流短接其相对应的端子。铁心Ⅰ为主铁心，铁心Ⅱ为辅助铁心。

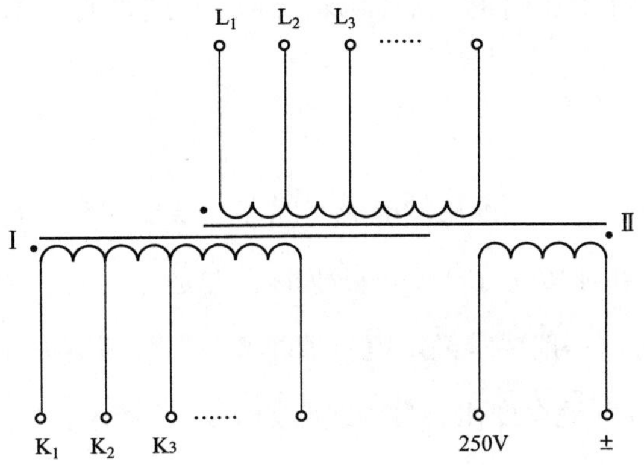

图 5-38　大电流（一次电流 $I_1 \geqslant 5A$）互感器

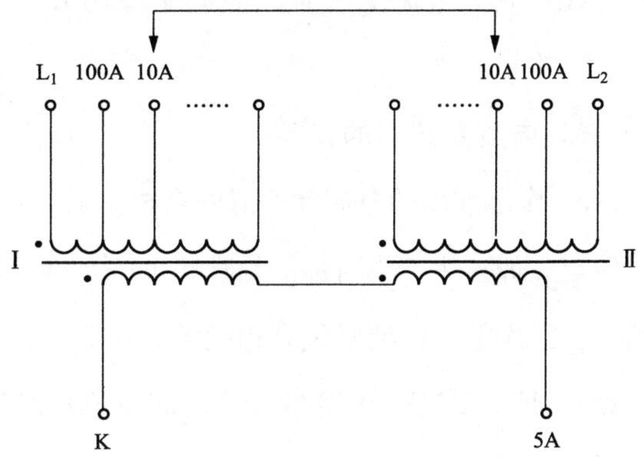

图 5-39　带有辅助互感器结构的标准电流互感器

b. 带有升流器结构的标准电流互感器（见图 5-40），一次极性端为 L_1，非极性端为 L_2，不同的一次电流短接其相对应的端子。铁心Ⅰ为主铁心，铁心Ⅱ为辅助铁心，铁心Ⅲ为升流器铁心。升流器的输入电压可以在 0～250V 之间变化，其同名端如图 5-40 所示。

这种一次极性端不变的互感器，由于泄漏电流严重，制作比较困难，互感器性能也有所下降，因此一般情况下不用。

c. 具有两个或两个以上二次电流结构的标准电流互感器如图 5-41 所示。

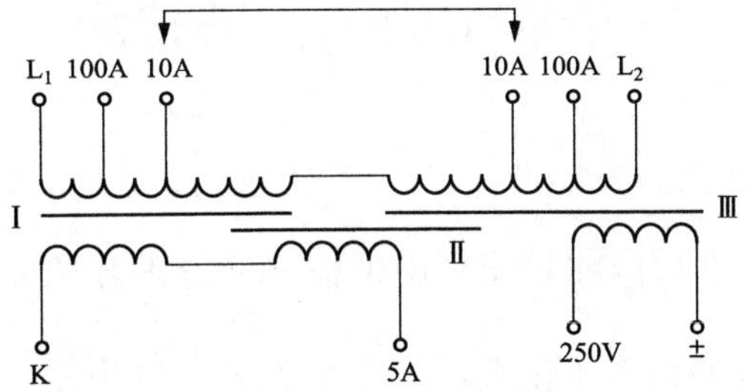

图 5-40　带有升流器结构的标准电流互感器

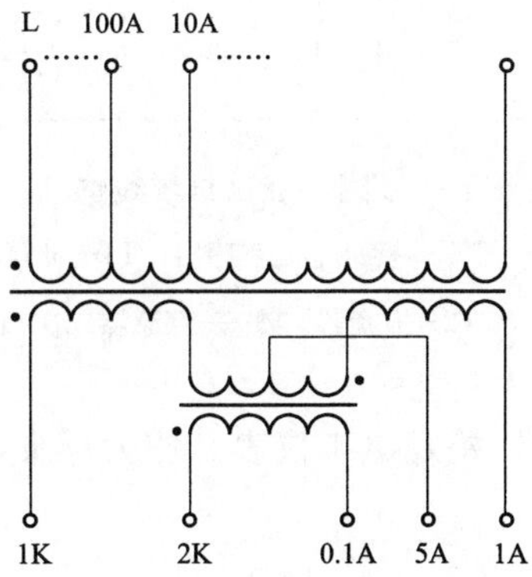

图 5-41　具有两个或两个以上二次电流结构的标准电流互感器

在检定和使用 1K、5A 或 1K、1A 二次电流时，需将 2K、0.1A 绕组接检定证书中所给出的负荷或者是使用中的实际负荷。当检定和使用 2K、0.1A 的二次电流时，需将 1K、5A 或 1K、1A 接额定负荷与下限负荷之间的任意负荷，且 2K、0.1A 所接的负荷应是检定证书中所给的负荷，才能满足所要求的准确度等级。

d. 穿心式标准大电流互感器。穿心式标准用大电流互感器的结构与上述几种情况相同。只是在用到大电流变比时，根据铭牌可知不同电流变比时的穿心匝数。穿心时应注意，La为其一次极性端。

5）电流互感器的校验。

a. 作标准用的电流互感器的自校。对于用户来说，作标准用的电流互感器一般要送计量部门检定，如在生产中对标准的准确度表示怀疑时，可对其进行自校，自校的条件是：电流互感器一、二次额定电流必须有相同的，如5/5、1/1等（一般要求额定电流值小于5，否则会损坏仪器）。HL及HLS系列的标准电流互感器都具备5/5这个变比。自校线路如图5-42所示。

b. 校验电力用的互感器（比标准低两个等级的互感器都可被校验）。一般用户购置高精度互感器都是用来校验电力部门测量或保护用的互感器，当然也有计量部门用来校验比标准低两个或两个以下等级的标准电流互感器，其接线如图5-43所示。

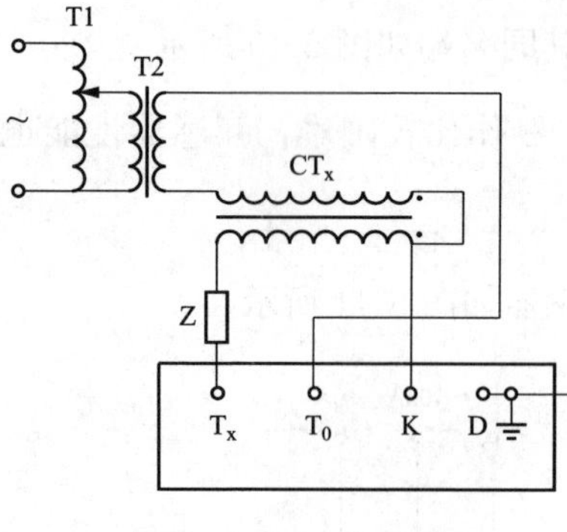

图5-42　自校线路

CT_x—标准电流互感器；T1—调压器；

T2—升流器；Z——互感器二次负荷

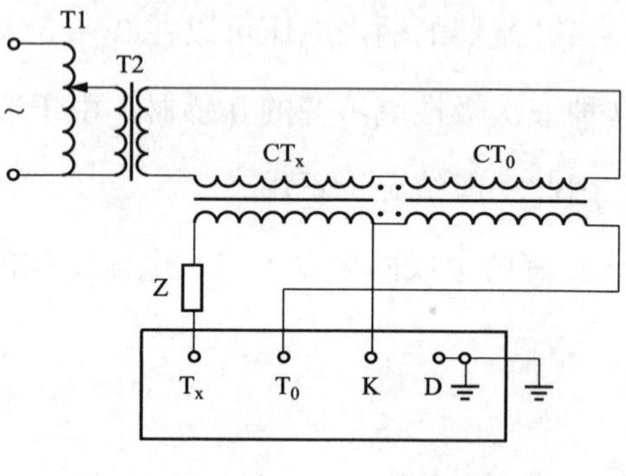

图5-43　校验电力用互感器接线图

6）检定电工仪表。作为标准电流互感器，可与标准表配合用来检定比标准互感器精度低两个等级的电工仪表，其接线如图5-44所示。

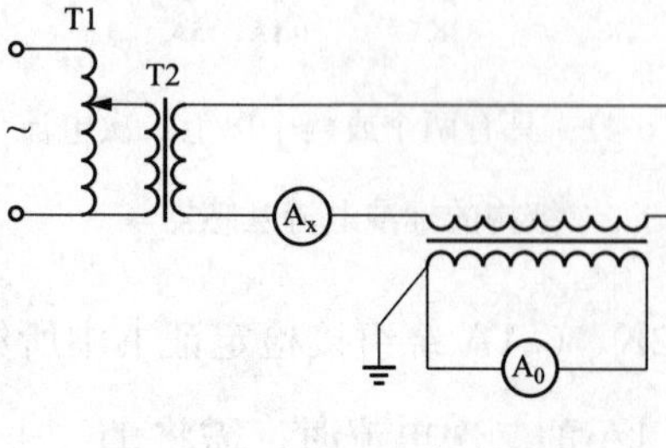

图5-44　检定电工仪表接线图

A_0—标准表；A_x—被试电流表

7）注意事项。

a. 校验电流互感器前，先将被校互感器退磁。

b. 校验电流互感器时，一定要严格按照被测互感器铭牌或其出厂检定证书上给的额定二次负荷和下限负荷校验。

c. 校验和使用电流互感器时，所有接地点都要求良好接地。

d. 对于各种不同型号的标准电流互感器的具体技术性能以铭牌或检定书所给出的为准。

4. 互感器自动接线台

（1）概述。互感器测试自动接线台是自动化程度极高的互感器自动接线设备，本设备可以直接采用 PC 机进行操作，快捷方便，测试迅速，性能稳定可靠。

互感器测试自动接线台运用微处理器技术，有功能强大的软件作支持，能对接入的十二只相同变比的电流互感器进行连续测试。

互感器测试自动接线台采用国内首创、高速测量技术，运用 PC 机进行操作，对接入的十二只变比相同的电流互感器自动全程测试，自动切换额定和下限负载，全程测试过程可以自动退磁。

（2）功能。

1）接线台一次能接多只电流互感器，在 PC 机或面板按键的控制下，逐个将互感器切换到测试回路，使其完成测试。

2）接线台有二种工作方式：联机及手动。

联机方式：在 RS 232 接口与 PC 机连接后，根据 PC 机命令进行动作，PC 机的命令包括互感器位置信号，一次电流信号及是否退磁的选定信号。

手动方式：通过面板上的一次电流选择键选择一次电流，通过位置选择键来选择被测互感器。

3）在 PC 机上可以选择对被测互感器是否退磁。

4）面板上除去上述二组按键外，还有二组数码显示器，分别显示待测 CT 的一次电流（变比）及位置。台体背面或正面一组指示灯，指示待测 CT 的位置。

（3）安装。台体在使用前先要进行安装。电流标准器接线：标准器的“L_1”与接线台的“P_1”相连，“$L_2 \sim L_{10}$”，“$K_1 \sim K_{10}$”，接到相应的线上。

（4）操作。

1）通电前，先打开台体右侧小门，把连接铜排连接到相应位置：

变比 5/5A、1～500/5A、1A 的 CT：连接 L—500 以下；

变比 600/5A、1～1000/5A、1A 的 CT：连接 L—600～1000A；

变比 1200/5A、1～2000/5A、1A 的 CT：连接 L—1200～2000A（开路）。

2）将待测 CT 的一次线相互串接，二端接入接线柱。若是穿心互感器，则用铜排穿过中心孔，二端固定在接线柱，彼此连接应保证接触良好。

3）将待测 CT 的二次线依次用夹子引入台体内，并注意 S_1，S_2 的位子不能错位（S_1 接红端，S_2 接黑端）。

4）用电缆将 PC 机与台体的串行口连接。

5）各种连接线正确连接后，开启电源，面板上“测试”灯亮，一次电流显示“300”A（即 300/5A），位置显示“1”，即是开机或复位后的默认值。

如果默认值合适，测试台就可进入测试程序；如果要改变一次电流值或待测互感器位置，则可通过 PC 机发命令，或者通过面板按键来改变一次电流及位置。

（5）注意事项。保证校验台（D 端）与相连设备可靠接地。

（二）电流互感器室内检定实施过程

电流互感器的检定实施过程如图 5-45 所示。下面将针对每一个环节逐一阐述。

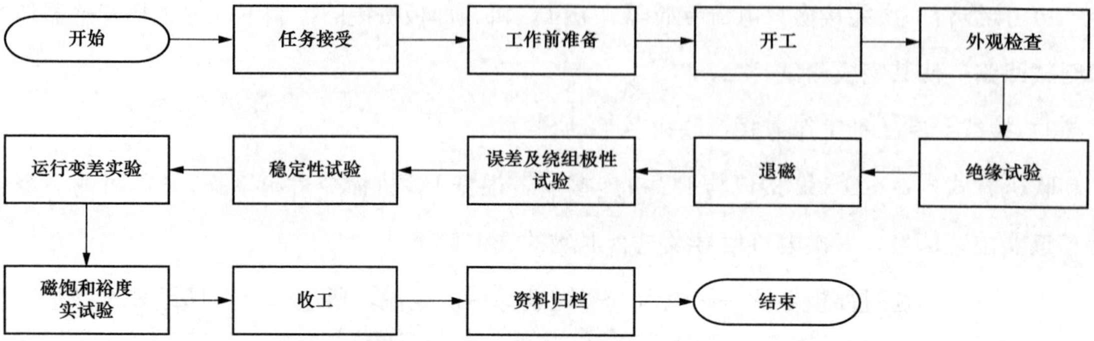

图 5-45　电流互感器室内检定流程图

（1）前期准备。

1）任务安排。工作负责人根据互感器检定委托书安排当天具体工作任务。

2）领取材料。工作负责人根据工作任务，领取合格证等。

3）检查实验室环境条件。检查实验室环境条件是否符合检定规程要求，并形成实验室温、湿度监控记录。

4）准备和检查试验设备。根据工作任务准备所需试验设备，检查是否符合试验要求，并形成仪器设备使用记录。

5）准备和检查工器具。根据工作任务准备所需工器具，检查是否符合试验要求。电流互感器检定常用工器具和仪器仪表见表 5-24。

表 5-24　电流互感器检定常用工器具和仪器仪表

序号	名称	型号及规格	单位	数量	安全要求
1	低压作业防护手套	/	副	1	（1）常用工器具金属裸露部分应采取绝缘措施，并经检验合格。螺丝刀除刀口以外的金属裸露部分应用绝缘胶布包裹。 （2）仪器仪表、安全工器具应检验合格，并在有效期内。 （3）检定装置应具有有效期内的《计量标准考核证书》。 （4）其他：根据现场需求配置
2	绝缘手套	/	副	1	
3	绝缘垫	/	张	1	
4	放电棒	/	根	1	
5	电源盘	有明显断开点，并具有漏电保护功能	只	1	
6	峰值电压表	/	只	1	
7	绝缘电阻表	/	只	1	
8	互感器检定装置	/	套	1	
9	耐压试验装置	/	台	1	

6）准备被试电压互感器。领取被试电流互感器，核对被试电流互感器技术参数等，放置在待试品区。领取被试电流互感器时，一次搬运被试电流互感器要适量，搬运过程轻拿轻放，防止人身伤害及设备损坏。

7）准备技术资料。内容主要包括检定场所需使用的检定规程、装置使用说明书、试验记录等，见表 5-25。

表 5-25　电流互感器检定相关技术资料

序号	名称	备注
1	JJG 313 测量用电流互感器	检定规程
2	JJG 1021 电力互感器检定规程	检定规程
3	检定装置的使用说明书、检定/校准证书	/
4	耐压装置使用说明书	/
5	绝缘电阻表使用说明书	/
6	被试电流互感器的使用说明书	/

（2）工作交底。试验负责人向试验小组成员交代工作内容、人员分工、带电部位和现场安全措施，进行危险点告知和技术交底，并履行确认手续，防止危险点未告知，引起人身伤害和设备损坏。常见危险点见表 5-26。

（3）资产信息下载。根据被试电压互感器的资产号，从营销业务应用系统内下载电压互感器信息，并进行信息复核工作。

（4）外观检查。根据规程进行外观检查，外观检查不合格且影响检定工作和安全操作的互感器，必须修复后再检定。

表 5-26　　电流互感器检定危险点分析及预防控制措施

序号	防范类型	危险点	预防控制措施
1	人身伤害或触电	走错工作位置	（1）工作负责人对工作班成员应交代工作任务，进行安全教育，作业前对工作班成员进行危险点告知，明确指明带电设备位置，交代安全措施和技术措施。 （2）相邻有多个试验区域，不得进入与自己无关的试验区域
		误碰带电部位	（1）试验区域应设安全围栏和警示标志，试验过程中应专人监护。 （2）试验过程中，任何人不得进入试验区域。 （3）设备应可靠接地并绝缘良好。 （4）试验过程中接线和拆除时，应先切断装置电源。 （5）耐压试验后，应使用专用放电棒对地释放剩余电荷
		跨越或拆除安全围栏，无关人员进入试验区域	（1）试验区域应设安全围栏，围栏上悬挂适当数量的“止步，高压危险！”标示牌，标示牌应朝向围栏外面。 （2）加强监护，试验过程中不得跨越和拆除安全围栏。 （3）加强监护，无关人员不得进入试验区域
		设备、工器具漏电	电源盘必须带漏电保护
		测试线和电源线胶皮破损	（1）严禁踩踏测试线和电源线。 （2）设备和被试品搬动过程严禁挤压测试线和电源线。 （3）收线时，严禁拖动测试线
		二次绕组开路产生高压	（1）二次端子应接线牢固。 （2）更换电流量程时，一次绕组电流应降为零，调压器的粗调、微调旋钮应回零。 （3）接线和拆除时应切断装置电源。 （4）试验时，应站在绝缘垫上
		接线和拆除时未切断装置电源	（1）试验过程中应专人监护，提醒。 （2）加强对工作人员的日常安全教育和学习，养成良好的作业习惯
		耐压试验中触电或试验后剩余电荷引起触电	（1）试验过程中应专人监护，提醒。 （2）耐压试验后，应使用放电棒对地释放剩余电荷。 （3）工作班成员应正确佩戴安全帽、棉质长袖工作服、绝缘手套、绝缘鞋等劳动保护用品
2	机械伤害	周转箱堆放过高倒塌伤人	（1）禁止无关人员进入周转箱堆放区域。 （2）周转箱应堆放在规定区域，堆放高度适宜
		搬运互感器过程中伤人	（1）一次搬运被试电流互感器适量。 （2）搬运过程中轻拿轻放
3	设备损坏	试验设备、工器具等损坏	（1）仔细阅读试验设备、工器具的说明书，选择合适的量程，并正确使用。 （2）禁止带负荷切换量程
		接线时压接不牢固或错误	（1）接线时，螺丝应紧固并充分接触。 （2）加强作业过程中的监护、检查，防止接线时因压接不牢固或错误损坏设备
		搬运过程中设备掉落损坏	（1）一次搬运被试电流互感器适量。 （2）搬运过程中轻拿轻放，防止电流互感器掉落导致损坏

（5）绝缘电阻测定。根据规程选用绝缘电阻测试仪测量绝缘电阻，防止工作人员碰触带电部分。

（6）工频耐压试验。根据规程选用工频耐压装置进行工频耐压试验。试验过程中特别注意以下事项：

1）防止工作人员碰触带电部分。

2）在试验区域加设围栏，在围栏外侧悬挂标示牌“止步，高压危险!”，防止无关人员接近。

3）加强监护，试验过程中不得跨越和拆除安全围栏。

4）加强监护，无关人员不得进入试验区域。

5）耐压试验后，应使用放电棒对地释放剩余电荷。

（7）退磁。根据规程进行退磁。若采用开路法退磁，开路的绕组可能产生高电压。退磁过程中，加强监护，任何人不得进入试验区域。

（8）误差及绕组极性试验。

1）误差测量接线。误差测量的接线需根据选用的规程进行接线。选用JJG 313时，接线图如图5-46所示；选用JJG 1021时，接线图如图5-47所示，相关设备应可靠接地。

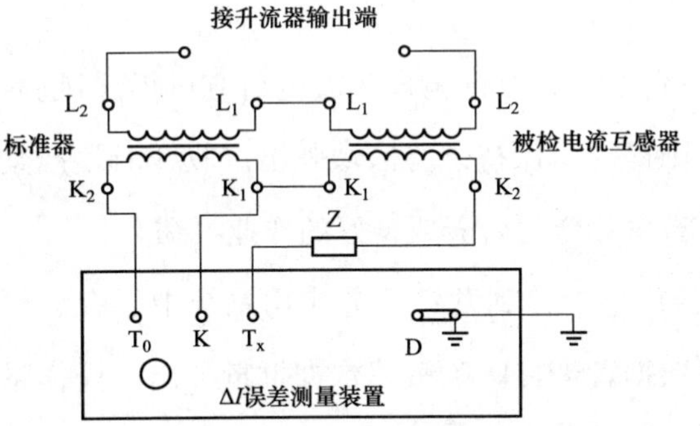

图5-46　JJG 313电流互感器误差测量接线图

T_0—标准电流互感器；T_x—被检电流互感器

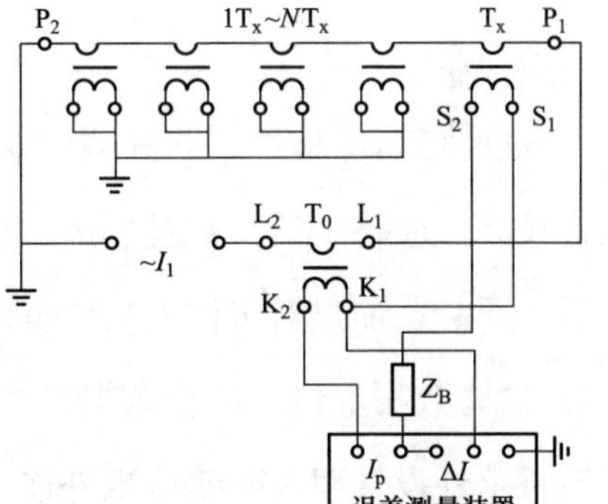

图5-47　JJG 1021电流互感器误差测量接线图

Z_B—电流负荷箱

$1T_x \sim NT_x$—与被检电流互感器共用一次绕组的互感器

误差测量接线时的注意事项如下：

a. 加强监护，正确使用工器具。

b. 接线前应检查装置电源在断开位置。

c. 检查调压器粗调、微调旋钮是否回零。

d. 检查一次测试线、二次测试线有无破损。

e. 接线时，螺丝应紧固并充分接触，防止因接触不良回路发热。

f. 工作班成员接线完成后，工作负责人应对接线进行检查。

2）检查绕组极性。使用装有极性指示器的误差测量装置按误差测量接线方式进行绕组的极性检查，也可用直流法或交流法检查电流互感器极性。

3）基本误差测量。根据规程，选取被检电流互感器不同负载下的测量点，进行误差测量。检定人员应如实正确记录被检电流互感器的误差，并不试验绕组应短接。

（9）稳定性试验。

1）根据 JJG 313 规定，将后续检定和使用中检验的检定结果，与上个周期的检定结果进行比较，互感器误差值的偏差不应大于基本误差限值的 1/2。

2）根据 JJG 1021 规程，被检电流互感器在接续的两次检定中，其误差的变化，不得大于基本误差限值的 2/3。

（10）运行变差试验。根据 JJG 1021 规程，进行运行变差试验，也可以部分或全部采用经检定机构认可的实验室提供的试验报告数据。

（11）磁饱和裕度试验。按照 JJG 1021 规程要求选用直接测量法或间接测量法进行磁饱和裕度试验。

（12）收工。

1）试验后拆除接线。断开装置电源和设备电源，对试验设备放电后方可拆除试验接线。拆除接线后，应将工器具定置摆放、设备规则摆放，保持试验区域整洁。收线时，严禁拖动测试线。同时，加强对工作人员的日常安全教育和学习，养成良好的作业习惯。

2）试验数据上传。试验数据经核验无误后，上传到营销业务应用系统中保存。严格进行计算机及外设管理，严禁违规外连。严格数据管理，防范敏感数据批量导出。操作系统需安装防病毒软件并及时更新升级，检定/检测软件需设置强口令。

3）粘贴合格证。检定合格的电流互感器粘贴合格证；检定不合格的电流互感器粘贴不合格标签。

4）出具证书、报告。根据客户需要出具证书、报告。

（13）资料归档。将检定原始记录、检定证书、检定结果通知书归档。

第六章　电能计量设备的校验

电能计量设备的现场校验是指在安装现场为检验电能计量设备的性能而进行的试验。试验项目包括：在运行工况下实施的电能表工作误差、互感器二次实际负荷、电压互感器二次回路压降试验；在非运行工况下实施的电压互感器、电流互感器试验；设备外观、封印完整性、接线正确性等项目的检查。

电能计量设备的现场校验不仅有助于确保电能消耗的准确计量，从而维护供电企业及电力用户双方的权益。同时，通过现场校验，可以及早发现电能计量装置的故障或问题，并采取必要的维护和修复措施，有助于确保电力系统的稳定运行，这是电力行业中不可或缺的环节。

本章将从电能计量设备的校验条件、流程、要点以及校验方法分别展开叙述。

第一节　校　验　条　件

一、电能表校验条件

1. 现场校验条件

电能表现场校验时，一般应满足下列条件：

（1）环境温度：－10～45℃。

（2）相对湿度：≤90％。

（3）大气压力 63～106kPa（海拔 4000m 及以下）。

（4）工作场所不存在影响校验的无法清除的障碍物。

（5）工作场所不存在严重的安全隐患。

（6）电压对额定电压的偏差不应超过±10％。

（7）频率对额定值的偏差不应超过±5％。

（8）电压和电流的波形失真度≤5％。

(9) 每一相负荷电流不低于被校电能表基本电流的10%(对于S级电能表为5%)。

(10) 负荷无明显波动。

(11) 无可察觉到的振动和震动。

(12) 封印完整。

(13) 电能表端钮盒或联合试验接线盒无影响接线的严重损坏。

(14) 电能表现场校验仪按设备要求的时间通电预热。

(15) 现场校验工作至少由两人担任，并应严格遵守GB 26860—2011的规定。

2. 校验设备条件

现场检验设备应满足下列要求：

(1) 电能表现场测试仪的准确度等级应满足表6-1的规定，检验0.2S、0.5S级电能表时电流回路应直接接入。

(2) 电能表现场测试仪应符合GB/T 17215.701—2011、DL/T 826—2002的规定。

(3) 光电采样器的调节机构、对光调节以及环境光照度对光电采样器的影响应符合DL/T 732—2002中的规定。

(4) 电能表现场测试仪在运输和保管中应有防尘、防潮和防震措施。

(5) 电能表现场测试仪和试验端子之间的连接导线应有良好的绝缘，应确保连接可靠，防止工作中松脱；应有明显的极性和相别标志，防止电压互感器二次短路、电流互感器二次开路，以确保人身和设备的安全。

表6-1　　电能表现场测试仪的准确度等级要求

被检电能表的准确度等级	0.2S	0.5S	1	2
电能表现场测试仪准确度等级	0.05	0.1	0.1	0.2
电能表现场测试仪（含电流钳）准确度等级	—	—	0.3	0.3

二、电压互感器校验条件

1. 现场检验条件

电压互感器现场校验时，一般应满足下列条件：

(1) 电压互感器现场检验参比条件见表6-2。

(2) 用于检验的设备如升压器、调压器等在工作中产生的电磁干扰引入的测量误差不大于被检电压互感器误差限值的1/10。

（3）现场周围环境电磁场干扰所引起被检电压互感器误差的变化，不应大于被检电压互感器误差限值的 1/20。

（4）被检电压互感器应从系统中隔离并保持足够的绝缘距离。

表 6-2　　电压互感器现场检验参比条件

环境温度①	相对湿度	电源频率	电源波形畸变系数	二次负荷②	外绝缘
−25～55℃	≤95%	50Hz±0.5Hz	≤5%	额定负荷～下限负荷	清洁、干燥

① 当被检电压互感器技术条件规定的环境温度与范围不一致时，以技术条件规定的环境温度作为参比环境温度。

② 除非用户有要求，被检电压互感器的下限负荷均按 2.5VA 选取；有多个二次绕组时，下限负荷分配给被检二次绕组，其他二次绕组空载。

2. 检验设备要求

电压互感器现场检验设备包括升压设备、高压试验变压器、标准电压互感器、互感器校验仪、电压互感器负荷箱及监测用电压百分表等组成，应满足下列要求：

（1）升压设备由调压器和升压器（高压试验变压器或串联谐振升压装置）等组成。调压器应有足够的调节细度，其输出容量和电压应与升压器相适应。

（2）用于检验工作的升压器、调压器等所引起被检电压互感器误差的变化，不应大于被检电压互感器误差限值的 1/10。

（3）使用高压试验变压器检验电磁式电压互感器时，应符合 JB/T 9641—1999 的要求。调压器应与试验变压器的额定电压和实际输出容量匹配，调压装置应有输出电流指示和过流保护功能。检验三相电压互感器，应使用三相试验变压器和三相调压电源。

（4）检验电容式电压互感器和气体绝缘开关设备组合电器（GIS）中的电压互感器宜使用相应电压等级的串联谐振升压装置。串联谐振升压装置应采用调感式，用电网频率激励。升压装置中电抗器输出电压不应低于被检电压互感器额定电压的 1.2 倍，额定电流应满足被检电压互感器电压为额定电压 1.2 倍时的试验电流要求。

（5）标准电压互感器宜选用电磁式电压互感器。标准电压互感器额定变比应和被检电压互感器相同，准确度等级至少比被检电压互感器高两个等级，在现场检验环境条件下的实际误差不大于被检电压互感器基本误差限值的 1/5。标准电压互感器的二次实际负荷（含差压回路负荷），应在其额定负荷与下限负荷之间。

（6）现场检验宜使用高端测差方式的互感器校验仪。电压互感器校验仪应符合 JJG 169—2010 的技术要求：其比值差和相位差示值分辨率不应低于 0.001%和 0.01′，谐波抑制能力不小于26dB，差压回路的负荷不大于0.1VA。在现场检验环境条件下，互感器校验仪引起的测量误差，不应大于被检电压互感器基本误差限值的1/10。

（7）用于电压互感器现场检验的电压互感器负荷箱，在接线端子所在的面板上应有额定环境温度区间、额定频率、额定电压及额定功率因数的明确标志。推荐的额定温度区间为：低温型－25～15℃，常温型－5～35℃，高温型15～55℃。现场检验时使用的电压互感器负荷箱，其额定环境温度区间应能覆盖检验时实际环境温度范围。在规定的环境温度区间中心点附近（允许偏离范围±2℃），电压互感器负荷箱在额定频率50Hz（60Hz）、额定电压的80%～120%时，标称负荷值的有功分量和无功分量的相对误差不应超过±3%，周围温度每变化5℃时，负荷的误差变化不超过±1%。当 $\cos\varphi=1$ 时，残余无功分量同样不得超过±3%。电压互感器负荷箱所置负荷不等于二次额定负荷时，测量结果可以进行误差换算求得，被检电压互感器在二次实际负荷下的误差也可参照进行。负荷误差换算方法参见JJG 1021—2007附录D。

（8）监测用电压百分表的准确度等级不低于1.5级。在规定的测量范围内，内阻抗应保持不变。

三、电流互感器校验条件

1. 现场校验条件

电流互感器现场校验时，一般应满足下列条件：

（1）电流互感器现场检验参比条件见表6-3。

（2）用于检验的设备如升流器、调压器等在工作中产生的电磁干扰引入的测量误差不大于被检电压互感器误差限值的1/10。

（3）现场周围环境电磁场干扰所引起被检电流互感器误差的变化，不应大于被检电流互感器误差限值的1/20。

（4）被检电流互感器从系统中隔离，除被检二次绕组外其他二次绕组应可靠短接。

表6-3　电流互感器现场检验参比条件

环境温度①	相对湿度	电源频率	电源波形畸变系数	二次负荷②	外绝缘
－25～55℃	≤95%	50Hz±0.5Hz	≤5%	额定负荷～下限负荷	清洁、干燥

① 当被检电流互感器技术条件规定的环境温度与－25～55℃范围不一致时，以技术条件规定的环境温度作为参比环境温度。

② 除非用户有要求，二次额定电流5A的被检电流互感器下限负荷按3.75VA选取，二次额定电流1A的被检电流互感器下限负荷按1VA选取。

2. 检验设备要求

电流互感器现场检验设备包括升流设备、标准电流互感器、电流互感器校验仪、电流互感器负荷箱及监测用电流百分表等组成。应满足下列要求：

（1）升流设备由调压器、升流器和无功补偿装置等组成。调压器应有足够的调节细度，其输出容量和电压应与升流器相适应。升流器应有足够的容量和不同的输出电压挡，以满足在相应的一次试验回路阻抗下，输出电流大小和输出波形的要求。无功补偿装置应有足够的容量和调节细度，以满足在相应的一次试验回路感抗下，足以满足达到完全无功补偿的要求。试验电源设备引起的输出波形畸变系数不应超过5%。

（2）升流器、调压器、大电流电缆线等所引起被检电流互感器误差的变化，不应大于被检电流互感器误差限值的1/10。

（3）标准电流互感器额定变比应和被检电流互感器相同，准确度至少比被检电流互感器高两个等级，在现场检验环境条件下的实际误差不大于被检电流互感器基本误差限值的1/5。

（4）标准电流互感器的二次实际负荷（含差值回路负荷），应在其额定负荷与下限负荷之间。如果需要使用标准电流互感器的误差检定值，则标准电流互感器的二次实际负荷（含差值回路负荷）与其检定证书规定负荷的偏差，不应大于10%。

（5）电流互感器校验仪应符合JJG 169—2010的技术要求：其比值差和相位差示值分辨率不应低于0.001%和0.01′。在现场检验环境条件下，电流互感器校验仪引起的测量误差，不应大于被检电流互感器基本误差限值的1/10。其中差值回路的二次负荷对标准电流互感器和被检电流互感器误差的影响均不大于它们基本误差限值的1/20。

（6）电流互感器负荷箱在接线端子所在的面板上应有额定环境温度区间、额定频率、额定电流及额定功率因数的明确标志。电流互感器负荷箱还应标明外部接线电阻数值。本标准推荐的额定温度区间为：低温型－25～15℃，常温型－5～35℃，高温型15～55℃。电流互感器负荷箱的额定环境温度区间应能覆盖检验时实际环境温度范围。在规定的环境温度区间中心点附近（允许偏离范围±2℃），电流互感器负荷箱在额定频率50Hz(60Hz)、额定电流的1%～120%时，标称负荷值（与规定的二次引线电阻一并计算）的有功分量和无功分量的相对误差不应超过表6-4的规定，当$\cos\varphi=1$时，残余无功分量同样不得超过表6-4的规定。周围温度每变化5℃时，负荷的误差变化不应超过±1%。

表 6-4　　电流互感器负荷箱允许误差

电流百分数	有功部分			无功部分		
	1%	5%	20%～120%	1%	5%	20%～120%
基本误差限值	±6	±4	±3	±6	±4	±3

（7）监测用电流百分表的准确度等级不低于1.5级。在规定的测量范围内，内阻抗应保持不变。

四、二次回路负荷及压降测试条件

1. 现场检验条件

电压互感器二次回路负荷及压降现场测试时，应满足以下条件。

（1）环境温度：－10～45℃。

（2）相对湿度≤90%。

（3）大气压力63～106kPa（海拔4000m及以下）。

（4）测试仪器按设备要求的时间通电预热。

2. 检验设备要求

二次回路现场检验设备包含压降测试仪、二次实际负荷测试仪及专用导线，应满足下列要求：

（1）压降测试仪的测量误差不应超过±2%，比值差和相位差示值分辨率不应低于0.01%和0.01′。

（2）二次实际负荷测试仪的测量误差不应超过±2%，导纳分辨率不应低于0.01mS，阻抗分辨率不应低于0.01Ω，电压分辨率不应低于0.01V，电流分辨率不应低于0.01A。

（3）压降测试仪对被测试回路带来的负荷最大不超过1VA，二次实际负荷测试仪对被测试回路带来的负荷最大不超过0.1VA。

（4）测试仪器的工作回路（接地的除外）对金属面板及金属外壳之间的绝缘电阻不应低于20MΩ，工作时不接地的回路（包括交流电源插座）对金属外壳应能承受有效值为1.5kV的50Hz正弦波电压1min耐压试验。

（5）测试仪导线接头接触可靠，有明显的极性和相别标志。

（6）连接互感器二次端子与测试仪器之间的导线应是专用屏蔽导线，其屏蔽层应可靠接地。

第二节　电 能 表 的 校 验

一、电能表的校验流程

电能表现场校验流程及项目按照表 6-5 所列顺序及项目进行。

表 6-5　　电能表现场校验流程及项目

序号	校验项目	
1	外观检查	+③
2	接线检查	+
3	计量差错和不合理的计量方式检查	+
4	工作误差试验	+
5	计数器电能示值组合误差试验①	+
6	时钟示值偏差试验②	+
7	通信接口检查	*③
8	功能检查	*
9	校验结果处理	+

① 此项试验适用于初始已设置费率时段的多费率电能表。

② 此项目适用于具有时钟功能的电能表。

③ 符号“+”表示必须开展的流程及项目，“*”表示按需进行。

二、电能表的校验要点

1. 外观检查

有下列缺陷之一的电能表判定为外观不合格：

(1) 铭牌不完整、字迹不清楚或无法辨别。

(2) 液晶或数码显示器缺少笔画、断码或不显示，指示灯与运行状态不符等现象。

(3) 字轮式计数器上的数字约有 1/5 高度被字遮盖（末位字轮和处在进位的字轮除外）。

(4) 表壳损坏，视窗模糊、固定不平、破裂。

(5) 按键失灵。

(6) 接线端子损坏。

(7) 接地部分锈蚀或涂漆。

（8）封印不完整。

2. 接线检查

运行中的电能表和计量用互感器二次接线正确性的检查，一般采用相量图法，也可以采用相位表法、力矩法等。检查应在电能表接线端子处进行。

将做出的相量图与实际负载电流及功率因数相比较，基于负荷性质（容性或感性）分析确定电能表的接线回路是否正确。如有错误，应根据分析的结果在测量表计上更正后重新做相量图。如仍不能确定其错误接线的实际状况，则应停电检查。

3. 计量差错和不合理的计量方式检查

（1）计量差错检查。现场检验时，应检查下列计量差错：

1）电能表倍率差错。电能表的计算倍率 K_G 应按式（6-1）计算

$$K_G=\frac{K_L K_Y}{K'_L K'_Y}K_N \tag{6-1}$$

式中：K_L、K_Y 是与电能表连用的计量用电流互感器和电压互感器的变比；K'_L、K'_Y是电能表铭牌上标示的电流互感器和电压互感器的变比；K_N 是电能表铭牌标示的倍率，未标示者为 1。

2）电压互感器熔断器熔断或二次回路接触不良。

3）电流互感器二次回路接触不良或开路。

4）电压相序反。

5）电流回路极性不正确。

（2）不合理的计量方式检查。现场检验时，应检查下列不合理的计量方式：

1）电流互感器的变比过大，致使电流互感器经常在 20%（对于 S 级电能表为 5%）额定电流以下运行。

2）电能表接在电流互感器非计量二次绕组上。

3）电压与电流互感器分别接在电力变压器不同侧。

4）电能表电压回路未接在相应的母线电压互感器二次上。

5）无换向计度器的感应式无功电能表和双向计量的感应式有功电能表无止逆器。

4. 工作误差试验

（1）工作误差。电能表的工作误差用相对误差表示，在规定的现场条件下，电能表的工作误差限应满足表 6-6 的规定。

表 6-6 电能表的工作误差限

类别	直接接入	经互感器接入④	功率因数②		电能表准确度等级					
					有功电能				无功电能	
					0.2S③	0.5S③	1	2	2	3
负载电流 I①					工作误差限（%）					
有功电能表	$0.1I_b \leqslant I \leqslant I_{max}$	$0.05I_n \leqslant I \leqslant I_{max}$	$\cos\varphi$	1	±0.2	±0.5	±1.0	±2.0	—	—
	$0.1I_b \leqslant I < 0.2I_b$	$0.05I_n \leqslant I < 0.1I_n$		0.5L	±0.5	±1.0	±1.5	±2.5	—	—
	$0.2I_b \leqslant I \leqslant I_{max}$	$0.1I_n \leqslant I \leqslant I_{max}$		(C)	±0.3	±0.6	±1.0	±2.0	—	—
无功电能表	$0.1I_b \leqslant I \leqslant I_{max}$	$0.05I_n \leqslant I \leqslant I_{max}$	$\sin\varphi$	1	—	—	—	—	±2.0	±3.0
	$0.1I_b \leqslant I < 0.2I_b$	$0.05I_n \leqslant I < 0.1I_n$		0.5L	—	—	—	—	±2.5	±4.0
	$0.2I_b \leqslant I \leqslant I_{max}$	$0.1I_n \leqslant I \leqslant I_{max}$		(C)	—	—	—	—	±2.0	±3.0

① I_b 为基本电流、I_{max} 为最大电流、I_n 为经电流互感器接入的电能表额定电流，其值与电流互感器次级额定电流相同；经电流互感器接入的电能表最大电流 I_{max} 与互感器次级额定扩展电流（$1.2I_n$，$1.5I_n$ 或 $2I_n$）相同。

② 角 φ 是星形负载支路相电压与相电流间的相位差；L 为感性负载，C 为容性负载。

③ 对 0.2S 级、0.5S 级表只适用于经互感器接入的电能表。

④ 经互感器接入的宽负载电能表（$I_{max} \geqslant 4I_b$），如 3×1.5(6)A，其计量性能仍按 I_b 确定。

表 6-6 中功率因数未给定值用内插法求出，内插法的计算方法如式（6-2）所示

$$\gamma_x \approx \gamma_1 - \frac{(\gamma_1 - \gamma_2)(\cos\varphi_x - \cos\varphi_1)}{\cos\varphi_2 - \cos\varphi_1} \times 100\% \tag{6-2}$$

式中：γ_1，γ_2 分别是功率因数为 $\cos\varphi_1$、$\cos\varphi_2$ 时的工作误差限（$\cos\varphi_1 < \cos\varphi_2$）；$\gamma_x$ 是功率因数为 $\cos\varphi_x$ 时的工作误差限（$\cos\varphi_1 < \cos\varphi_x < \cos\varphi_2$）。

特殊环境温度下（$-25℃ \leqslant T < -10℃$ 或 $45℃ < T \leqslant 60℃$），考虑环境温度变化影响，工作误差限加上修正值，修正值 e 按式（6-3）计算

$$e = P \times |\Delta T| \times 100\% \tag{6-3}$$

式中：P 是电能表的温度系数，%/K；ΔT 是环境温度偏离值，高温时取当前环境温度与 45℃的差值，低温时取当前环境温度与−10℃的差值。

（2）试验方法及要求。工作误差试验应采用标准电能表法，在实际负荷下按照图 6-1 和图 6-2 规定的方式进行接线。电能表现场测试仪工作电源宜使用外部电源。

现场负荷功率因数低于 0.5 时，不宜进行有功电能工作误差的测试。其他试验条件应满足现场检验条件的要求。

对于考核无功的计量点，当 $\sin\varphi$ 低于 0.5 时，不宜进行无功电能表工作误差的测试。

运行中的电能表在实际负荷下的工作误差应符合表 6-6 电能表的工作误差限的要求。

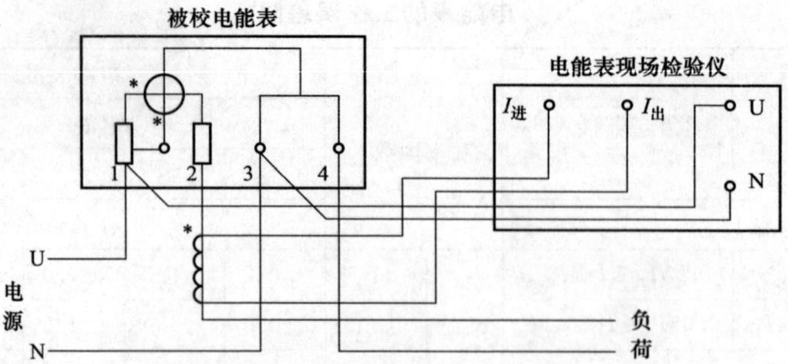

图 6-1　单相电能表现场校验接线图

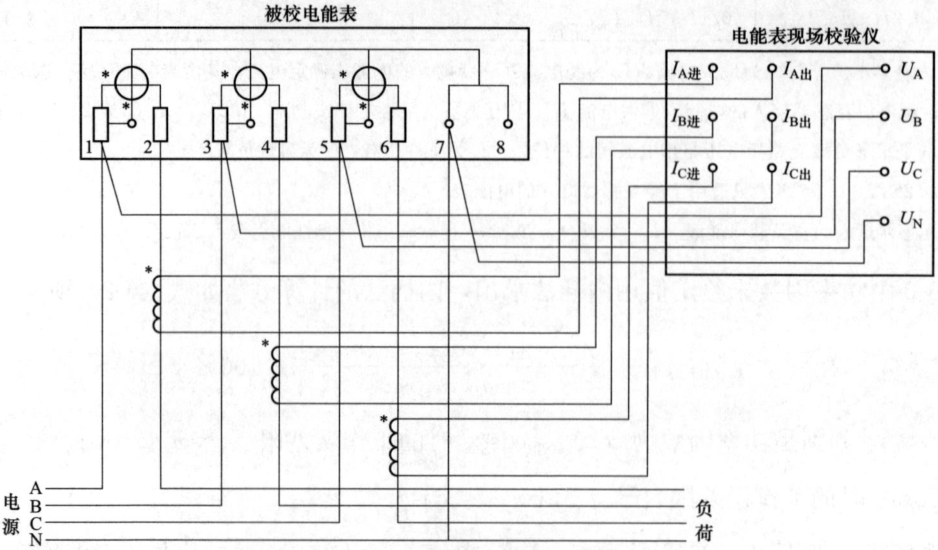

图 6-2　三相四线直接接入式电能表现场校验接线图

（3）算定脉冲数和显示被检电能表误差的小数位数。电子式电能表现场测试仪的算定（或预置）脉冲数按式（6-4）计算

$$m_0=\frac{C_0N}{C_L} \tag{6-4}$$

式中：m_0 为电能表现场测试仪的算定（或预置）脉冲数；N 为被检电能表脉冲数；C_0 为电能表现场测试仪的（脉冲）仪表常数，imp/kWh；C_L 为被检电能表的（脉冲）仪表常数，imp/kWh。

要适当地选择被检电能表的脉冲数，使电能表现场测试仪的算定（或预置）脉冲数和实测脉冲数不少于表 6-7 的规定。

表 6-7　　算定（或预置）脉冲数和显示被检电能表误差的小数位数

电能表现场测试仪准确度等级	0.05 级	0.1 级	0.2 级	0.3 级
算定（或预置）脉冲数	50000	20000	10000	6000
显示被检电能表误差的小数位数	3 位	2 位	2 位	2 位

（4）重复测量次数原则。

1）应至少记录两次误差测定数据，取其算术平均值作为实测误差值。

2）若不能正确地采集被检电能表脉冲数，则舍去测得的数据。

3）若测得的误差值等于被检电能表允许工作误差限的 80%～120%时，应再进行两次测量，取这两次与前两次测量数据的平均值作为最后测得的误差值。

5. 计数器电能示值组合误差试验

读取同一时刻的总电能计数器和各费率时段相应计数器的电能示值，电子式电能表按式（6-5）计算器电能示值组合误差

$$|W_D-(W_{D1}+W_{D2}+\cdots+W_{Dn})|\leqslant(n-1)\times10^{-\beta} \tag{6-5}$$

式中：W_D 是当前电子式总电能计数器的电能量，kWh；W_{D1}，W_{D2}，…，W_{Dn} 是当前电子显示器各费率时段对应的计数器的电能量，kWh；n 是费率数；β 是电子显示总电能计数器的小数位数。

6. 时钟示值偏差试验

对具有时钟功能的电能表，其时钟示值偏差不应超过 10min。

7. 通信接口检查

用测试仪器对电能表具备的红外、RS 485 等通信方式进行检查。

8. 功能检查

检查时段费率参数、冻结电量参数、事件记录、故障信息等内容。

9. 校验结果的处理

（1）测量数据修约。工作误差测量数据按表 6-8 相应等级修约。判断测量数据是否满足要求，一律以修约后的结果为准。其中，计数器电能示值组合误差应保留到计数器的最小有效位，时钟示值偏差修约间距为 1s。

表 6-8　　电能表工作误差数据修约间隔

被检电能表准确度等级	0.2S	0.5S	1	2	3
修约间隔（%）	0.02	0.05	0.1	0.2	0.2

（2）校验结果输出

检验结束，由检验单位施加封印，出具检验结论，根据需要粘贴检验标识或出具检验报告。现场校验原始记录格式参如图 6-3 所示。

电能表现场校验原始记录

户名：__________户号：__________

客户地址：__________

表号：__________制造厂：__________型号：__________相线：__________

电压：__________电流：__________准确度：__________常数：__________

校验依据：__________环境温度：__________湿度：__________校验日期：__________

校验设备名称：__________型号：__________编号：__________

一、校验项目及结果

1. 外观检查

2. 接线检查

3. 计量差错和不合理计量方式检查

4. 工作误差试验

电压（V）		电流（A）	相位角（°）	功率因数	有功/无功（W/var）	误差值（%）	修约后误差值（%）
U_1		I_1：	φ_1：			误差 1：	
U_2		I_2：	φ_2：			误差 2：	
U_3		I_3：	φ_3：			平均值：	

5. 计数器电能示值组合误差试验

电能示值（kWh）					显示小数位数α	组合误差（kWh）
W_D：	W_{D1}：	W_{D2}：	W_{D3}：	W_{D4}：		

6. 时钟示值偏差试验

当前标准时钟：__________当前电能表时钟：__________时钟示值偏差：__________

7. 通信接口检查：__________

8. 功能检查：__________

二、检验结论：符合/不符合所依据的校验规程。

结论说明：__________

校验人员：__________核验人员：__________

图 6-3　电能表现场校验原始记录

10. 检验周期

（1）新投运或改造后的Ⅰ、Ⅱ、Ⅲ类电能计量装置应在带负荷运行一个月内进行首次电能表现场检验。

（2）运行中的电能计量装置应定期进行电能表现场检验，要求如下：

1）Ⅰ类电能计量装置宜每 6 个月现场检验一次。

2）Ⅱ类电能计量装置宜每 12 个月现场检验一次。

3）Ⅲ类电能计量装置宜每 24 个月现场检验一次。

三、电能表的校验方法

1. 电能表现场校验仪

（1）概况。随着国民经济的高速发展和人民生活水平的不断提高，用电量也以较高速度逐年增加，电费结算自然成为十分重要的问题。电能计量装置是进行电能交易的“秤”。供用电双方都很重视。电能计量是否准确不只取决于电能表，还与电流互感器、电压互感器的误差、电压互感器二次压降以及计量回路接线是否正确密切相关，其中接线正确性的影响尤为关键。所以电能计量误差的现场测量就成为必不可少的工作，电能表现场校验仪就是为适应这一需求应运而生的，已有多年的历史。当今的现场校验仪正向着高精度、多功能、小型化、智能化方向发展，但其基本功能——电能表（或电能计量综合误差）现场校验和接线检查两大功能并未改变。

（2）工作原理。电能表现场校验仪的工作原理是由它的两大功能决定的。要测量电能误差，就要求它首先是一个标准电能表，而且要方便现场操作。要进行接线检查，就要求它能进行相量分析，显示相量图和识别线路相别。所以电能表现场校验仪是标准电能表与相量分析软件的结合。电能表现场校验仪原理框图如图 6-4 所示。

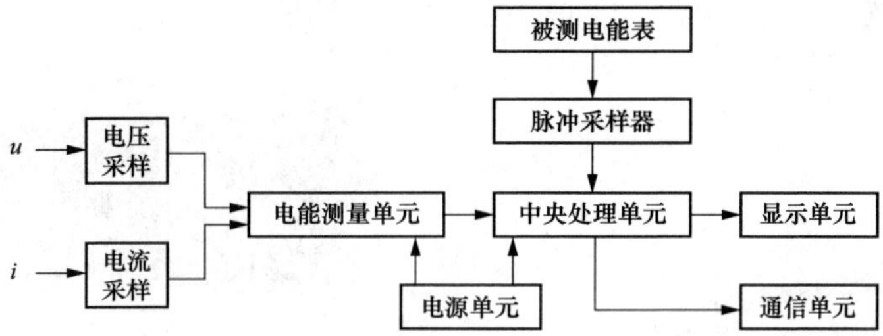

图 6-4　电能表现场校验仪原理框图

图 6-4 中，被测电压、电流经电压、电流采样器输入电能测量单元，电能测量单元形成功率脉冲送入中央处理单元，中央处理单元对脉冲进行计数，形成实际的电能值。脉冲采样器将被测电能表的电脉冲信号送入中央处理器。中央处理器根据被测电能表的常数得出理论电能值，根据理论电能值和实际电能值即可得出被测电能表的误差。同时，中央处理器可根据输入的电压、电流及相位画出相量图，从而判断电能表的接线是否正确。各部分功能说明如下：

1）电压采样。将外接电压变成电能测量单元能处理的小电压，同时起隔离作用，一般采用电压互感器。

2）电流采样。将外接电流变成电能测量单元能处理的小电压，一般采用电流互感器加外围电路，在低压校验时根据需要也可采用电流钳。

3）电能测量单元。根据电压、电流采样信号形成功率、电压、电流值等，是现场校验仪的关键部件。

4）中央处理单元。进行各种数据处理，是现场校验仪的核心部件。

5）脉冲采样器。采集被测电能表脉冲数的专用工具。

6）通信单元。现场校验仪可通过通信单元与外围设备进行数据交换，一般是现场校验仪将测试数据输出，考虑到成本和实际需要，通信一般采用 RS 232 口。

7）显示单元。由于现场校验仪要显示相量图等复杂信息。故显示一般采用 LCD 屏。

8）电源单元。将外接电源转换成现场校验仪所需工作电源，一般外接电源采用 220V 电源，也有些现场校验仪可采用输入电压 U 作为外接电源，即可采用 100V、57.7V 作为外接电源。

（3）样机及功能。现在的现场校验仪产品多数以电子式多功能电能表为基础，所以功能非常强大。图 6-5 为一台三相电能表现场校验仪，具备电能表误差校验、错误接线判断、变比测量、读表、谐波测量等功能。下面列举一些常用功能。

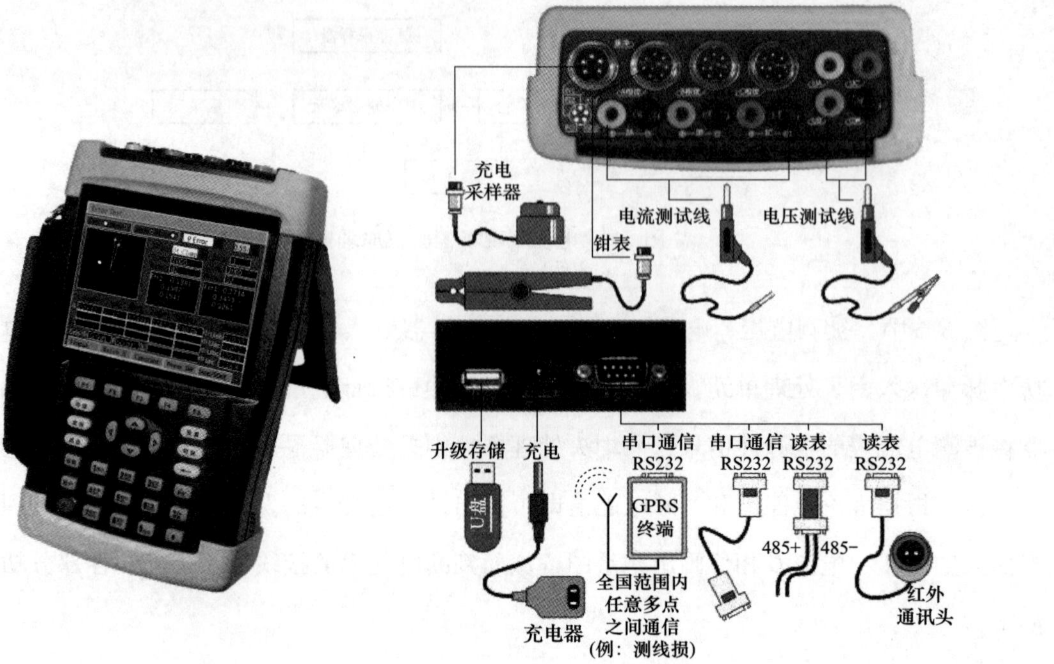

(a) 整体概览　　(b) 端口功能

图 6-5　三相电能表现场校验仪

1）校验与测量。

a. 现场校验电子式单相、三相有功电能表和无功电能表，包括各种自然无功和人为无功表（三元件 90°和二元件 60°）。

b. 现场测定包括电能表误差、电流互感器误差、测量线路误差在内的电能计量综合误差。

c. 测定电流互感器的变比。

d. 测量各相电压、电流的幅度、相位和相位差，各相有功、无功、视在功率和总有功、总无功、总视在功率、功率因数、频率等参数。

e. 测量波形失真度和各次（一般为 2～21 次）谐波含量。

f. 具有直接测量和经电流钳测量两种工作方式。

g. 电压、电流量程自动切换。

h. 保存校验数据，一般不少于 100 只表的数据。

i. 硬件或软件校准，可对所有电压、电流量限的幅度和相位进行校准。

j. 具有 RS 232 或 RS 485 通信口，可与计算机连接。

2）接线检查。为了进行接线检查，现场校验仪一般应具备以下基本功能：

a. 显示三相电压、电流相位图。

b. 显示三相电压、电流的相位和相位差。

c. 识别三相四线电路和三相三线电路常见各种可能的接线方式，给出三相电压、电流相别和电流极性识别结果。有的产品还可通过配套的计算机软件计算差错电量。

3）接线识别结果显示。现场校验仪对接线进行检查后应显示识别结果。显示方式各有不同，但应包含以下内容：

a. 指明实测值为零的电压、电流的相别。

b. 给出各相电压、电流线路的相别及电流的极性。

（4）误差来源。现场校验仪的误差来源有两类，一类是仪器硬件电路和软件算法带来的固有误差，另一类是各种影响量引起的误差。各种影响量引起的误差包括温度变化、湿度变化、电压波动、波形畸变、三相电压电流不对称、工作电源电压频率波动、外磁场和外电场变化等引起的误差。

根据误差理论，上述误差可归结为系统误差和随机误差两种性质，系统误差可分为定值系统误差和可变系统误差。定值系统误差在仪器校准时可以剔除，所以决定仪器准确度的误差来源主要是可变系统误差和随机误差。

定值系统误差是指不随时间变化的误差，例如电流钳的比差、角差中的恒定部分，互感器的比差、角差、采样电阻阻值误差，乘法器、A/D 转换器误差中的恒定部分，软件算法误差中的恒定部分等。

可变系统误差是指按已知规律变化的系统误差，例如互感器的比差、角差的非线性，采样电阻的温度误差，乘法器、A/D 转换器的非线性误差，滤波器的频率误差等。

随机误差是指不可预知的误差，例如电流钳的比差、角差随钳口结合状态的变化，量程切换误差，软件算法误差中的随机部分，上述各种影响量的随机变化引起的误差等。

随机误差的大小由校验仪的标准偏差估计值指标予以限制。可变系统误差和随机误差的综合影响决定了校验仪的等级。

（5）使用注意事项。在校验仪使用过程中可能会出现各种各样的问题，有的是由于使用不当引起的，有的是由于仪器故障引起的，应仔细查明原因，妥善解决，避免盲目处理，扩大故障。建议注意以下事项：

1）使用前请仔细阅读使用手册，按要求操作，避免盲目操作。

2）看清接线端子或插孔上的标志，避免接线错误。

3）正确选择电流测试线的截面，防止过热。

4）当仪器保险丝熔断时，应检查工作电源电压是否合适；被测电压、电流是否超过量程上限；接线是否正确等。

5）当仪器不能正常使用时，可使仪器复位后重试。

6）当液晶显示不清晰或暗淡时，可按使用手册要求调整液晶的对比度或亮度。

7）校准操作供上级计量检定部门检定仪器时使用，其他人请勿使用。

2. 电能表现场校验实施过程

电能表现场校验的实施过程如图 6-6 所示。下面将针对每一个环节逐一阐述。

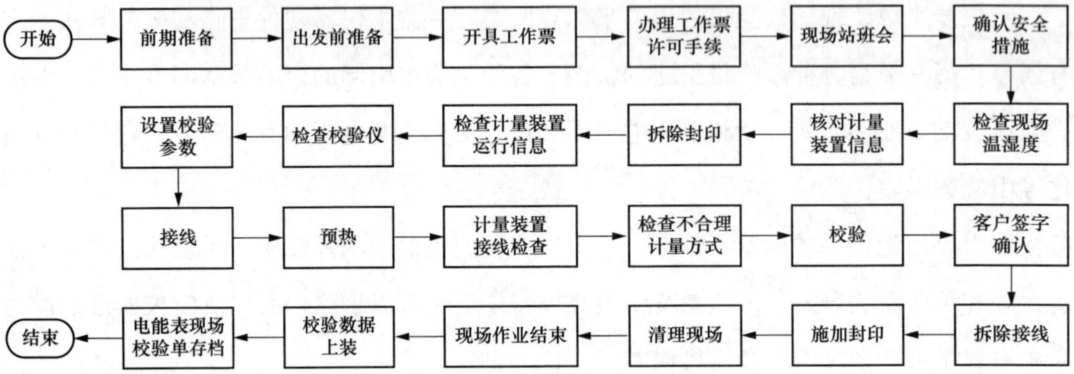

图 6-6　电能表现场校验流程图

（1）前期准备。根据校验计划提前联系客户，确定现场校验时间并请客户代表校验时到场。

（2）出发前准备。

1）派工。

a. 作业人员应身体健康、精神状态良好。

b. 作业人员应具备相应安全作业资格和技能要求。

c. 作业人员的工器具和劳动防护用品应合格、齐全。

d. 现场作业至少两人一组，并指定工作负责人。

2）常用工器具和个人防护用品。电能表现场校验工作常用工器具包括电能表现场校验仪、斜口钳（尖嘴钳、封印钳）、温/湿度计、低压验电笔、照明灯具、螺丝刀、钳形万用表；个人防护用品包括安全帽、工作服、棉纱手套、绝缘鞋和护目镜。现场检验用计量标准器，其准确度等级至少应比被检表高两个准确度等级，量限应配置合理，具有有效的检定证书，性能稳定。现场校验用计量标准器应至少每三个月在实验室比对一次。宜选用可测量电压、电流、相位和带有错接线判别功能的电能表现场校验仪，其试验端子之间的连接导线应有良好绝缘，中间不允许有接头，并有明显的极性和相别标志。

（3）开具工作票。

1）工作票签发流程。

a. 工作票签发人或工作负责人依据工作任务填写并打印相应的工作票。

b. 办理工作票签发手续。

2）注意事项。

a. 办理工作票签发手续时，在客户电气设备上工作应由供电公司与客户方进行双签发，供电方安全负责人对工作的必要性和安全性、工作票上安全措施的正确性、所安排工作负责人和工作人员是否合适等内容负责。客户方工作票签发人对工作的必要性和安全性、工作票上安全措施的正确性等内容审核确认。

b. 同一张工作票，工作票签发人、工作负责人、工作许可人三者不得相互兼任。

（4）办理工作票许可手续。无论是变电站侧还是客户侧的电能表现场校验工作，在工作实施前，均须按照有关规定办理工作许可手续。工作票许可手续由工作负责人到达现场办理，严格禁止未经许可开始工作。工作票许可手续应按照双许可制度执行，在变电站侧电气设备上工作应由设备运维单位和工作计划提报单位进行双许可；在客户侧电气设备上工作应由供电公司与客户方进行双许可，双方在工作票上签字确认。需要指出的是：客户方应由具备资质的电气工作人员许可，并对工作票中安全措施的正确性、完备性，现场安全措施的完善性以及现场停电设备有无突然来电的危险负责。

工作负责人在工作许可人完成施工现场的安全措施后，还应完成以下手续：

1）再次检查所做的安全措施。

2）确认工作许可人指明的带电设备的位置和注意事项。

3）在工作票上确认、签名。

（5）现场站班会。确认现场作业前，工作负责人须组织工作班成员召开站班会，并向工作班成员交代以下事项：

1）交代工作内容，明确具体分工，工作负责人严禁违章指挥，无票作业。

2）强调安全注意事项，告知作业过程中及周边环境可能存在的危险点。注意观察周边环境，谨防高处坠落、高处坠物、损坏设备、人员摔伤、触电伤害、电弧灼伤等人身伤害事件的发生。

3）工作班成员明确工作任务，签字确认，服从工作负责人指挥，遵守相关规程和制度，文明施工。

（6）确认安全措施。工作区范围内应设立标示牌或护栏，同时，确认工作票上所列的安全措施及补充安全措施是否全部落实到位。作业工具绝缘保护应符合《电力安全工作规程》的规定，工具、材料必须妥善放置。作业人员须站在绝缘垫上进行工作，开启计量箱（柜）门之前，按照三步验电法验明箱体是否带电。确无电压后，方可开启箱（柜）门。

（7）检查现场温/湿度。通过温/湿度计检查现场作业环境是否满足检定要求，环境温度满足0～35℃、相对湿度小于85%的要求。

（8）核对计量装置信息。按照《电能表现场校验单》，逐一核对户号、户名及电能表的型号、规格、资产编号等内容，并检查外观是否完好。另外，检查电能计量装置计量箱（柜）门、窗是否完好。

（9）拆除封印。拆除封印前，检查计量柜（箱）前后门、电能表表盖、终端表盖、编程按钮盖板、联合接线盒及其计量压变闸刀等位置封印是否完好。如发现现场封印存在异常，通知电能计量装置管辖单位用电检查人员到现场会同处理。如未发现异常，拆除表柜封印，并将拆除的封印回收。

（10）检查计量装置运行信息。开始现场校验工作前需检查以下内容：

1）检查电能表显示是否正常，查看电能表显示屏显示的内容是否清晰或有缺失、乱码等现象。

2）抄录电能表示数，检查有分时计度功能的电能表示数，其总及各时段示数是否正常。

3）检查电能表电压、电流、频率、功率因数等实时工况是否正常。查看当前电流大小是否满足校验规程要求，如当前时段用户无负荷或负荷较小，不满足校验规程所规定的最小校验电流值的大小，则无法开展此次校验工作。当现场检验条件不满足校验条件时，告知客户择日现场检验。

4）核查电能表时段、结算日、需量周期是否正常。

5）检查电能表日期、时间是否准确。

6）检查电能表电池是否欠压。

7）检查电能表是否失压，查阅失压历史记录。

8）检查现场终端运行情况。例如：运行的实时工况，如电压、电流、功率、功率因数与电能表实时工况比对；网络通信状况是否完好，如液晶显示窗口，无线网络登录是否正常；检查终端与电能表接线是否正确，终端门接点开闭功能是否完好；检查终端是否存在异常告警等内容。

（11）检查校验仪。将电流、电压专用试验线分别接入现场校验仪电流、电压端子，用万用表电阻档（电流回路用最小档、电压回路用最大档）检查电能表现场校验仪电压，电流回路是否正常。

（12）设置检验参数。根据被测电能表的型号、接线方式、有功或无功常数，设置现场校验仪中的相关参数。设定的项目类型包括：设置电能表常数、检验脉冲圈数、电能表类型、设置校验仪控制方式以及校验仪电流输入方式。

（13）接线。接线前，首先拆除电能表封印、卸下电能表表盖，拆除联合接线盒封印、卸下联合接线盒罩壳。电压回路的接线，三相四线计量装置先接零线，三相三线计量装置先接B相，再接其余相。接线时观察现场校验仪上电压显示是否正常。电流回路的接线，根据电能表的精确度等级，应选择适当的校验方式。

1）在现场校验0.5S级以下等级电能表时，可采取经电流钳将电流接入校验仪方式。对于三相四线电能计量装置，如图6-7所示，分别将A、B、C三相的电流钳夹在电能表的电流接线上，电流钳上有箭头提示电流的流经方向，根据箭头朝向选择夹相电流进线还是出线。箭头朝上时，将电流钳夹在相电流的进线；箭头朝下时，夹在相电流的出线。电流钳夹在相电流出线还是进线并不会影响校验结果，作业人员可根据工作实际进行选择。对于三相三线电能表，如图6-8所示，由于无B相电流，因此仅A、C两相按照上述方法进行操作即可。

2）在现场校验0.5S级及以上等级电能表时，应采取校验仪直接接入方式。将校验仪与被测电能表的电流回路串联、电压回路并联。通过联合接线盒，将电能表现场校验仪的电压、电流专用试验线按序（先电压线、后电流线）接入被检电能表的电压、电流回路，并确保连接可靠。电流回路接线时，应先将电能表现场校验仪电流试验线的出线回路接入联合接线盒，然后将进线回路接入联合接线盒。

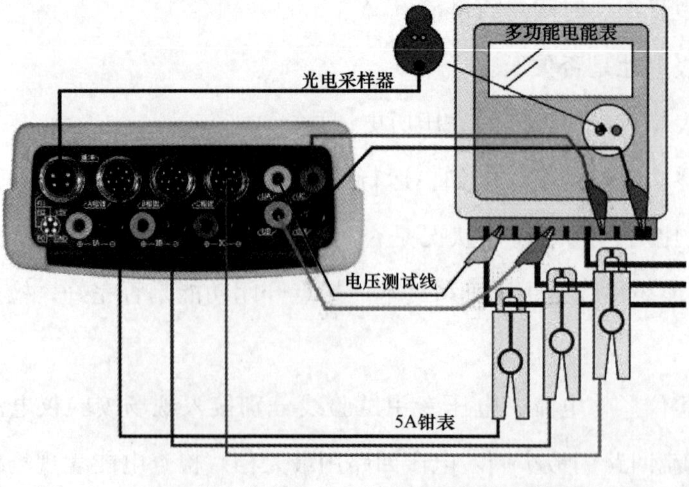

图 6-7　三相四线电能表经电流钳接入现场校验接线示意图

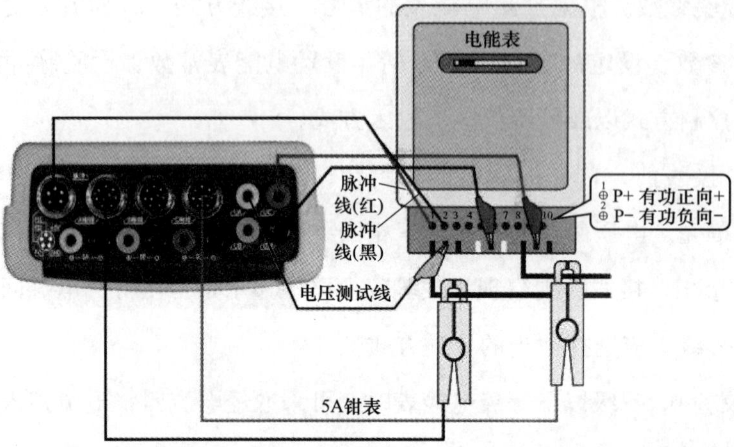

图 6-8　三相三线电能表经电流钳接入现场校验接线示意图

需要注意的是：观察现场校验仪显示的电压正常后，松开电流短接片时，需观察接线盒连接片处是否有火花，并观察现场检验仪电流显示状况。当电流显示异常时，立即恢复电流短接片，进行异常检查。由于电压互感器二次回路严禁短路或接地，电流互感器二次回路严禁开路。在接通和断开电流端子时，必须用仪表进行监视。

（14）预热。标准表接入电路的通电预热时间，应严格遵照使用说明书中的要求。如无明确要求，通电时间不得少于 15min。

（15）计量装置接线检查。计量装置的接线检查包括检查计量装置的相量关系和检查实际负荷各项参数是否满足技术要求这两项内容，下面分别进行阐述。

1）检查计量装置的相量关系。根据现场校验仪显示的相量图或数据，与实际负荷电流及功率因数相比较，分析判断电能表的接线是否正确。如发现被校计量装置存在接线错误等故障，应立刻停止工作，并通知用电检查人员到现场会同处理。

2）检查实际负荷各项参数是否满足技术要求，包括：

a. 电压对额定值的偏差不应超过±10%。

b. 负荷相对稳定。

c. 频率对额定值的偏差不应超过±2%。

d. 现场校验时，当负荷电流低于被检电能表标定电流的10%（对于S级电能表的5%）或功率因数低于0.5时，不宜进行误差测定。

（16）检查不合理计量方式。在现场校验电能表时，还应检查是否存在下列不合理的计量方式。发现以下问题，应提交相关部门处理。

1）电流互感器的变比过大，致使电流互感器经常在20%（S级5%）额定电流以下运行的。

2）电能表接在电流互感器非计量二次绕组上。

3）电压与电流互感器分别接在电力变压器不同侧的；电能表电压回路未接到相应的母线电压互感器二次上。

4）无换向计度器的感应式无功电能表和双向计量的感应式有功电能表无止逆器的。

（17）校验。

1）选择已下装的被检客户信息并核对被检验电能表信息，核对无误后，开始校验。

2）测定次数一般不得少于2次，取其平均值作为实际误差，但对有明显错误的读数应该舍去。当实际误差在最大允许值的80%～120%时，至少应再增加2次测量，取多次测量数据的平均值作为实际误差。

3）记录测定的误差原始数据，按要求进行数据化整。

4）将校验结果保存至校验仪，便于日后查验和流程处理时上传营销系统。

（18）客户签字确认。现场检验电能表的误差均应在其等级允许范围内，将检验结果（修正后误差）和有效期等有关项目填入现场检验记录单。当现场检测电能表的误差超过其等级指标时，应及时更换电能表，同时应填写详细的校验报告，现场严禁调表。告知客户电能计量装置运行状况和误差测试情况，请客户在现场校验记录单上签字确认。

（19）拆除接线。

1）拆除脉冲取样回路。

2）逐相短接电流回路连接片，短接时需观察校验仪上显示的电流是否接近零。

3）逐相拆除电流回路接线，先拆除电流回路进线端进线，再拆除出线端接线，直至电流回路接线全部拆除完毕。

4）逐相拆除电压回路接线，其中三相四线计量装置先拆相线，后拆零线；三相三线计量装置先拆A、C相线，后拆B相线。

5）将现场校验仪关机并拆除校验仪本机接线。

（20）施加封印。再次检查计量装置运行是否正常，确认无异常后，盖上联合接线盒罩壳、电能表表盖，并对接线盒、电能表及表柜进行封印安装。

（21）清理现场。现场校验完毕，工作人员整理工器具、材料，清理作业现场。

（22）现场作业结束。现场作业结束，办理工作票终结手续。

（23）校验数据上装。作业人员由工作现场返回单位后，将电能表现场校验仪通过RS 232接口与办公电脑连接，现场校验仪切换至串口通信模式，在电脑上打开现场校验仪配套的校验数据上传软件，依次点击数据交互、串口读取按钮，校验仪与电脑端软件进入数据通信，待交互完成后，点击数据存盘按钮即可将校验数据存入工作电脑中，如图6-9所示。此时可断开校验仪与工作电脑的连接线；接下来点击营销接口、计划下传、下载计划按钮，如图6-10所示，即可完成校验计划的下载；然后点击数据上传按钮，勾选待上传校验数据，点击数据比对按钮，比对成功后，点击数据上传按钮，如图6-11所示，即可将校验数据上传至营销系统中。随后作业人员进入营销系统，办结该现场校验工单。

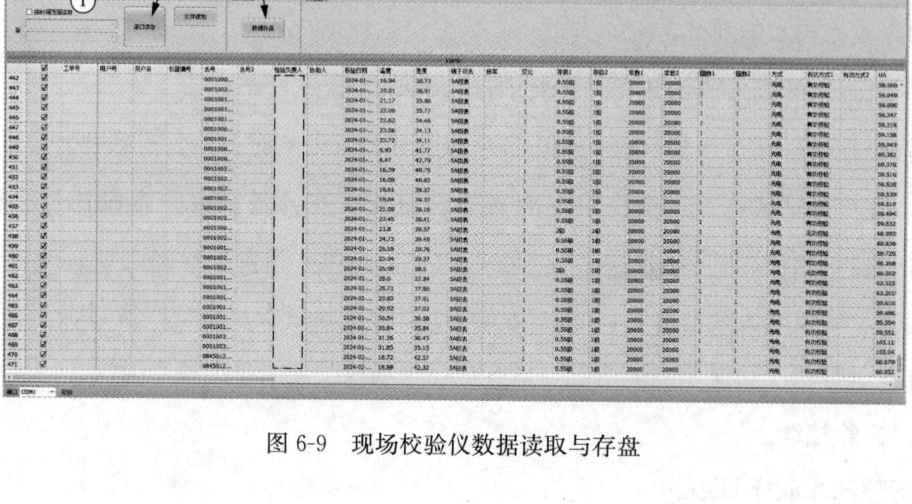

图6-9　现场校验仪数据读取与存盘

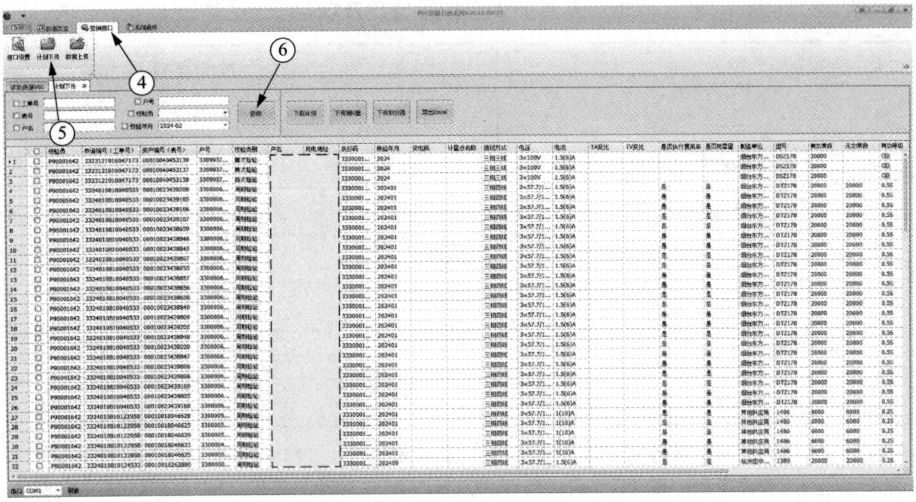

图 6-10　营销系统校验计划下载

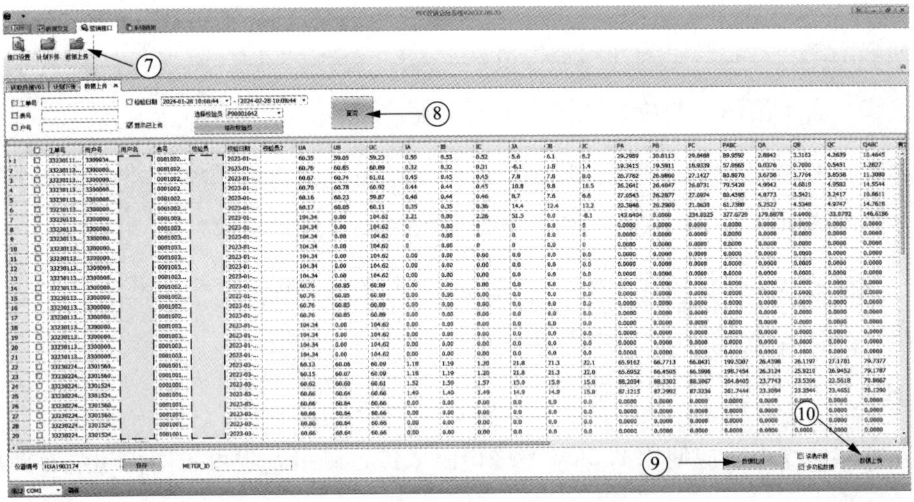

图 6-11　现场校验数据上传至营销系统

（24）电能表现场校验单存档。电能表现场校验原始记录的填写应用签字笔或钢笔书写，不得任意修改。电能表现场检验误差原始记录档案应妥善保管。

第三节　电压互感器的校验

一、电压互感器的校验流程

电压互感器现场校验流程及项目按照表 6-9 所列顺序及项目进行。

表 6-9　　电压互感器现场校验流程及项目

序号	检验项目	检验类型	
		首次检验	后续检验
1	外观检查	+	+
2	绝缘试验	+	+
3	绕组极性检查	+	—
4	基本误差测量	+	+
5	二次实际负荷下计量绕组误差测量	—	*
6	稳定性试验	—	+

注　符号“+”表示必须开展的流程及项目，符号“*”表示按需进行，符号“—”表示不需开展该项目。

二、电压互感器的校验要点

1. 外观检查

有下列缺陷之一者，判定为外观不合格：

（1）绝缘套管不清洁，油位或气体指示不正确。

（2）铭牌及必要的标志不完整（包括产品型号、出厂序号、制造厂名称等基本信息及额定绝缘水平、额定电压比、准确度等级及额定二次负荷等技术参数）。

（3）接线端钮缺少、损坏或无标记，接地端子上无接地标志，电容式电压互感器端子箱中阻尼电阻、避雷器等元件缺失或损坏。

2. 绝缘试验

电压互感器绝缘电阻应使用 2.5kV 绝缘电阻表进行测量，也可采用未超过有效期的交接试验或预防试验报告的数据。

电压互感器的绝缘电阻应满足表 6-10 要求。

表 6-10　　电压互感器绝缘电阻要求

项目	一次对二次绕组及地[①]	二次绕组之间	二次绕组对地
要求	>1000MΩ	>500MΩ	>500MΩ

① 电容式电压互感器除外。

3. 绕组的极性检查

宜使用互感器校验仪检查绕组的极性。极性检查一般与误差测量同时进行，标准电压互感器的极性是已知的，根据被检电压互感器的接线标志，按比较法线路完成测量接线后，升起电压至额定值的5%以下试测，用互感器校验仪的极性指示功能或误差测量功能确定互感器的极性。如无异常，则极性标识正确。

4. 基本误差测量

在参比条件下，电压互感器的误差不得超出表6-11给定的限制范围，实际误差曲线不得超过误差限值连线所形成的折线范围。

表6-11　电压互感器基本误差限值

准确度级别	误差项	电压百分数（%）
		80～120
0.1	比值差（±,%）	0.1
	相位差（±,′）	5
0.2	比值差（±,%）	0.2
	相位差（±,′）	10
0.5	比值差（±,%）	0.5
	相位差（±,′）	20

电压互感器按照图6-12和图6-13所示的检验接线图进行基本误差测量。

电压互感器误差的测量点见表6-12。有多个二次绕组的电压互感器，除剩余绕组外，各二次绕组应按表6-12的规定接入额定负荷或者下限负荷。

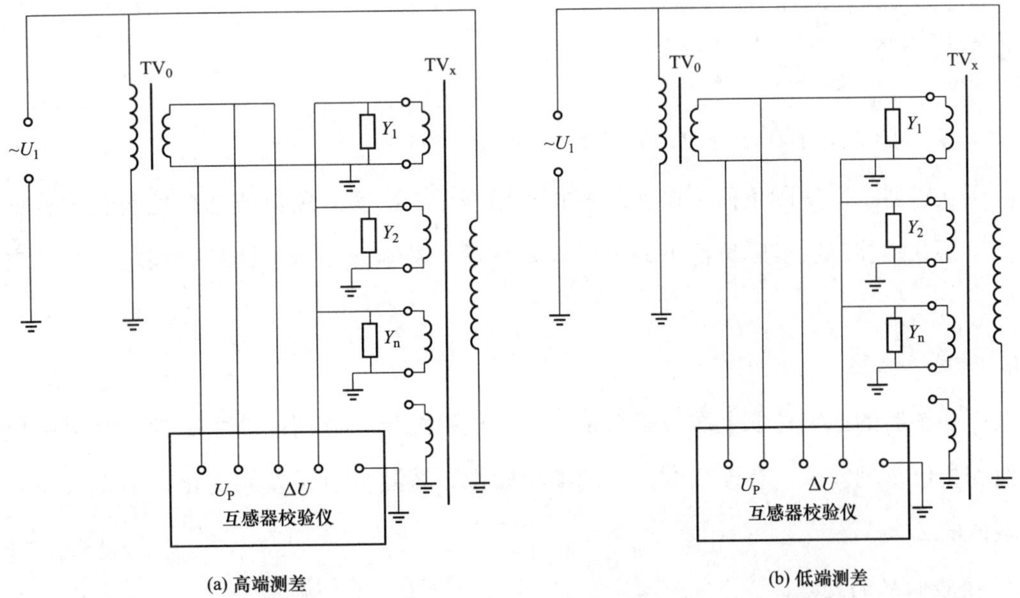

图6-12　用比较法现场测量电磁式电压互感器现场校验接线图

TV_0—标准电压互感器；TV_x—被检电磁式电压互感器；Y_1、Y_2、Y_n—电压互感器负荷箱

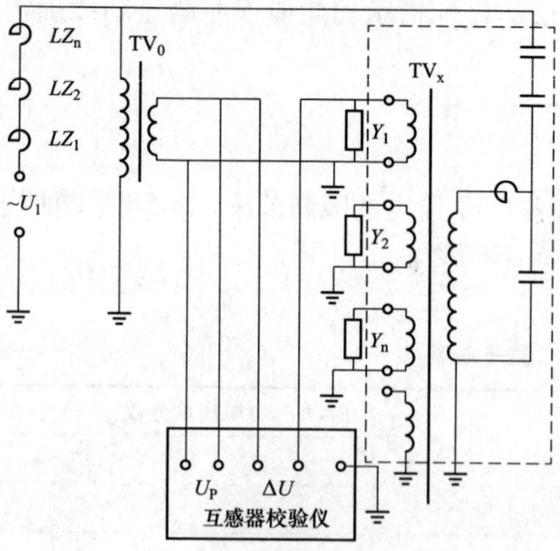

(a) 高端测差

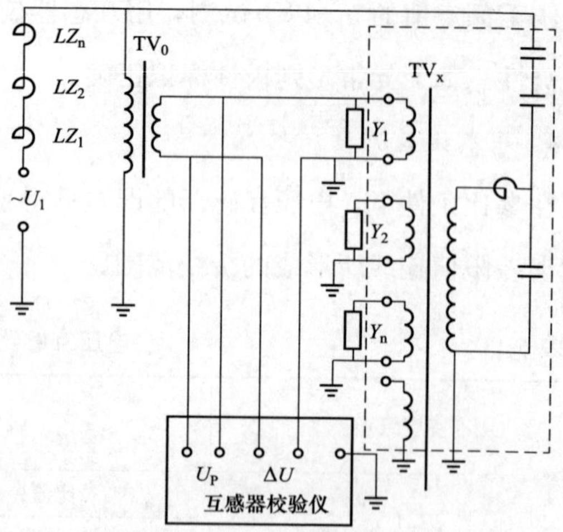

(b) 低端测差

图 6-13　用比较法现场测量电容式电压互感器现场校验接线图

$LZ_1 \sim LZ_n$—谐振电抗器；TV_0—标准电压互感器；TV_x—被检电容式电压互感器；

Y_1、Y_2、Y_n—电压互感器负荷箱

表 6-12　　电压互感器误差测量点

电压百分数（%）	80	100	105①	110②	120③
额定负荷	+	+	+	+	+
下限负荷	+	+	—	—	—

① 适用于 750kV 和 1000kV 电压互感器。

② 适用于 330kV 和 500kV 电压互感器。

③ 适用于 220kV 及以下电压互感器。

5. 二次实际负荷下计量绕组的误差测量

电压互感器二次实际负荷下误差测量宜采用根据二次实际负荷值选择负荷箱替代的方法进行。电压互感器二次实际负荷下的现场误差测量与基本误差测量原理接线相同，两者可合并进行。

6. 稳定性试验

电压互感器的稳定性取上次检验结果与当前检验结果，分别计算两次检验结果中比值差的差值和相位差的差值。在连续的两次周期检验中，各测量点误差的变化，不得大于其基本误差限值的 2/3。

7. 校验结果的处理

（1）测量数据修约。电压互感器现场校验时读取的比值差保留到 0.001%，相位差保留到 0.01′，且按规定的格式和要求做好原始记录，并妥善保管。

误差测量数据可按表 6-13 相应等级修约。

表 6-13　　电压互感器误差数据修约间隔

准确度等级		0.1	0.2	0.5
修约间隔	比值差（±，%）	0.01	0.02	0.05
	相位差（±，′）	0.5	1	2

（2）校验结果输出。校验结束，由检验单位出具校验结论，根据需要出具校验报告。电压互感器现场校验记录格式如图 6-14 所示。

电压互感器现场校验记录

厂站名称：＿＿＿＿线路名称：＿＿＿＿校验日期：＿＿＿＿报告编号：＿＿＿＿报告日期：＿＿＿＿

生产厂家：＿＿＿＿型号：＿＿＿＿温、湿度：＿＿＿＿额定变比：＿＿＿＿准确度等级：a_1，x_1＿＿＿＿a_2，x_2＿＿＿＿

校验人员：＿＿＿＿核验人员：＿＿＿＿接线方式：＿＿＿＿出厂编号：A 相：＿＿＿＿B 相：＿＿＿＿C 相：＿＿＿＿

校验设备名称：＿＿＿＿型号：＿＿＿＿编号：＿＿＿＿

相别	序号	U_p/U_n	80	100	110（105/115）	二次负荷			
						a_1，x_1		a_2，x_2	
						容量（VA）	cosφ	容量（VA）	cosφ
A 相	1	f(%)							
		δ(′)							
	2	f(%)							
		δ(′)							
	3	f(%)							
		δ(′)							
	4	f(%)							
		δ(′)							
B 相	1	f(%)							
		δ(′)							
	2	f(%)							
		δ(′)							
	3	f(%)							
		δ(′)							
	4	f(%)							
		δ(′)							
C 相	1	f(%)							
		δ(′)							
	2	f(%)							
		δ(′)							
	3	f(%)							
		δ(′)							
	4	f(%)							
		δ(′)							
合成		γ(%)							

图 6-14　电压互感器现场校验记录

8. 检验周期

电磁式电压互感器的检定周期不超过 10 年，电容式电压互感器的检定周期不超过 4 年。

三、电压互感器的校验方法

1. 电压互感器现场校验仪

（1）概况。我国常用的互感器校验仪，是按测差原理制成的，其优点是对校验仪本身的精度要求不高，一般只要 1%或 2%就可以。因为它所影响的读数误差，只是被试互感器误差形成的误差，可以略去不计，这样校验仪的制作就相对比较容易。依测差原理制造的互感器校验仪按测量线路原理分为两种，一种称为 RM（电阻和电感）线路，在此基础上制成的是电位差式互感器校验仪；另一种称为 GC（电导和电容）线路，在此基础上制成的是比较仪式互感器校验仪。全自动互感器校验仪是在上述测差原理的基础上，将微处理技术引入互感器误差测量，构成智能化测试，功能增加，操作方便。近几年出现的一种TA、TV现场校验仪，则完全摒弃了传统的测量手段，采用了全新的测量方法。

(2) 工作原理。20世纪80年代后期出现了数字式、电子式的互感器校验仪，20世纪90年代以来，宁波三维、山西机电研究院、武汉高压研究所等相继推出功能更强的全自动互感器校验仪。同手动测量式的互感器校验仪相比，电子式互感器校验仪具有测量速度快、体积小、质量轻、辅助功能强等优点，在测试过程中可大大减轻操作人员的工作强度，提高工作效率，由于读数的直观性，还可很大程度减少人为误差。

众多电子式互感器校验仪的主要特点有：

1）可以直接测量S级电流互感器，电压互感器校验可采用高电位法测量。

2）根据测量误差大小自动切换量程。

3）可掉电存储现场测量数据。

4）自动化整，超差有汉字提示。

5）可实现互感器测试全程自动化。

6）可与计算机联机，传递数据，实现计算机管理。

全自动互感器校验仪基本原理框图如图6-15所示。

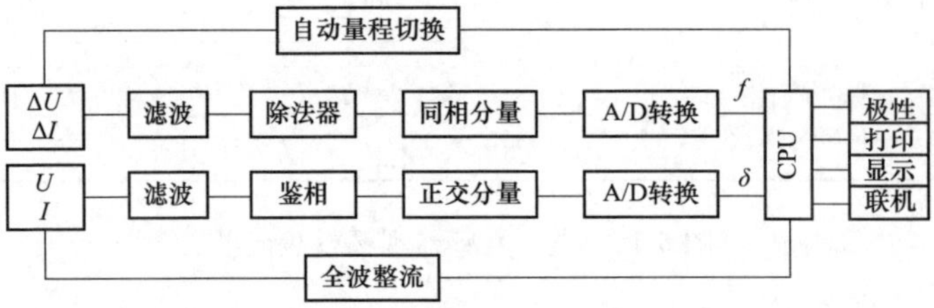

图6-15　全自动互感器校验仪基本原理框图

全自动互感校验仪的测试原理是将差流 $\Delta\dot{I}$ 与差压 $\Delta\dot{U}=\Delta\dot{I}R_{\Delta}$ 送入测量电路，经放大、切换、滤波后分送两个电子开关，分别采出同相分量和正交分量，再分别送到两个模数转换器，经适当运算后显示被测电流互感器的比值误差和相位误差。

全自动互感器校验仪除具备其他互感器校验仪的功能外，还具有自动测量、数字显示、数据自动化整、超差提示、自动储存、自动打印测试结果等功能。试验时，试验电流上升、下降只一次，就自动把上升与下降过程的各个预置试验点的比差、角差全部由微机记录下来，并能随时打印出实际测试值，也可按照被试互感器的精度等级进行数据化整后打印出来。仪器充分发挥了微处理器的计算处理与控制功能，还配有 RS 232 和 RS 485 接口，可实现数据通信和微机管理，使用十分方便。

（3）样机及功能。图 6-16 为一台电磁式电压互感器现场测试仪，适用于在现场对电磁式电压互感器进行误差测试的全自动智能仪器，采用全新的嵌入式操作系统，功能丰富，使用方便。仪器配有彩色触摸式液晶屏，各点的误差可以在同一屏上显示，所有操作均可点击屏幕菜单轻松完成。用户不再需要配置笨重的谐振升压器、标准电压互感器、负载箱及调压器（或自动检测台）。单台仪器就能对 6kV 及以上的电磁式电压互感器进行快速测量。全过程（包括额定、下限的所有测量点）的测试时间不超过 6min（不含接线时间）。仪器稳定度高，系统可长期稳定运行，性能不随时间发生改变。

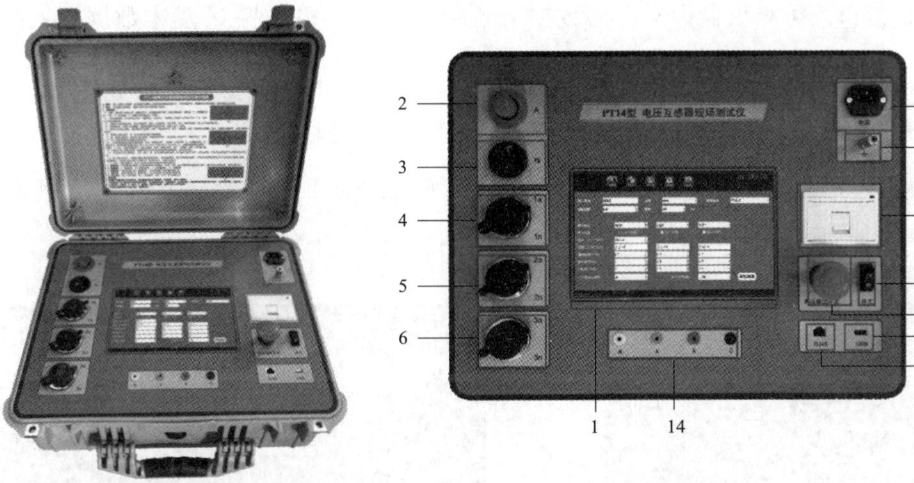

(a) 整体概览　　(b) 端口功能

图 6-16　电磁式电压互感器现场测试仪

端口功能介绍如下：

1）大屏幕带背光触摸屏式液晶显示屏。分辨率为 1024×600 点，所有的测量数据和相关操作提示全部中文显示。

2）互感器一次 A 端。仪器内部输出高压端，连接到互感器一次的 A 端子上，工作过程中短期最高输出电压 2kV，由专用高压绝缘线引出。

3）互感器一次 N 端。连接到互感器一次的 N 端子上，由专用高压绝缘线引出，测量前测电压互感器必须将 N 可靠接地。

4）PT 二次绕组 1a1n。仪器内部采用四线接法，测试线的黄色端子对应接到互感器二次的 1a 端上，测试线的黑端子对应接到互感器二次的 1n 端上。

5）PT 二次绕组 2a2n。测试线的绿色端子对应接到互感器二次的 2a 端上，测试线的黑端子对应接到互感器二次的 2n 端上。

6）PT 二次绕组 3a3n。测试线的红色端子对应接到互感器二次的 3a 端上，测试线的黑端子对应接到互感器二次的 3n 端上。

7）交流电源插座。交流 220V±10%，频率 50Hz±0.5Hz。

8）仪器接地端子。测试之前，务必保证该端子可靠接地。

9）打印机。测试完成后，可用来直接打印误差数据。

10）电源开关。仪器工作时的总电源开关。

11）高压输出开关。用于切断高压输出，在测试过程中应将其接通。

12）USB 接口。可将仪器内部存储数据下载到 U 盘中，也可将 U 盘中数据导入仪器。

13）RJ45 网口。仪器软件升级接口。

14）传统法测试端子。a 和 x 端为工作电压输入端，K 和 D 端为差压或差流输入端。

图 6-17 和图 6-18 分别为电容式电压互感器现场测试仪和 GIS 电压互感器现场测试仪，样机端口及有关功能与电磁式电压互感器现场测试仪类似，此处不再赘述。

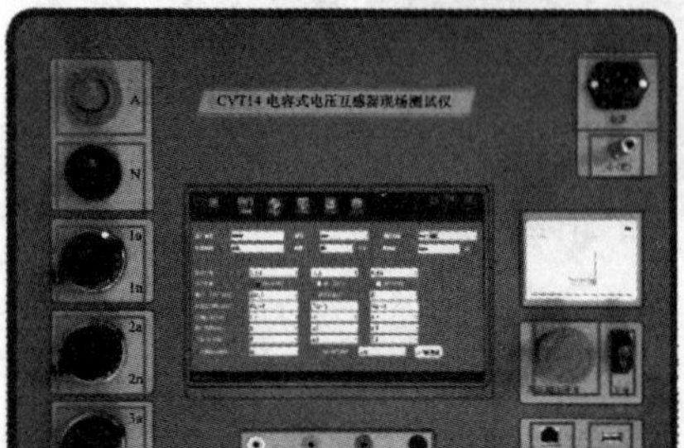

图 6-17　电容式电压互感器现场测试仪

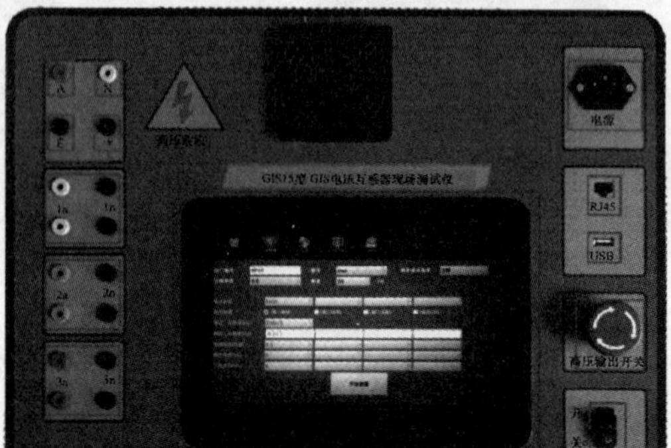

图 6-18　GIS 电压互感器现场测试仪

2. 电压互感器现场校验实施过程

电压互感器的现场校验实施过程如图 6-19 所示。下面将针对每一个环节逐一阐述。

（1）前期准备。

1）工作预约。工作负责人提前联系客户或厂站管理方，核对被试互感器型式和参数，了解互感器安装位置，了解停电试验时间，若加压回路经过 GIS 还应了解 GIS 耐压试验情况，约定现场校验时间。

2）打印工作任务单。工作负责人打印工作任务单，同时核对计量设备技术参数与相关资料。

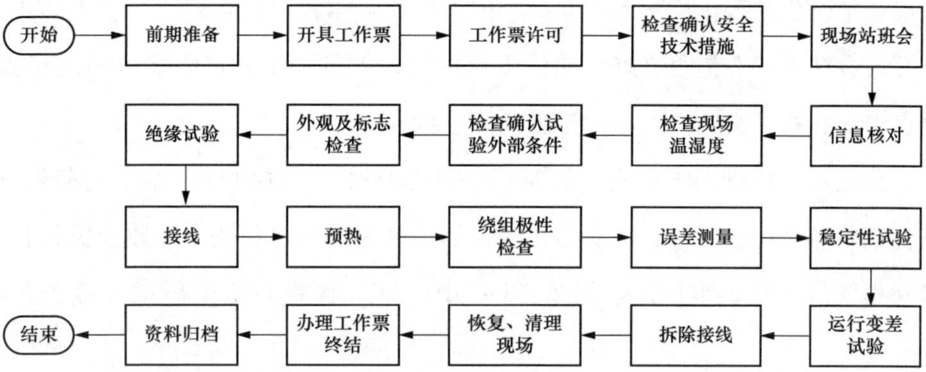

图 6-19 电压互感器现场校验流程图

3）编写试验方案。危险性较大的试验应编写试验方案，并经审批。

4）领取材料。工作班成员凭工作单领取相应材料及封印等，并核对所领取的材料是否符合工作单要求。

5）检查试验设备。检查试验设备是否符合校验要求，工作是否正常。

6）检查工器具。选用合格的安全工器具，检查工器具应完好、齐备。

（2）开具工作票。工作负责人依据工作任务填写工作票并办理工作票签发。

（3）办理工作票许可。工作负责人告知客户或厂站有关人员，说明工作内容并办理工作票许可手续。同时，会同工作许可人检查现场的安全措施是否到位、检查危险点预控措施是否落实。重新核对现场勘查情况，若发现与原勘查情况有变化时，应及时修正、完善相应的安全措施。确认无误后办理工作票许可手续。

（4）检查确认安全技术措施。根据工作票所列安全要求落实安全措施：

1）涉及停电作业的应实施停电、验电、挂接地线或合上接地刀闸、悬挂标示牌后方可工作。

2）工作负责人应会同工作票许可人确认停电范围、断开点、接地、标示牌正确无误。

3）工作负责人在作业前应要求工作许可人当面验电；必要时工作负责人还可使用自带验电器（笔）重复验电。

4）应在作业现场装设临时遮栏（围栏），将作业点与邻近带电间隔或带电部位隔离，工作中应保持与带电设备的安全距离。

5）电压互感器二次有关保护回路应退出。

6）检查预防感应电压措施是否落实。

（5）现场站班会。工作负责人、专责监护人检查全体着装是否规范、个人防护用品是否合格齐备、人员精神状态是否良好；交代工作内容、人员分工、带电部位和现场安全措施，进行危险点告知和技术交底，并履行签名确认手续。

（6）信息核对。核对工作对象、范围、内容是否相符，并对互感器参数资料进行核对，包括被校验互感器变比、容量、二次回路等。如工单内信息与现场不一致应做好记录，查明原因，做好相关信息更正维护。若加压经过 GIS，还应检查 GIS 耐压试验报告，耐压试验合格。

（7）检查现场温/湿度。用温/湿度计检查现场试验环境是否满足要求并记录。

（8）检查确认试验外部条件。被试电压互感器一次侧与其他高压设备应有明显断开点（一次引线已拆除并可靠绑定），安全距离应符合电力安全工作规程规定；断路器、隔离开关的操作电源应断开。

（9）外观及标志检查。

1）铭牌上应有产品编号、出厂日期、接线图或接线方式说明，有额定电压比、准确度等级等明显标志。一次和二次接线端子上应有电压接线符号标志，接地端子上应有接地标志。

2）如有下列缺陷之一者，须修复后方予校验：

a. 外观损伤，绝缘套管不清洁。对油浸式，油标指示位置不合规定；对环氧树脂式，有裂痕；对 SF_6 式，气压表值不满足规定要求。

b. 无铭牌或铭牌标志不完整。

c. 接线端钮缺少、损坏或无标记。

d. 严重影响测试工作进行的其他缺陷。

（10）绝缘试验。

1）确认被校电压互感器二次熔丝或开关已断开，保证互感器二次从其他回路中独立出来。

2）绝缘电阻测定。绝缘电阻的测量应使用 2.5kV 绝缘电阻表；一次绕组对二次绕组的绝缘电阻大于 1000MΩ；二次绕组之间、二次绕组对地的绝缘电阻大于 500MΩ。

3）确认工频耐压试验合格。查阅耐压试验报告，并记录耐压试验结果。

（11）接线。

1）试验接线。试验接线前应对被试电压互感器放电，拆除电压互感器本体二次端子的接线，并将各二次绕组非极性端接地。按试验接线图接好试验装置接线（调压控制器、升压装置、互感器校验仪、电压负荷箱、标准电压互感器）线路。连接被试电压互感器一次和二次端试验接线，注意辨识被试电压互感器二次计量专用绕组；将一次设备和二次设备分别接地，接线复核完成后，清除试验区域无关物品。

2）试验电源接线。需由两人进行，一人操作，一人监护。操作人员应戴绝缘手套及护目镜，电源盘应具有漏电保护装置并有明显断开点。

（12）开机预热与状态检查。互感器校验仪开机预热，并检查工作状态是否正常，正确设置测试档位，确认调压器转盘在零位、刀闸处于分闸位置。

（13）绕组极性检查。推荐使用互感器校验仪检查绕组的极性。升压操作人员站在绝缘垫上根据互感器的接线标志，按比较法线路完成测量接线后，缓慢升起电压至额定值的5%以下试测，用校验仪的极性指示功能或误差测量功能，确定互感器的极性，并用万用表测量各绕组所接负载箱的端子电压是否正常、一致。

（14）误差测量。

1）基本误差测量。确认被试电压互感器二次绕组正确无误，按规程要求升压，测量不同二次负荷下的误差并记录，校验人员应如实正确记录被检电压互感器的误差。

2）降压、关闭试验电源。首先将试验调压控制器回至零位，并断开升压电源，必须有明显断开点，并使用放电棒对被试电压互感器一次高压侧进行放电。

（15）稳定性试验。后续校验和使用中校验时应做稳定性试验。被校电流互感器本次和上次的两次校验误差数据进行稳定性判断，其误差的变化，不得大于基本误差限值的2/3。

（16）运行变差试验。首次检定时应做运行变差试验，运行变差试验可以部分或全部采用经检定机构认可的实验室提供的试验报告数据。

（17）拆除接线。降下调压控制器至零位并断开电源，必须有明显断开点。然后拆除临时接用电源，使用专用放电棒对被试电压互感器一次高压侧进行放电，依次拆除一次和二次试验导线、一次和二次设备接地线。

（18）恢复、清理现场。恢复被试互感器二次接线并复核；整理、清点作业工具和校验设备；清扫整理作业现场，加装封印，并拍照留存；做好客户或厂站管理方的告知或签字确认事宜。

（19）办理工作票终结。工作负责人清点工作班成员，确认工作任务完成情况，检查现场是否有遗留物品，组织工作班成员有序离开现场并办理工作票终结手续。

(20) 资料归档。将校验数据和信息及时录入系统并将作业工单、校验原始记录等资料在2个工作日内存档。

第四节 电流互感器的校验

一、电流互感器的校验流程

电流互感器现场校验流程及项目按照表6-14所列顺序及项目进行。

表6-14 电流互感器现场校验流程及项目

序号	检验项目	检验类型	
		首次检验	后续检验
1	外观检查	+	+
2	绝缘电阻测量	+	+
3	绕组极性检查	+	-
4	基本误差测量	+	+
5	二次实际负荷下计量绕组误差测量	-	*
6	稳定性试验	-	+

注 符号"+"表示必须开展的流程及项目，符号"*"表示按需进行，符号"-"表示不需开展该项目。

二、电流互感器的校验要点

1. 外观检查

有下列缺陷之一者，判定为外观不合格：

(1) 绝缘套管不清洁，油位或气体指示不正确。

(2) 铭牌及必要的标志不完整（包括产品型号、出厂序号、制造厂名称等基本信息及额定绝缘水平、额定电流比、准确度等级及额定二次负荷等技术参数）。

(3) 接线端钮缺少、损坏或无标记，穿心式电流互感器没有极性标记。

(4) 多变比电流互感器在铭牌或面板上未标有不同电流比的接线方式。

2. 绝缘电阻测量

绝缘电阻应使用2.5kV绝缘电阻表进行测量，也可采用未超过有效期的交接试验或预防试验报告的数据。

电流互感器的绝缘电阻应满足表6-15的要求。

表 6-15　　电流互感器绝缘电阻要求

项目	一次对二次绕组及地	二次绕组之间	二次绕组对地
要求	>1500MΩ	>500MΩ	>500MΩ

3. 绕组的极性检查

绕组的极性检查宜使用互感器校验仪进行检查，可与基本误差测量同时进行。标准电流互感器的极性是已知的，根据被检电流互感器的接线标志，按比较法线路完成测量接线后，升起电流至额定值的5%以下试测，用互感器校验仪的极性指示功能或误差测量功能确定互感器的极性。如无异常，则极性标识正确。

4. 基本误差测量

在参比条件下，电流互感器的误差不得超出表 6-16 给定的限制范围，实际误差曲线不得超出误差限值连线所形成的折线范围。电流互感器的基本误差以退磁后的误差为准。

表 6-16　　电流互感器基本误差限值

准确度级别	误差项	电流百分数（%）				
		1	5	20	100	120
0.1	比值差（±，%）	—	0.4	0.2	0.1	0.1
	相位差（±，′）	—	15	8	5	5
0.2	比值差（±，%）	—	0.75	0.35	0.2	0.2
	相位差（±，′）	—	30	15	10	10
0.2S	比值差（±，%）	0.75	0.35	0.2	0.2	0.2
	相位差（±，′）	30	15	10	10	10
0.5	比值差（±，%）	—	1.5	0.75	0.5	0.5
	相位差（±，′）	—	90	45	30	30
0.5S	比值差（±，%）	1.5	0.75	0.5	0.5	0.5
	相位差（±，′）	90	45	30	30	30

电流互感器基本误差测量应按照以下要求进行：

（1）对于首检或检修后的电流互感器，应先后在充磁和退磁的状态下进行误差测量，两次测量结果均应满足表 6-16 的要求。

（2）对于后续周期检验的电流互感器，宜在退磁情况下进行误差测试，测试结果应满足表 6-16 的要求。

（3）基本误差测量宜使用标准电流互感器比较法，原理接线图如图 6-20 所示。

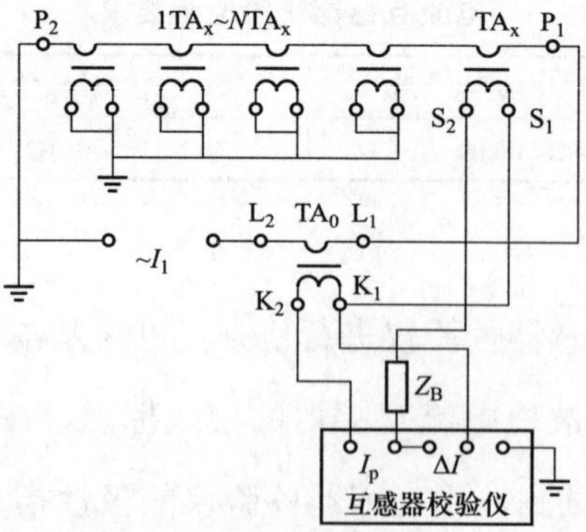

图 6-20　用比较法现场校验电流互感器接线图

TA_0—标准电流互感器；TA_x—被检电流互感器；Z_B—电流互感器负荷箱（或二次实际负荷）；

$1TA_x \sim NTA_x$—与被检电流互感器共用一次绕组的其他电流互感器

（4）电流互感器误差的测量点参见表 6-17。

表 6-17　　电流互感器误差测量点

电流百分数（%）	1①	5	20	100	120
额定负荷	+	+	+	+	+
下限负荷	+	+	+	+	−

① 仅适用于 S 级电流互感器。

（5）首次检验时，宜在电流互感器安装后进行误差测量，且对全部电流比按表 6-17 规定的测量点以直接比较法进行现场检验。当条件不具备时，可在安装前按此要求进行误差测量，但电流互感器安装后须在不低于 20%额定电流下进行复核。

（6）周期检验时，除非用户有要求，只对实际使用的变比进行误差测量。对运行中的电流互感器，如因条件所限，无法按表 6-17 规定的测量点以直接比较法进行周期检验时，可使用扩大负荷法外推电流互感器误差。

（7）当一次返回导体的磁场对套管式电流互感器误差产生的影响不大于基本误差限值的 1/6 时，允许使用等安匝法（含并联等安匝法）测量电流互感器的误差。

5. 二次实际负荷下的误差测量

电流互感器二次实际负荷下误差测量宜根据二次实际负荷值选择负荷箱替代的方法进行。电流互感器二次实际负荷下的现场误差测量与基本误差测量原理接线相同，两者可合并进行。

6. 稳定性试验

电流互感器的稳定性试验取上次检验结果与当前检验结果，分别计算两次检验结果中比值差的差值和相位差的差值。在连续的两次周期检验中，各测量点误差的变化，不得大于其基本误差限值的 2/3。

7. 检验结果的处理

（1）测量数据修约。电流互感器现场检验时读取的比值差保留到 0.001%，相位差保留到 0.01′，且按规定的格式和要求做好原始记录，并妥善保管。

误差测量数据可按表 6-18 相应等级修约。

表 6-18　　电流互感器误差数据修约间隔

准确度等级		0.1	0.2	0.2S	0.5	0.5S
修约间隔	比值差（±,%）	0.01	0.02	0.02	0.05	0.05
	相位差（±,′）	0.5	1	1	2	2

（2）检验结果输出。检验结束，由检验单位出具检验结论，根据需要出具检验报告。电流互感器现场校验记录格式如图 6-21 所示。

电流互感器现场校验记录

厂站名称：______ 线路名称：______ 制造厂名：______ 型号：______ 准确度等级：______
额定一次电流：______ 额定二次电流：______ 额定电压：______ 额定功率因数：______ 额定负荷：______
计量二次绕组：______ 极性：______ 接线方式：______
校验日期：______ 温、湿度：______ 校验人员：______ 核验人员：______
校验设备名称：______ 型号：______ 编号：______

A 相　出厂编号：______

I_p/I_n	1	5	10*	20	30*	40*	50*	100	120	二次负荷 容量（VA）	二次负荷 cosφ
f(%)											
δ(′)											
f(%)											
δ(′)											

B 相　出厂编号：______

I_p/I_n	1	5	10*	20	30*	40*	50*	100	120	二次负荷 容量（VA）	二次负荷 cosφ
f(%)											
δ(′)											
f(%)											
δ(′)											

C 相　出厂编号：______

I_p/I_n	1	5	10*	20	30*	40*	50*	100	120	二次负荷 容量（VA）	二次负荷 cosφ
f(%)											
δ(′)											
f(%)											
δ(′)											

注：*为可选测试点。

图 6-21　电流互感器现场校验记录

8. 检验周期

电流互感器的检定周期不得超过 10 年。

三、电流互感器的校验方法

1. 电流互感器现场校验仪

电流互感器现场校验仪的概述与工作原理与电压互感器现场校验仪相同，前面章节已有相关介绍，此处不再赘述。本部分将直接介绍电流互感器现场校验仪的典型样机及功能。图 6-22 为某型号电磁式电压互感器现场测试仪。

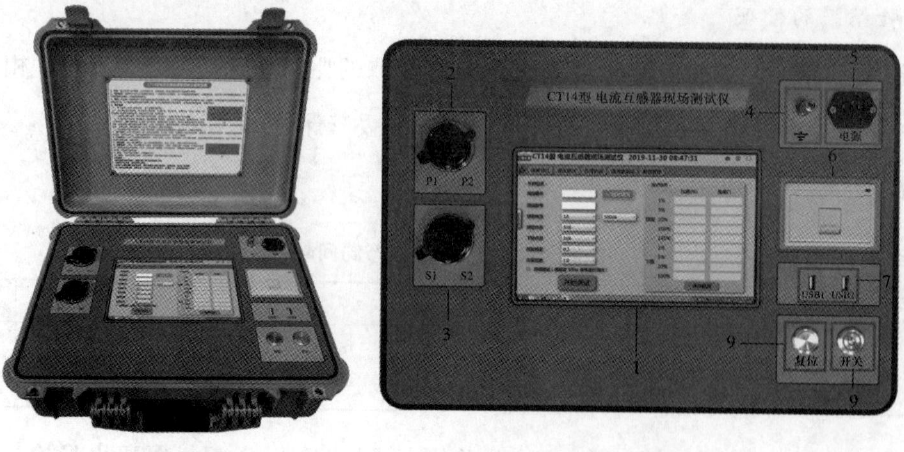

(a) 整体概览　　(b) 端口功能

图 6-22　电磁式电压互感器现场测试仪

端口 1、4、5、6、7、9 的功能与电压互感器现场校验仪相同，其他端口功能介绍如下：

端口 2：互感器一次连接端。插上专用互感器测试线，测试线对应有 P1 和 P2 两个接线端子，P1 与电流互感器本体 P1 端子相连接；P2 与电流互感器本体 P2 端子相连接。

端口 3：互感器二次连接端。插上专用互感器测试线，测试线对应有 S1 和 S2 两个接线端子，S1 与电流互感器本体二次接线端子 S1 端子相连接；S2 与电流互感器本体二次接线端子 S2 端子相连接。

端口 9：复位按钮。当测试仪出现异常，如死机或测试异常时，可通过复位按钮进行强制重启。

2. 电流互感器现场校验的实施过程

电流互感器的现场校验实施过程如图 6-23 所示。下面将针对每一个环节逐一阐述。

（1）前期准备。

1）工作预约。工作负责人提前联系客户或厂站管理方，核对被试互感器型式和参数，了解互感器安装位置、停电试验时间，约定现场校验时间。

2）打印工作任务单。工作负责人打印工作任务单，同时核对计量设备技术参数与相关资料。

3）编写试验方案。危险性较大的试验应编写试验方案，并经审批。例如：3/2 接线只停电检修其中一组电流互感器。

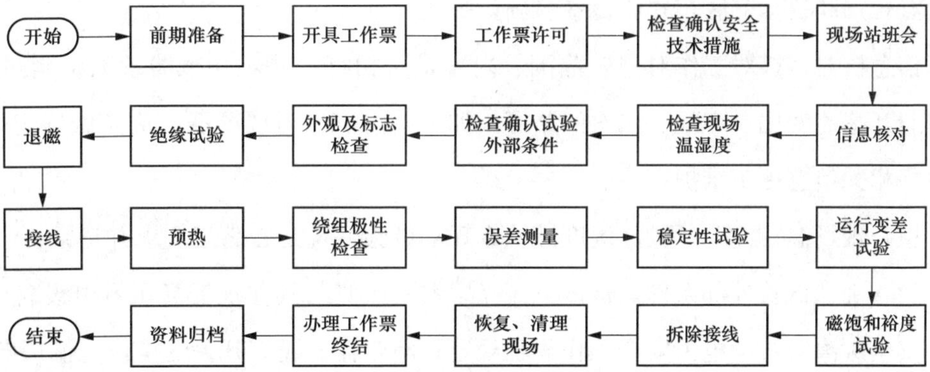

图 6-23 电流互感器现场校验流程图

4）领取材料。工作班成员凭工作单领取相应材料及封印等，并核对所领取的材料是否符合工作单要求。

5）检查试验设备。检查试验设备是否符合校验要求，工作是否正常。

6）检查工器具。选用合格的安全工器具，检查工器具应完好、齐备。

（2）开具工作票。工作负责人依据工作任务填写工作票并办理工作票签发。

（3）办理工作票许可。工作负责人告知客户或厂站有关人员，说明工作内容并办理工作票许可手续，同时，会同工作许可人检查现场的安全措施是否到位、检查危险点预控措施是否落实。

（4）检查确认安全技术措施。高、低压设备应根据工作票所列安全要求落实安全措施：

1）涉及停电作业的应实施停电、验电、挂接地线或合上接地刀闸、悬挂标示牌后方可工作。

2）工作负责人应会同工作票许可人确认停电范围、断开点、接地、标示牌正确无误。

3）工作负责人在作业前应要求工作许可人当面验电；必要时工作负责人还可使用自带验电器（笔）重复验电。

4）应在作业现场装设临时遮栏（围栏），将作业点与邻近带电间隔或带电部位隔离。工作中应保持与带电设备的安全距离。

5）电流互感器二次有关保护回路应退出。

6）检查预防感应电压措施是否落实。

（5）现场站班会。工作负责人、专责监护人检查全体着装是否规范、个人防护用品是否合格齐备、人员精神状态是否良好；交代工作内容、人员分工、带电部位和现场安全措施，进行危险点告知和技术交底，并履行签名确认手续。

（6）信息核对。核对工作对象、范围、内容是否相符，并对互感器参数资料进行核对，包括被校验互感器变比、容量、二次回路等。如工单内信息与现场不一致应做好记录，查明原因，做好相关信息更正维护。

（7）检查现场温/湿度。用温/湿度计检查现场试验环境是否满足要求并记录。

（8）检查确认试验外部条件。被试电流互感器一次侧与其他现场高压带电设备应有明显断开点，安全距离应符合电力安全工作规程规定；断路器、隔离开关的操作电源应断开。

（9）外观及标志检查。

1）铭牌上应有产品编号、出厂日期、接线图或接线方式说明，有额定电流比、准确度等级等明显标志。一次和二次接线端子上应有电流接线符号标志，接地端子上应有接地标志。

2）如有下列缺陷之一者，须修复后方予校验：

a. 外观损伤，绝缘套管不清洁。对油浸式，油标指示位置不合规定；对环氧树脂式，有裂痕；对 SF_6 式，气压表值不满足规定要求。

b. 无铭牌或铭牌标志不完整。

c. 接线端钮缺少、损坏或无标记，穿心式电流互感器没有极性标记。

d. 多变比电流互感器在铭牌或面板上未标有不同电流比的接线方式。

e. 严重影响测试工作进行的其他缺陷。

（10）绝缘试验。

1）确认被校电流互感器二次回路已断开。工作班成员断开被校电流互感器二次连片，保证互感器二次从其他回路中独立出来。电流互感器除被测二次回路外其他二次回路应可靠短路。短路电流互感器二次绕组时，必须使用短路片或短路线，短路应妥善可靠，严禁用导线缠绕。

2）绝缘电阻测定。绝缘电阻的测量应使用 2.5kV 绝缘电阻表；一次绕组对二次绕组的绝缘电阻大于 1500MΩ；二次绕组之间、二次绕组对地的绝缘电阻大于 500MΩ。

3）确认工频耐压试验合格。查阅耐压试验报告，并记录耐压试验结果。

（11）退磁。本试验项目可根据实际情况选做。若基本误差、运行变差超差，可先进行退磁后再做误差试验。若制造厂规定了退磁方法，应按厂家规定的方法或技术文件的规定进行退磁。若制造厂未规定，可使用开路法退磁或闭路法退磁。

（12）接线。

1）试验接线。试验接线前应对被试电流互感器放电，按试验接线图接好试验装置接线（升流控制器、升流器、互感器校验仪、电流负荷箱、标准电流互感器）线路；连接被试电流互感器一次和二次端试验接线，注意辨识被试电流互感器二次计量专用绕组，除电流互感器计量用试验二次绕组外，其他绕组二次回路短路接地。

2）试验电源接线。须由两人进行，一人操作，一人监护。操作人员应戴绝缘手套及护目镜，电源盘应具有漏电保护装置并有明显断开点。

（13）开机预热与状态检查。互感器校验仪开机预热，并检查工作状态是否正常，正确设置测试档位，确认调压器转盘在零位、刀闸处于分闸位置。

（14）绕组极性检查。推荐使用互感器校验仪检查绕组的极性。升流操作人员站在绝缘垫上根据互感器的接线标志，按比较法线路完成测量接线后，升起电流至额定值的5%以下试测，用校验仪的极性指示功能或误差测量功能，确定互感器的极性。

（15）误差测量。

1）基本误差测量。确认被试电流互感器二次绕组正确无误并与其二次回路完全断开；其余二次绕组应可靠短路。一次应形成闭合回路，一次电流应无别的旁路。被检电流互感器，每个测量点只需测量电流上升时的误差，误差应满足检定规程的要求，校验人员应如实正确记录被校电流互感器的误差。

2）降流、关闭试验电源。首先将试验升流控制器回至零位，并断开升流电源，必须有明显断开点，并使用放电棒对被试电流互感器一次高压侧进行放电。

（16）稳定性试验。后续校验和使用中校验时应做稳定性试验。被校电流互感器本次和上次的两次校验误差数据进行稳定性判断，其误差的变化，不得大于基本误差限值的2/3。

（17）运行变差试验。可以部分或全部采用经检定机构认可的实验室提供的试验报告数据。互感器在制造厂技术条件规定的运行状态下，按照规定的方法测试互感器受运行环境影响而发生的变化，每个影响因素单独作用引起的变差不宜超过检定规程的规定。

（18）磁饱和裕度试验。推荐采用直接测量法：如果被检电流互感器150%额定电流点在标准装置的测量范围内，可以用比较法直接测量150%点的误差。铁心磁通密度在相当于额定电流和额定负荷状态下的1.5倍时，误差不应大于额定电流及额定负荷下误差限值的1.5倍。

（19）拆除接线。降下升流控制器至零位并断开电源，必须有明显断开点。然后拆除临时接用电源、一次和二次试验导线、一次和二次设备接地线。

（20）恢复、清理现场。恢复被试互感器二次接线并复核；整理、清点作业工具和校验设备；清扫整理作业现场，加装封印，并拍照留存；做好客户或厂站管理方的告知或签字确认事宜。

（21）办理工作票终结。工作负责人清点工作班成员，确认工作任务完成情况，检查现场是否有遗留物品，组织工作班成员有序离开现场并办理工作票终结手续。

（22）资料归档。将校验数据和信息及时录入系统并将作业工单、校验原始记录等资料在2个工作日内存档。

第五节　二次回路负荷及压降测试

一、二次回路负荷及压降测试流程

二次回路的现场测试流程及项目按照表6-19所列顺序及项目进行。

表6-19　　二次回路现场检验项目

序号	检验项目	检验类型	
		首次检验	后续检验
1	电压互感器二次回路压降测试	+	+
2	电压互感器二次实际负荷测试	+	*
3	电流互感器二次实际负荷测试	+	*

注　符号“+”表示必须检验，符号“*”表示按需检验。

二、二次回路负荷及压降测试要点

1. 电压互感器二次回路压降测量

电能计量装置中电压互感器二次回路压降不应大于其额定电压的0.2%。一般采用压降测试仪进行电压互感器二次回路压降的现场测量，原理接线图如图6-24和图6-25所示。

电压互感器二次回路压降引起的误差按式（6-6）计算

$$\varepsilon_{\Delta U}=\sqrt{f^2+(0.0291\delta)^2} \tag{6-6}$$

式中：$\varepsilon_{\Delta U}$为二次回路压降引起的误差，%；f同相分量，%；δ正交分量，′。

（1）互感器校验仪法。

1）一般要求。推荐用二次压降测试仪测试电压互感器二次回路电压降及二次回路电压降引起的电能计量误差。测试前根据现场实际情况选择测试方式，并根据所选测试方式进行自校。自校及测试接线应选择接线方式与实际接线一致，图 6-26 和图 6-27 为三相四线电能表自校及测试接线图，三相三线接线中应无零线。

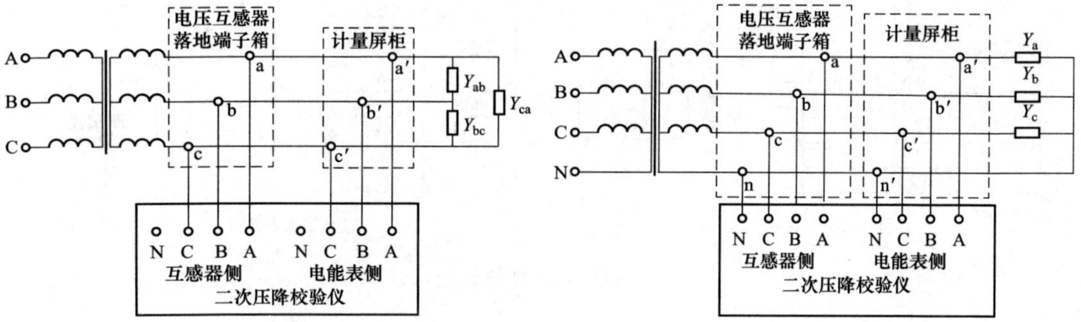

(a) 三相三线　　(b) 三相四线

图 6-24　二次回路压降现场检验接线图（测差法）

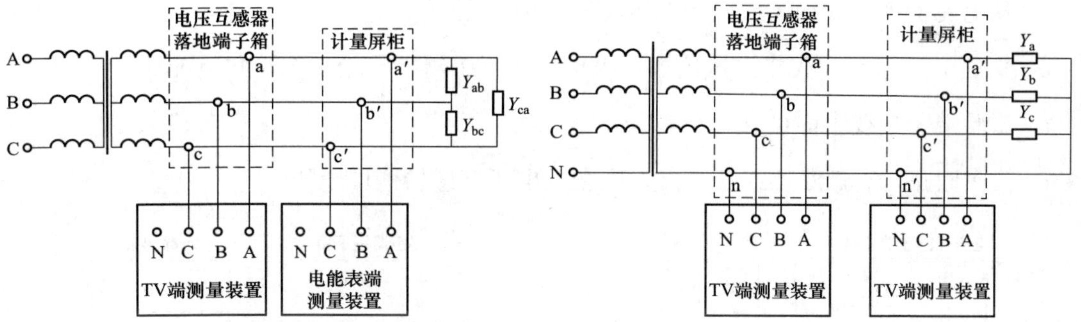

(a) 三相三线　　(b) 三相四线

图 6-25　二次回路压降现场检验接线图（比较法）

2）测试设备的准备。测试前应做好以下准备工作：

a. 连接互感器二次端子、电能表电压端子和二次压降测试仪之间的导线应是专用的屏蔽导线，屏蔽层应可靠接地。

b. 使用绝缘电阻表检查测试导线（含线车）的每芯间，芯与屏蔽层之间的绝缘电阻，确认测试导线绝缘良好，防止相间或对地短路。

c. 检查后将测试导线进行放电。

3）二次压降测试仪自校。为消除测试接线引起的误差，测试前应进行自校，并应满足下列要求：

a. 自校误差应保存并用于测试结果修正。

b. 自校时测试接线应与实际测试接线一致，如有改变，应重新自校。

c. 按图 6-26 进行测试仪的自校，自校时两端电压应取自同一位置。

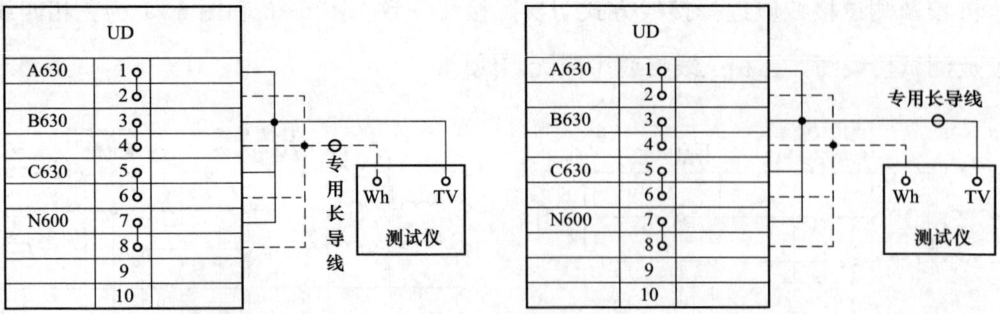

(a) 电压互感器侧 (b) 电能表侧

图 6-26 自校接线图

4）接线。接线方法如下：

a. 选择测试位置，压降测试仪宜放置于电压互感器端子箱侧。

b. 从电能表屏施放测试导线至电压互感器端子箱。

c. 按图 6-27 接线，先接测试仪端，再接电压互感器端子箱二次端和电能表端。

d. 试验端子接线牢固可靠。

e. 二次回路若有熔断器或断路器，应在近电压互感器侧取电压。

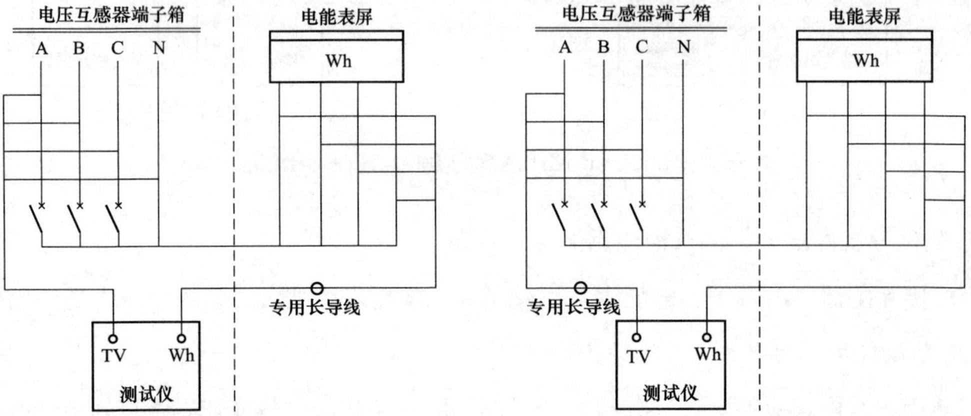

(a) 电压互感器侧 (b) 电能表侧

图 6-27 测试接线图

5）二次压降测试。测试时按以下顺序进行：

a. 使用压降测试仪进行核相。

b. 切换到压降测试功能进行压降测试。

c. 测试完毕后，拆除电压互感器端子箱处和电能表表尾处接线。

d. 拆除测试仪端接线。

（2）无线压降测试法。

1）一般要求。在保护室测量时，应避免无线信号对设备的影响。测试接线应选择接线方式与实际接线一致，测试接线图以三相四线接线为例，三相三线接线中应无零线。无线压降测试可选用光纤、载波等通信方式，图 6-28 以无线通信为例做接线图。

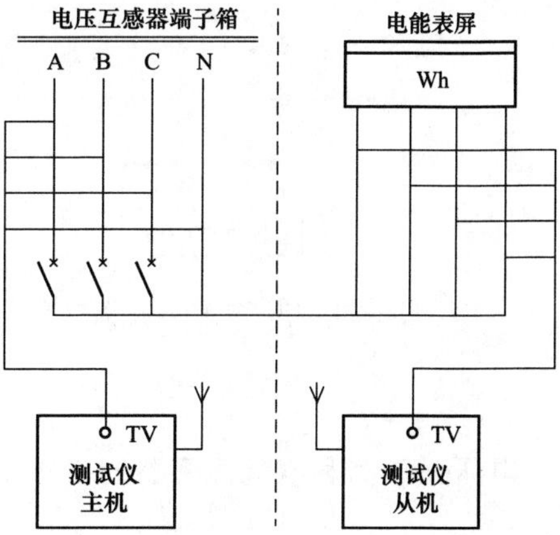

图 6-28　测试接线图（以无线通信为例）

2）测试设备的准备。测试前应做好以下准备工作：

a. 检查压降测试仪各相对地绝缘状态及导线接触情况。

b. 连接互感器二次端子、电能表电压端子和二次压降测试仪之间的导线应使用专用的屏蔽导线，屏蔽层应可靠接地。

c. 使用绝缘电阻表检查测试导线（含线车）的每芯间，芯与屏蔽层之间的绝缘电阻，确认测试导线绝缘良好，防止相间或对地短路。

d. 检查后将测试导线进行放电。

3）接线。接线应满足以下要求：

a. 压降测试仪主机放置于电压互感器端子箱侧，从机放置于电能表侧。

b. 按图 6-28 接线，先接测试仪端，再接电压互感器二次端和电能表端。

c. 试验端子接线牢固可靠。

d. 二次回路若有熔断器或断路器，应在近电压互感器侧取电压。

4）二次压降无线测试。按照下列程序进行二次压降测试：

a. 使用压降测量功能进行压降测试。

b. 测试完毕后，拆除电压互感器端子箱处和电能表表尾处接线。

c. 拆除测试仪端接线。

2. 电压互感器、电流互感器二次实际负荷的测量

电压互感器二次实际负荷的现场测量一般采用二次负荷测试仪进行，测试原理接线如图 6-29 所示。

电流互感器二次实际负荷的现场测量一般采用二次负荷测试仪进行，测试原理接线如图 6-30 所示。

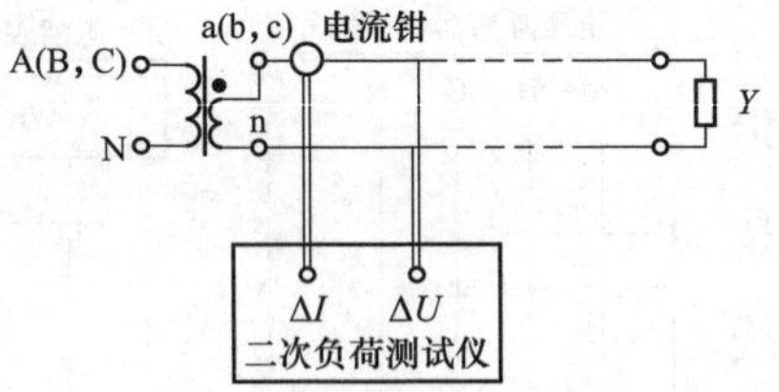

图 6-29　单相电压互感器二次实际负荷现场检验接线图

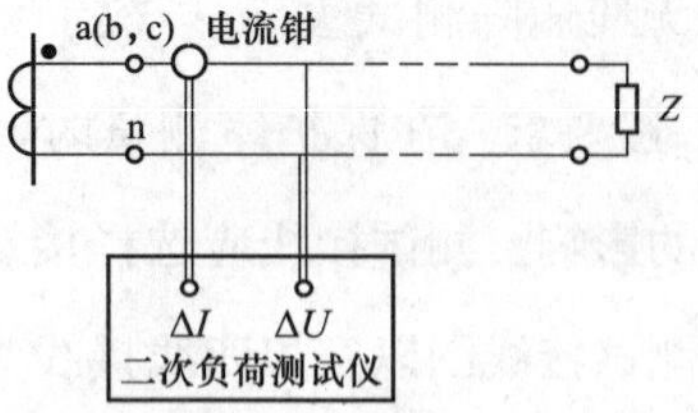

图 6-30　单相电流互感器二次实际负荷现场检验接线图

电压互感器和电流互感器的二次实际负荷应符合表 6-20 的要求。

表 6-20　互感器二次实际负荷要求

互感器类型	额定二次电流	额定二次负荷范围	二次实际负荷要求
电流互感器	1A	≤5VA	0VA～100%额定二次负荷
		>5VA	1VA～100%额定二次负荷
	5A	≤15VA	0VA～100%额定二次负荷
		>15VA	3.75VA～100%额定二次负荷
电压互感器	—	≤10VA	0VA～100%额定二次负荷
		>10VA	2.5VA～100%额定二次负荷

3. 互感器二次负荷测试

(1) 电压互感器二次负荷测试。测试接线如图 6-31 所示，测试方法如下：

1) 在电压互感器端子箱处测试。

2) 电压取样点位于二次回路断路器、熔断器前方近电压互感器侧。

3) 电流取样点位于电压取样点后，钳形电流表极性侧应与被测电压互感器出口端子相对应。

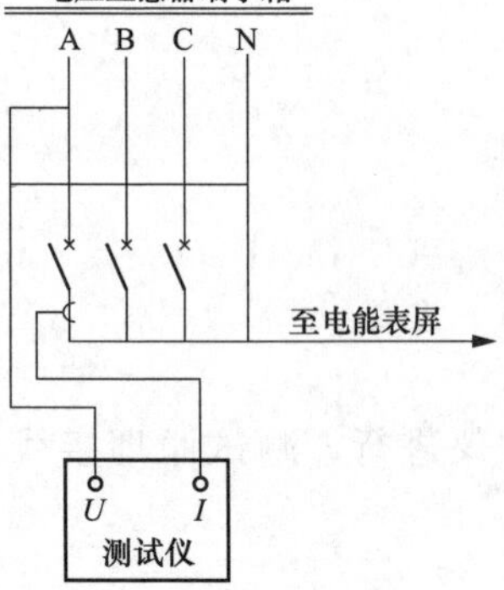

图 6-31　电压互感器二次负荷测试接线图

4) 测试时，可分相测试，也可三相测试，电流电压回路应同相。图 6-31 以三相四线接线方式单相负荷测试为例，三相三线接线方式应取线电压和线电流。

(2) 电流互感器二次负荷测试。测试接线如图 6-32 所示，方法如下：

1) 在电流互感器端子箱处测试。

2) 电流取样点位于二次回路端子排近被测电流互感器侧，钳形电流表极性侧应与被测电流互感器出口端子相对应。

3) 电压取样点位于电流取样点后，选择与测试电流互感器二次回路对应的端子测量二次电压。

4）测试时，可分相测试，也可三相测试，电流电压回路应同相。图 6-32 以三相四线接线方式单相负荷测试为例，三相三线接线方式应无 B 相电流。

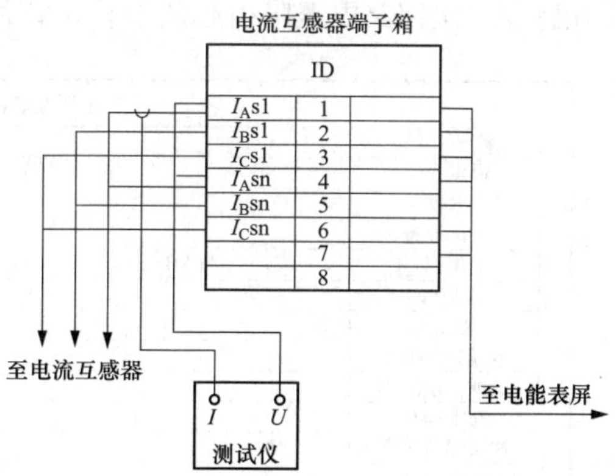

图 6-32　电流互感器二次负荷测试接线图

4. 检验结果的处理

（1）测量数据修约。电压互感器二次回路压降测量数据修约间隔为 0.02%，电压互感器和电流互感器的二次实际负荷测量数据可按表 6-21 修约。

表 6-21　　二次实际负荷数据修约间隔

测量数据	负荷值	功率因数
修约间隔	0.1VA	0.01

（2）检验结果输出。检验结束，由检验单位出具检验结论，根据需要出具检验报告。电压互感器二次回路压降测试原始记录、电压互感器二次实际负荷测试记录及电流互感器二次实际负荷测试记录格式分别如图 6-33～图 6-35 所示。

电压互感器二次回路压降测试原始记录

客户(厂站)		线路/开关号		
熔断器电压		空气小开关端电压		
型号	规格		合成误差	
二次回路电缆				
截面积		长度		
测试时条件				
温度		湿度		
所用测试设备情况				
测试结果				
相别	幅值差(%)	相位差(′)	电压降(%)	测算的回路阻抗
AO				
BO				
CO				
AB				
CB				

测试人员：________　核验人员：________　测试日期：________

图 6-33　电压互感器二次回路压降测试原始记录

5. 检验周期

（1）运行中的电压互感器，其二次回路电压降引起的误差应定期检测。35kV 及以上电压互感器二次回路电压降引起的误差，宜每两年检测一次。

电压互感器二次实际负荷测试记录

客户(厂站)		线路名称	
额定变化		额定负荷	
温度		相对湿度	
测试设备			
相别	A(AB)	B(CB)	C(CA)
电压(V)			
电流(A)			
电导分量(mS)			
电纳分量(mS)			
功率因数			
二次实际负荷(VA)			

测试人员：________ 核验人员：________ 测试日期：________

图 6-34 电压互感器二次实际负荷测试记录

电流互感器二次实际负荷测试记录

客户(厂站)		线路名称	
额定二次电流		额定负荷	
温度		相对湿度	
测试设备			
相别	A	B	C
R			
X			
功率因数			
二次实际负荷(VA)			

测试人员：________ 核验人员：________ 测试日期：________

图 6-35 电流互感器二次实际负荷测试记录

（2）当二次回路及其负荷变动时，应及时进行现场检验。当二次回路负荷超过互感器额定二次负荷或二次回路电压降超差时应及时查明原因，并在一个月内处理。

三、二次回路负荷及压降测试方法

1. 二次回路负荷及压降现场测试仪

图 6-36 为一台二次回路负荷及压降现场测试仪，端口功能简介见表 6-22。该测试仪具备电流互感器二次负荷测试、电压互感器二次负荷及压降测试、相量图模式、谐波模式等功能。下面列举一些常用功能。

（1）TV 二次压降模式。测试仪的 TV 二次压降模式可以用实时测量值的方式显示被测电能计量装置中 TV 二次压降的大小。

（2）TV 二次负荷模式。测试仪的 TV 二次负荷模式可以用实时测量值的方式显示被测电能计量装置中 TV 二次负荷的大小。被测电能计量装置的 TV 有额定的负荷范围，过轻或过重的负荷都会导致电能计量装置误差的变化。使用测试仪的 TV 二次负荷测量模式可检验 TV 二次负荷是否在其额定负荷范围内。

(a) 主机　　(b) 分机

图 6-36　二次回路负荷及压降现场测试仪

表 6-22　　**测试仪端口功能简介**

序号	名称	功能
①	测量输入	用于分别接入电压、电流等测试量
②	显示屏	用于显示相关测试信息，与工作人员进行信息交互
③	键盘	用于输入或设置相关测试参数
④	USB 连接器	用于将测试结果存入外部存储设备
⑤	交流电源适配器接口	用于仪器使用中供电或为内置电池进行充电

注　序号见图 6-36 中标注。

（3）CT 二次负荷模式。测试仪的 CT 二次负荷模式可以用实时测量值的方式显示被测电能计量装置中 CT 二次负荷的大小。被测电能计量装置的 CT 有额定的负荷范围，过轻或过重的负荷都会导致电能计量装置误差的变化。使用测试仪的 CT 二次负荷测量模式可检验 CT 二次负荷是否在其额定负荷范围内。

（4）相量图模式。测试仪的相量图模式可以用相量图、波形图以及趋势图的方式显示各相电压和电流的测量值，用于帮助用户检查电压端子和电流钳的接线是否正确。

（5）谐波模式。测试仪的谐波模式以柱状图、实时测量值和趋势图的方式提供被测电压、电流和功率的谐波的详细测量信息。可以从电源点开始，在每个分支处使用测试仪测量谐波电流，进而找到谐波源。

2. 二次回路负荷及压降现场测试实施过程

二次回路负荷及压降现场测试实施过程如图 6-37 所示。下面将针对每一个环节逐一阐述。

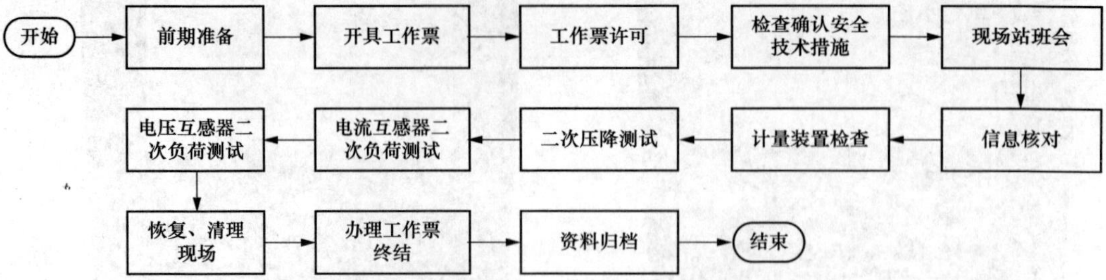

图 6-37　二次回路负荷及压降现场测试流程图

（1）前期准备。

1）工作预约。工作负责人根据测试内容提前与客户（或公司变电运行部门）联系，核对线路名称，预约现场检测时间。

2）打印工作任务单。工作负责人从营销业务应用系统中，打印现场检验作业工作任务单或下达至测试仪。

3）准备材料。工作班成员凭工作单领取相应材料及封印等，并核对所领取的材料是否符合工作单要求。

4）检查试验设备。检查试验设备是否符合测试要求，工作是否正常。

5）检查工器具。选用合格的安全工器具，检查工器具应完好、齐备。

6）检查确认试验外部条件。查看现场电能表至电压互感器端子箱的距离，确保放线安全。

（2）开具工作票。工作负责人依据工作任务填写工作票并办理工作票签发。

（3）办理工作票许可。工作负责人告知客户或厂站有关人员，说明工作内容并办理工作票许可手续，同时，会同工作许可人检查现场的安全措施是否到位、检查危险点预控措施是否落实。

（4）检查确认安全技术措施。高、低压设备应根据工作票所列安全要求落实安全措施：

1）工作负责人在作业前应要求工作票许可人当面验电；必要时工作负责人还可使用自带验电器（笔）重复验电。

2）低压作业前必须先验电。要掌握客户电气设备的运行状态、有无反送电的可能，在不能确定的情况下，视为设备带电，按照带电作业要求开展工作。工作中应保持与带电设备的安全距离。

（5）现场站班会。工作负责人、专责监护人检查全体着装是否规范、个人防护用品是否合格齐备、人员精神状态是否良好；交代工作内容、人员分工、带电部位和现场安全措施，进行危险点告知和技术交底，并履行签名确认手续。

（6）信息核对。进行资料核对，包括计量柜（屏）、开关编号、被检测电能计量装置的互感器容量、二次回路长度、二次回路导线的截面积等是否与作业工单所列信息一致。

（7）计量装置检查。

1）计量柜（屏）验电。使用验电笔（器）对计量柜（屏）、互感器端子箱金属裸露部分进行验电，并检查柜（屏）接地是否可靠。

2）计量装置外观检查。检查电能计量柜（屏）是否有防止非许可操作的措施，观察窗是否清洁完好，各计量器具安装的环境条件是否符合要求并检查电能计量柜（屏）封印是否完整。

3）运行计量装置检查。检查是否有违约窃电行为及故障隐患和不合理计量方式等异常现象。检查计量装置参数设置是否正确，运行情况是否存在异常，是否存在计量装置故障。

（8）二次压降测试。

1）测试设备准备。开始测试前，需对测试线进行检查：先用万用表依次对各相测试线进行通断检查，再将所有测试线头尾连接后，用绝缘电阻表依次对相间及相对地的绝缘情况进行测试，确认绝缘良好，防止相间或相地短路。连接互感器二次端子和二次压降测试仪之间的导线应该是专用的屏蔽导线，屏蔽层应可靠接地。检查二次压降测试仪熔断保险是否正常可用。

2）二次压降测试仪自校。在接线完成前，按仪器自校线路和操作方法进行自校操作。

3）二次压降测试接线。按测试仪说明书要求进行接线，先接仪器端，再接电压互感器二次端子和电表端，接线时注意通过对讲机进行呼唱，对于压变侧有熔丝或开关的二次回路，应取其上桩头电压测试，接取时应有专人监护。

4）开始电压互感器二次压降测试。用压降测试仪进行核相，然后切换到压降测量功能进行压降测量。

5）数据判断。计量用电压互感器二次回路的压降应满足 DL/T 1664《电能计量装置现场检验规程》的要求。

6）拆除测试线路。先拆除 PT 端子箱处和电能表表尾处接线，后拆除测试仪端接线。收起测试电缆时应注意不要用力拖拽，避免安全隐患。

（9）电流互感器二次负荷测试。

1）二次负荷测试前检查。采用互感器二次负荷测试仪直接测试，测试前需确认检查。

2）电流互感器二次负荷测试接线。对于电流互感器二次负荷测试，测试时为保证准确度，测试电流互感器二次负荷时电流钳（测试仪配置）测点须在取样电压测点的前方（靠近互感器侧）。

3）开始电流互感器二次负荷测试。电流互感器实际二次负荷应满足 DL/T 1664《电能计量装置现场检验规程》的要求，二次负荷的功率因数应为 0.8～1.0，被测二次电流应在二次负荷测试仪有效范围内，低于测试仪有效范围不予检测。

（10）电压互感器二次负荷测试。

1）电压互感器二次负荷测试接线。测试电压互感器二次负荷时，测试中应避免二次回路短路，电流钳（测试仪配置）测点须在取样电压测点的后方（远离互感器侧）。

2）开始电压互感器二次负荷测试。电压互感器实际二次负荷应满足 DL/T 1664《电能计量装置现场检验规程》的要求，二次功率因数应与实际二次负荷的功率因数接近。

（11）恢复、清理现场。关闭测试仪电源，拆除测试接线，检查现场是否有遗留物品。加装封印，用计量现场作业终端记录封印编号，并拍照留证。清扫整理作业现场。做好客户或厂站管理方的告知或签字确认事宜。

（12）办理工作票终结。工作负责人清点工作班成员，确认工作任务完成情况，检查现场是否有遗留物品，组织工作班成员有序离开现场并办理工作票终结手续。

（13）资料归档。工作结束后，工作单、检测记录等应由专人妥善存放，并及时归档。

第七章　电能计量设备的采集

第一节　用电信息采集基础知识

电力用户用电信息采集系统是对电力用户的用电信息进行采集、处理和实时监控的系统，实现用电信息的自动采集、计量异常和电能质量监测、用电分析和管理，具备相关信息发布、分布式能源的监控、智能用电设备的信息交互等功能。用电信息采集系统是智能电网建设中用电环节的重要组成部分，数字化、自动化、互动化的用电环节以及各项营销业务需要来自用电信息采集系统的有力支撑。系统主要功能包括数据采集、数据管理、定值控制、远方控制、综合应用、运行维护管理、系统接口等，用电信息采集主站系统框图如图 7-1 所示。

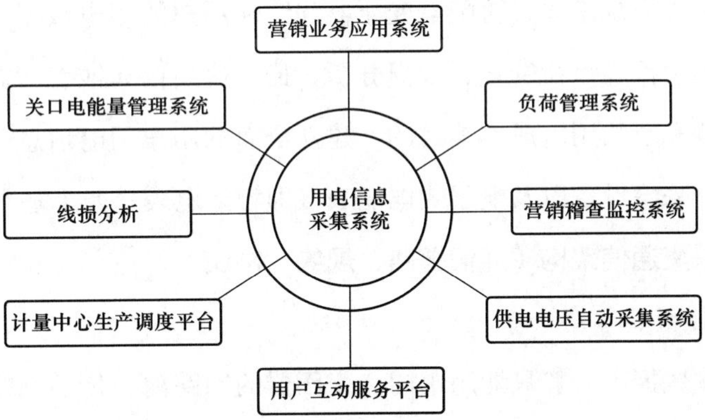

图 7-1　用电信息采集主站系统框图

采集系统建设是公司坚强智能电网建设的重要组成部分。建设的总体目标是实现对公司经营区域内电力用户的“全覆盖、全采集、全费控”。“全覆盖”指采集系统覆盖公司经营区域内包括结算关口、大型专变用户、中小型专变用户、一般工商业用户、居民用户的全部电力用户计量点和公用配变考核计量点。“全采集”指采集系统实现公司生产、经营、管理业务所需要的电力用户和公用配变考核计量点的全部数据的采集。“全费控”指采集系统在功能设计、设备选型中应满足费控和负控业务要求，全面支持远程、本地控制。

采集系统建设以业务应用为引导，坚持建设与应用相结合，满足采集系统深化应用的要求；坚持普遍性与典型性相结合，统一系统设计，提高标准化建设水平，实现设备互联互通和通信模块互换；坚持多种通信方式并行，因地制宜地制定实施方案，实现采集全覆盖；坚持“安装一片、调试一片、应用一片”，开展台区采集安装标准化验收；坚持先进性与实用性相结合，在保持技术领先同时，降低系统建设成本。

国网公司营销部是采集系统的归口管理部门。国网物资部负责组织开展电能表和采集终端集中招标采购，负责组织开展产品供货履约和质量问题的协调处理。国网计量中心负责采集系统建设过程中的计量装置和采集设备的质量技术监督工作，协助国网营销部开展采集系统建设管控工作。公司各级营销部门是本级及下级采集系统管理的主管部门并负责运行管理中心（监控中心）的业务管理。网省公司运行管理中心是采集系统运行管理部门，负责全省采集系统运行情况的统一监控和管理，并对地市公司监控中心进行技术指导等工作。地市公司监控中心负责所辖范围内采集系统运行情况监控、采集终端的运行维护等工作，并接受网省公司运行管理中心的业务指导、监督以及本地区营销部的业务管理。

一、用电信息采集系统层级

用户用电信息采集系统是通过对配电变压器和终端用户的用电数据的采集和分析，实现用电监控、推行阶梯定价、负荷管理、线损分析，最终达到自动抄表、错峰用电、用电检查（防窃电）、负荷预测和节约用电成本等目的。建立全面的用户用电信息采集系统需要建设系统主站、传输信道、采集设备以及电子式电能表（即智能电表）四个基本层级。

二、用电信息采集通信架构（通信链路、规约、协议）

1. 电力线载波传输

依靠电线来传输数据，一般只能用于同一变压器的回路内，传输到终端，终端再无线发送，发送到电力局的电力计量系统。这种方式都是在电表的下口有一个模块，也就是电力载波模块，电路中数据处理完成以后就传输给电力载波模块，模块处理完数据以后再传输到终端，最后依靠无线发射器传输给电力终端或者电力计量部门。这种方式现在也很常用，例如共用配电站、临时变压器、公共计量箱的计量基本都是采用这种方式进行计量；这种方式无法实现用户自己在网上自助缴费，只能去电力局买电。

2. RS-485 传输

它可以实现用户远程缴费即网络自助缴费，供电局的系统收到用户网络支付信息，就可以给用户充值，充值完成以后再把信息发送到用户所在小区的集中器；

这种数据传输的 RS-485 通信方式，都是依靠我们的三大运营商的 GPRS 或者 CDMA 网络，传输的数据再依靠 RS-485 下发到电表，这样整个数据传输就完成了。

智能电表无论是电力线载波方式接收和传输数据还是 RS-485 通信，都是不需要网线的，所以他们都是终端的无线传输。

3. 部分常用电能信息采集协议

DL/T 645 协议，适用于采集终端和电能表之间。

DL/T 698.45 协议，适用于主站和采集终端、采集终端和电能表、主站和电能表之间。

IEC 60870-5-101/104 协议，一般被用于主站和终端之间或者不同系统之间的串行数据通信。

Q/GDW 1376.1 协议，主站与采集终端通信协议。

Q/GDW 1376.2 协议，通常作为集中器和本地通信模块接口的通信协议。

4. 通信架构

该网络平台信息交换模型，上层由程序、数据存储器和数据交换平台构成，下层是数据节点群体，当中的每个节点一般用电脑做载体。

客户机与服务器之间进行数据交换，通过协议可以实时采集数据，物理通道一般由通信线等进行直接操作。

客户机和服务器在开始通信前，之间的通信信道必须先完成连通，简称预连接。预连接建立后，默认具有一个最低权限的应用连接，客户机和服务器之间可直接进行数据交换。当客户机需要得到较高权限的服务器服务时，客户机必须发起建立较高权限的应用连接。

设计分成三部分，分别是通信链路层设计、通信应用层设计、数据安全设计。

（1）链路层设计。

1）根据通信配置参数完成端口的初始化配置，通信状态初始化为准备接收状态，初始化相关计数器及数据缓冲区指针。

2）链路层数据传输及控制子模块负责通信数据收发控制、各类超时处理。无通信数据接收时定时初始化通信端口。

3）完成 698 协议帧的解析及应答功能。

（2）应用层设计。

1）根据协议查找结果，对协议数据对象列表中的数据进行读写操作，同时作相应的数据格式转换处理。

2）对于显示模块输出显示信息数据及显示格式。

3）应用层参数合法性检查模块主要是为了检验参数是否符合规则。

（3）数据安全设计。

1）明文＋随机数抄读模块。

2）应用连接模块。

3）密文＋MAC方式传输模块。

三、用电信息采集发展历程

（一）用电信息采集国外发展历程

2001年，意大利的电力公司改造和安装3000万台智能电能表，建立起智能化的计量网络。

2006年，欧盟理事会发布了能源绿皮书《欧洲可持续的、竞争的和安全的电能策略》，提出智能用电服务方面的目标，同年，美国能源部启动“电网智能化”工程：一方面是让客户自主设定电器设备的使用功率和时间，从而节省电费，舒适却不浪费。另一方面是监控地区的使用情况，实现用电自动化。

2008年，法国电力公司拟定将法国目前使用的2007万普通电能表全部更新为“智能电表”，使客户能自动跟踪自己用电情况，并能进行远程控制。法国超过1000万客户可以通过网站、电话、专门的电子接受装置，获得最大关键峰荷电价信息，调整用电方式。同年，美国科罗拉多州的波尔得市宣布成为全美第一个智能电网城市，通过为全部家庭安装智能电表，客户可以获得电价信息调整用电时间，并可以优先使用风电和太阳能等清洁能源，变电站则可以采集到每户的用电信息，并且在问题发生时重新配备电力。截至2008年底，全美有2个州进行了智能电能表的试点和安装。

2009年，美国发布《复苏计划尺度报告》，智能电网是其中的主要组成部分，包括为4000万美国交通智能电能表，实现远程管理及读表等功能，地中海岛国马耳他公布了和IBM达成经理一“智能公用系统”的协议，计划把马耳他2万只普通电能表替换成互动式电能表，实现电厂能实时监控用电，并制定不同的电价来奖励节约用电的客户。根据英国政府披露的计划，到2020年，每个英国家庭必须安装“智能电能表”，实现远程抄表和对设备用电的动态控制，以及将客户利用风力和太阳能所发的电“卖”给电网，以降低能源耗用量。

（二）用电信息采集国内发展历程

我国的用电信息采集系统经历了电力负荷管理系统、远程集中抄表系统、电能信息采集与管理系统、用电信息采集系统等不同的发展阶段。最初的电力负荷管理系统通过采集大用户的用电负荷信息，实现有序用电管理功能。低压集中抄表系统定时或实时抄收采集器或直接采集电能表所存储的电能信息数据，并上传给主站，实现用电信息的自动采集。

从 20 世纪 90 年代至今，我国电力公司根据业务发展的需要，已建立了针对不同类型的用户的电能信息采集系统，主要包括关口电能量采集系统、电力负荷管理系统、客户电能量采集系统、低压集中器抄表系统和配电自动化系统。目前，用电信息采集系统可以采集关口、配电变压器和各类用户的用电信息，实现数据采集、管理、监测、控制、综合应用等多种功能。

用电信息采集系统建设是一项复杂的系统工程，2008 年以前，用电信息采集系统仍是各网省、地市公司自行建设，缺乏统一的规划和标准，且受系统规划、运行管理及资金投入各方面因素的制约，现有这些系统只是实现了对部分用户的电能采集和数据的初步应用，营销人员无法及时、准确、全面的掌握关口、售电侧的电能信息，不能满足当前营销业务应用的需要，现实需求和数据供给能力还存在巨大的差距，因此，国内开始建设涵盖所有电力用户的用电信息采集系统。

为适应电力市场化运作和营销现代化建设的要求，需要全面建设用电信息采集系统，提升企业集约化、精益化和标准化的管理水平，改变长期以来不能及时准确掌握电力用户信息的局面，满足电力企业各层面、各专业队用电信息的迫切需求。2008 年 9 月，国家电网公司启动了计量、抄表、收费标准化建设项目研究工作，在公司系统范围内，统一了智能电表和用电信息采集系统的技术规范，对智能电能表和用电信息采集终端的外形结构、功能配置、可靠性要求、通信协议、信息交换安全认证、验收检验等方面都提出了阶梯要求，形成了智能电表的 12 项技术标准和用电信息采集终端的 24 项技术标准，为产品的设计开发、生产制造和规模化应用提供了系统性的基础技术文件，为智能电网工作的稳步推进和用电信息系统提供支持和保障。

2009 年以来，国家电网公司以全覆盖、全采集、全费控为建设目标，按照统一规划、统一标准、统一实施的原则推动智能电表的应用和用电信息采集系统的建设。截至 2013 年 6

月，已累计安装智能电能表1.73亿只，用电信息采集覆盖1.73亿户。目前，国家电网公司系统27个省公司的采集系统主站已全部完成并投入运行，采集数据在抄表收费、营业稽查、线损分析、业扩报装、故障抢修、有序用电、互动服务、电力交易、配网运行与电能表质量监测等多项业务中得到应用。我国用电信息采集系统的建设和应用提高了用电信息采集自动化水平，提高了线损分析的准确性和时效性，对于提升客户的服务能力、满足客户多元化的需求、制定有序用电方案、保障电网安全稳定运行具有重要意义。

第二节　采集设备相关知识点

一、采集设备基础简介

（一）采集设备的定位

采集设备虽然不属于计量装置，但是“装检校采合一”中不可或缺的一部分，承担本地采集电能计量数据、远程上传采集数据和用电负荷监测控制等功能。

（二）采集设备的定义

采集设备主要指用电信息采集终端，是对各信息采集点用电信息采集的设备，简称终端。可以实现电能表数据的采集、数据管理、数据双向传输以及转发或执行控制命令。用电信息采集终端按应用场所分为专变采集终端、集中抄表终端（包括集中器、采集器）、分布式能源监控终端等类型。

1. 专变采集终端

对专变用户用电信息进行采集的设备。可以实现电能表数据的采集、电能计量设备工况和供电电能质量监测，以及客户用电负荷和电能量的监控，并对采集数据进行管理和双向传输。

2. 集中抄表终端

对低压用户用电信息进行采集的设备，包括集中器、采集器。集中器是指收集各采集器或电能表的数据，并进行处理储存，同时能和主站或手持设备进行数据交换的设备。采集器是用于采集多个或单个电能表的电能信息，并可与集中器交换数据的设备。采集器依据功能可分为基本型采集器和简易型采集器。基本型采集器抄收和暂存电能表数据，并根据集中器的命令将储存的数据上传给集中器。简易型采集器直接转发集中器与电能表间的命令和数据。

3. 分布式能源监控终端

对接入公用电网的用户侧分布式能源系统进行监测与控制的设备，可以实现对双向电能计量设备的信息采集、电能质量监测，并可接受主站命令对分布式能源系统接入公用电网进行控制。

二、采集设备基础知识

（一）专变采集终端简介

终端分类：专变采集终端按外形结构和I/O配置分为Ⅰ型、Ⅱ型、Ⅲ型三种型式。

1. 外形及安装尺寸

（1）Ⅰ型的外形尺寸为400mm×300mm×(125±5)mm，外形及安装尺寸如图7-2所示。

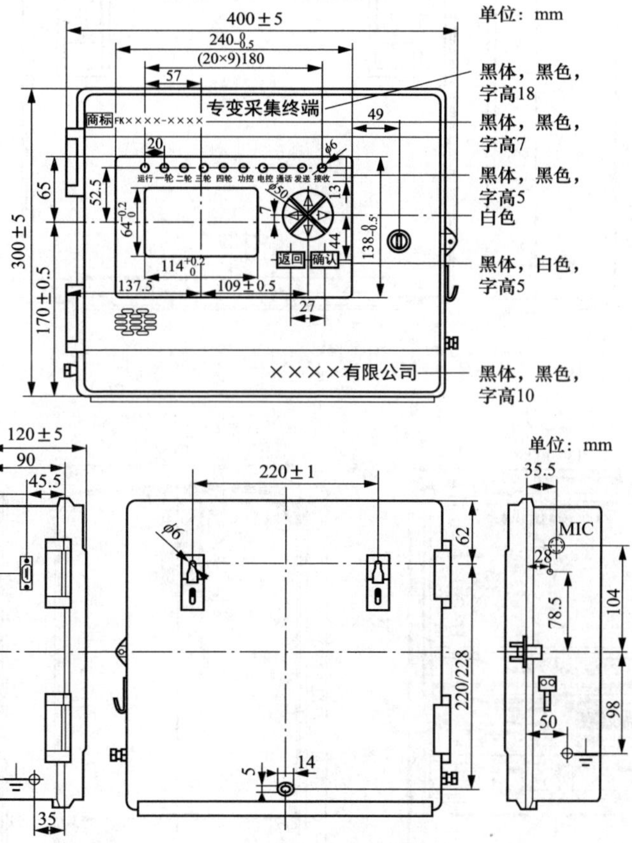

图7-2　Ⅰ型终端外形及安装尺寸

（2）Ⅱ型的外形尺寸为305mm×195mm×90mm，外形及安装尺寸如图7-3所示。

（3）Ⅲ型的外形尺寸为290mm×180mm×95mm，外形及安装尺寸如图7-4所示。

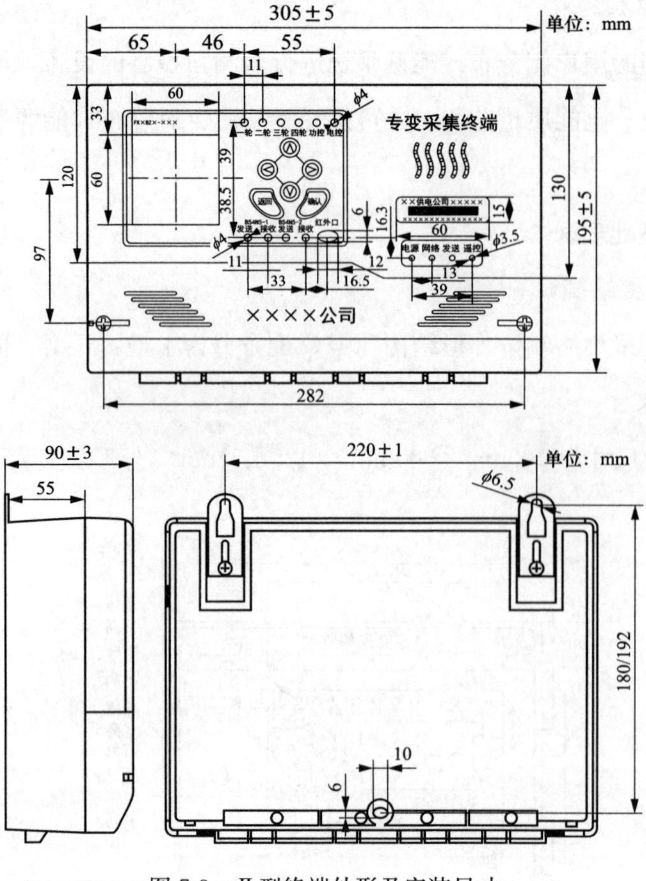

图 7-3　Ⅱ型终端外形及安装尺寸

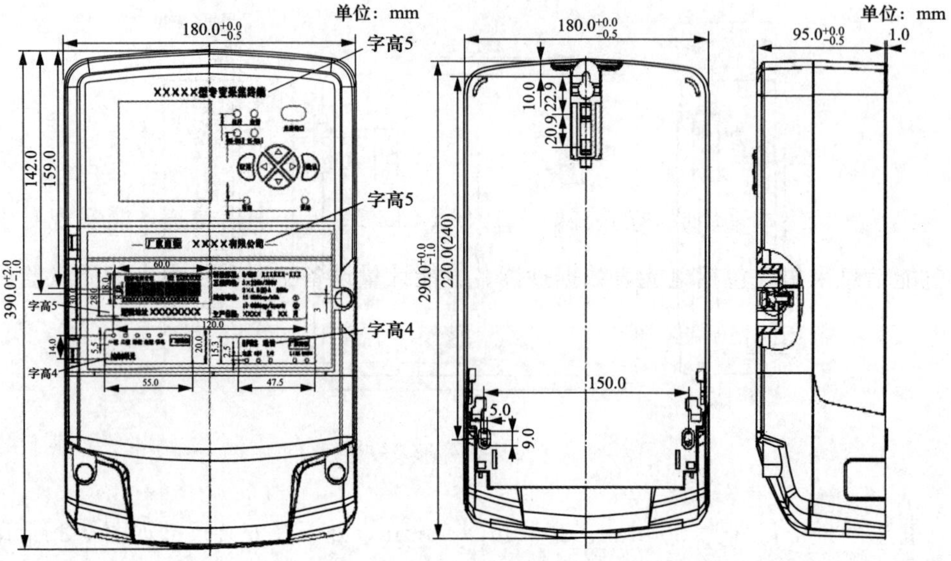

图 7-4　Ⅲ型终端外形及安装尺寸

2. 类型标识代码

专变采集终端类型标识代码分类说明见表 7-1。

表 7-1　　专变采集终端类型标识代码分类说明

终端分类	上行通信信道	I/O 配置及路数		温度级别	产品代号
FK—专变采集终端（控制型） FC—专变采集终端（非控制型）	W—230MHz 专网 G—GPRS 无线公网 C—CDMA 无线公网 J—微功率无线 Z—电力线载波 L—有线网络 P—公共交换电话网 T—4G Q—其他	配置： A—交流模拟量输入 B—基本型 D—外接装置	路数： 1～9—1～9 路控制输出/遥信输入、脉冲输入、电能表接口（厂站采集终端） A～W—10～32 路控制输出/遥信输入、脉冲输入、电能表接口（厂站采集终端） X—大于 32 路	1—C1 2—C2 3—C3 4—C×	由不大于 8 位的英文字母和数字组成。英文字母可由生产企业名称拼音简称表示；数字代表产品设计序号
例：FK GBAC1					

Ⅰ型、Ⅱ型、Ⅲ型专变终端之间主要区别除了外形、尺寸不一样外，在信道数量、上行/下行传输方式上也不相同。

（1）Ⅰ型专变采集终端（大型壁挂式）主要适用于大型专变用户，立约容量在 100kVA 及以上的专变用户。Ⅰ型专变采集终端采用 230MHz 无线电台作为通信信道，能实现对专变用户的电能信息采集，包括电能表数据采集、电能计量设备工况和供电电能质量监测，以及用户用电负荷和电能量的监控，并对采集数据进行管理和传输等。

（2）Ⅱ型专变采集终端（中型壁挂式），主要适用于中小型专变用户，立约容量在 100kVA 以下的专变用户。多数供电企业对 50kVA 及以上 100kVA 以下的用户安装公网中小型专变终端。该终端采用成熟的公网（GPRS \ CDMA 等）通信信道，能实现对中小专变用户的电能信息采集，包括电能表数据抄读、电能计量设备工况和供电电能质量监测，以及客户用电负荷和电能量的监控，并对采集数据进行管理和传输等。

（3）Ⅲ型专变采集终端（小型壁挂式）也主要适用于中小型专变用户，立约容量在 100kVA 以下的专变用户。一般也适用于供电企业对 50kVA 及以上 100kVA 以下的用户安装表计式专变终端。

建议选用的专变采集终端的配置原则见表 7-2。

表 7-2　　建议选用的专变采集终端的类型

类型	类型标识	配置描述
专变采集终端Ⅰ型	FK＊A4＊	大型壁挂式，有控制功能，上行通信信道可选用 230MHz 专网、GPRS 无线公网、CDMA 无线公网、4G 无线公网、以太网，配置交流模拟量输入、4 路遥信输入、4 路脉冲输入、4 路控制输出、2 路 RS 485，温度选用 C2 或 C3 级
	FK＊B8＊	大型壁挂式，有控制功能，上行通信信道可选用 230MHz 专网、GPRS 无线公网、CDMA 无线公网、4G 无线公网、以太网，配置 8 路遥信输入、8 路脉冲输入、4 路控制输出、2 路 RS 485，温度选用 C2 或 C3 级
专变采集终端Ⅱ型	FK＊B2＊	中型壁挂式，有控制功能，上行通信信道可选用 230MHz 专网、GPRS 无线公网、CDMA 无线公网、4G 无线公网、以太网，配置 2 路遥信输入、2 路脉冲输入、2 路控制输出、2 路 RS 485，温度选用 C2 或 C3 级
	FK＊B4＊	中型壁挂式，有控制功能，上行通信信道可选用 230MHz 专网、GPRS 无线公网、CDMA 无线公网、4G 无线公网、以太网，配置 4 路遥信输入、2 路脉冲输入、4 路控制输出、2 路 RS 485，温度选用 C2 或 C3 级
专变采集终端Ⅲ型	FK＊A2＊	小型壁挂式，有控制功能，上行通信信道可选用 230MHz 专网、GPRS 无线公网、CDMA 无线公网、4G 无线公网、以太网，配置交流模拟量输入、2 路遥信输入、2 路脉冲输入、2 路控制输出、2 路 RS 485，温度选用 C2 或 C3 级
	FC＊A2＊	小型壁挂式，无控制功能，上行通信信道可选用 230MHz 专网、GPRS 无线公网、CDMA 无线公网、4G 无线公网、以太网，配置交流模拟量输入、2 路遥信输入、2 路脉冲输入、2 路 RS 485，温度选用 C2 或 C3 级

3. Ⅰ、Ⅱ、Ⅲ型终端设计及验收统一要求

(1) 机械强度：专变采集终端的机箱外壳应有足够的强度，外物撞击造成的变形不应影响其正常工作。终端设备应能承受正常运行及常规运输条件下的机械振动和冲击而不造成失效和损坏。机械振动强度要求如下：频率范围：10～150Hz；位移幅值：0.075mm(频率≤60Hz)；加速度幅值：$10m/s^2$(频率＞60Hz)。

(2) 阻燃性能：专变采集终端的非金属外壳应符合 GB/T 5169.11—2006 的阻燃性能要求。

(3) 外壳防护性能：专变采集终端外壳的防护性能应符合 GB 4208—2008 规定的 IP51 级要求，即防尘和防滴水。

(4) 金属部分的防腐蚀：在正常运行条件下可能受到腐蚀或生锈的金属部分，应有防锈、防腐的涂层或镀层。

(5) 接线图和标识：专变采集终端应在端子盖内侧刻印接线端子、辅助接线端子等接线图，接线图应清晰、永久不脱落。

(6) 封印：专变采集终端应能加封印。

（7）电池：专变采集终端所使用的电池在终端寿命周期内无需更换，断电后可维持内部时钟的正确性，工作时间累计不少于 5 年。电池电压不足时，终端应自动提示、报警。

（8）开关、按键：开关、按键等应灵活可靠，无卡死或接触不良现象，各部件应紧固无松动。

（9）终端内器件：专变采集终端内所有器件均应防锈蚀、防氧化，内部连接线路应采用焊接方式或插接方式。采用插接方式时应紧固、牢靠。端子座电流接线应采用嵌入式双螺钉旋紧。

（10）天线：采用无线通信信道时，应保证在不打开终端端子盖的情况下使天线由终端上无法拔出或无法拆下。

（11）接线端子：专变采集终端对外的连接线应经过接线端子，接线端子及其绝缘部件可以组成端子排，强电端子和弱电端子分开排列，具备有效的绝缘隔离。电流出线端子的结构应与截面积为 2.5～4mm^2 的引出线配合。电压出线端子的结构应与截面积为 1.5～2.5mm^2 的引出线配合。其他弱电出线端子的结构应与截面积为 0.5～1.5mm^2 的引出线配合。

（12）接地端子：金属的外壳和端子盖板以及终端正常工作中可能被接触的金属部分，应连接到独立的保护接地端子上。接地端子应有清楚的接地符号。接地端子的截面积不应小于 20mm^2。非金属外壳的终端如果需要接地，接地端子应能与 4mm^2 导线良好配合接触。

（二）Ⅰ、Ⅱ、Ⅲ型终端综述

1. Ⅰ型专变采集终端详解

专变采集终端Ⅰ型交流采样（交采）输入端子示意图及对应标识如图 7-5 所示。

LCD 显示主画面示意图如图 7-6 所示，图中 LCD 显示界面信息的排列位置为示意位置，可根据需要调整。

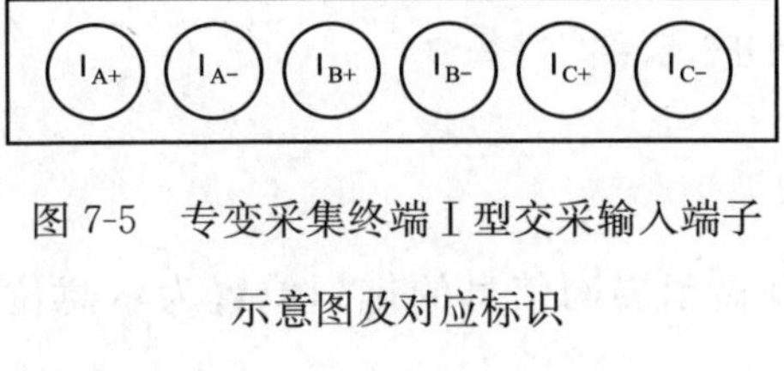

图 7-5 专变采集终端Ⅰ型交采输入端子示意图及对应标识

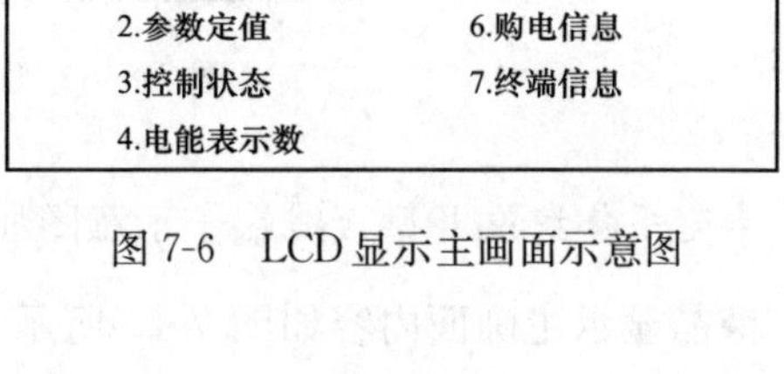

图 7-6 LCD 显示主画面示意图

专变采集终端Ⅰ型状态指示灯示意图如图 7-7 所示。

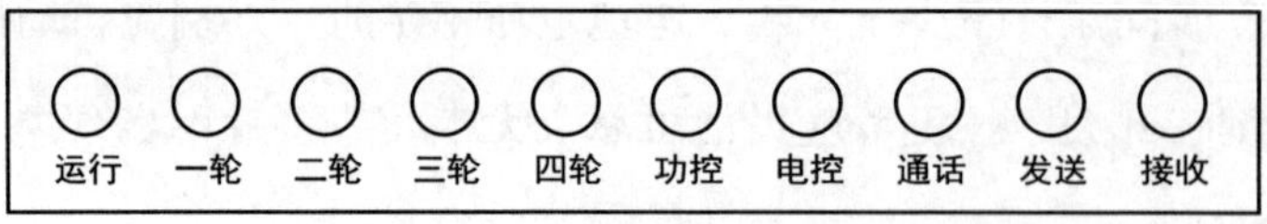

图 7-7　专变采集终端Ⅰ型状态指示灯示意图

一轮～四轮用双色灯，其余用单色灯；运行灯红色亮——终端运行正常；运行灯红色灭——终端运行不正常；一轮～四轮红灯亮——终端相应轮次处于允许合闸状态；一轮～四轮绿灯亮——终端相应轮次处于拉闸状态。

功控红灯亮——终端时段控、厂休控、营业报停控或当前功率下浮控至少有一种控制投入；功控红灯灭——终端时段控、厂休控、营业报停控或当前功率下浮控都解除。

电控红灯亮——终端购电控投入；电控红灯灭——终端购电控解除。

通话红灯亮——终端电台处于通话状态，通话最长时间为 10min，终端的电台为半双工电台；通话红灯灭——终端电台处于数传状态，此时不能进行通话。

收信绿灯亮、发信红灯亮——终端电台正处于接收数据或发送数据状态。

2. Ⅱ型专变采集终端详解

专变采集终端Ⅱ型开盖示意图如图 7-8 所示。

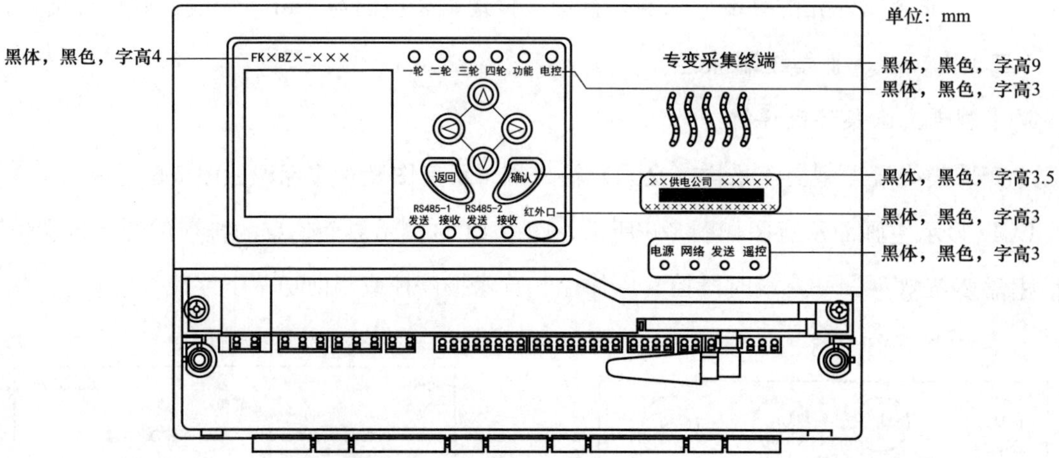

图 7-8　专变采集终端Ⅱ型开盖示意图

专变采集终端Ⅱ型接线端子示意图如图 7-9 所示。

液晶显示主画面内容如图 7-10 所示，图中 LCD 显示界面信息的排列位置为示意位置，可根据需要调整。

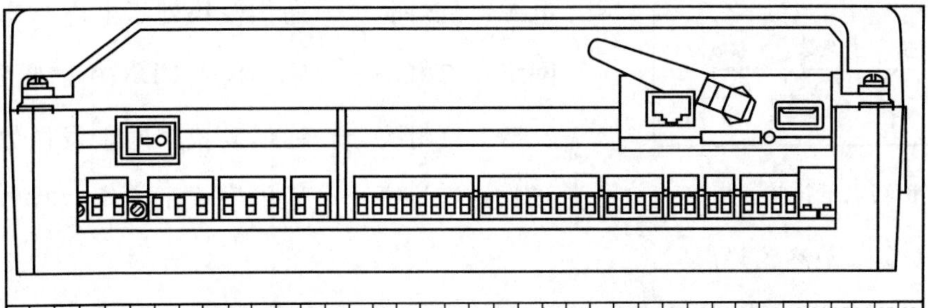

1	2	3	4	5	6	7	8	9	10	11	12	13	14	15	16	17	18
N	L	闭	开	COM	闭	开	COM	告警	告警	+	−	+	−	备用		备用	
电源		第Ⅰ路			第Ⅱ路					第Ⅰ路		第Ⅱ路					
		遥控						1	2	脉冲							

19	20	21	22	23	24	25	26	27	28	29	30	31	32	33	34	35	36	37	38
+	−	+	−	备用		备用		+	−	+	−	A	B	A	B	备用		备用	
第Ⅰ路		第Ⅱ路										第Ⅰ路		第Ⅱ路					
遥信								12V输出		秒脉冲		RS-485							

图 7-9　专变采集终端Ⅱ型接线端子示意图

专变采集终端Ⅱ型面板左上排状态指示如图 7-11 所示。

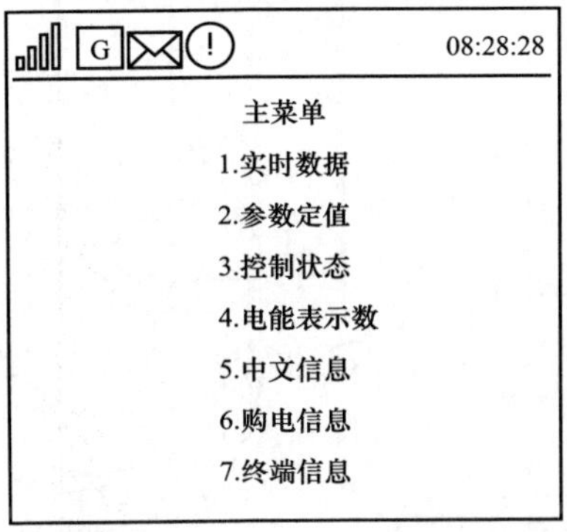

图 7-10　LCD 显示主画面内容

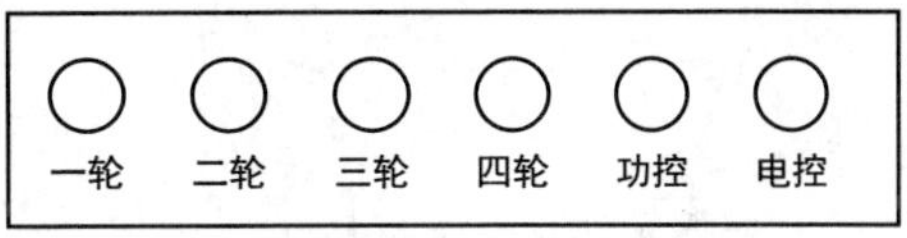

图 7-11　面板左上排状态指示

(1) 一轮、二轮、三轮、四轮：红灯亮——终端相应轮次处于允许合闸状态；绿灯亮——终端相应轮次处于拉闸状态。

(2) 功控：红灯亮——终端时段控、厂休控、营业报停控或当前功率下浮控至少有一种控制投入；红灯灭——终端时段控、厂休控、营业报停控或当前功率下浮控都解除。

(3) 电控：红灯亮——终端购电控投入；红灯灭——终端购电控解除。

(4) 运行：

发送（RS-485-1）：红灯亮——第 1 路 RS-485 口正处于发送数据状态；

接收（RS-485-1）：红灯亮——第 1 路 RS-485 口正处于接收数据状态；

发送（RS-485-2）：红灯亮——第 2 路 RS-485 口正处于发送数据状态；

接收（RS-485-2）：红灯亮——第 2 路 RS-485 口正处于接收数据状态。

专变采集终端Ⅱ型面板右下排状态指示如图 7-12 所示。

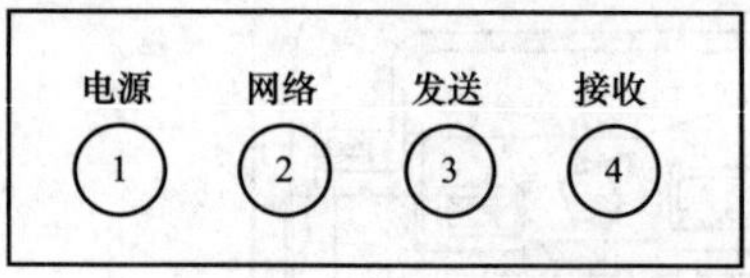

图 7-12　面板右下排状态指示

电源：红灯亮——通信模块处于上电状态；

网络：红灯亮——GPRS 或 CDMA 射频发射；

发送：红灯亮——通信模块正处于发送数据状态；

接收：红灯亮——通信模块正处于接收数据状态。

3. Ⅲ型专变采集终端详解

专变采集终端Ⅲ型开盖结构及接线芯尺寸示意图如图 7-13 所示。

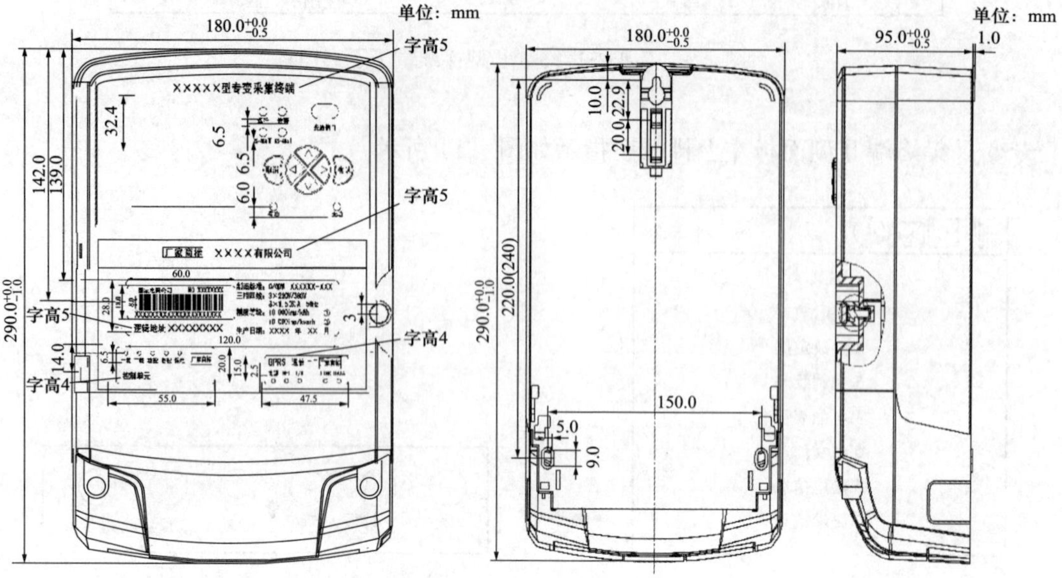

图 7-13　专变采集终端Ⅲ型开盖结构及接线芯尺寸示意图

专变采集终端Ⅲ型接线端子示意图如图 7-14 所示。

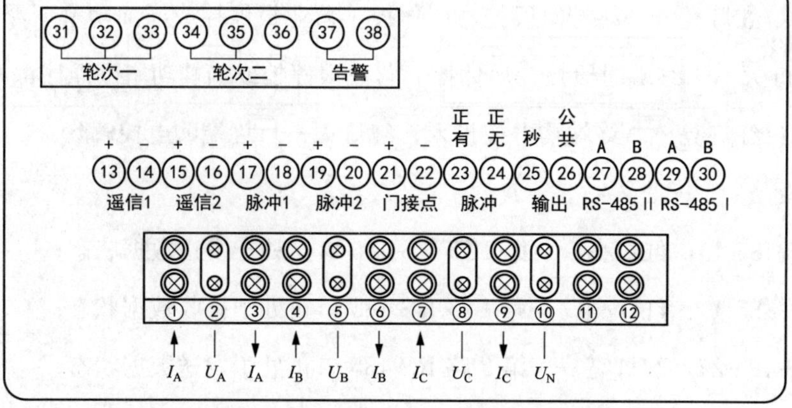

图 7-14　专变采集终端Ⅲ型接线端子示意图

专变采集终端Ⅲ型接线端子标志位置示意图如图 7-15 所示。

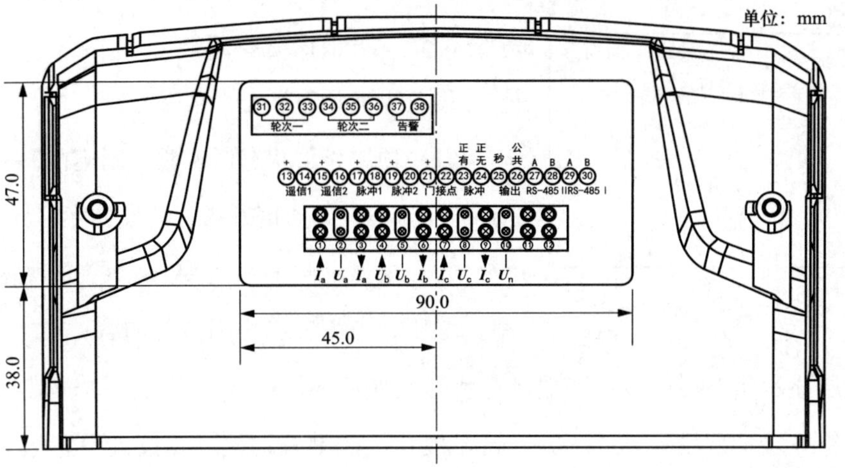

图 7-15　专变采集终端Ⅲ型接线端子标志位置示意图

专变采集终端Ⅲ型无线公网通信模块尺寸示意图如图 7-16 所示。

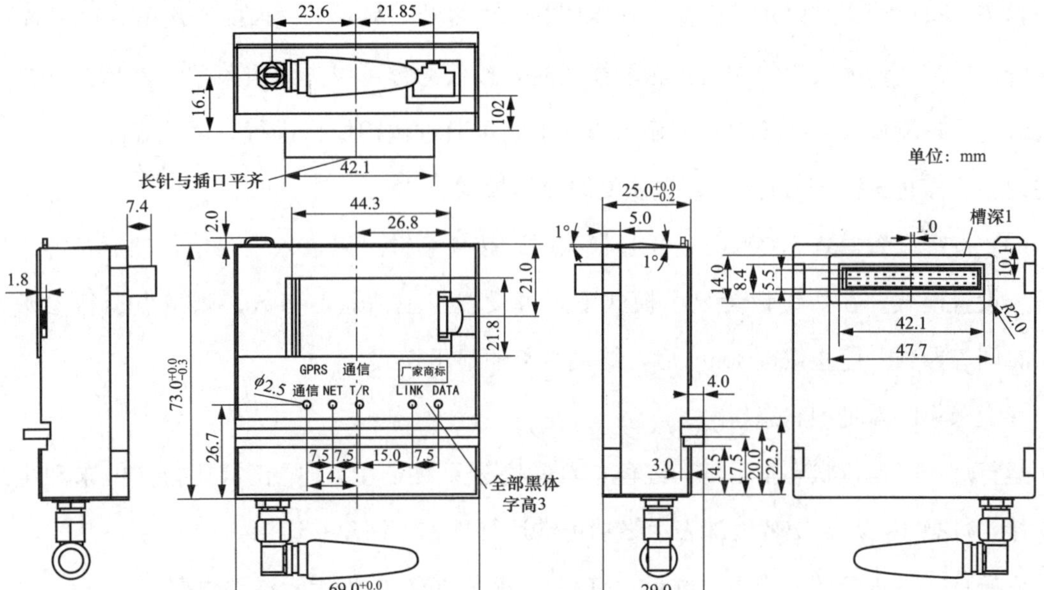

图 7-16　专变采集终端Ⅲ型无线公网通信模块尺寸示意图

通信模块采用 2×15 双排插针作为连接件，终端接口板采用 2×15 双排插孔作为连接件，控制模块采用2×13双排插针作为连接件。专变采集终端Ⅲ型LCD显示主画面内容如图7-17所示，图中LCD显示界面信息的排列位置为示意位置，可根据需要调整。

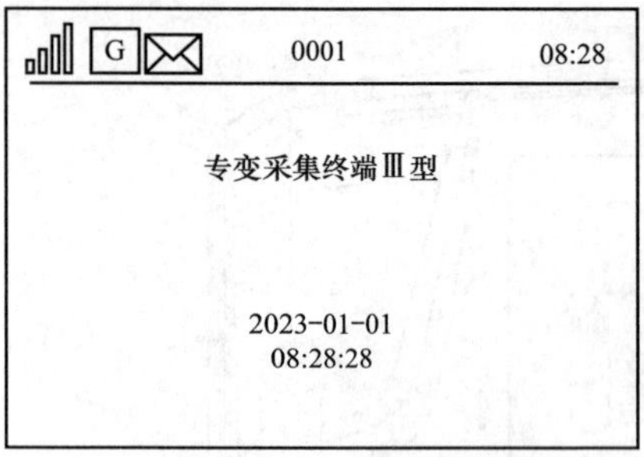

图7-17　LCD显示主画面内容

菜单界面如下：

（1）顶层显示状态栏：显示固定的一些状态（不参与翻屏轮显），如通信方式、信号强度、异常告警等；

（2）主显示画面：主要显示翻屏数据，如瞬时功率、电压、电流、功率因数等内容；

（3）底层显示状态栏：显示终端运行状态，如任务执行状态、与主站通信状态等。

专变采集终端Ⅲ型显示分成三类：轮显模式、按键查询模式、按键设置模式。其中，按键查询模式和按键设置模式需要操作人员按键操作。当终端显示处于轮显模式，按任意键可以进入按键操作方式，各模式的功能说明如下：

（1）轮显模式。终端在默认情况下，可按选择的内容逐屏轮显，轮显周期为8s。默认显示内容为：当前功率、电压、电流、功率因数、电量等（显示一次值或二次值，可设置）。

（2）按键查询模式。终端处于轮显模式时，按任意键可以进入主菜单，然后按相应的查询按键进入查询模式。在按键查询显示模式下，可通过按键操作进行翻屏，显示所有未被屏蔽的内容。停止按键1min后，终端恢复原显示模式。

（3）按键设置模式。终端处于轮显模式时，按任意键可以进入主菜单，然后按照设置按键进入设置模式。在按键设置显示模式下，可设置与主站通信参数、测量点运行参数、密码、时间等参数。停止按键1min后，终端恢复原显示模式。

专变采集终端Ⅲ型状态指示：

运行灯——运行状态指示灯，红色，灯常亮表示终端主CPU正常运行，但未和主站建立连接，灯亮1s灭1s交替闪烁表示终端正常运行且和主站建立连接。

告警灯——告警状态指示，红色，灯亮1s灭1s交替闪烁表示终端告警。

RS-485Ⅰ——RS-485Ⅰ通信状态指示，红灯闪烁表示模块接收数据，绿灯闪烁表示模块发送数据。

RS-485Ⅱ——RS-485Ⅱ通信状态指示，红灯闪烁表示模块接收数据，绿灯闪烁表示模块发送数据。

电源灯——模块上电指示灯，红色，灯亮表示模块上电，灯灭表示模块失电。

NET 灯——通信模块与无线网络链路状态指示灯，绿色。

T/R 灯——模块数据通信指示灯，红、绿双色，红灯闪烁表示模块接收数据，绿灯闪烁表示模块发送数据。

LINK 灯——以太网状态指示灯，绿色，灯常亮表示与以太网口成功建立连接。

DATA 灯——以太网数据指示灯，红色，灯闪烁表示与以太网口上有数据交换。

（三）集中抄表终端简介

集中抄表终端是对低压用户用电信息进行采集的设备，包括集中器、采集器。

1. 集中器

集中器按功能分为集中器Ⅰ型和集中器Ⅱ型两种型式。Ⅰ型集中器使用交流三相四线供电，Ⅱ型集中器使用交流单相供电。

（1）外形及安装尺寸如下：

1）集中器Ⅰ型的外形尺寸为 290mm × 180mm × 95mm，外形及安装尺寸如图 7-18 所示。

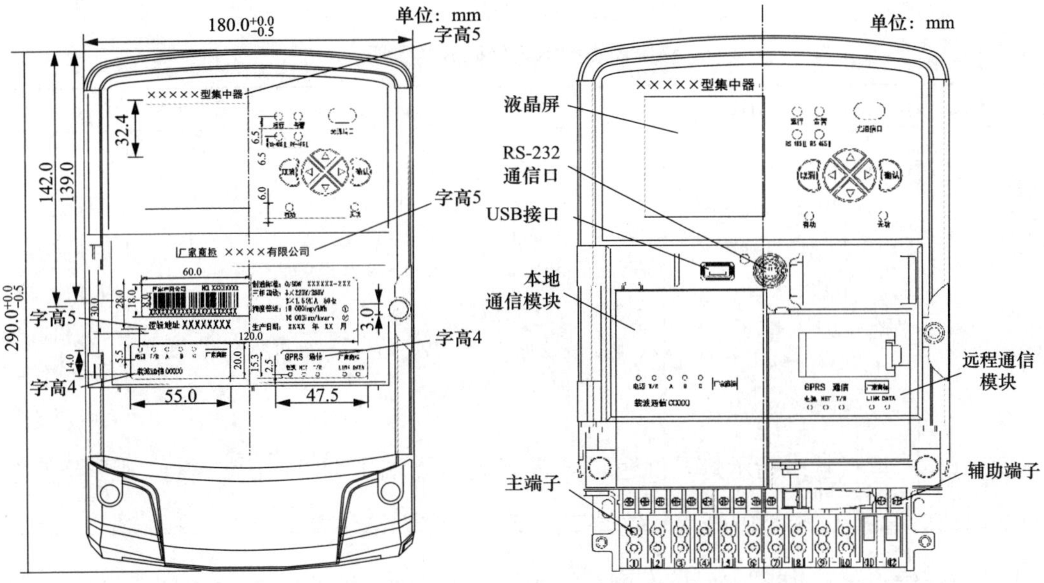

图 7-18　集中器Ⅰ型外形及安装尺寸

2）集中器Ⅱ型的外形尺寸为 160mm × 112mm × 71mm，外形及安装尺寸如图 7-19 所示。

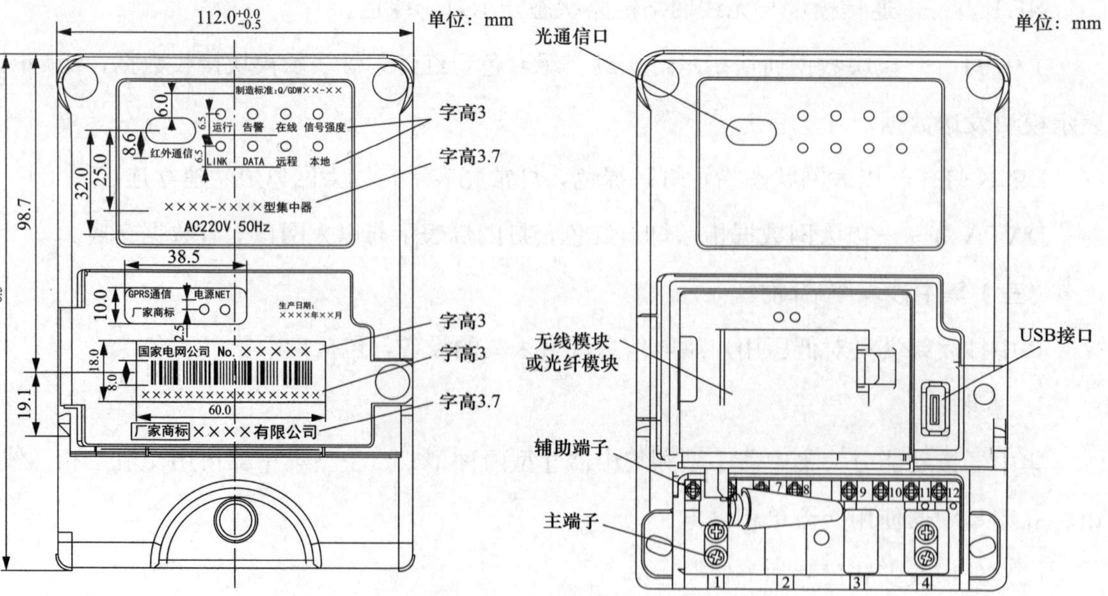

图 7-19　集中器Ⅱ型外形及安装尺寸

（2）类型标识代码。集中器类型标识代码分类见表 7-3。

表 7-3　　集中器类型标识代码分类说明

集中器分类	上行通信信道	I/O 配置/下行通信信道		温度级别	产品代号
DJ- 低压集中器	W—230MHz 专网 G—GPRS 无线公网 C—CDMA 无线公网 J—微功率无线 Z—电力线载波 L—有线网络 P—公共交换电话网 T—4G Q—其他	下行通信信道： J—微功率无线 Z—电力线载波 L—有线网络	1～9—1～9 路电能表接口 A～W—10～32 路电能表接口	1—C1 2—C2 3—C3 4—C×	由不大于 8 位的英文字母和数字组成。英文字母可由生产企业名称拼音简称表示；数字代表产品设计序号

上行通信信道可选用 230MHz 专网、GPRS 无线公网、CDMA 无线公网、以太网、光纤通信，下行通信信道可选用微功率无线、电力线载波、RS-485 总线、以太网等，标配交流模拟量输入、2 路遥信输入和 2 路 RS-485 接口，温度选用 C2 或 C3 级。

（3）Ⅰ、Ⅱ型集中器设计及验收统一要求。

1）机械强度：集中器的机箱外壳应有足够的强度，外物撞击造成的变形不应影响其正常工作。

2）阻燃性能：非金属外壳应符合 GB/T 5169.11—2006 的阻燃性能要求。

3）外壳防护性能：集中器外壳的防护性能应符合 GB 4208—2008 规定的 IP51 级要求，即防尘和防滴水。

4）接线端子：集中器对外的连接线应经过接线端子，接线端子及其绝缘部件可以组成端子排。强电端子和弱电端子分开排列，具备有效的绝缘隔离。电流出线端子的结构应与截面积为 2.5～4mm² 的引出线配合，电压出线端子的结构应与截面积为 1.5～2.5mm² 的引出线配合，其他弱电出线端子的结构应与截面积为 0.5～1.5mm² 的引出线配合。

5）接线图和标识：集中器应在端子盖内侧刻印接线端子、辅助接线端子等接线图，接线图应清晰、永久不脱落。

6）加封印：集中器应加封印。

7）金属部分的防腐蚀：在正常运行条件下可能受到腐蚀或生锈的金属部分，应有防锈、防腐的涂层或镀层。

8）接地端子：金属的外壳和端子盖板以及集中器正常工作中可能被接触的金属部分，应连接到独立的保护接地端子上。接地端子应有清楚的接地符号。接地端子的截面积不应小于 20mm²。非金属外壳的集中器如果需要接地，接地端子应能与 4mm² 导线良好配合接触。

（4）集中器综述。

1）集中器Ⅰ型：集中器Ⅰ型本地通信模块弱电接口应采用 2×13 双排插针作为连接件，接口管脚定义见表 7-4。

表 7-4　　集中器Ⅰ型本地通信模块弱电接口管脚定义说明

<table>
<tr><th>本地通信模块对应管脚编号</th><th>信号类别</th><th>信号名称</th><th>信号方向（针对模块）</th><th>说明</th></tr>
<tr><td>1</td><td>保留</td><td>—</td><td>—</td><td rowspan="4">管脚悬空，无连接，1、2 管脚比其他脚长 0.5mm</td></tr>
<tr><td>2</td><td>保留</td><td>—</td><td>—</td></tr>
<tr><td>3</td><td>保留</td><td>—</td><td>—</td></tr>
<tr><td>4</td><td>保留</td><td>—</td><td>—</td></tr>
<tr><td>5</td><td>空</td><td>—</td><td>—</td><td rowspan="4">空管脚，印制电路板无焊盘设计，连接件对应位置无插针，用于增加安全间距，提高绝缘性能</td></tr>
<tr><td>6</td><td>空</td><td>—</td><td>—</td></tr>
<tr><td>7</td><td>空</td><td>—</td><td>—</td></tr>
<tr><td>8</td><td>空</td><td>—</td><td>—</td></tr>
<tr><td>9</td><td>电源地</td><td>GND</td><td>电源输入</td><td rowspan="2">系统地</td></tr>
<tr><td>10</td><td>电源地</td><td>GND</td><td>电源输入</td></tr>
</table>

续表

<table>
<tr><th>本地通信模块对应管脚编号</th><th>信号类别</th><th>信号名称</th><th>信号方向（针对模块）</th><th colspan="2">说明</th></tr>
<tr><td>11</td><td>电源</td><td>VCC 12V</td><td>电源输入</td><td colspan="2" rowspan="2">通信电源由集中器提供，直流电压范围为 12V ± 1V ，电压纹波不大于 120mV，输出电流不小于 400mA。应满足离散频率杂音要求：3.0～150kHz≤5mV，150 ～ 200kHz ≤ 3mV，200 ～ 500kHz≤2mV，0.5～30MHz≤1mV</td></tr>
<tr><td>12</td><td>电源</td><td>VCC 12V</td><td>电源输入</td></tr>
<tr><td>13</td><td>信号</td><td>NC</td><td>—</td><td colspan="2">备用</td></tr>
<tr><td>14</td><td>信号</td><td>NC</td><td>—</td><td colspan="2">备用</td></tr>
<tr><td>15</td><td>信号</td><td>DCE_TXD</td><td>输出</td><td colspan="2">模块数据发送(3.3V TTL 电平)</td></tr>
<tr><td>16</td><td>信号</td><td>DCE_RXD</td><td>输入</td><td colspan="2">模块数据接收（3.3V TTL 电平）</td></tr>
<tr><td>17</td><td>空</td><td>—</td><td>—</td><td colspan="2">—</td></tr>
<tr><td>18</td><td>电源</td><td>VCC3V3</td><td>电源输入</td><td colspan="2">3.3V±0.3V 信号电源，电流 150mA，电压纹波 30mV，由终端本体提供给模块</td></tr>
<tr><td>19</td><td>信号</td><td>RST</td><td>输入</td><td colspan="2">复位输入（低电平有效）（3.3V TTL 电平）</td></tr>
<tr><td>20</td><td>信号</td><td>STATE0</td><td>输出</td><td colspan="2">模块插入识别信号，为 1 表示模块未插入，为 0 表示模块插入</td></tr>
<tr><td>21</td><td>网络信号</td><td>TD+</td><td>网络差分信号</td><td>以太网发送</td><td rowspan="4">仅用于宽带载波接口</td></tr>
<tr><td>22</td><td>网络信号</td><td>TD−</td><td>网络差分信号</td><td>以太网发送</td></tr>
<tr><td>23</td><td>网络信号</td><td>RD+</td><td>网络差分信号</td><td>以太网接收</td></tr>
<tr><td>24</td><td>网络信号</td><td>RD−</td><td>网络差分信号</td><td>以太网接收</td></tr>
<tr><td>25</td><td>电源地</td><td>GND</td><td>电源地</td><td colspan="2" rowspan="2">系统地，25、26 管脚比其他管脚长 0.5mm</td></tr>
<tr><td>26</td><td>电源地</td><td>GND</td><td>电源地</td></tr>
</table>

集中器Ⅰ型本地信道的载波耦合接口采用 2×10 双排插针作为连接件，远程通信模块接口采用 2×15 双排插针作为连接件，接口管脚定义见表 7-5。

表 7-5　远程通信模块接口管脚定义表

<table>
<tr><th>模块对应管脚编号</th><th>信号类别</th><th>信号名称</th><th>信号方向（针对模块）</th><th>说明</th></tr>
<tr><td>1</td><td>电源地</td><td>GND</td><td>电源输入</td><td rowspan="2">电源地输入，比其他信号管脚的插针长 0.5mm</td></tr>
<tr><td>2</td><td>电源地</td><td>GND</td><td>电源输入</td></tr>
<tr><td>3</td><td>电源</td><td>VCC 4V</td><td>电源输入</td><td rowspan="2">通信模块由电源输入，直流电压为 4V ±0.2V，正常工作电流 500mA，电压纹波小于 30mV；最大电流 2A，可持续 1ms</td></tr>
<tr><td>4</td><td>电源</td><td>VCC 4V</td><td>电源输入</td></tr>
</table>

续表

模块对应管脚编号	信号类别	信号名称	信号方向（针对模块）	说明
5	信号	DCE_TXD	输出	模块串口输出信号（3.3V/TTL）
6	信号	DCE_RXD	输入	模块串口输入信号（3.3V/TTL）
7	信号	I/O1	输入/输出	预留 I/O（3.3V/TTL）
8	信号	I/O2	输入/输出	预留 I/O（3.3V/TTL）
9	信号	I/O3	输入/输出	预留 I/O（3.3V/TTL）
10	信号	USB+	输入/输出	USB HOST 接口，可用于 3G 等通信
11	信号	USB−	输入/输出	
12	信号	PCTRL	输入	SIM 卡加热控制信号，为“0”时关断（3.3V/TTL）
13	电源地	GND	电源输入	通信模块电源地输入
14	模块控制	RST	输入	通信模块复位控制信号，为“0”时通信模块处于复位状态（3.3V/TTL）
15	信号	ON/OFF	输入	通信模块控制信号，低电平持续 1s 为开机信号（3.3V/TTL）
16	状态识别	STATE0	输出	模块未插入时，其管脚不可悬空，在终端侧对状态识别管脚做弱上拉处理，模块侧的状态识别管脚为“0”时做强下拉处理或者直接接地
17	状态识别	STATE1	输出	
18	状态识别	STATE2	输出	
19	状态识别	STATE3	输出	
20	状态识别	STATE4	输出	
21	网络信号	LED_ACT	输入	网络指示灯输入信号，低电平有效，指示网络有数据正在传输
22	网络信号	LED_LINK	输入	网络指示灯输入信号，低电平有效，指示网络物理连接已建立
23	网络信号	TD+	网络差分信号	以太网发送
24	网络信号	TD−	网络差分信号	以太网发送
25	网络信号	RD+	网络差分信号	以太网接收
26	网络信号	RD−	网络差分信号	以太网接收
27	电源	VCC3V3	电源输入	逻辑电路工作电源，可用于网络变压器、电平转换、指示灯驱动等，3.3V±0.3V，电流不小于 50mA，电压纹波小于 30mV
28	电源	VCC3V3	电源输入	
29	电源地	GND	电源输入	电源地输入，比其他信号管脚的插针稍长 0.5mm
30	电源地	GND	电源输入	

集中器Ⅰ型接线端子标识位置示意如图 7-20 所示。

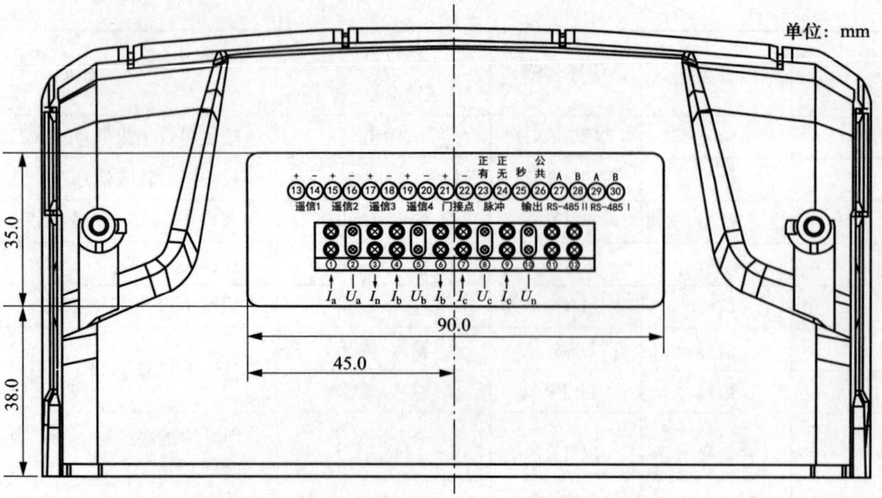

图 7-20　集中器Ⅰ型接线芯尺寸示意图

集中器Ⅰ型辅助接线端子如图 7-21 所示。

图 7-21　集中器Ⅰ型辅助接线端子示意图

接线端子定义见表 7-6。

表 7-6　　　　集中器Ⅰ型接线端子定义

序号	接线端子	序号	接线端子	序号	接线端子
1	A 相电流端子	11	预留	21	门接点＋
2	A 相电压端子	12	预留	22	门接点－
3	A 相电流端子	13	遥信端子 1＋	23	脉冲输出正有
4	B 相电流端子	14	遥信端子 1－	24	脉冲输出正无
5	B 相电压端子	15	遥信端子 2＋	25	脉冲输出秒脉冲
6	B 相电流端子	16	遥信端子 2－	26	脉冲输出公共地
7	C 相电流端子	17	遥信端子 3＋	27	RS-485Ⅱ A
8	C 相电压端子	18	遥信端子 3－	28	RS-485Ⅱ B
9	C 相电流端子	19	遥信端子 4＋	29	RS-485Ⅰ A
10	中性线电压端子	20	遥信端子 4－	30	RS-485 Ⅰ B

集中器Ⅰ型主界面显示如图 7-22 所示。

集中器Ⅰ型菜单界面如下：

a. 顶层显示状态栏：显示固定的一些状态（不参与翻屏轮显），如通信方式、信号强度、异常告警等；

b. 主显示画面：主要显示翻屏数据，如瞬时功率、电压 电流、功率因数等内容；

c. 底层显示状态栏：显示集中器运行状态，如任务执行状态、与主站通信状态等。

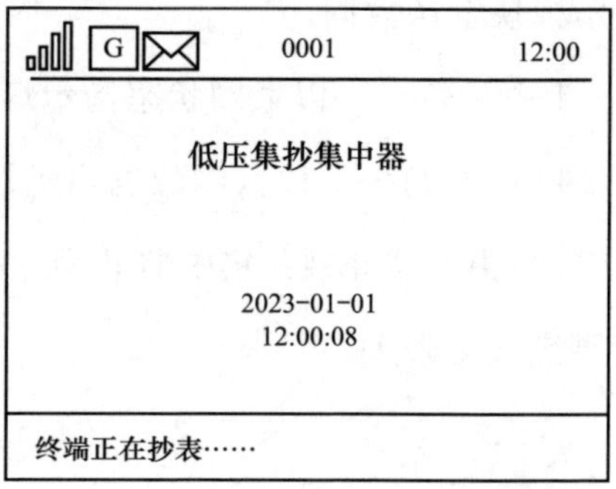

图 7-22　集中器Ⅰ型主界面显示图

集中器Ⅰ型显示分成三类：轮显模式、按键查询模式、按键设置模式。其中，按键查询模式和按键设置模式需要操作人员按键操作。在主菜单中通过按键选择功能菜单，然后进入相应的功能子菜单再进行相应的操作。

各模式的功能说明如下：

a. 轮显模式。集中器在默认情况下，可按选择的内容逐屏轮显，轮显周期为 8s。默认显示内容为通信参数、抄表统计信息、功率、电压、电流、功率因数、电量等；

b. 按键查询模式。集中器处于按键查询显示模式时，可通过按键操作进行翻屏，显示所有未被屏蔽的内容；

c. 按键设置模式。集中器处于按键设置显示模式时，可设置与主站通信参数、测量点运行参数、密码、时间等参数。进入设置模式需要密码，菜单设置密码可修改，出厂默认为 ASCII 字符“000000”。

集中器Ⅰ型状态指示：

运行灯——运行状态指示灯，红色，灯常亮表示集中器主 CPU 正常运行，但未和主站建立连接，灯亮 1s 灭 1s 交替闪烁表示终端正常运行且和主站建立连接。

告警灯——告警状态指示，红色，灯亮 1s 灭 1s 交替闪烁表示集中器告警。

RS-485Ⅰ——RS-485Ⅰ通信状态指示，红灯闪烁表示模块接收数据；绿灯闪烁表示模块发送数据。

RS-485Ⅱ——RS-485Ⅱ通信状态指示，红灯闪烁表示模块接收数据；绿灯闪烁表示模块发送数据。

电源灯——模块上电指示灯，红色，灯亮表示模块上电，灯灭表示模块失电。

NET 灯——通信模块与无线网络链路状态指示灯，绿色。

T/R 灯——模块数据通信指示灯，红、绿双色，红灯闪烁表示模块接收数据，绿灯闪烁表示模块发送数据。

LINK 灯——以太网状态指示灯，绿色，灯常亮表示与以太网口成功建立连接。

DATA 灯——以太网数据指示灯，红色，灯闪烁表示与以太网口上有数据交换。

2）集中器Ⅱ型：集中器Ⅱ型远程通信模块接口应采用 3×6 三排插针作为连接件，接口管脚定义见表 7-7。

表 7-7　　远程通信模块接口管脚定义说明

模块对应管脚编号	信号类别	信号名称	信号方向（针对模块）	说明
1	电源地	GND	电源地	系统地，管脚长度比其信号管脚长度长 0.5mm
2	电源	VCC	电源输入	通信模块电源输入，4V±0.2V，正常工作电流 500mA，电压纹波小于 30mV；最大电流 2A，可持续 1ms
3	电源	VCC	电源输入	
4	信号	USB+	输入/输出	USB HOST 接口，可用于 3G 等通信
5	信号	USB−	输入/输出	
6	状态识别	STATE0	输出	模块类型识别
7	状态识别	STATE1	输出	模块类型识别
8	状态识别	STATE2	输出	模块类型识别
9	信号	PCTRL	输入	SIM 卡加热控制信号，为“0”时关断（3.3V/TTL）
10	信号	ON/OFF	输入	通信模块控制信号，低电平持续 1s 为开机信号（3.3V/TTL）
11	信号	DCE_RXD	输入	模块串口输入信号（3.3V/TTL）
12	信号	DCE_TXD	输出	模块串口输出信号（3.3V/TTL）
13	信号	RST	输入	通信模块复位控制信号，为“0”时通信模块处于复位状态（3.3V/TTL）
14	信号	TD+	以太网输出	以太网发送
15	信号	TD-	以太网输出	以太网发送
16	信号	RD+	以太网输入	以太网接收
17	信号	RD−	以太网输入	以太网接收
18	电源地	GND	电源地	系统地，管脚长度比其信号管脚长度长 0.5mm

集中器Ⅱ型主接线端子示意图如图 7-23 所示。字体应为黑体，接线图（阳文）应注塑到产品上，接线图应刻在产品内侧面。

集中器Ⅱ型辅接线端子示意图如图 7-24 所示。

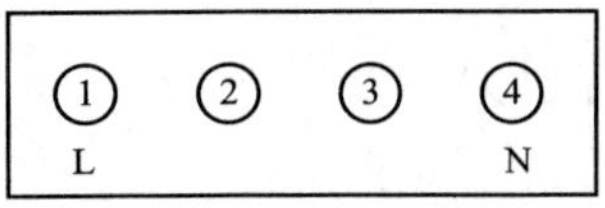

图 7-23　集中器Ⅱ型主接线端子示意图

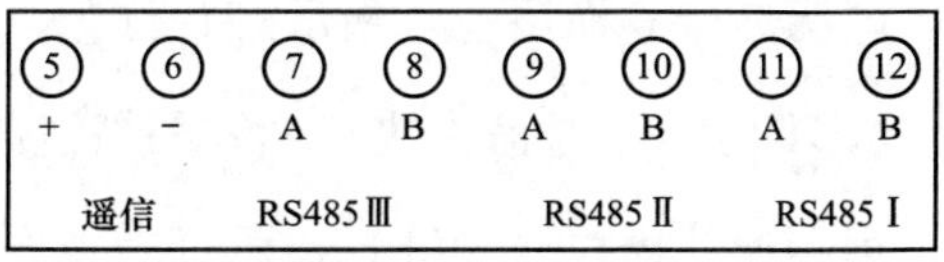

图 7-24　集中器Ⅱ型辅接线端子示意图

接线端子定义见表 7-8。

表 7-8　　接线端子定义表

序号	接线端子	序号	接线端子
1	L 相线段子	7	RS 485 Ⅲ A
2	空	8	RS 485 Ⅲ B
3	空	9	RS 485 Ⅱ A
4	N 中性线端子	10	RS 485 Ⅱ B
5	遥信+	11	RS 485 Ⅰ A
6	遥信−	12	RS 485 Ⅰ B

集中器Ⅱ型状态指示示意图如图 7-25 所示。

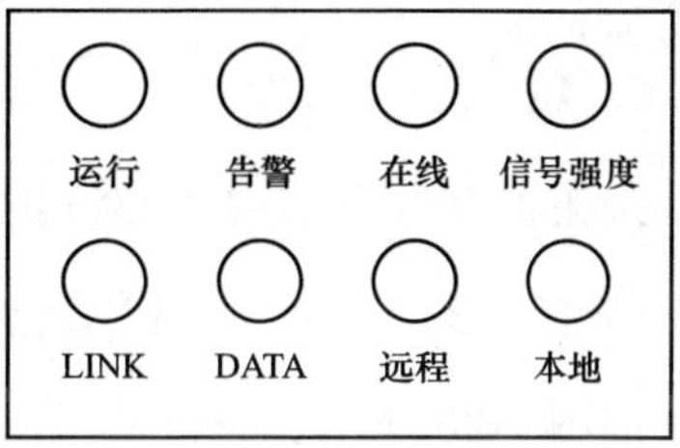

图 7-25　集中器Ⅱ型状态指示示意图

运行灯——运行状态指示灯，红色，灯常亮表示终端主 CPU 正常运行，但未和主站建立连接，灯亮 1s 灭 1s 交替闪烁表示终端正常运行且和主站建立连接。

告警灯——告警状态指示，红色，灯亮 1s 灭 1s 交替闪烁表示终端告警。

远程灯——远程通信状态指示灯，红、绿双色，红灯闪烁表示集中器远程通道接收数据，绿灯闪烁表示集中器远程通道发送数据。

本地灯——本地通信状态指示灯，红、绿双色，红灯闪烁表示集中器本地通道接收数据，绿灯闪烁表示集中器本地通道发送数据。

在线灯——远程通道在线指示灯，绿色，灯亮表示集中器远程通道在线，灯灭表示集中器远程通道不在线。

信号强度灯——远程通道信号强度指示灯，红、绿双色，红色灯亮时表示信号强度最差，红、绿灯都亮时表示信号强度中等，绿色亮时表示信号强度最好。

LINK 灯——以太网状态指示灯，绿色，灯常亮表示与以太网口成功建立连接。

DATA 灯——以太网数据指示灯，红色，灯闪烁表示与以太网口上有数据交换。

远程通信模块（无线）指示灯示意图如图 7-26 所示。

电源灯——模块上电指示灯，红色，灯亮表示模块上电，灯灭表示模块失电。

NET灯——通信模块与无线网络链路状态指示灯，绿色。

远程通信模块（光纤）指示灯示意图如图7-27所示。

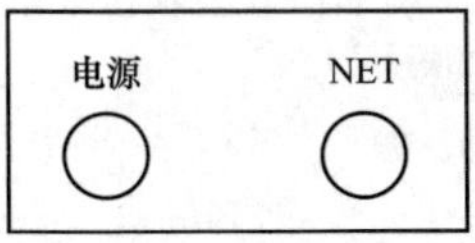

图7-26　远程通信模块（无线）指示灯示意图

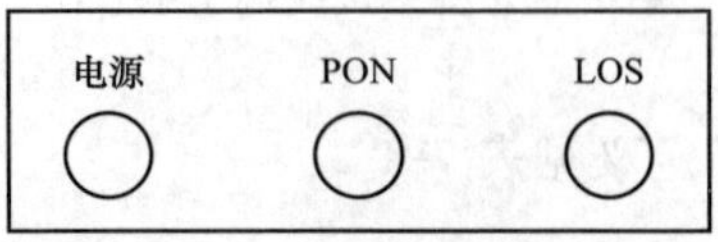

图7-27　远程通信模块（光纤）指示灯示意图

电源灯——模块上电指示灯，红色，灯亮表示模块上电，灯灭表示模块失电。

PON灯——光纤模块注册指示灯，绿色，灯以亮1s灭1s交替闪烁表示模块正在注册，灯常亮表示模块注册成功。

LOS灯——光纤模块光路连接指示灯，红色，灯常亮表示光路不通，灯熄灭表示接收到光源。

2. 采集器

采集器按外型结构和I/O配置分为Ⅰ型、Ⅱ型两种型式。

(1) 外形及安装尺寸要求包括：Ⅰ型外形尺寸为160mm×112mm×71mm，外形及安装尺寸如图7-28所示。

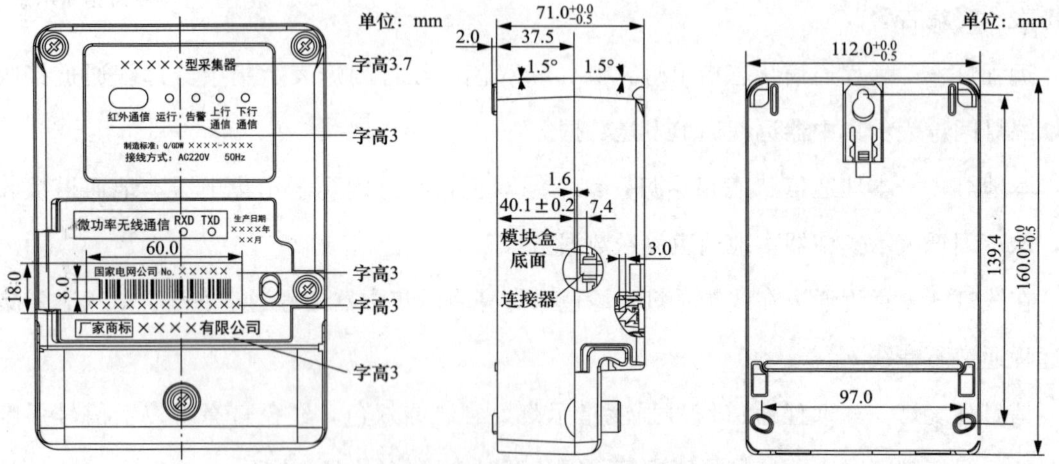

图7-28　Ⅰ型采集器外形及安装尺寸

Ⅱ型外形尺寸为100mm×40mm×50mm，外形及安装尺寸如图7-29所示。

(2) 采集器类型标识代码分类见表7-9。

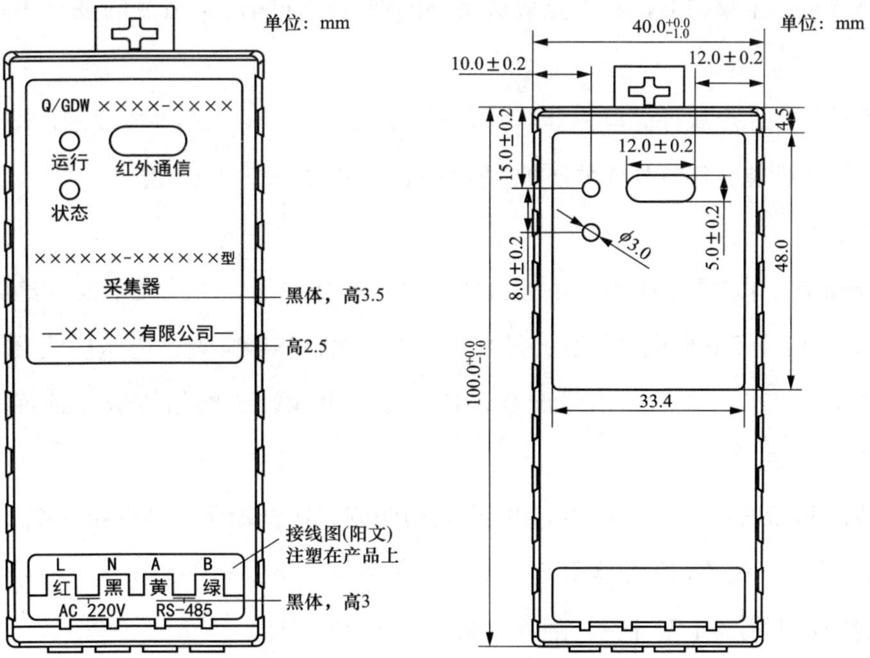

图 7-29　采集器Ⅱ型外形及安装尺寸

表 7-9　　采集器类型标识代码分类说明

采集器分类	上行通信信道	I/O 配置/下行通信信道		温度级别	产品代号
DC—低压采集器	J—微功率无线 Z—电力线载波 L—有线网络 T—其他	下行通信信道： J—微功率无线 Z—电力线载波 L—有线网络	1～9— 1～9 路电能表接口 A～W—10～32 路电能表接口	1—C1 2—C2 3—C3 4—C＊	由不大于 8 位的英文字母和数字组成。英文字母可由生产企业名称拼音简称表示；数字代表产品设计序号

建议选用类型：

采集器Ⅰ型：类型标识代码为 DC＊＊＊＊-＊＊＊＊。

上行通信信道可选用微功率无线、电力线载波、RS-485 总线、以太网，下行信道可选用 RS-485 总线，可接入 1～32 路电能表，温度选用 C2 或 C3 级。

采集器Ⅱ型：类型标识代码为 DC＊＊1＊-＊＊＊＊。

上行通信信道可选用微功率无线、电力线载波，下行信道可选用 RS-485 总线，可接入 1 路电能表，温度选用 C2 或 C3 级。

(3) Ⅰ、Ⅱ型采集器设计及验收统一要求。

1）机械强度：采集器的机箱外壳应有足够的强度，外物撞击造成的变形不应影响其正常工作。

2）阻燃性能：非金属外壳应符合 GB/T 5169.11—2006 的阻燃性能要求。

3）外壳防护性能：终端外壳的防护性能应符合 GB 4208—2008 规定的 IP51 级要求，即防尘和防滴水。

4）接线端子：采集器Ⅰ型对外的连接线应经过接线端子，接线端子及其绝缘部件可以组成端子排；强电端子和弱电端子分开排列，具备有效的绝缘隔离；电压出线端子的结构应与截面积为 1.5～2.5mm^2 的引出线配合；其他弱电出线端子的结构应与截面积为 0.5～1.5mm^2 的引出线配合。

5）接线图和标识：采集器Ⅰ型应在端子盖内侧刻印接线端子、辅助接线端子等接线图，接线图清晰、永久不脱落，采集器Ⅱ型在上盖阳文刻印接线端子接线图。

6）加封印：采集器Ⅰ型外壳、翻盖、端子座应能加封印。

7）金属部分的防腐蚀：在正常运行条件下可能受到腐蚀或生锈的金属部分，应有防锈、防腐的涂层或镀层。

8）接地端子：金属的外壳和端子盖板以及采集器正常工作中可能被接触的金属部分，应连接到独立的保护接地端子上。接地端子应有清楚的接地符号。接地端子的截面积不应小于 20mm^2。非金属外壳的终端如果需要接地，接地端子应能与 4mm^2 导线良好配合接触。

9）电气间隙和爬电距离：裸露的带电部分对地和对其他带电部分之间，以及出线端子螺钉对金属盖板之间应具有相应规定的最小电气间隙和爬电距离。对于工作在海拔 2000m 以上的终端的电气间隙应按 GB/T 16935.1—2008 的规定进行修正。

10）天线：采集器Ⅰ型采用无线信道时，应保证在不打开封印的情况下使天线由采集器上无法拔出或无法拆下。

11）通信接口：采集器通信接口应采用标准化设计，应满足采用不同通信方式的通信模块可互换的要求，结构见附录 A。红外通信接口用于采集器参数的读设和数据的读取，通信速率：1200b/s，偶校验，8 位数据位，1 位停止位。

三、采集设备配置原则

专变采集终端的必备功能和选配功能见表 7-10，选配功能中交流模拟量采集可为异常用电分析和实现功率控制提供数据支持。

表 7-10　　专变采集终端的必备功能和选配功能

序号	项目		必备	选配
1	数据采集	电能表数据采集	√	
		状态量采集	√	
		脉冲量采集	√	
		交流模拟量采集		√
2	数据处理	实时和当前数据	√	
		历史日数据	√	
		历史月数据	√	
		电能表运行状况监测	√	
		电能质量数据统计	√	
3	参数设置和查询	时钟召测和对时	√	
		TA 变比、TV 变比及电能表脉冲常数	√	
		限值参数	√	
		功率控制参数		√
		预付费控制参数		√
		终端参数	√	
		抄表参数	√	
		费率时段等参数	√	
4	控制	功率定值闭环控制		√
		预付费控制		√
		保电/剔除	√	
		遥控		√
5	事件记录	重要事件记录	√	
		一般事件记录	√	
6	数据传输	与主站通信	√	
		与电能表通信	√	
		中继转发		√
7	本地功能	显示相关信息	√	
		用户数据接口		√
8	终端维护	自检自恢复	√	
		终端初始化	√	
		软件远程下载	√	
		断点续传	√	

四、采集设备运行管理

终端能够监测电能表运行状况，可监测的主要电能表运行状况有：电能表参数变更、电能表时间超差、电表故障信息、电能表示度下降、电能量超差、电能表飞走、电能表停走、相序异常、电能表开盖记录、电能表运行状态字变位等。

采集终端运行控制主要包括以下几点：

1. 功率定值控制

主站向终端下发功率控制投入命令及参数，终端在所定限值范围内监测实时功率，当不在保电状态时，功率达到限值则自动执行功率定值闭环控制功能，按所投轮次依次判断并执行跳闸操作。功率定值控制解除或控制时段结束后，终端允许用户合上由于功率定值控制引起的跳闸开关。

功率定值闭环控制根据控制参数不同分为时段功控、厂休功控、营业报停功控和当前功率下浮控等控制类型。控制的优先级由高到低是当前功率下浮控、营业报停功控、厂休功控、时段功控。若多种功率控制类型同时投入，只执行优先级最高的功率控制类型。在参数设置、控制投入或解除以及控制执行时应有音响（或语音）告警通知用户。各类功率控制定值先要和保安定值比较，如大于保安定值就按功率控制定值执行，小于保安定值就按保安定值执行。

2. 时段功控

主站依次向专变采集终端下发功控时段、功率定值、定值浮动系数、告警时间、控制轮次等参数，终端收到这些命令后设置相应参数。

主站向专变采集终端下发时段功控投入命令，终端收到该命令后显示“时段功控投入”状态，当不在保电状态时，终端在功控时段内监测实时功率，自动执行功率定值控制功能。控制过程中应在显示屏上显示定值、控制对象、执行结果等。

控制时段结束或时段功控解除后，终端应显示“功控解除”状态，应有音响（或语音）通知客户，允许客户合上由于时段功控引起的跳闸开关。

3. 厂休功控

主站向专变采集终端下发厂休功控参数（功率定值、控制延续时间等）以及控制轮次等，终端收到这些命令后设置相应参数；

主站向专变采集终端下发厂休功控投入命令，终端收到该命令后显示“厂休功控投入”状态，当不在保电状态时，终端在厂休日监测实时功率，自动执行功率定值控制功能。控制过程中应在显示屏上显示定值、控制对象、执行结果等信息；

控制时段结束或厂休功控解除后，终端应显示“功控解除”状态，应有音响（或语音）通知客户，允许客户合上由于厂休功控引起的跳闸开关。

4. 营业报停功控

根据客户申请营业报停起、止时间，主站向专变采集终端下发营业报停功控参数，终端收到这些命令后设置相应参数。

主站向专变采集终端下发营业报停功控投入命令，终端收到该命令后显示“营业报停功控投入”状态，当不在保电状态时，终端在报停时间内监测实时功率，自动执行功率定值控制功能，并在显示屏上显示相应信息。

营业报停时间结束或营业报停功控解除后，终端应显示“功控解除”状态，应有音响（或语音）通知客户，允许客户合上由于营业报停功控引起的跳闸开关。

5. 当前功率下浮控

主站向专变采集终端下发功率下浮控的功率计算滑差时间 M（min）、定值下浮系数 k（%）等参数。终端收到这些参数后计算当前功率定值。

专变采集终端收到当前功率下浮控制投入命令后，显示“当前功率下浮控投入”状态，终端不在保电状态时，自动执行功率定值控制功能，直至实时功率在当前定值之下。

当前功率下浮控解除或控制时段结束后，终端应显示“功控解除”状态，终端有音响（或语音）通知客户，允许客户合上由于当前功率下浮控引起的跳闸开关。

6. 功率控制的投入或解除

专变采集终端应能由主站远方投入或解除其功率定值闭环控制的功能，并有音响（或语音）告警通知客户和在显示屏上显示状态。功控解除，应自动撤消由功率定值闭环控制引起的跳闸控制，并有音响（或语音）通知客户和终端指示功控解除状态。当专变采集终端处于保电状态时，不执行功率定值闭环控制的跳闸。

7. 电能量控制

电能量定值控制主要包括月电控、购电量（费）控等类型。

8. 月电控

主站依次向专变采集终端下发月电能量定值、浮动系数及控制轮次等参数设置命令，专变采集终端收到这些命令后设置月电能量定值、浮动系数及控制轮次等相应参数，并有音响（或语音）告警通知客户。

主站向专变采集终端下发月电控投入命令，终端收到该命令后显示“月电控投入”状态，监测月电能量，自动执行月电能量定值闭环控制功能，闭环控制的过程中应在显示屏上显示定值、控制对象、执行结果等信息。

月电控解除或月末24时，终端允许客户合上由于月电控引起的跳闸开关。

9. 购电控

主站向专变采集终端下发购电量（费）控参数设置命令，包括购电单号、购电量（费）值、报警门限值、跳闸门限值、各费率时段的费率等参数，终端收到这些参数设置命令后设置相应参数，并有音响（或语音）告警通知客户。

主站向专变采集终端下发购电量（费）控投入命令，终端收到该命令后显示“购电控投入”状态，自动执行购电量（费）闭环控制功能。终端监测剩余电能量，如剩余电能量（或电费）小于设定的告警门限值，应能发出音响告警信号；剩余电能量（或电费）小于设定的跳闸门限值时，按投入轮次动作输出继电器，控制相应的被控负荷开关。

专变采集终端自动执行购电量（费）定值闭环控制的过程中应在显示屏上显示剩余电能量（费）、控制对象、执行结果等信息。

购电量（费）控解除或重新购电使剩余电能量（或电费）大于跳闸门限时，专变采集终端允许客户合上由于购电量（费）控引起的跳闸开关。

10. 保电和剔除

终端接收到主站下发的保电投入命令后，进入保电状态，自动解除原有控制状态，并在任何情况下均不执行跳闸命令。终端接收到主站的保电解除命令，恢复正常执行控制命令。在终端上电或与主站通信持续不能连接时，终端应自动进入保电状态，待终端与主站恢复通信连接后，终端自动恢复到断线前的控制状态。终端接收到主站下发的剔除投入命令后，除对时命令外，对其他任何广播命令或终端组地址控制命令均不响应。终端收到主站的剔除解除命令，恢复到正常通信状态。

11. 远方控制

终端接收主站的跳闸控制命令后，按设定的告警延迟时间、限电时间和控制轮次动作输出继电器，控制相应被控负荷开关；同时终端应有音响（或语音）告警通知用户，并记录跳闸时间、跳闸轮次、跳闸前功率、跳闸后2min功率等，显示屏应显示执行结果。终端接收到主站的允许合闸控制命令后，应有音响（或语音）和显示“控制解除”告警通知用户，允许用户合闸。

12. 事件记录

终端根据主站设置的事件属性按照重要事件和一般事件分类记录。每条记录的内容包括事件类型、发生时间及相关情况。

对于主站设置的重要事件，当事件发生后终端记为事件记录，并可以通过主站请求访问召测事件记录，对于采用平衡传输信道的终端应直接将重要事件主动及时上报主站。对于主站设置的一般事件，当事件发生后终端记为事件记录，等待主站查询。

第三节　采集主站相关知识点

一、采集主站组成架构

1. 主站硬件

主站硬件包括计算机及存储设备、前置设备、其他辅助设备。

（1）计算机及存储设备：如采集服务器、通信服务器、应用服务器、数据库服务器及磁盘阵列、Web 服务器和工作站等设备。

（2）前置设备：终端服务器和 modem 池等。

（3）其他辅助设备：GPS 时钟装置、网络打印机、密码机等其他辅助设备。

2. 主站软件

（1）系统及支撑软件：操作系统、数据库、Web 服务、备份和中间件等软件。

（2）系统应用软件：电力用户用电信息采集系统应用软件，含系统接口。

3. 网络平台

（1）系统运行网络：主站系统运行网络以及支撑各级应用的网络。

（2）网络及安全设备：交换机、路由器和正反向隔离装置、防火墙等设备。

二、采集主站技术指标

1. 主站环境

（1）主站运行环境包括运行场地、防尘防静电、供配电、空调系统、电视监控、消防系统、安全系统（门禁）等。

（2）主站监控环境包括监控场地、监控屏幕、值班休息室等。

2. 主站性能要求

（1）90%界面切换响应时间 30000 台。

（2）置主备通道自动切换时间 30000 台。

（3）在线热备用双机自动切换及功能恢复的时间小于 30s。

（4）计算机远程网络通信中实时数据传送时间小于 5s。

（5）在任意 30min 内，各服务器 CPU 的平均负荷率小于 35％。

（6）站年可用率大于 99.5％。

（7）单台通信机 GPRS/CDMA 连接数大于 30000 台。

（8）单台通信机 GPRS/CDMA 并发数大于 600 台。

3. 主站容量要求

（1）接入终端数大于 25 万台。

（2）系统数据在线存储大于等于 3 年。

（3）工作站并发数大于 500 台。

（4）接入用户数感动 1000 万户。

（5）230MHz 1200 波特率每信道下终端数量大于 600 台。

（6）网络容量要求：在主站运行中任意 30min 内，主站局域网的平均负荷率小于等于 35％。

4. 主站可靠性要求

（1）主站年可用率大于等于 99.5％。

（2）主站各类设备的平均无故障时间（MTBF）大于等于 3104h。

（3）系统故障恢复时间小于等于 2h。

5. 主站安全要求

数据库服务器、前置服务器必须采用高可用性技术，实现热备、容灾功能，具备负载均分、故障自动切换的功能。密码机满足《电力用户用电信息采集系统安全防护技术规范》要求。

6. 采集接入率

（1）指标定义：累计实现用电信息采集的用户数/应采集的用户数。

（2）指标计算要求。

1）应采集的用户数亦以台区为单位进行测试；

2）指标要求：不小于 100％。

7. 日采集成功率

（1）指标定义：每天用电信息采集系统主站采集成功的用户数/应采集的用户总数。

（2）指标计算要求。

1）采集频度：每天一次；

2）数据项：公司规定的必采数据项；

3）计算方式：每天早上 9 点系统自动抽取当天数据；

4）指标要求：满足国家电网有限公司相关管理办法的要求。

8. 采集安装覆盖率

通过统计采集安装覆盖率考核用户采集安装情况（统计时限：月/年）。

采集安装覆盖率＝已安装采集终端数量/需安装采集终端总数×100％。

其中，采集安装计算公式为：当月已经安装的采集终端除以当前需要安装的采集终端总数，需要安装采集终端总数指考核区域内应安装终端总数。

9. 采集完整率

按照统计时间（时间段）、地区（按照采集系统的地区划分）来统计采集终端数据项的情况。

采集完整率＝采集数据的完整项数/应采集项数×100％。

其中，采集数据的完整项数指当日（月）采集数据完整的采集项数；应采集项数指当日（月）采集数据采集项数。

10. 系统故障恢复时间

通过统计系统故障恢复时间考核系统运行质量。其中，系统故障恢复时间是指系统（主站或网络）发生停止服务或严重性能降低导致业务难以处理的单次时间。（统计时限：月/年）

说明：系统故障恢复时间小于等于 2h 为事件；系统故障恢复时间 2～5h 为故障；系统故障恢复时间大于等于 5h 为事故。

系统故障指系统主要功能故障（如：数据库损坏、前置通信装置损坏或某一类通信信道故障等）。

11. 系统年可用率

通过统计系统年可用率考核系统运行质量、系统年内可用情况。

系统年可用率＝（年日历时间-故障时间）/年日历时间×100％。

其中，故障时间指系统发生影响系统性能的故障或主要功能无法使用的故障。

主站年可用率不应小于 99.9％。

12. 系统数据采集成功率

周期采集成功率指非设备故障和非通信故障条件下的统计。（统计时限：日/月/年）周

期内（1天）按照地区（按照采集系统的地区划分）统计采集终端设备采集数据成功。（周期为1天，日冻结数据）

采集成功率＝采集成功数据项数量/应采集数据项总数×100％

其中，采集成功数据项指当日（月）成功采集的数据项。应采集数据项总数指当日（月）应该采集的数据项。

注：采集成功数据项仅指正常运行的终端。

13. 系统年故障次数

统计系统年故障次数考核运行质量。年系统故障次数小于等于1次。

14. 响应时间

响应时间一般指系统从发送站发送信息（或命令）到接收站最终信息显示或命令执行完毕所需的时间。它是信息采集时间、信息传递时间、发送站处理时间和接收站处理时间的总和。

各种类型信息的响应时间要求：遥控操作响应时间小于5s；重要信息（如重要状态信息及总功率和电能量）巡检时间小于15min；常规数据召测和设置响应时间（指主站发送召测命令到主站显示数据的时间）小于15s；历史数据召测响应时间（指主站发送召测命令到主站显示数据的时间）小于30s；用户事件响应时间小于30min。

数据库查询响应时间要求：常规数据查询响应时间小于5s；模糊查询响应时间小于15s。

15. 数据采集成功率

一次数据采集成功率：一次数据采集成功率指在特定时刻对系统内指定数据采集点集合（如不同类型用户）采集一次特定数据（如总功率和电能量）的成功率。

周期数据采集成功率：周期数据采集成功率指在采集系统日常运行设定的周期内（如1d）对采集点数据的采集成功率。

系统的周期数据采集成功率可作为系统数据传输稳定性考核指标，数据采集成功率可根据不同终端和数据类型分类统计。

三、采集主站功能配置

主站功能主要包括数据采集、数据管理、定值控制、远方控制、综合应用、运行维护管理、系统接口等七大方面，可通过系统应用功能进行综合测试，主要包含自动抄表、费控管理、负荷管理、用电监测、终端管理、运行管理等功能。

（1）数据采集功能：根据不同业务对采集数据的要求，编制自动采集任务，包括任务名称、任务类型、采集群组、采集数据项、任务执行起止时间、采集周期、执行优先级、正常补采次数等信息，并管理各种采集任务的执行，检查任务执行情况。

终端数据采集方式包括：定时自动采集，按采集任务设定的时间间隔自动采集终端数据，自动采集的时间、间隔、内容、对象可设置，当定时自动数据采集失败时，主站应有自动及人工补采功能，保证数据的完整性；人工召测，根据实际需要随时人工召测数据，例如出现事件告警时，人工召测与事件相关的重要数据，供事件分析使用；主动上报，在全双工通道和数据交换网络通道的数据传输中，允许终端启动数据传输过程（简称主动上报），将重要事件立即上报主站，以及按定时发送任务设置将数据定时上报主站，主站应支持主动上报数据的采集和处理。

（2）重点用户监测：对重点用户提供用电情况跟踪、查询和分析功能。可按行业、容量、电压等级、电价类别等分类组合定义，查询重点用户或用户群的信息。查询信息包括历史和实时负荷曲线、电能量曲线、电能质量数据、工况数据以及异常事件信息等。

（3）事件处理和查询：根据系统应用要求，主站将终端记录的告警事件设置为重要事件和一般事件。对于不支持主动上报的终端，主站接收到来自终端的请求访问要求后，立即启动事件查询模块，召测终端发生的事件，并立即对召测事件进行处理。对于支持主动上报的终端，主站收到终端主动上报的重要事件，应立即对上报事件进行处理。主站可以定期查询终端的一般事件或重要事件记录，并能存储和打印相关报表。电能表按照设定的参数产生事件并主动上报，采集终端抄读电能表事件并存储后上报主站。

（4）电能质量数据统计。

1）电压越限统计：对电压监测点的电压按照电压等级进行分类分析，分类统计电压监测点的电压合格率、电压不平衡度等。

2）功率因数越限统计：按照不同用户的负荷特点，对用户设定相应的功率因数分段定值，对功率因数进行考核统计分析；记录用户指定时间段内的功率因数最大值、最小值及其变化范围；进行超标用户分析统计、异常记录等。

3）谐波数据统计：按设置的电压、电流谐波限值对监测点的电压谐波、电流谐波进行分析，记录分相 2～19 次谐波电压含有率及总畸变率日最大值及发生时间，统计分相谐波越限数据。

（5）线损、变损分析：根据各供电点和受电点的有功和无功的正/反向电能量数据以及供电网络拓扑数据，按电压等级、分区域、分线、分台区、分元件进行线损的统计、计算、分析。可按日、月固定周期或指定时间段统计分析线损。主站应能人工编辑和自动生成线损计算统计模型。变损分析，是指将计算出的电能量信息作为原始数据，将原始数据注入指定的变损计算模型中，生成对应计量点各变压器的损耗率信息。变损计算模型可以通过当前的电网结构自动生成，也支持对于个别特殊变压器进行特例配置。

第四节　采集系统相关知识点

一、用电信息采集系统简介

新一代用电信息采集系统（简称采集 2.0）以国家电网有限公司战略为统领，遵循“架构普适前瞻、技术稳定先进、功能独立扩展、界面量身定制”的设计理念，通过“面向对象”的业务设计方法，围绕抽象、继承、多态三大特性，设计成性能卓越、功能丰富、安全稳定的客户侧能源互联网基础系统，支持各类用能设备的全接入、全采集、全控制，支持“碳达峰、碳中和”行动方案落地、电力市场化改革、清洁能源消纳和用户能效诊断，服务公司各部门、各专业、各类员工的数据和业务需求，助力能源转型和数字化转型。致力于将采集 2.0 建设成为一套善学习、会思考、能分析、有温度的系统。

采集 2.0 落实“以用户为中心”的核心理念，遵循一页千面、一屏掌控、一键智达、一贯到底、一览无余的“五个一”原则。新一代用电信息采集系统功能交互总体架构基于功能模型设计成果，功能交互大类主要包括基础采集、基础应用、拓展应用、线损综合、运行监测和系统支撑 6 个方面共 46 个功能类。此外，功能交互设计还规划了系统全局交互体验相关的主界面及入口部分内容。

用电信息采集系统通过统一的接口规范和接口技术，实现与营销管理业务应用系统连接，接收采集任务、控制任务及装拆任务等信息，为抄表管理、有序用电管理、电费收缴、用电检查管理等营销业务提供数据支持和后台保障，系统还可与其他业务应用系统连接，实现数据共享。

终端在实现与采集系统主站通信的基础上，可与其他系统的满足标准接口要求的主站通信。终端与其他系统的主站通信时，其通信参数、允许访问的数据项、是否允许主动采集或只允许主动上报等，均应由采集系统主站进行设置。

采集系统主界面如图 7-30 所示。

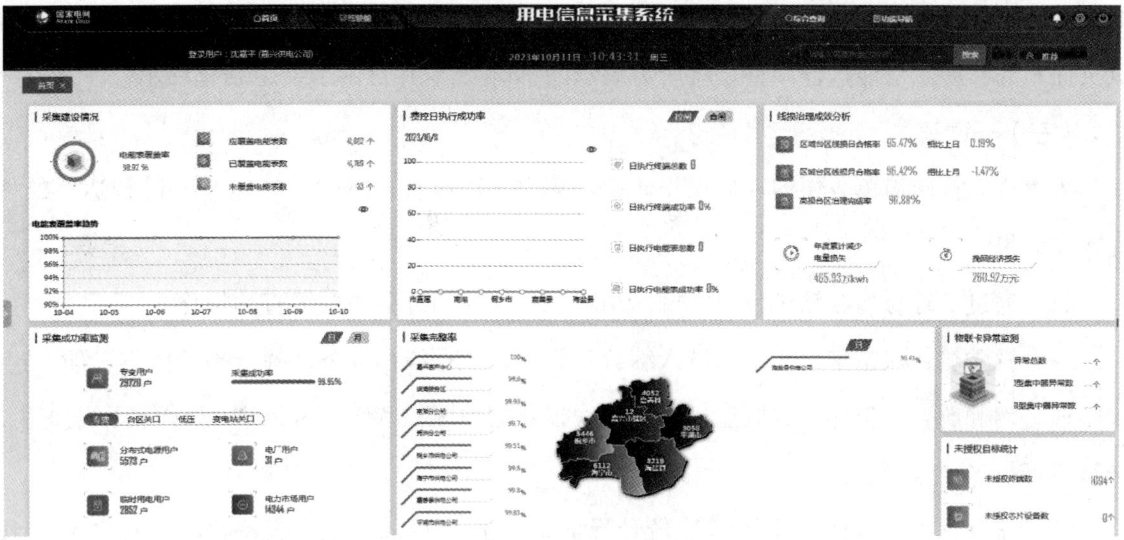

图 7-30 采集系统主界面

二、采集系统场景

（一）一屏掌控

采集 2.0 构建完整便捷的屏幕掌控体验，形成综合驾驶舱（“采集大脑”）和业务驾驶舱界面，实现模块化核心业务监控展示，并支持一屏内各相关采集业务便捷操作，减少省、市、县、所各级各类业务人员业务监控工作量，打造采集“一屏掌控”的驾驶舱操控效果。

1. 综合驾驶舱

“采集大脑 ”作为采集 2.0 综合驾驶舱，是业务驾驶舱的集合，做到了驾驶舱智享全业务一屏掌控。管理人员可通过“采集大脑”一览采集各项核心业务现状。

“采集大脑”展示采集 2.0 的采集覆盖、采集质量、采集运维、台区线损、反窃电管理、计量失准监测、停电监测、重点用户监测等核心业务。点击业务项名，进入相应业务驾驶舱功能；鼠标放置在某项具体数据上，页面中间地理图显示相应的数据地理分布功能。

2. 业务驾驶舱

业务驾驶舱提供采集 2.0 各项核心业务的具体业务分项现状展示。

业务驾驶舱展示线损管理、用电异常、采集质量、抗灾应急、采集异常、反窃电管理、资产管理、档案管理、停电管理、计量管理、采集覆盖、分布式电源等核心业务。

（二）一页千面

采集 2.0 秉持着以人为本的设计理念，构建灵活开放的页面展示体验，实现个性化业务功能界面定制，根据省、市、县、所的管理人员、专职人员、班组人员等不同岗位不同角色的个性需求，打造“一页千面 ”的个性化定制效果。在个人首页中，鼠标长按卡片，可对首页页面布局、展示功能进行调整，将所需展示的 App 及卡片自由组合定制化展示。

（三）一键智达

采集 2.0 构建简单方便的入口操作体验，实现多层级直达操作，打造“一键智达”的便捷操作效果。

(1) 通过“综合驾驶舱-业务驾驶舱-功能统计-功能明细”多层级直达操作。

综合驾驶舱：点击采集大脑，进入综合驾驶舱，根据线损业务选择线损业务驾驶舱。

业务驾驶舱：线损业务驾驶舱中，点击线损数据情况柱状图，进入“ 区域低压线损率 ”统计界面。

功能统计：“ 区域低压线损率 ”统计界面，点击“ 区域台区线损率 ”，进入“ 台区线损分布统计 ”界面。

功能明细：“ 台区线损分布统计 ”界面，点击统计线损分布情况下的线损率分布，进入“ 台区线损明细 ”；点击台区供电量，进入“ 台区供电量明细 ”界面。

(2) 通过“个人首页-App/卡片业务监控-功能统计-功能明细 ”多层级直达操作。

个人首页：根据个人需求，显示个性化个人首页；首页点击“高负损台区数量 ”，进入“ 台区线损明细 ”。

App/卡片业务监控：首页点击“高负损台区数量”，进入“ 台区线损明细 ”。

功能统计：“ 台区线损明细”中点击统计线损，进入“ 台区线损曲线趋势 ”。

功能明细：“ 台区线损曲线趋势 ”中，点击台区用电量进入“ 台区用电量明细 ”。“ 台区用电量明细 ”中，点击户号，查看用户档案、负荷、抄表、电量等。

(3) 通过“功能导航-App 菜单-业务动线-功能统计/明细”多层级直达操作。

功能导航：点击采集 2.0 的“功能导航 ”进入业务 App 菜单。

App 菜单：App 菜单中点击“线损综合 ”模块中的“ 台区线损”App，进入“ 台区线损监测 App 首页 ”。

业务动线：“ 台区线损监测 App 首页 ”中，展示台区线损业务主动线、台区线损全业务功能、台区线损关键指标、上次浏览功能。

功能统计/明细：根据所需操作，点击进入相应功能进行操作。

(4) 通过“联想与推荐 ”功能，关联性智能推荐直达操作。基于系统登录和访问数据，构建每个使用者的页面需求智能推荐画像，协助系统使用者快速找到与自己需求匹配的菜单和数据页面。基于层级画像和角色画像基础，根据单人系统使用习惯，组合构建千人千面单账户的数据需求画像，针对每个使用者推送必须的菜单及个人推荐的菜单。

（5）通过“收藏 ”功能，个性化收藏直达操作。点击“ 台区线损分布统计 ”页面标题的“收藏”按钮进行功能收藏；再点击收藏的功能菜单“ 台区线损分布统计 ”进入页面。点击推荐菜单“ 台区线损分布统计 ”，进入相应页面。

（6）通过“智能搜索 ”功能，关键词搜索直达操作。在“智能搜索 ”功能中进行关键词搜索，点击搜索按钮进入搜索结果类别挑选。选择相应类别结果，支持用户、终端、电表、菜单等功能筛选，点击结果进入相应界面。

（四）一贯到底

采集 2.0 构建智能、自动的业务分析体验，实现数字驱动的业务智能诊断分析，并支持系统自动智能处理，减少省、市、县、所各级各类业务人员业务处理的工作量，打造分析“一贯到底”的智能分析支撑效果。

采集 2.0 提供采集质量、台区线损的“一贯到底 ”功能。

（1）采集质量中，在“采集成功率统计”界面，系统提供某单位采集成功率指标低于 98％时的分析结果功能。

（2）台区线损中，在“台区线损异常监控”界面，系统提供智能判别的不可算、高损、负损台区明细展示及研判异常原因。

（五）一览无余

采集 2.0 呈现直观全面的成效，实现计量采集数据管理可视化，并支持各管理者数据视图成效呈现，提高省、市、县、所各级管理人员的决策和工作效率，打造成效“一览无余”的数据可视化效果。台区线损管理中，提供“区域台区线损监测”统计，直观体现各单位的单位台区线损的管理水平。

台区线损管理中，提供“降损效益评价”功能，直观体现各单位的线损治理成效、降损效益。

三、采集大脑

概念：“采集大脑”作为采集 2.0 综合驾驶舱，是业务驾驶舱的集合，做到了驾驶舱智享全业务一屏掌控。管理人员可通过“采集大脑”一览采集各项核心业务现状。

具体操作：“采集大脑”中，展示“采集覆盖”“采集质量”“采集运维”“台区线损”“反窃电管理”“计量失准监测”“停电监测”“重点用户监测”八大核心业务数据统计展示。

可对具体业务名（穿透至对应业务驾驶仓）进行穿透。

四、采集系统功能介绍

具体功能配置见表 7-11。

表 7-11　　系统功能配置表

序号	项目		备注
1	数据采集	实时和当前数据	必备功能
		历史日数据	必备功能
		历史月数据	必备功能
		事件记录	必备功能
2	数据管理	数据合理性检查	必备功能
		数据计算、分析	必备功能
		数据存储管理	必备功能
3	定制控制	功率定值控制	必备功能
		电量定值控制	必备功能
		费率定值控制	必备功能
4	远方控制	遥控	必备功能
		保电	必备功能
		剔除	必备功能
5	综合应用	自动抄表管理	配合其他业务应用系统
		费控管理	配合其他业务应用系统
		有序用电管理	配合其他业务应用系统
		用电情况统计分析	配合其他业务应用系统
		异常用电分析	配合其他业务应用系统
		电能质量数据统计	配合其他业务应用系统
		线损、变损分析	配合其他业务应用系统
		增值服务	配合其他业务应用系统
6	运行维护管理	系统对时	必备功能
		权限和密码管理	必备功能
		采集终端管理	必备功能
		档案管理	配合其他业务应用系统
		通信和路由管理	必备功能
		运行状况管理	必备功能
		维护及故障记录	必备功能
		报表管理	必备功能
		电能表通信参数的自动维护	可选功能
7	系统接口		与其他业务应用系统连接

（一）定值控制

1. 功率定值控制

功率控制方式包括时段控制、厂休控制、营业报停控制、当前功率下浮控制等。系统根据业务需要提供面向采集点对象的控制方式选择，管理并设置终端负荷定值参数、开关控制轮次、控制开始时间、控制结束时间等控制参数，并通过向终端下发控制投入和控制解除命令，集中管理终端执行功率控制。控制参数及控制命令下发、开关动作应有操作记录。

2. 电量定值控制

系统根据业务需要提供面向采集点对象的控制方式选择，管理并设置终端月电量定值参数、开关控制轮次等控制参数，并通过向终端下发控制投入和控制解除命令，集中管理终端执行电量控制。控制参数及控制命令下发、开关动作应有操作记录。

3. 费率定值控制

系统可向终端设置电能量费率时段和费率以及费控控制参数，包括购电单号、预付电费值、报警和跳闸门限值，向终端下发费率定值控制投入或解除命令，终端根据报警和跳闸门限值分别执行告警和跳闸。控制参数及控制命令下发、开关动作应有操作记录。

（二）远方控制

1. 遥控

主站可以根据需要向终端或电能表下发遥控跳闸命令，控制用户开关跳闸。主站可以根据需要向终端或电能表下发允许合闸命令，由用户自行闭合开关。遥控跳闸命令包含告警延时时间和限电时间。控制命令可以按单地址或组地址进行操作，所有操作应有操作记录。

2. 保电

主站可以向终端下发保电投入命令，保证终端的被控开关在任何情况下不执行任何跳闸命令。保电解除命令可以使终端恢复正常受控状态。

3. 剔除

主站可以向终端下发剔除投入命令，使终端处于剔除状态，此时终端对任何广播命令和组地址命令（除对时命令外）均不响应。剔除解除命令使终端解除剔除状态，返回正常状态。

（三）费控管理

费控管理需要由主站、终端、电能表多个环节协调执行。实现费控控制方式有主站实施费控、采集终端实施费控、电能表实施费控三种形式：

1. 主站实施费控

主站可根据用户的缴费信息和定时采集的用户电能表数据，发送催费告警通知，当剩余电费等于或低于跳闸门限值时，发送跳闸控制命令，切断供电。用户缴费成功后，可以通过主站直接合闸，或通过主站发送允许合闸命令，允许合闸。

2. 采集终端实施费控

根据用户的缴费信息，主站将电能量费率时段和费率以及费控参数包括购电单号、预付电费值、报警和跳闸门限值等参数下发终端并进行存储，当需要对用户进行控制时，向终端下发费控投入命令，终端定时采集用户电能表数据，计算剩余电费，终端根据报警和跳闸门限值分别执行告警和跳闸，用户缴费成功后，可通过主站发送允许合闸命令，允许合闸。

3. 电能表实施费控

根据用户的缴费信息，主站将电能量费率时段和费率以及费控参数包括购电单号、预付电费值、报警和跳闸门限值等参数下发电能表并进行存储，当需要对用户进行控制时，向电能表下发费控投入命令，电能表实时计算剩余电费，电能表根据报警和跳闸门限值分别执行告警和跳闸，用户缴费成功后，可通过主站发送允许合闸命令，允许合闸。

（四）有序用电管理

根据有序用电方案管理或安全生产管理要求，编制限电控制方案，对电力用户的用电负荷进行有序控制，并可对重要用户采取保电措施，可采取功率定值控制和远方控制两种方式。执行方案确定参与限电的采集点并编制群组，确定各采集点的控制方式，以及负荷定值参数、开关控制轮次、控制开始时间、控制结束时间等控制参数。控制参数批量下发给参与限电的所有采集点的相应终端。通过向各终端下发控制投入和控制解除命令，终端执行并有相应控制参数和控制命令的操作记录。

（五）综合用电分析

综合用电分析包括：

(1) 负荷分析，按区域、行业、线路、电压等级、自定义群组、用户、变压器容量等类别对象，以组合的方式对一定时段内的负荷进行分析，统计负荷的最大值及发生时间、最小值及发生时间，负荷曲线趋势，并可进行同期比较，以便及时了解系统负荷的变化情况。

(2) 负荷率分析，按区域、行业、线路、电压等级、自定义群组等统计分析各时间段内的负荷率，并可进行趋势分析。

(3) 电能量分析，按区域、行业、线路、电压等级、自定义群组、用户等类别，以日、月、季、年或时间段等时间维度对系统所采集的电能量进行组合分析，包括统计电能量查询、电能量同比环比分析、电能量峰谷分析、电能量突变分析、用户用电趋势分析和用电高峰时段分析、排名等。

(4) 三相平衡度分析，通过分析配电变压器三相负荷或者台区下所属用户按相线电能量统计数据，确定三相平衡度，进而适当调整用户相线分布，为优化配电管理奠定基础。

(5) 负荷预测支持，分析地区、行业、用户等历史负荷、电能量数据，找出负荷变化规律，为负荷预测提供支持。

(6) 异常用电分析，对采集数据进行比对、统计分析，发现用电异常。如同一计量点不同采集方式的采集数据比对或实时数据和历史数据比对，发现功率超差、电能量超差、负荷超容量等用电异常，记录异常信息。对现场设备运行工况进行监测，发现用电异常，如计量柜门、TA/TV 回路、表计状态等发现异常，记录异常信息。用采集到的历史数据分析用电规律，与当前用电情况进行比对分析，分析异常，记录异常信息。发现异常后，启动异常处理流程，将异常信息通过接口传送到相关职能部门。

（六）运行维护管理

1. 对时方案

(1) 一般要求。用电信息采集系统对时方案选用分层设计，主站负责对采集终端进行对时，集中器负责对采集器、电能表进行对时；采集终端对时误差绝对值小于等于 5s，电能表对时误差绝对值小于等于 10s；采集终端和电能表日计时误差绝对值小于等于 0.5s/d。

(2) 主站对时。要求主站与标准时钟源（GPS 全球卫星定位系统、北斗卫星导航系统或 NTP 网络时钟源等）进行时钟同步，主站时钟误差小于等于 0.1s/d，主站设置采集终端时钟误差允许值。支持主动上报的终端，可通过心跳报文上传终端时钟，主站判断终端时钟是否超差；不支持主动上报的终端，由主站巡测终端时钟，判断终端时钟是否超差。

(3) 终端对时。当终端时钟误差超过允许值后，主站启动采集终端对时，终端生成对时事件，可由主站召测或终端主动上报对时是否成功。终端设置电能表时钟误差允许值，由采集终端监测电能表时钟是否超差。终端可主动发起与主站对时的请求。终端可通过北斗、GPS 或移动网络进行时钟同步完成对时。

(4) 电能表对时。当电能表时钟误差超过允许值后，由采集终端将电能表时钟超差事件报送到主站，经主站允许后，采集终端启动对时钟超差电能表的对时（可采用广播对时或点对点对时命令），电能表生成对时事件，终端将所属电能表对时事件报送到主站。终端能响应电能表主动发起的对时请求。

(5) 通信延时。各级对时均要考虑通信信道的延时，主站与采集终端之间由主站计算信道延时，并进行对时修正；采集终端与电能表之间由采集终端计算信道延时，并进行对时修正。

2. 权限和密码管理

对系统用户进行分级管理，可进行包括操作系统、数据库、应用程序三部分的用户密码设置和权限分配。并可根据业务需要，按照业务的涉及内容进行密码限制。

登录系统的所有操作员都要经过授权，进行身份和权限认证，根据授权权限使用规定的系统功能和操作范围。

3. 采集终端管理

终端管理主要对终端运行相关的采集点和终端档案参数、配置参数、运行参数、运行状态等进行管理。

主站可以对终端进行远程配置和参数设置，支持新上线终端自动上报的配置信息。主站可以向终端下发复位命令，使终端自动复位。

4. 档案管理

主要对维护系统运行必须的电网结构、用户、采集点、设备进行分层分级管理。系统可实现从营销和其他系统进行相关档案的实时同步和批量导入及管理，以保持档案信息的一致性和准确性。

5. 通信和路由管理

对系统使用的通信设备、中继路由参数等进行配置和管理；对系统使用的公网信道进行流量管理。系统主站能采集并显示本地电力线载波通信信道的路由信息。

6. 运行状况管理

运行状况管理包括主站、终端、专用中继站运行状况监测和操作监测。

(1) 主站运行工况监测，实时显示通信前置机、应用服务器以及通信设备等的运行工况；检测报文合法性、统计每个通信端口及终端的通信成功率；采集不同本地通信方案的信息，统计其抄通成功率。

(2) 终端运行工况监测，终端运行状态统计（包括各类终端的台数，投运台数）、终端数据采集情况（包括电能表数据采集）、通信情况的分析和统计。

(3) 专用中继站运行监测，实时显示中继站的运行状态、工作环境参数。

（4）操作监测，通过权限统一认证机制，确认操作人员情况、所在进程及程序、操作权限等内容；系统自动记录重要操作（包括参数下发、控制下发、增删终端、增删电能表等）的当前操作员、操作时间、操作内容、操作结果等信息，并在值班日志内自动显示。

7. 维护及故障记录

自动检测主站、终端以及通信信道等运行情况，对故障点设备进行定位，记录故障发生时间、故障现象等信息，生成故障通知单，提示标准的故障处理流程及方案，并建立相应的维护记录。

统计主站和终端的月/年可用率，对各类终端进行分类故障统计。

对电能表运行状态进行远程监测，及时发现运行异常并告警。

8. 报表管理

系统提供专用和通用的制表功能。系统操作人员可在线建立和修改报表格式。

应根据不同需求，对各类数据选择各种数据分类方式（如按地区、行业、变电站、线路、不同电压等级等）和不同时间间隔组合成各种报表并支持导出、打印等功能。

第八章 “装检校采合一”典型案例

第一节 “装检校采合一”应用场景

电力行业目前正处于快速发展的阶段。全球范围内推动绿色能源发展的潮流日益强劲，电力行业积极推动可再生能源的利用，减少对传统能源的依赖，以实现“双碳”目标的实现和可持续发展。智能电网建设、储能技术、数字化转型等建设如火如荼。在这样的时代背景下，“装检校采合一”将加速提上日程。智能电网建设成为电力行业的重要方向，通过先进的数字化技术，实现对电力系统的智能化监测、控制和优化，提高供电可靠性和效率。储能技术的进步和分布式能源的快速发展也为电力行业带来新的机遇和挑战。同时，数字化转型正深刻改变着电力行业的运营方式和管理手段，大数据的采集和分析将为电力系统提供智能化管理和优化的支持。综上所述，“装检校采”业务可以积极适应和引领这些发展趋势，为实现清洁、智能、高效、可持续的能源供应做出努力。

随着“装检校采”业务的深入，“装检校采合一”为计量资产的流程串联和管理提出了更高的要求。在变革过程中一些管理制度和体系应运而生。

一、项目工程负责制

项目工程负责制是指在项目实施过程中，由特定的项目工程负责人全面负责项目的规划、组织、实施和管理。项目工程负责制在“装检校采合一”中具有重要的作用，它可以确保基建工程项目的高效执行，控制风险和问题，提高团队协作效率，实现项目目标的顺利实现。

二、计量资产全寿命周期管理

资产全寿命周期管理在“装检校采合一”的进程中是非常必要的。它可以最大化资产价值，降低维护和运营成本，提高生产效率，提升安全和合规性，并提供准确的决策和规划支持。通过全面管理资产的设计、采购、使用和报废等各个阶段，企业可以有效延长资产寿命、降低成本、提高效率，并为企业的可持续发展和竞争优势打下坚实基础。

三、新型储能体系建设

新型储能体系建设中，对电力工业而言，电池储能技术是目前最常用的储能技术之一。它包括锂离子电池、钠离子电池、铅酸电池等多种类型。电池储能技术可以将电能转化为化学能并储存，在需要时再转化为电能输出。除电池储能外，抽水蓄能、机械储能等新型储能方式也逐渐崭露头角。“装检校采”在新型能源体系建设中的意义主要体现在提供准确的能源数据、优化能源系统运行和管理、提高能源利用效率、支持科学决策以及确保能源系统的安全和可靠性等方面。通过装检校采技术的应用，可以实现对能源产量、消耗、负载等数据的准确监测，进而为能源系统的优化和发展提供科学依据。此外，“装检校采”还有助于提高能源利用效率，降低能源浪费，以及确保能源系统的安全性和稳定运行。

四、全科化人才培养体系

“装检校采合一”的建设过程中，为了应对装检校采领域的综合性需求、处理多领域交叉问题、提高工作效率和灵活性，以及促进大量全新应用场景下的合作与创新，“装检校采”的统筹运转需要全科化人才培养。这种全科化培养模式使人才具备广泛的知识背景和技能，能够全面理解和应对多样化的“装检校采”需求，建立联系和共享知识，提供创新性的解决方案。同时，全科化人才也能更好地适应不同的工作场景和技术需求，促进跨团队的合作，提高团队的协同效率和创新能力，为装检校采领域的发展和应用提供更有实力的支持。

本章节中以上项目将以典型案例的形式得到呈现。

第二节　“装检校采合一”下的项目工程负责制

一、项目简介

“装检校采合一”下的项目工程负责制就是以“装检校采”为主体业务的项目，从策划到实施的全过程为工作核心，以营销计量基建项目工程的圆满完成为预期目标。最终形成对项目负责人及项目团队的一种管理模式。

二、背景和意义

（一）背景

营销计量作业是安全生产工作的重要组成部分。随着时代的发展和数字化进程的快速推动，大量的新式设备和软件系统在营销计量的现场得到了应用，电力市场的复杂性和技术性要求也需要一个专门负责的团队来进行项目的规划、实施和管理，以确保电力营销计量的准确性和可靠性。

与此同时，随着电力市场的逐步开放和竞争的加剧，电力营销计量作为一个重要环节，需要进行有效的管理和监控以确保公平、公正的市场交易。项目工程负责制的引入可以提供明确的责任和权力，确保电力营销计量项目能够高效、有序地进行。

全面做好营销计量作业的项目工程管理工作，提高作业规范性和事故防范、应急处置能力，尽可能避免和减少营销计量作业差错的发生和损失，是应对营销计量生产现场严峻形势的现实需要。

（二）意义

此制度的施行对营销计量从业人员准确、规范和有效地进行现场作业具有规范化指导作用，能够有效指导营销计量岗位人员的作业流程，保障人身及设备安全、防止发生营销服务事故和营销计量差错，了解电能计量装置设计审查规范，掌握电能计量装置的投运前验收流程，为保障计量装置安装完成后的长期稳定安全运行，在计量装置投运前，须对计量装置设计进行审查，并认真做好投运前验收工作，确保电能计量准确，安全可靠。

三、实践应用

基建工程营销计量作业中，各类计量装置“装检校采”作业流程在本书前文相应章节中已提及，本案例中不再赘述，仅作为实际工作的补充。

（一）项目工程负责制管理总则

为安全、准确、有效地开展各类营销计量现场作业，按照“简单易懂，准确实用”的原则，组织实施“装检校采合一”下的项目工程负责制，明确现场人员在项目工程工作中的各类工作流程。

(1) 对于营销计量作业，实行职责任务分级负责制。

(2) 营销计量作业过程中，现场工作人员应在工作负责人、安全员或专责监护人的带领下，严格按照《××有限公司营销现场作业安全工作规程》进行作业。

(3) 作业现场或作业车应配备简易急救箱或存放相应急救物品，由专人负责，定期检查，补充更换。

(4) 要普及营销规范作业知识，提高作业人员规范作业意识、提升业务处置能力，对于新增、调入、外协等人员，应在上岗前进行项目工程全过程管理培训。

(5) 项目工程全过程管理具有指导性作用，引导作业人员合理、合规地进行作业，保证作业安全、高效，方法正确、有效。

（6）项目工程全过程管理涵盖流程步骤非强制性规定，不涵盖应急处置规范，作业人员应具备合格的应急处置能力，在发生涵盖以外的突发情况时，应立即停止作业，并以《现场检验应急处置一事一卡一流程》为参照，进行应急处置。

（7）本项目工程全过程管理适用于作业前预习、作业中备忘、作业后回顾，并根据各项最新工作规定及时更新，进行修订。

（8）可以最大限度地将竞争机制、激励机制、约束机制、奖惩机制等有机地融合在一起，从而提高管理的科学性、针对性和有效性。

（9）便于上级部门领导对基建项目进行评估、分析、论证、决策与考核。

（10）便于上级部门领导对基建项目的预期效果和效益进行监控。

（11）可以将相关的权利、义务、责任等落实到具体的项目负责人和实施团队。

（12）有利于在班组内实现出版资源的优化配置，并充分调动相关责任人的聪明才智、业务潜能和工作积极性。

（13）便于对相关人员的业绩进行考评，从而更科学地予以奖惩。

（二）作业流程

根据项目工程全过程，以最佳的作业步骤和顺序，对“装检校采”各类项目过程进行优化而形成作业流程图，如图 8-1 所示。

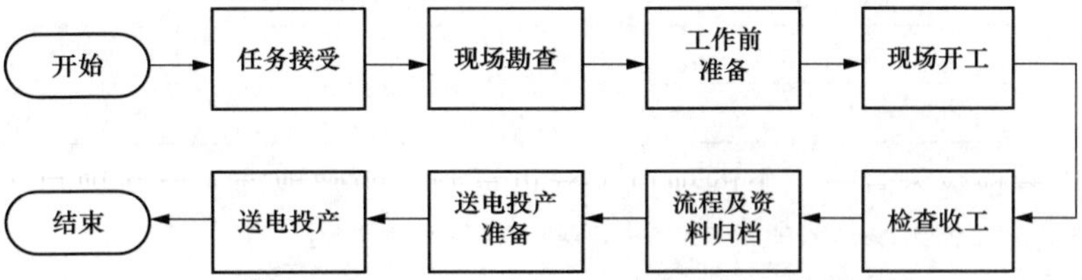

图 8-1　项目工程作业流程图

设计编制《工程管理表》，配合《工程日历表》共同作为上墙提示材料，如图 8-2 所示。将工程作业内容、各节点责任人员、工程进展、验收整改情况、遗留问题等内容进行清单化管理，并将工程联系单、变比确认单、现场勘察单、验收整改单、会议纪要等单据作为表内附件共同上墙展示，协助工程负责人进行全过程管控，进一步提升各项工程管理的细致程度。

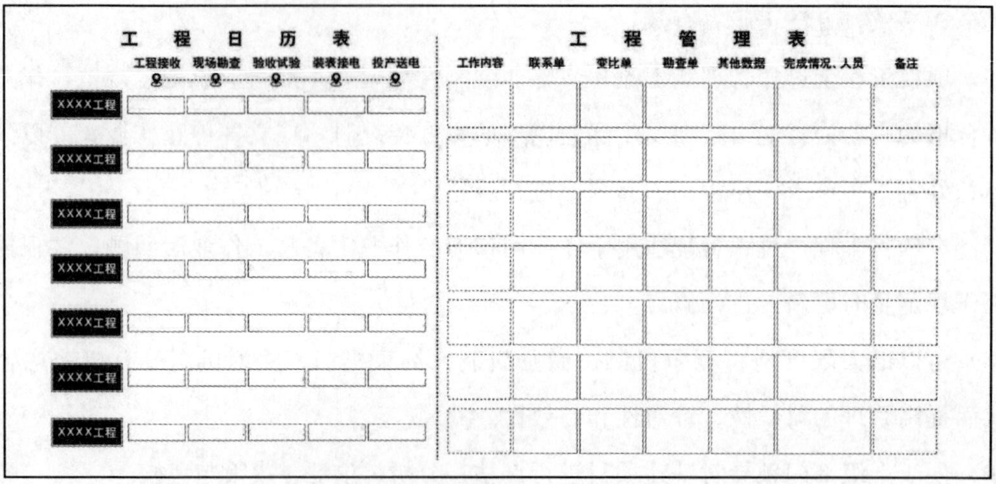

图 8-2　工程管理表和工程日历表

（三）任务接受

1. 工程联系单

基建工程营销计量工作的任务正式接受需要工程联系单等正式文件，这里以工程联系单为例。工程联系单由基建单位或客户经理出具，见表 8-1。

表 8-1　　　工 程 联 系 单

<table>
<tr><td colspan="6">××电力建设有限责任公司
工程联系单
编号　　第×××-××××-×× 号</td></tr>
<tr><td>工程名称</td><td colspan="2">××kV 变电站××工程</td><td>签发日期</td><td colspan="2"></td></tr>
<tr><td>主送单位</td><td colspan="2"></td><td rowspan="2">附件（盖章）</td><td colspan="2" rowspan="2"></td></tr>
<tr><td>抄送单位</td><td colspan="2"></td></tr>
<tr><td colspan="6">联系内容：
××kV 变电站××工程电气安装在紧张的开展中，现有以下问题需要配合：
1. 请××单位于××××年××月××日前完成××kV××线路 CT 角差比差试验；
2. 请××计量室于××××年××月××日前完成×××kV 线路（主副表）安装；
3. 请确认×××kV 线路 CT 计量级抽头变比。
4. 请在××××年××月××日前安排电能量采集装置的安装调试工作。</td></tr>
<tr><td>序号</td><td>提供部门</td><td>安装位置</td><td>数量</td><td colspan="2">技术特性</td></tr>
<tr><td>1</td><td rowspan="3"></td><td></td><td></td><td colspan="2"></td></tr>
<tr><td>2</td><td></td><td></td><td colspan="2"></td></tr>
<tr><td>3</td><td></td><td></td><td colspan="2"></td></tr>
<tr><td colspan="3">总计</td><td></td><td colspan="2"></td></tr>
<tr><td colspan="2">答复意见</td><td colspan="4"></td></tr>
<tr><td colspan="2">签发人：</td><td colspan="2">审核人：</td><td colspan="2">经办人：</td></tr>
</table>

需要重点关注的主要内容有：

（1）计量点信息。

1）确定计量点所属侧、用户侧（专线）或变电站侧（专变），本次某变电站基建工程均为系统侧计量点，无用户专线。

2）核对计量点电压等级（220/380V、10、20、35、110、220kV 等）。

3）确定计量装置分类，运行中的电能计量装置按计量对象重要程度和管理需要分为五类（Ⅰ、Ⅱ、Ⅲ、Ⅳ、Ⅴ）。分类细则及要求如下：

a. Ⅰ类电能计量装置。220kV 及以上贸易结算用电能计量装置，500kV 及以上考核用电能计量装置，计量单机容量 300MW 及以上发电机发电量的电能计量装置。

b. Ⅱ类电能计量装置。110(66)～220kV 贸易结算用电能计量装置，220～500kV 考核用电能计量装置。计量单机容量 100～300MW 发电机发电量的电能计量装置。

c. Ⅲ类电能计量装置。10～110(66) kV 贸易结算用电能计量装置，10～220kV 考核用电能计量装置。计量 100MW 以下发电机发电量、发电企业厂（站）用电量的电能计量装置。

d. Ⅳ类电能计量装置。380V～10kV 电能计量装置。

e. Ⅴ类电能计量装置。220V 单相电能计量装置。

4）确认各个电压等级计量点所需电能表的数量及主副表设置情况。

a. 接线方式：高供高计/高供低计，三相四线/三相三线，根据接线方式确定电能表类型。

b. 高压电流互感器、电压互感器信息确认：确定 CT、TV 的变比与计量绕组接线组别；确定 CT、TV 的类型（GIS/分体独立式、电磁式/电容式、固定式/穿芯式），根据 CT、TV 的变比和类型选择相应的检验装置。

c. 用户电气联系人及现场工程负责人：记录联系方式，询问现场情况、进度和时间节点等。

d. 时间节点：设计并编制《工程日历表》，以时间轴的方式直观展示工程接收、施工进场、设备到货、现场踏勘、验收试验、装表接电、投产送电等关键节点，通过上墙展示的形式，协助工程负责人及班组长进行工程计划管理，相关参与人员及时掌握施工动态。高压互感器检验时间节点、电能表及终端安装时间、送电投产时间，若工程联系单上没有明确说明，则询问用户电气联系人或现场工程负责人，并安排工作计划。

2. 计划安排、人员车辆派工

（1）计划编制。依托"双负责人"工程管理机制，由班组长及各工程负责人综合考虑月度生产计划及业务承载力，排定现场勘察、入场施工及投产送电等计划节点，编制生产施工作业计划。提前一周安排工作计划，若为变电站侧工作还应报送下周变电站计划。

（2）计划审批。上级管理部门设立计划管理专责人员，针对下周作业计划，综合考虑作业内容、气候特点、班组承载力等因素，对计划合理性、人员配置、施工时间等内容进行平衡审批。

（3）计划发布。将会商审核制度纳入各班组安全周例会，由计划专责人员、班组长、各工程负责人及工作班成员共同开展作业风险评估定级会商，根据作业任务分析、现场勘查情况及风险定级库，进行风险评估及定级工作，明确作业风险和管控措施，完成作业计划发布。

（4）人员、车辆派工。若为变电站侧计量点，联系 ERTU 厂家，告知计划装表时间，届时由厂家进行表计 ERTU 参数设置。

（四）现场勘查

现场勘查是工程开展的第一步，是各项工作能够顺利开展的基础。综合考虑业务种类、环境条件等因素，将所需查看的停电范围、带电部位、现场环境、危险因素及安全措施等要点列入《现场踏勘方案》，确保现场勘查工作全面、到位。根据现场踏勘情况规范填写现场勘查单，作为填用及签发工作票的依据。根据实际勘查情况细化明确现场风险及相应预控措施，将特殊风险点补充列入《作业风险控制卡》，实现通用模板的灵活应用。

针对重难点工程，进一步细化管理，根据现场勘查单及《作业风险控制卡》制定《一站一册实施方案》，完成三级审批，确保安全措施明确、计划安排合理、现场开工有序。

有效的现场勘查要点有：

（1）地面情况：查看现场地面平整程度，承重能力能否承载相应工作所需的人员、设备重量，地面有无开裂情况等。

（2）高压互感器情况：查看 CT、TV 的所在位置、数量确认、类型确认、检验条件确认（试验电源位置、试验接线长度、是否需要人员配合登高等条件确认）。

（3）计量屏、柜情况：确认电能表和终端安装位置、表位是否充足、电缆搭接情况、现场是否已放线、是否配备表架和接线盒等。

（4）安全措施情况：检验步步高是否合格，安全措施是否完善、齐备。现场安全措施情况如图 8-3 所示。

图 8-3 现场安全措施情况

（5）与试验人员交接现场勘查情况。

（五）工作前准备

1. 互感器检验作业前准备

（1）工作票签发：提前联系现场工程负责人，说明届时班组成员将作为工作班成员在工作票上签字。

（2）工器具检查：检查螺丝刀、穿芯电线（穿心式互感器）、安全帽、验电笔、绝缘手套、万用表等是否合格齐备。

（3）准备互感器试验记录本。

（4）检验设备：根据互感器类型携带相应的互感器校验仪（电容式/电磁式/GIS）、一次与二次试验线、电源线、试验电源盘、放电棒、试验线夹、试验延长线（由现场勘查环节确认是否需要）。

（5）至少提前一天联系现场工程负责人，交代作业时间，并要求安排配合人员（登高、拆卸地刀等）。

（6）根据基建工程互感器计量回路的变比确认单确认变比。

2. 电能表及终端装接作业前准备

（1）根据工程联系单，填写杂项工作联系单与资产管理班组沟通交接，确认相应数量、品规的电能表及终端，系统流程于工作开展前一天到达合格在库环节，见表 8-2。

（2）营销系统相应流程号→电能表方案→发送任务给表库。

（3）智能周转柜领用电能表，登录→出库操作。

表 8-2　　　　杂项工作联系单

<table>
<tr><td rowspan="2">工作类别</td><td colspan="7">×××公司×××部门×××班组</td></tr>
<tr><td colspan="7">杂项工作联系单</td></tr>
<tr><td>户名</td><td colspan="3"></td><td colspan="2">联系人</td><td colspan="2"></td></tr>
<tr><td>地址</td><td colspan="3"></td><td colspan="2">电话</td><td colspan="2"></td></tr>
<tr><td>工作内容</td><td colspan="7">（填写相应数量、品规的电能表及终端，需要流程如何运转等）</td></tr>
<tr><td rowspan="4">传递单位</td><td>名称</td><td>签名</td><td>年月日</td><td>名称</td><td>签名</td><td>年月日</td><td rowspan="4">盖章</td></tr>
<tr><td></td><td></td><td></td><td></td><td></td><td></td></tr>
<tr><td></td><td></td><td></td><td></td><td></td><td></td></tr>
<tr><td></td><td></td><td></td><td></td><td></td><td></td></tr>
<tr><td colspan="8">填写单位：××××班　　　　填写人：×××
日期：××××年××月××日</td></tr>
</table>

（4）工单出库→输入工单号或直接选择工单号→确定→去相应柜内领用电能表→关闭柜门。

（5）标注各电能表所属计量点/线路名称、主辅表标记。

（6）处理营销系统配表环节采集点方案，人工库领用负控终端、天线，并填写领用单。

（7）领用 SIM 卡，并填写领用单。

（8）终端安装 SIM 卡，营销系统负控终端 SIM 卡绑定：资产管理→辅助功能→SIM 卡与终端绑定→SIM 卡绑定终端编号按钮→选择服务区域、采集终端分类、输入条形码→查询后确定→SIM 卡号：输入领用的 SIM 卡卡号→SIM 卡绑定。

（9）若终端版本未达相关规定，将终端上电完成版本升级。

（10）记录终端与电能表对应关系。

（11）打印高压电能计量装接单。

（12）打印电能表装/拆单。

（13）工作票签发：提前一天手工签发工作票。仔细核对工作内容和所需的安全措施，确保完整、准确地记录在工作票上；确认工作票的编号、计划工作日期，并在需要时填写工作开始和结束的时间；接着，确保工作票的格式规范，包括清晰的标题、简洁明了的描述；最后，在发放工作票之前，仔细核对所有信息的完整性和准确性。这些注意事项有助于确保手工签发的工作票信息准确、可靠，并为工作人员提供明确的指导和安全步骤。

（14）工器具检查：检查螺丝刀、斜口钳、尖嘴钳、固定螺丝及垫片、绝缘手套、安全帽、验电笔、万用表、封印、扎带、485通信线、电流/电压线、绝缘胶布等是否合格齐备。

（15）至少提前一天联系现场工程负责人，交代作业时间，并要求安排配合人员（现场提供图纸等）。

（六）现场开工

1. 互感器检验现场工作

（1）履行工作票许可手续。

（2）布置安全措施。明确划定互感器检验的施工区域，并使用标识牌、警示带或围栏等方式将其与周围区域隔离开来，确保非相关人员无法进入施工区域。

（3）开展站班会，严格履行班前会制度，每日由各工程（工作）负责人进行工作内容布置、人员分工、重点分析，依据会商审批定稿后的《作业风险控制卡》交代作业风险和管控措施，工作班成员自主提出疑虑，通过工程（工作）负责人及工作班成员双向联动，确保作业人员“四清楚”（作业任务清楚、作业流程清楚、危险点清楚、安全措施清楚），切实提升全员业务水平和自主安全能力。

（4）工作负责人进行电子工作票资料录入：智能运检全景窗→工作票→变电站（发电厂）第二种工作票→筛选→进入工作票→作业前准备→上传现场勘查、三措一案、工作票照片→准入核查→选择识别方式，对所有人员逐一认证→开工→上传安措布置、许可开工、安全交底照片→确认开工→上传现场作业照片。

（5）查看检修电源位置，并用万用表测量，确认为220V交流电。

（6）图纸审查：查看计量用CT、TV位置、二次端子排接入位置等。

（7）查看互感器铭牌信息，记录在《电流/电压互感器试验记录》上。

（8）摆放状态，使CT、TV独立。保证无法远方遥控现场线路，防止倒送电等危险情况。

（9）接线。

CT：一次试验线接P1和P2，二次试验线根据变比接入计量0.2S级别绕组，若为穿芯式，则用穿芯电线穿过CT，确认极性后确认P1和P2。

TV：一次试验线接A和X，二次试验线接1a和1n。注意，若CT和TV无法接本体，则独立后一次线正极由于互感器连通的主变或地刀侧接入，负极接接地处。

（10）撤离无关人员，开始试验。

（11）记录检验结果，并判断是否合格。若不合格则报用检人员责令整改。

（12）记录备案。

2. 电能表及终端装接现场工作

（1）履行工作票许可手续。

（2）布置安全措施。

（3）开展站班会，交代工作内容、人员分工、注意事项、危险因素及安全技术交底，并履行签字手续。

（4）工作负责人进行安全风险管控平台录入：智能运检全景窗→工作票→变电站（发电厂）第二种工作票→筛选→进入工作票→作业前准备→上传现场勘查、三措一案、工作票照片→准入核查→选择识别方式，对所有人员逐一认证→开工→上传安措布置、许可开工、安全交底照片→确认开工→上传现场作业照片。

（5）图纸审查：确定表计安装位置、电缆搭接位置、表计与接线盒对应关系。（注意：若为带电屏新装表计，还应用万用表测量电压端子是否已有电压，排除安全隐患）

（6）极性确认，与现场工程负责人一并确认表计极性朝向。

（7）联合试验接线盒（见图 8-4）状态摆放，将电压断开，下端电流短接。

（8）二次电缆搭接（见图 8-5）。

图 8-4　联合试验接线盒

图 8-5　电缆二次端子排搭接

（9）核对电能表及终端信息，核对计量点与两者的对应关系。

（10）固定电能表及终端、计量二次回路搭接、485 通信线搭接、终端天线放置（表计和终端安装规范详见《装表接电一本通》）。

（11）使用万用表进行接线检查。接线检查流程：首先检查端子排至接线盒下端的通断，其次检查接线盒上端至电能表的通断，最后检查 485 电压为＋4V 左右，全程注意电流与电压线有无串接，严禁电流电压线串接。

（12）将电能表、终端信息记录于电能表装/拆单上并签字。

（13）安装封印，电能表盖、终端SIM卡处、终端盖板、接线盒、屏柜前后门均需施加封印。

（14）高压电能计量装接单由用户负责人确认并签字。

（七）检查收工

（1）打扫现场卫生，确保无铜丝等导电物体遗留。

（2）清点工器具，确认现场无工器具遗留。

（3）电能表、终端完工图拍照留存。

（4）装接单拍照留存，发送至相关人员。

（5）履行纸质工作票终结手续。

（6）完成线上安全管控平台工作票流程，办理工作票终结手续，智能运检全景窗→工作票→变电站（发电厂）第二种工作票→筛选→进入工作票→工作票终结→完成。

（八）流程及资料归档

1. 变电站关口管理有关规定

（1）《×××公司电能量关口管理办法》中关于变电站关口管理业务流程有如下规定。

第四十二条，关口设置包括新建和变更两类。关口变更是指关口计量点位置、性质发生改变。

第四十四条，台区供电关口原则上设置在台区配变的低压侧，有低压母联的需在联络开关上增设关口计量点。

第五十二条：

1）建设管理部门在项目初设阶段向各关口管理部门报送关口设置申请。

2）在工程前期的一、二次接入系统初步设计前，按照关口管理专业分工，由关口管理部门组织相关专业进行研究，提出设置方案。

3）根据关口计量点设置方案，提出电能计量装置、采集终端、通道配置需求及相关技术条件。

（2）DL/T 448—2016《电能计量装置技术管理规程》的规定。

第7.4.3条：出入库宜遵循先入先出的原则，库存周期不宜超过6个月，库存量应根据使用需求合理分配。

第7.6.3条：电能计量装置投运前应进行全面验收。

1）技术资料验收。

2）现场核查。

3）验收试验。

4）验收结果处理。

a. 验收不合格时，应出具《整改建议意见书》，待整改完成后再进行验收。

b. 设备安装、更换、拆除工作应遵守《电业安全操作规程》和DL/T 825—2002《电能计量装置安装接线规则》。

c. 采集设备安装位置应依据通信信号强、铺设线路短、现场维护方便原则进行选定。

d. 信息系统调试期间应记录每一调试步骤的调试状态。出现调试失败时，必须记录失败原因。

e. 装拆调试过程中，应提供远程监控功能，通过应用可视化技术，监督现场作业人员工作质量和安全措施。

f. 装拆调试过程中，应提供远程协助功能，开展远程高仿真业务指导，协助现场工作人员迅速解决现场难题。

g. 安装调试过程中，应开启轨迹定位。

第9.4条：经检定合格的机电式（感应式）电能表在库房保存时间超过6个月以上的，在安装使用前应重新进行检定；经检定合格的静止式电能表在库房保存时间超过6个月以上的，在安装使用前应检查表计功能、时钟电池、抄表电池等是否正常。

(3)《×××公司计量资产全寿命周期管理办法》的规定。

第二十七条，资产拆回处置管理，计量资产拆回处置管理，按照“及时分拣、充分利旧、规范处置”管理原则。

1）电能表。各地市级企业、县级企业、供电所电能表装拆业务管理部门负责检查拆回电能表封印，并抄录表底（拍照），将表底电量示值录入营销业务系统中。入库表计按故障拆回、非故障拆回、拆回时间等开展库存分类管理。

a. 故障流程拆回电能表。计量装置故障流程拆回的电能表，如需通过检定计算电量退补的，按故障检测流程办理，由地市级企业、县级企业或上级计量检定机构出具检定结论后，故障业务办理单位拟定处理意见，与用户确认电量退补无异议后完成业务流程归档，拆回电能表即可开展分拣。

计量装置故障流程拆回的电能表，如无须开展检定的，由业务办理单位与用户确认电量退补无异议后完成业务流程归档，拆回电能表即可开展分拣。

b. 非故障流程拆回电能表计，业务办理单位与用户确认表计装拆底度无异议后，完成装拆业务流程归档，拆回电能表即可开展分拣。

2）其他计量资产。其他计量资产由各市（县）、供电所装拆业务管理部门负责检查拆回计量资产的实物，在营销业务应用系统中做好登记工作。用于贸易结算的计量互感器拆回后应在库房至少存放 2 个电费结算周期，便于客户备查或客户提出异议时进行复核。

第五十二条，出入库管理。计量资产出入库应遵循“先进先出、分类存放、定置管理”的原则。经检定合格的电能表在库房保存时间超过 6 个月以上的，在安装前应检查表计功能、时钟电池、抄表电池等是否正常。

成品计量资产的出库操作。工作人员凭工单、传票对各类成品计量资产配置出库，同时在业务应用系统的相应模块做好状态维护，确保计算机数据、台账与实物状态相一致。

配置的采集设备存放在库房特定存放区或移动仓储，从库房或者移动仓储与装接工交接确认安装设备及辅助材料。

2. 变电站关口管理总体业务

（1）业务描述。变电站关口管理是指根据变电站建设、改造和撤销情况，拟定变电站关口计量点及站用电计量点配置方案，开展相关计量点新增、变更、撤销的业务。包括变电站关口配置、方案审批、任务派工、配置出库、设备领用、竣工验收、装拆调试、拆回入库等工作。

（2）业务流程。变电站关口管理流程图如图 8-6 所示。

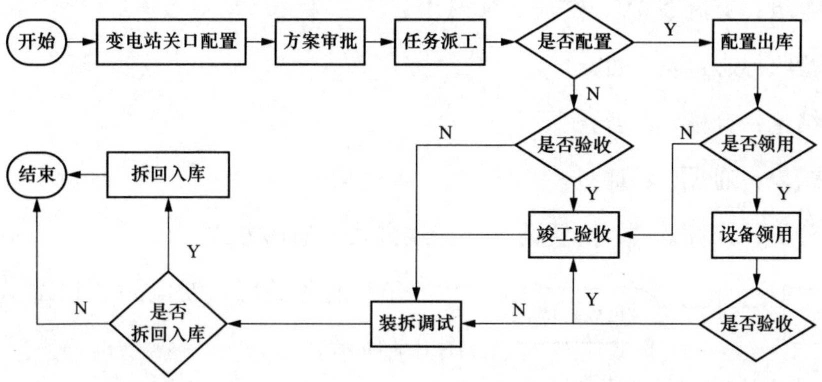

图 8-6 变电站关口管理流程图

（3）工作要求。

1）变电站关口管理不拟定计量箱方案、计量通信模块方案和箱表关系方案。

2）拟定配置方案时，当设备方案变更说明为新增时且是否预领为是或无变更说明为新增时，无需配置（配置出库）。

3. 变电站关口配置

（1）业务描述。变电站关口配置（设计方案审查会签及变电站关口配置）是指装表接电班班长使用电脑，配合相关业务部门对设计方案进行审查并共同签署确认，并对变电站关口及对应计量点新增、变更或者撤销等方案进行配置的工作。

（2）业务规则。变电站关口管理不拟定计量箱方案、箱表关系方案。

（3）校验规则。

1）方案配置时，计量点电压等级大于 380V，且没有组合互感器，且接线方式为“三相三线”，电压互感器数量等于 2 或 3 或 4 或 6。

2）方案配置时，计量点电压等级大于 380V 且小于 110kV，且没有组合互感器，且接线方式为“三相四线”，电流互感器、电压互感器数量都应等于 3。

3）方案配置时，计量点电压等级大于等于 110kV，且没有组合互感器，且接线方式为“三相四线”，电流互感器、电压互感器数量应等于 3 或 6。

4）电能表、互感器准确度等级与所属计量点的电压等级，对照 DL/T 448—2016 规程的 6.1 条和 6.2 条判断。

（4）相关枚举值。

1）变更类型：新建、变更、撤销。

2）电压等级：交流 380V、交流 10kV。

3）竣工验收标志：是、否。

4）审查结论：合格、不合格。

5）审查结果：通过、不通过。

6）审查分类：计量方式、配置情况、接线方式、通信方式。

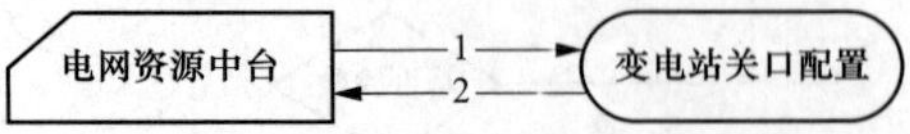

图 8-7　变电站关口配置业务关联

（5）业务关联。变电站关口配置业务关联如图 8-7 所示。

（6）工作内容。

1）装表接电班班长查看变电站关口信息。从电网资源中台中查询变电站信息。登记关口方案内容包括：工单编号、变更类型、关口分类、关口编号、关口名称、是否竣工验收、电压等级、供电单位、地址信息、申请说明等信息。

2）登记审查记录。登记关口设计方案审查记录，内容包括：审查分类、工单编号、记录编号、审查项目名称、审查结果、审查结论、整改内容及措施、审查部门、审查人员、审查时间、备注等信息。

3）上传审查资料等相关资料附件信息，内容包括：附件编号、附件名称、附件类别、附件类型等信息。

4）关口设置。根据电能计量装置设计审查的结果，完成关口电能计量装置设置工作。

5）配置预领设备。对于预领出库的设备，手工输入设备资产编号或扫描设备条形码，登记设备配置，形成设备配置记录。

4. 方案审批

（1）业务描述。方案审批是指计量专职使用电脑，对变电站关口配置方案完成审批的工作。

（2）业务规则。拟定配置方案时，当设备方案变更类说明为新增且所有设备方案已通过设备预领确定资产编号时，无需配置；设备方案变更说明为保留和拆除时，无需配置。

（3）校验规则。方案审批结果为不通过时，审批意见不能为空。

（4）相关枚举值。审批结果：通过、不通过。

（5）业务关联无。

（6）工作内容。

1）方案审批。计量专职根据配置审批进行配置方案审批方案。

2）流程处理。审批处理后：审批通过，将流程跳转至任务派工环节；审批不通过，将流程跳转至变电站关口配置环节。

5. 任务派工

（1）业务描述。任务派工是指装表接电班班长使用电脑，对变电站关口现场作业任务进行派工的工作。

（2）校验规则。『派工信息』的作业人员编号、作业人员姓名、派工人员、派工日期、派工部门、供电单位不能为空。

（3）业务关联无。

（4）工作内容。

1）任务派工。查看关口方案，内容包括：工单编号、竣工验收标志、所属线路、所属变电站、电压等级、供电单位、申请说明、变更类型、关口编号、关口名称、地址信息、关口分类、所属变电站（所属线路）等信息，通过任务派工，完成网格派工、人工派工和任务改派等操作。

2）流程处理。派工处理后：

a. 无需配置，将流程跳转至竣工验收环节。

b. 无需配置无需竣工验收，将流程跳转至装拆调试环节。

c. 需要配置，将流程跳转至配置出库环节。

6. 配置出库

（1）业务描述。配置出库是指资产管理员使用电脑配置所需设备并通过扫描工单发放设备的工作。

（2）校验规则。

1）电能表、采集终端设备出库时，所有示数类型对应示数必须为0。

2）电能表出库时，应检查检定合格的电能表在库房保存时间是否超过6个月，超过6个月应提示，在安装前检查表计功能、时钟电池、抄表电池等是否正常。

3）电能表、互感器、采集终端、计量表箱、计量通信模块出库时，应满足设备配置信息配置要求。

4）电能表、互感器、采集终端、计量表箱、计量通信模块出库时，应生成设备出入库明细信息。

5）应支持扫描工单发放配置设备功能。

6）绑定电能表、采集终端的计量通信模块，应随电能表、采集终端出库一起出库，同时修改设备状态。

（3）相关枚举值。

1）设备分类：电能表、互感器、采集终端、计量箱（柜、屏）、计量通信模块。

2）设备状态：合格在库、领出待装。

3）是否是确定明细出库：是，否。

4）出入库分类：出库。

5）出入库原因：新装/更换出库。

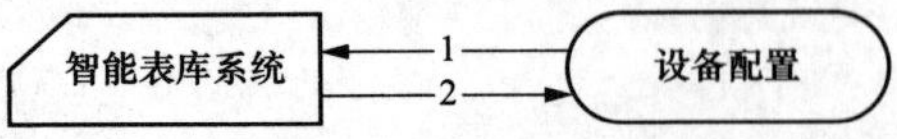

图8-8 配置出库业务关联

（4）业务关联。配置出库业务关联如图8-8所示。

（5）工作内容。

1）配置出库。资产管理员通过配置出库，开展电能表、互感器、采集终端等设备配置出库业务。出库完成后，计量设备状态由合格在库变更为预配待领。

2）流程处理。配置出库后：

a. 需要领用，则将流程跳转至设备领用环节；

b. 无需领用，则将流程跳转至竣工验收环节。

7. 设备领用

（1）业务描述。设备领用是指装表接电工从库房领取计量设备的工作。

（2）业务关联无。

（3）工作内容。

1）设备领用。装表接电工通过设备领用，完成相关设备的领用。领用完成后，设备由预配待领变更为领出待装状态。

2）流程处理：

a. 无需竣工验收，将流程跳转至装拆调试环节；

b. 需竣工验收，将流程跳转至竣工验收环节。

8. 竣工验收

（1）业务描述。设备领用是指装表接电工从库房领取计量设备的工作。

（2）业务关联无。

（3）工作内容。

1）竣工验收。装表接电工通过竣工验收开展新增、变更关口竣工验收，记录并上传验收结果的工作。

2）流程处理。竣工验收后处理：

a. 验收通过时，将流程发送至装拆调试环节。

b. 验收不通过时，流程无法发送，需重新复验通过后录入验收结果。

9. 装拆调试

（1）业务描述。装拆调试是指装表接电工使用电脑或移动作业终端根据更换工单的工作内容，开展设备现场更换作业，记录设备更换信息的工作。

（2）校验规则。

1）完成设备装、拆、换作业后，安装和拆除的设备装拆信息（06_01_024）的资产编号不能为空。

2）完成设备装、拆、换作业后，安装和拆除的设备的装拆示数信息不能为空。

3）完成电能表、互感器设备装、拆、换作业后，工单确认信息的确认结果不能为空。

4）电能表、采集终端完成装、拆、换，应及时完成调试工作。

（3）相关枚举值。

1）设备分类：电能表、互感器、采集终端、计量箱（柜、屏）。

2）装拆类别：安装、拆除。

3）装拆原因：变电站关口设置。

4）变更说明：新装、更换、保留、拆除。

（4）成本类别。装拆调试成本类别见表 8-3。

表 8-3　装拆调试成本类别

成本类别	成本类型	计量单位	成本分类
物料	电能表	只	直接成本
物料	互感器	只	直接成本
物料	计量箱	只	直接成本
物料	采集终端	只	直接成本
机械	派车	辆公里	直接成本

（5）业务关联。装拆调试业务关联如图 8-9 所示。

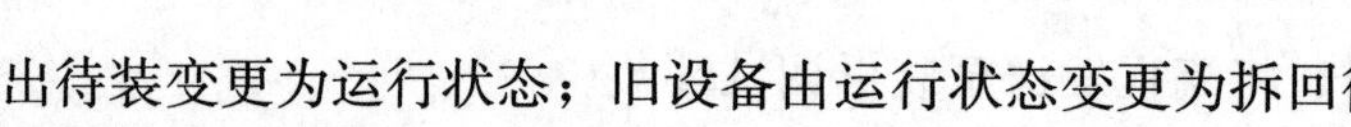

图 8-9　装拆调试业务关联

（6）工作内容。

1）装拆调试。装表接电工通过装拆调试，完成对设备装拆调试的工作。装拆调试完成后，新装设备由领出待装变更为运行状态；旧设备由运行状态变更为拆回待退。

2）调试完成后，进行工单处理。

a. 需要拆回入库，将工单发送至拆回入库环节；

b. 无需拆回入库，工单结束。

10. 拆回入库

本案例中为基建项目，无需拆回入库，仅作介绍。

（1）业务描述。拆回入库是指资产管理员使用电脑将装表接电工送回的拆除设备通过扫码方式接收入库的工作。

（2）校验规则。

1）设备装拆工单涉及退库电能表、互感器、采集设备、计量表箱、计量通信模块设备必须进行设备入库。

2）绑定电能表、采集终端的计量通信模块，应随拆回的电能表、采集终端入库一起入库，同时修改设备状态。

3）绑定计量箱的开关，应随拆回计量箱入库一起入库，同时修改设备状态。

（3）相关枚举值。

1）设备分类：电能表、互感器、采集终端。

2）装拆原因：变电站关口设置。

3）出入库分类：入库。

4）出入库原因：拆回设备入库。

（4）工作内容。资产管理员通过拆回入库，开展拆回设备入库业务。旧设备入库后，设备由拆回待退变更为待分流。

（九）送电投产准备

（1）联系现场工程负责人确认带负荷时间。

（2）营销系统发起首次校验流程。

（3）工作票签发：提前一天手工签发工作票。

（4）工器具检查：检查螺丝刀、安全帽、验电笔、绝缘手套、万用表、封印等是否合格齐备。

（5）打印变比确认单。

（6）检验设备：检查电能表现场检验仪电量是否充足。

（十）送电投产

（1）履行工作票许可手续。

（2）布置安全措施。

（3）开展站班会，交代工作内容、人员分工、注意事项、危险因素及安全技术交底，并履行签字手续。

（4）工作负责人进行智能运检全景窗录入：智能运检全景窗→工作票→变电站（发电厂）第二种工作票→筛选→进入工作票→作业前准备→上传现场勘查、三措一案、工作票照片→准入核查→选择识别方式，对所有人员逐一认证→开工→上传安措布置、许可开工、安全交底照片→确认开工→上传现场作业照片（现场工作时）。

（5）查看现场后台机，确认负荷性质（感性/容性）、负荷位置（例：查看电容器在几段母线上）、潮流方向、确认是否环流。

（6）查看电能表显示屏，三相是否平衡、电流是否满足校验条件（达到额定电流的10%，若为S级表则为5%）。

（7）使用电能表现场检验仪进行首次校验（注意：电压先夹N相，若为三相三线则先夹B相，严禁电压夹与电流端子互串）。

（8）存储校验数据，并判断相量图是否正确。

（9）检验仪二次功率乘以倍率后与后台机比对瞬时功率是否相符。

（10）履行工作票终结手续。进入工作票→完工。

（11）返程后打印首次校验单，并存盘，营销系统完成首次校验流程。

四、项目成效

通过项目工程负责制的实施，工作的效率和纠错能力都得到了大幅提升。根据工程的不同项目分别统计工时，每个基建工程平均工时降低19.1%，其中以工作交接繁琐的表计装接为优，降低幅度超过30%。同时也增强了纠错能力，工程平均纠错次数增加了1.4次，基建工程营销计量作业保持100%按期交付。

不仅工作效率和纠错能力得到了提高。通过做项目工程成员、项目负责人，一层层地培养和磨炼，使得想干事、能干事、干成事的集科研、管理能力于一身的综合型人才脱颖而出，利于为组织、人事管理部门选拔人才提供后备人选。切实达到了提质增效的效果！

第三节　“装检校采合一”下的计量资产全寿命周期管理

一、项目简介

计量资产全寿命周期管理包括全寿命周期资产管理和全寿命周期质量评价，按采购到货、设备验收、检定检测、仓储配送、设备安装、设备运行、设备拆除、资产报废八个关键环节进行管理。各级单位应利用数字化管理手段，严格实施计量资产的全寿命周期管理。本案例中的计量资产包括各种类型电能表、计量互感器、用电信息采集终端、计量标准设备、计量封印、低压计量箱、通信单元、扩展模组、计量现场手持设备、互感器回路状态巡检仪、开关（包括电能表外置断路器、智能量测开关）等。

二、背景和意义

（一）业务管理背景

1. 业务运转复杂不畅，协调工作难度大

在计量资产的管理中，上下级单位、平行单位或部门中存在多个业务交集。例如，在采购到货业务中，主要设备由上级计量检定机构采购，而部分设备的采购由市/县公司负责。检定检测方面，上级计量检定机构进行全检验收，市公司负责设备的其他检定检测工作。仓储管理包括省市县各层级单位，上级计量检定机构建设智能立库系统，市/县/所建设二三级表库系统。配送业务涉及省级与市/县公司之间、市/县公司之间以及市/县公司与供电所之间的配送。主要用户设备的安装、运行、拆除由市/县负责，关口计量设备的安装运行管理由上级计量检定机构负责。资产报废需要市/县公司申请，上级计量检定机构进行技术鉴定。因此，计量资产全寿命周期管理业务的复杂性体现在要求各级管理层密切配合、协调一致来完成业务流程。这涉及到省、市、县、所各级的合作和协调，以确保顺畅的运作。这种多层级的协作增加了管理的难度，需要高度的沟通和协调能力来确保业务的顺利进行。

2. 存在计量资产管理不平衡，采集设备精益化管理薄弱

从电能表、互感器和采集终端分类管理情况调研分析，各类计量资产精益化管理要求落实不平衡，各单位在电能表精益化管理方面整体良好，但在互感器和采集设备精益化管理方面有所滞后，尤其在采集设备精益化管理方面较为薄弱。主要体现在载波采集设备存在较多长期领出未装、拆回未及时退库分流处置、待报废未及时报废的库存量等。

3. 存在闲置超期资产未盘活利用

经过对在库计量资产进行统计分析，一些单位存在未盘活利用的长期闲置超期资产，主要体现在：存在一定的高龄表计呆滞在库房未处置、存在库龄两年以上的合格或待校验表计闲置在库房未盘活利用。

4. 存在业务流程处置不及时

在放、管、服要求的背景下，从精益化管理指标分析，目前仍然存在一些业务流程处置不及时的问题，如领出未装超期、分流处置不及时等问题，较精益化管控时期有所反弹。

5. 存在计量资产库存结构不优化

对资产分布进行核查分析，发现存在某些单位计量资产库存结构不优化，主要表现在：库存运行比过高，库存运行比超3%易发；安全库存未合理设置、配送申请与用表需求有脱节，无表可用或库存积压易发等。

（二）信息系统应用现状

在系统层面上存在问题，上级计量检定机构和市/县公司使用不同的信息化系统进行业务操作，导致业务流程不畅，同时也给管理带来了多个问题。上级计量检定机构使用省级计量生产调度平台（MDS系统）来处理计量业务，而市/县公司则使用电力营销业务系统（营销2.0系统）来开展业务。然而，随着业务的深化和推进，这种基于两个系统接口交互的模式暴露出了许多挑战。例如，业务功能在两个平台之间跨越，导致业务跟踪、基层操作和数据指标统计等方面存在困难。此外，使用两个系统也带来了数据来源不一致的问题，限制了数据的标准化、规范化和专业化应用。在与外部系统的接口交互中，检定检测、仓储管理和配送管理等省侧与市/县侧的业务存在接口重复开发和维护的情况。未来，面对海量大数据的智能化和数字化应用需求，接口的数据容量和实时性也提出了更高要求。然而，现有的系统架构严重依赖于这两个系统接口，这将限制人工智能、数字孪生等新技术在计量领域的应用，进而影响计量专业的精益管理和创新发展。因此，解决这些问题，包括重复开发、维护和数据应用的问题，变得尤为重要。

（三）意义

计量资产全寿命周期管理的推进将构建“投资精准、运行高效、物尽其用”的计量资产精益化运营新模式，计量资产全寿命周期管理达到需求精准、库存轻量、检测全面、配送高效、状态更换、合理利旧的新水平，立足设备全对象、管理全环节、运营全业务，通过优化采购计划、强化质量监督、实行科学调度、加强资产管控、开展清仓利库、实施智能运维、推行失准更换、加强分拣利旧等工作措施，创新工作方法，优化工作机制，全面提高计量资产运行效率和效益。助力公司提质增效和经营管理水平提升，建设具有中国特色国际领先的能源互联网企业。

三、实践应用

（一）全寿命周期资产管理

全寿命周期资产管理是指资产在规划、设计、采购、到货、验收、安装、运行、维修、改造、报废处置等全寿命、全过程管理行为与技术要求。

1. 业务要求

按照采购到货、设备验收、检定检测、仓储配送、设备安装、设备运行、设备拆除、资产报废八个关键环节，实施“省级统一管控”模式。

全寿命周期资产管理中所涉及的资产档案、业务过程数据均应纳入营销业务应用系统管理。其中：

电能表质量管理按《电能表质量监督管理办法》；

采集设备质量管理按《采集终端质量监督管理办法》；

计量箱质量管理按《计量箱质量监督管理办法》；

计量封印管理按《×××公司电能计量封印管理办法》执行；

计量现场手持设备管理按《×××公司计量现场手持设备管理办法》执行；

计量标准设备按《×××公司资产全寿命周期管理办法》开展资产管理外，还应按《×××公司计量标准管理办法》开展验收、溯源、建标、运行维护等工作。

2. 采购到货

（1）采购需求计划提交。采购需求分为物资类与服务类，计量资产列入物资类，计量资产安装、运维列入服务类。物资类分别为总部采购与省级××企业采购，如电能表、采购设备属于总部采购，计量箱、封印及计量标准器属于省级××企业采购；服务类分别为省级××企业采购与地市××公司授权采购。采购需求计划申请根据物资部门的要求，经由 ERP 系统和电子商务平台系统实现提交。

招标前质量监督。电能表、采集设备招标前质量监督，内容应包括招标前全性能试验、合格样品资料归档、软件备案、备案时软件比对、电能表可靠性寿命试验检测、典型环境挂网试验检测、电能表用操作系统和应用 APP 检测工作。

供货前质量监督。供货前质量监督指对中标供应商在供货前产品生产期间的质量监督，包括供货前技术联络会、产品巡视（监造）、生产前适应性检查、供货前样品比对、供货前软件比对、供货前全性能试验检测工作。省级管理部门负责组织实施产品巡视（监造）工作，上级计量检定机构负责生产前适应性检查、供货前样品比对、供货前软件比对、供货前全性能试验检测等工作。

到货验收质量监督。上级计量检定机构负责到货后样品比对、到货后软件比对、抽样验收试验、全检验收试验工作，试验项目及试验方法按公司技术标准执行。

（2）合同签订。

1）计量资产购置合同签订应按照公司物资相关制度规定执行。

2）计量资产安装、运维服务合同签订。由各招标申报单位，依据中标通知书、招标文件，在经济法律管理业务应用系统中完成合同起草、会签、签发、盖章、执行。

3）合同签订时间，中标通知一个月内完成合同签订，签订后经济法律管理业务应用系统会在合同中生成二维码，并且固化合同（不能修改）。

4）新购计量箱合同中应明确有资产码蚀刻。每只到货计量箱铭牌应有信息加密的计量资产二维码，信息加密二维码规则符合 Q/GDW 10205—2021《电能计量器具条码》和《×××公司营销二维码安全应用规范》的要求，计量资产二维码采用DM码。各生产商应根据使用单位提供的二维码数据，生成图形二维码，图形二维码呈现方式应为喷涂、激光刻蚀、化学腐蚀，不可使用粘贴等易更改的方式。

（3）设备订货。

1）上级计量检定机构、各企业根据生产计划安排采购计划。总部采购计量资产，如电能表、采集设备等，在营销业务应用系统中依据年度计划上报月需求计划。经平衡后执行。

省级××企业统购统配计量资产，如计量箱、导线等，根据地市公司物资部门的业务流程上报月需求计划，经物资部门匹配供应商后，需求单位与供应商联系，按照 Q/GDW 1205《电能计量器具条码》要求发放计量资产条码，与供应商按照合同协商确定供货时间。

封印类因涉及抽查，应根据统筹布置，特殊情况与省级××企业联系，取得同意后方能订货。

2）营销业务应用系统的合同号、订货信息应与ERP系统实现数据同步。

3. 设备验收

（1）上级计量检定机构、各企业对到货的新购计量资产应进行外观验收，清点数目，检查产品包装和产品外观质量，对照“送货通知单”与实物进行核实。计量资产验收无误后，建立资产档案信息。

计量箱地市公司负责到货检查，包括外观、型式以及内部结构、工艺、主要元器件等，并与供货前检测合格样品资料进行比对，若到货检查合格，执行抽样送检；不合格则通知物资部门退换。待计量箱到货检查与抽样验收试验合格后，在电力营销业务应用系统中完成资产建档。

（2）上级计量检定机构对到货的新购计量资产根据相应的质量管理办法以及企业技术规范开展样品比对、抽样验收，抽样验收不合格的批次计量资产退回生产厂家。

4. 检定检测

（1）入库的计量资产应根据相应的质量管理办法以及企业技术规范开展检定检测，全检合格率未达到要求的批次计量资产或检定检测不合格计量资产退回生产厂家。

（2）上级计量检定机构和各企业应按照 JJF 1069《法定计量检定机构考核规范》、JJF

1033《计量标准考核规范》要求，建立相应的检定检测能力和实验室管理体系，并取得政府计量行政部门的计量检定授权。

(3) 验收通过后，按照公司财务和物资有关规定，及时完成计量资产入库，开展发票校验和付款工作（电能表、采集设备等其他计量资产由物资公司配送付款，计量箱等各单位自行购置的计量资产由采购单位开具领料单，挂接项目编号，完成结算）。

计量箱抽样送检，目前是地市公司完成抽样检测，抽样检测包括样品比对、绝缘试验及通流检测。下一步根据公司计量箱监督办法，地市（县）公司将抽样样品送上级计量检定机构验收试验。如不合格省级管理部门通报物资部门，按供货产品批次不合格处理。随计量箱配送的断路器与计量箱一同抽样。

5. 仓储配送

(1) 计量资产配送方式。省级××企业仓储配送管理体系，按照“效率最高、周转最快、成本最低”的原则，按需配送。省级××企业集中管理的计量资产，由上级计量检定机构统一配送至市、县级企业表库。上级计量检定机构应根据各公司的各类需求，结合各级库房库存资产的数量，明确配送优先级，合理确定配送路线，编制相应的配送计划，按计划分批配送至各级库房。

(2) 配送申请的编制和提交。

1) 各企业计量专业人员根据新装、更换等需求，结合库存情况测算所需计量资产规格、数量，通过营销业务应用系统形成配送申请。

2) 配送申请分为月度需求和临时需求。月度需求由上级计量检定机构根据各级库房库存情况统筹确定配送时间，当月完成；临时需求由各企业计量专业人员提出配送时限要求。

(3) 配送申请的审核、汇总及平衡。

1) 各企业计量专业人员结合本单位库存数量，审核确认计量资产配送申请数量；通过后逐级提交至上级计量检定机构。

2) 上级计量检定机构对审核通过的配送申请进行汇总，结合各级库房的库存情况和检定到货能力，对配送申请进行平衡。根据月度需求数量、库房容量、库存情况确定配送频次。

(4) 上级计量检定机构配送计划和任务的编制。当月配送计划应在上月末前完成发布，临时配送计划自接收至生成一般不得超过 2 个工作日。

省级××企业应定期对配送响应及时率进行分析和评价。

（5）计量资产配送运输要求。

1）计量资产统一配送可采用自有车辆或社会物流企业等服务渠道，各服务渠道均应具备应急保障能力。

2）计量资产配送应采用专车运输，车辆应状态良好、定期检查。车辆出车前，计量资产管理单位应检查计量资产是否完好、与配送单是否一致；监控运输途中的车况信息、计量资产状态和交通安全情况。

3）计量资产管理单位在选定配送路线后，应根据线路实际确定配送里程与时效，以此作为配送服务考核与结算的依据。

（6）配送签收入库。库房管理人员核对设备品规、数量、检查外包装，无误后签收配送单，并在1个工作日完成营销业务应用系统入库。制定配送任务、配送出库两个业务环节的合计处理时间不得超过3个工作日。

6. 设备安装

（1）各企业根据实际业务需求进行计量资产领用与安装，并按DL/T 448《电能计量装置技术管理规程》《×××有限公司低压用户电能计量装置设备主人制管理办法》等规定的要求开展运行管理。

（2）符合公司《固定资产目录》的计量资产，应在安装验收后及时录入设备台账，并联动生成固定资产卡片，协同财务部门完成增资（转资）。

（3）安装质量监督。

1）安装质量验收。地市（县）公司应负责核查计量箱安装质量。

2）安装过程监督。地市（县）公司应建立计量箱工程闭环管控体系，确保安装施工、工程监理、工程验收、信息收集等各环节都按标准、作业指导书执行。

3）资产档案更新。地市（县）公司应在计量箱安装完成后，在电力营销业务应用系统中完成资产档案更新。

（4）电能表新装。

1）加强装表前户线核对工作。

2）装表后应“入户核对”检查。

3）加强营销系统档案核查。

（5）电能表轮换、故障更换。

1）换表前通知客户，并进行电能表与用户信息核对工作。

2）拆装电能表时应采取“拆一装一”工作方式，拆装过程中拆前（拆表存度）、拆中（新表存度）、拆后（整体工艺）三张照片。

3）换表后及时逐户送达或张贴“换表告知单”，提醒客户核对电能表表号及新旧存度，并请客户签字，或请物管、社区（村委会）人员签字确认。

4）加强营销业务应用系统档案核查，确保客户档案、装表工单、电能表设备号与现场情况“一一对应”。

5）换表后进行1～2个抄表周期监控。对日月电量“突变”用户及时现场核查。

7. 设备运行

（1）现场检验。现场检验分为首次检验、周期检验、临时检验。

1）首次检验对新投运或改造后的Ⅰ、Ⅱ、Ⅲ类电能计量装置，在电能计量装置带负荷运行一个月内进行首次现场检验。

2）周期检验。依据现场检验周期、运行状态评价结果，自动生年、月现场检验计划。按时间点派工执行。现场检验电能表应采用标准化法。现场检验用仪器的准确度等级至少应比被检品高两个准确度等级。现场检验发现电能表超差或电能表故障的，应在三个工作日内处理。

3）临时检验。一般是指客户申校检定，包括电话受理、网站受理、APP（微信公众号）以及营业厅受理等要求5个工作内完成。

（2）运行质量监督。运行质量监督包括巡检、状态评价及更换、运行质量抽检、大客户电能表状态检测及现场检测、故障表质量监督。

1）巡检。各地市（县）公司管理职责部门应结合计量设备主人制，有效开展周期核抄、现场校验、用电检查等工作。

2）状态评价及更换。状态评价及更换包括状态评价与核查处置、批次预警与处置等内容，实现全流程闭环处置管理。

3）运行质量抽检。根据电能表状态评价地方法规要求，按照不同厂家、不同类别电能表运行及分布情况，编制抽检计划。

4）大客户电能表状态检测及现场检测。Ⅰ类客户电能表检测周期原则上为6个月、Ⅱ类客户电能表检测周期原则上为12个月、Ⅲ类客户表检测周期原则上为24个月。可结合电能表状态评价的三种状态（稳定、关注、预警），实行电能表状态检测。

5）故障表质量监督。运行中电能表发生故障或有用户反映出现疑似故障现象时，应立即派人到现场进行处置，并按照故障分类将故障情况录入营销业务应用系统。省级××企业应根据电能表质量故障的原因、性质、类别，判定相应到货批次电能表的质量，采取预警及相应质量控制措施。

6）工作时限。电能表发生烧表等断电故障应结合抢修时应在24h内完成电能表更换。运行抽检不合格的电能表应在5个工作日内完成电能表更换。对电能表状态评价产生的工单，应在10个工作日内进行现场确认，是电能表故障，必须在3个工作日内更换。计量人员更换电能表后，应在2个工作日内传递业务工单，以保证后续电费补退工作时限。

（3）电能计量故障处理。

1）涉及到违约用电及窃电，应进行违约用电或窃电处理；对不需要更换电能表的故障（如错接线）现场处理，如需退补电量，发起退补流程；需更换电能表的故障，应记录故障现象（可拍照），更换电能表，如需退补电量，退补工作应在三个月内完成。

2）电能表故障拆旧后应在2个工作日内完成更换并退库，资产管理人员应仔细核对装接单与实物的一致性，确认后送市级专业检定机构进行检定。

3）市级专业检定机构3个工作日内完成检定（检测）分析，检定结果均应录入营销系统。

4）各单位依据故障检定（检测）结果进行电量电费退补，实物留存至少1个抄表或电费结算周期。

5）电能计量装置故障处理全流程时限不应超过10个工作日。

（4）故障类抢修换表。

1）抢修车配备故障抢修计量周转箱，抢修计量周转箱备表由故障抢修人员的预先申请。

2）故障抢修计量周转箱及备表纳入抢修备表库区管理，超出最后检定日期四个月的，应立即通知相应抢修班组送回并更换备表，杜绝超期表出现。

3）故障抢修人员到现场换表后，在次日9：00前将故障电能表、《抢修类故障换表装接单》移交所辖单位表库管理人员，并做好故障电能表止度核对等交接工作。同步应领用补充备表。

4）表库管理人员应在当日通知相关人员立即发起电能计量装置故障流程，电能表故障拆旧后应在2个工作日内完成更换并退库，资产管理人员应仔细核对装接单与实物的一致性，确认后送市级专业检定机构进行检定。

5）装接人员根据移交的《抢修类故障换表装接单》，现场核实换表信息和接线情况，对不正确接线进行更正，对不一致的换表信息进行核实后记录正确信息，并对电能计量器具施封。在营销系统内完成装拆信息录入等工作。上述工作应在故障表和装接单交接当日 17：00 前完成。

（5）电能表轮换。电能表应根据检定规程规定及相关要求，实行周期轮换（状态更换）和强制轮换。在电能表运行至检定有效期到期前开展首次定期抽样质量检测，并根据电能表状态评价地方法规规定，定期开展运行质量抽检工作。

1）周期轮换（状态更换）。各单位应在 5 月 20 日前根据电能表轮换周期及状态更换的有关政策上报下一年度轮换计划（储备项目），经审核，编制电能表轮换可研报告，于 5 月 30 日前上报省级××企业。

2）强制轮换。对国家明文规定的淘汰产品或由于电能计量器具质量问题等原因，各单位应根据需要及时提出强制轮换申请，并经分管领导审批后上报，由省级计量业务支撑机构根据技术管理要求提出意见，并上报上级专业部门审批同意后执行。

说明：根据 2020 年 10 月 26 日《市场监督总局关于调整实施强制管理的计量器具目录的公告》，“电能表”—“工业用”周期检定；“生活用”首次强制检定，限期使用，到期轮换或根据表计状态延期。

（6）运行监控。

1）各单位装接人员在完成电能计量装置新装或更换后，应通过用电信息采集系统对电能计量装置安装接线情况、运行工况进行监视核查。

2）各单位采集人员应通过用电信息采集系统和其他电能量采集系统，对管辖范围内的运行电能计量装置工况进行实时监测，监控电能计量装置的用电异常与告警信息。

3）各单位采集人员通过分析用电异常数据，判定电能计量装置是否存在异常。对需要现场处理的异常及时开展异常处理，如需退补电量的，工作结束后通知具有相关权限的人员发起退补电量电费流程，退补工作应在三个月内完成。

4）各单位应按照计量设备主人制等现场巡视要求，常态化开展计量设备现场巡视工作，对巡视发现的缺陷进行定级分类，按期限要求落实整改。

8. 设备拆除

（1）各企业在计量资产拆除退库后，按照“及时分拣、充分利旧、规范处置”管理原则，包括拆回留库、设备分拣、鉴定核查、分类处置四个环节。电能表拆回处置按照《×××公司电能表拆回分拣管理办法》执行，其他计量资产可参照执行或省级××企业根据实际要求制定相应的业务规范。

(2) 拆回电能表质量监督。除用户申校拆回的其他全量退运智能电能表均需开展拆回表质量监督。拆回电能表主要采用“地市、县级企业分拣，上级计量检定机构集中复检”的业务管理模式，具备条件的单位可采用“省级集中分拣处置”的业务管理。

9. 资产报废

(1) 计量资产报废前应由报废技术鉴定责任单位开展报废技术鉴定，报废审批流程应符合公司相关规定。纳入固定资产管理的计量资产，应及时通过营销系统发起申请，联动发起ERP系统报废流程。除存在计量纠纷的计量资产外，待报废的计量资产在库房内存储时间不得超过6个月。

(2) 计量资产实物的报废处置由上级计量检定机构、各企业向物资主管部门提报废旧物资统一处置需求。交由物资部门处置报废的电能表、采集终端，在与回收商交接时，应采取有效处置措施使其原有功能失效，处置过程应有物资、营销人员现场监督，全程录像或拍照留档。

(3) 电能表报废前质量监督。包括提交报废申请、报废前技术鉴定、履行报废手续工作，由上级计量检定机构和地市（县）公司管理职责部门负责。

1) 提交报废申请。不合格及寿命终结的电能表拆回后，由地市（县）公司管理职责部门负责检查封印情况并抄录表底电量示值（照相），至少保留一个抄表周期后，按批次定期向上级专业管理部门提出报废申请。

2) 报废前技术鉴定。上级专业管理部门依据报废申请组织上级计量检定机构开展电能表报废前技术鉴定。上级计量检定机构对符合报废条件的批次电能表出具鉴定报告，报省级本专业管理部门。

3) 履行报废手续。省级本专业管理部门审批报废申请，地市（县）公司管理职责部门将报废电能表提交本单位物资部门，按照公司有关规定处理。

4) 报废审批手续和技术鉴定结果同步在营销业务应用系统中完成。

(4) 电能计量器具淘汰、丢失与报废。

1) 对国家明文规定报废或没有使用价值的电能计量器具，分拣成待报废状态，经本单位相关管理部门审批后，发起报废申请流程。

2) 资产实物管理部门应按有关规定填写《电能表报废处置流转单》，报本单位相关管理部门审核同意后，上报上级计量检定机构审核并提出技术鉴定意见，并经上级管理部门审批同意后，按照报废处置的相关规定执行报废处置。

3）合格未经使用的电能计量器具因外力损坏、功能缺陷等无法装出的，各级库房管理人员应确定原因，发起库存复检流程，确认计量资产是否满足使用要求，在质保期内的应返厂修理，超过质保期需报废的，由管理单位审核后提出报废申请，经上级计量检定机构鉴定并报上级本专业管理部门审批同意后完成报废处置。

4）除存在计量纠纷的电能计量器具外，待报废的电能计量器具在库房内存储时间不得超过6个月。

（5）其他。对于客户移交的计量资产，各企业应提出技术要求并参与验收，按财务要求办理移交手续后，纳入资产全寿命周期管理。

对于合资成立的配售电公司计量资产，应由其自行采购或向辖区企业租赁。由企业控股的，应建议其参照公司计量资产全寿命周期管理要求执行；若需接入公司用电信息采集系统的计量资产，企业应提出技术要求并参与验收。强制检定的计量资产，检定机构应在授权范围内开展检定工作。

（二）全寿命周期质量评价

全寿命周期质量评价是指对照八个关键环节，对计量资产开展包括状态分析、质量分析、寿命预测与评价、面向质量管理的供应商评价等四个维度的分析和管理。

1. 计量资产状态分析

计量资产状态分析包括单一计量资产状态分析和批量计量资产状态分析。各企业本专业管理部门应充分应用计量资产状态分析功能，加强计量资产管理关键环节管控，提高计量资产精益化管理水平。

（1）单一计量资产按照八个环节实现状态查询。各企业应对计量资产全寿命周期各阶段状态信息进行搜集、甄别和分类，确保营销业务应用系统信息真实、准确。

（2）批量计量资产按照八个环节实现状态查询。各企业应重点关注批量计量资产各环节关键指标在不同时间段的变化情况，并从供应商、招标批次、到货批次等不同维度加强横向对比分析和管控。

2. 计量资产质量分析

各企业应构建计量资产质量评价指标体系，实现单个计量资产和批次计量资产的质量分析，并根据评价结果辨识影响计量资产质量的关键因素，为提高计量资产全寿命周期管理水平提供决策依据。

3. 计量资产寿命预测与评价

上级计量检定机构、各企业应加强计量资产表龄、库龄的分析和管控，及时更换超期运行电能表，对高库龄计量资产实施管控，实现计量资产精益化管理。

（1）库龄：单个计量资产库龄是指计量资产在安装运行前的存放时间，由计量资产在各级库房留存的时间构成。成品库龄指计量资产在各级（包括上级计量检定机构、各企业）成品库的在库时间。批次计量资产库龄是指同一到货批次的单个计量资产库龄的平均值。高库龄计量资产指没有安装记录，在库时间超过2年的电能表、超过3年的采集终端、超过5年的互感器。

（2）表龄：单个计量资产表龄是指运行计量资产从新品入库开始到目前为止的存续时间，对于已退出运行的计量资产而言，表龄即寿命。批次计量资产表龄是指同一到货批次的单个计量资产表龄的平均值。

（3）库龄和表龄应应用到计量资产全寿命周期管理相应环节的质量管控中。成品库龄超过6个月的电能表在安装使用前应检查表计功能、时钟电池、抄表电池。电能表成品库龄超过2年的，安装前应重新检定合格。

（4）上级计量检定机构应研究建立资产寿命预测及评价模型、计量资产寿命的标杆值。管理部门应根据批次计量资产寿命情况，在计量资产技术标准、制造工艺、检测方法等方面，提出有针对性的改进措施；上级计量检定机构应定期评估在运计量资产预测寿命，结合电能表状态评价与更换等工作，提前制定相应的轮换策略和采购计划，提高计量资产管理的前瞻性和科学性。

4. 面向质量管理的供应商评价

各企业应建立面向产品质量管理的供应商评价模型，对中标供应商进行全方位的监督、评价，为计量资产全寿命周期管理提供科学的决策支持。

（1）上级计量检定机构、各企业应通过营销业务应用系统正确维护涉及供应商履约质量相关指标的业务信息、售后服务相关指标的业务信息。

（2）上级计量检定机构应通过营销业务系统正确维护涉及供应商评价中产品全寿命质量水平相关指标的业务信息。

（3）省级××企业、上级计量检定机构应通过营销业务应用系统对计量资产全寿命周期管理过程中供应商质量管理水平进行动态管理，定期进行评价，评价结果纳入相关招投标工作中，促进供应商不断改进产品质量，提高服务水平。

（三）库房管理

1. 库房建设标准

库房建设管理应按照 Q/GDW 1890《计量用智能化仓储系统技术规范》要求进行建设；乡镇级库房管理应按照 Q/GDW 11280《计量周转柜技术规范》配置计量周转柜。

2. 库房管理要求

库房应设有专人负责管理，定期（至少每月一次）对仓库各种设备状态进行检查，至少每半年进行一次自动化设备检修和保养，确保设备保持良好的使用状态。

3. 库房存放管理要求

计量资产应放置在专用的储藏架或周转车上，不具备上架条件的，可装箱后以周转箱为单位落地放置，垒放整齐。各分区货架宜采用彩色标识规定为：①合格区——绿色；②返厂区——蓝色；③待检区——黄色；④待处理区——白色；⑤故障区——红色；⑥待报废区——黑色。

4. 出入库管理

计量资产出入库应遵循“先进（检）先出、分类存放、定置管理”原则。拆回的电能表，按照一定规则有序存放，方便今后查找，至少存放 1 个抄表或电费结算周期。

5. 库存预警值的设定与盘点

（1）库存预警值的设定及超限处理。市县公司计量资产合格品安全库存数量，宜按照不低于本单位近一年周平均使用量的 2 倍确定。低于安全库存数量时，应及时提报配送需求。库存上限宜按照本单位库存运行比 2%～3%设置，超出上限时应采取调整配送需求、省内调配等有效措施，确保库存周转率。智能周转柜的库存量预警值不低于存储容量的 0.5 倍，低于预警值时应及时补充。

（2）盘点管理。

1）时限要求。各级计量资产库房盘点应至少每年开展一次（相关文件要求每季度一次）。

2）盘点准备。

3）现场盘点。

4）结果处理。

（四）计量档案

计量档案指在计量资产全寿命周期管理过程中形成且办理完毕，对企业具有保存价值的以纸质、磁质、光盘和其他介质形式存在的历史记录。如装接单、报废单、遗失单等。

1. 计量资产全寿命周期管理文件材料归档范围

包括外来文件、计量标准文件、内部计量体系管理文件、现场检验文件、用电信息采集系统建设文件、其他应归档的文件材料。

2. 档案材料

应分类、组卷、排列管理目录体系，建立案卷目录和全引目录。

（1）纸质档案的保存。国家法律法规、公司相关制度明确规定必须采用纸质文档方式保存的、在工作中客户履行签字确认手续需要保存留证的纸质文档，应采用纸质档案保存。

1）计量标准档案应按计量标准建标后的全寿命周期保存，直至报废为止；企业最高计量标准档案应保存至计量标准报废后一年。

2）客户申校申请工作单、计量装置装拆工单、检测记录等客户履行签字手续的材料应保存十年。

3）现场校验档案应至少保存十年。

4）用电信息采集建设工程档案保管期限参照电网建设项目档案保管期限执行。

5）其他档案保管期限视重要程度而定，原则上不低于十年。

（2）电子档案的保存。营销业务应用系统中保存的电子数据属于电子档案，其保存期限原则上随设备的全寿命周期管理的终止而结束；涉及影响贸易结算、计量纠纷、设备状态评估等方面重要档案资料，应按以下要求进行保存：

1）计量装置台账按照计量装置寿命周期保存。

2）计量器具检定/检测/校准的原始数据应按照计量器具寿命周期保存。

3）出具的计量标准/计量器具检定证书应保存电子版，保存期至少为一个检定周期。

4）现场表计拍摄的表码图片，竣工验收等拍摄的图片、音频、视频等资料，应按照计量装置的全寿命周期保存。

（3）特殊文档保管。受控文件按照规定程序进行发放，确保使用文件的现行有效版本；对文件的新版本应重新受控发放，作废的受控文件按规定进行登记回收。

3. 移交、归档时间限制

（1）计量现场作业产生的工单及数据材料，现场业务工作人员应在任务工单办结 2 个工作日内在营销业务应用系统中维护业务数据；在 7 个工作日内移交纸质文档及相关电子材料至本部门整理存放，并在每月月底移交至档案室归档。

（2）对计量检定/检测/校准数据，工作人员应每日保存检定结果，上传营销业务应用系统。

（3）对用电信息采集工程建设资料应在完成采集工程决算，并且系统运行稳定半年后，由工程管理部门移交纸质记录，同步移交工程管理有关的电子文稿、图像、图形、影音等文件至档案室。

（4）对其他类材料，应在计量生产活动办结7个工作日内移交纸质档案至本部门整理存放，每月月底统一移交至档案室，需要移交相关电子档案的可同步移交。

四、项目成效

（一）建立精准智能的配置管理体系

1. 建立计量装置年度用表需求精准预测模型

充分利用失准更换、品级评价和经济社会发展数据，应用营销系统业扩新装数据，采用时间序列分析方法预测不同规格计量装置新装需求；应用拆回分拣、批次故障预警及失准更换等数据，预测故障装置更换需求。预计预测误差率将在20%以内。

2. 加强电能表价值管理深化应用

实施ERP与MDS计量资产采购数据共享，实现“财务流”与“业务流”数据贯通，提升项目和投资规模的实时监控能力，推进库房间计量设备调拨，开展ERP库存动态监测、供货通知无纸化、供应商绩效评价智能化以及采购计划自动编制策略的研究，开发ERP与MDS系统接口，实现ERP与MDS系统合同信息、采购订单与批次合格信息同步传递，到货计划与采购计划自动编制等功能，减少冗余流程，提升工作效率，实现数据同步率99%以上。

（二）建立管控有力的质量监测平台

1. 电能表与互感器检定数据校验和结果常态化核查

开展电能表、互感器检定数据校验和结果常态化核查，分析检定数据缺失以及业务逻辑、时间逻辑、资产逻辑等异常数据产生源头，实现检定数据规范率达到95%。

2. 电力计量NOI云平台试点建设及应用

开展NOI云平台的量传体系、检测体系、质量分析以及资产全寿命过程管控、质量数据分析与应用等功能建设，开展区块链节点建设与可信应用试点。

3. 标准量传在线管控系统建设

开展标准量传在线管控系统建设，管控市县公司标准设备台账录入、设备送检等相关工作，确保电能标准量传体系可控、在控，系统可直观、全面展示各地市县公司标准设备量值溯源情况，将标准设备的暗示量值溯源率提升20%。

4. 全性能试验在线管控系统建设

开展全性能试验在线管控系统建设，优化系统功能模块，扩展全性能试验管控范围，确保全性能试验过程的管控达到100%无死角。

5. 计量检定“到、检、配”计划智能编排模型算法研究与应用

开展“到、检、配”计划智能编排模型算法研究与MDS相关模块功能的开发应用，实现电能表、互感器等计量设备的到货、检定计划的动态计算、自动生成，推进配送计划的自动生成、动态调整与透明发布，改变计划管理工作模式，预计节约人力成本超过870万元。

（三）建立经济快捷的仓储配送模式

1. 计量设备清仓利库工作

根据公司计量资产状态与库龄，组织制定“一库一案”库存清理方案，优先利用高库龄设备，采用“横向调拨、纵向回收”（即二、三级库房同级调拨，省级库房回收冗余资产）等方式，实现库存快速压降，确保库龄超过2年的高库龄设备清零，各级库存数量合理。各地市公司开展省级计量设备清仓利库工作，实现计量设备库存运行比有效下降，库龄2年及以上的计量设备数量有效减少。

2. 通信模块资产管理

省市各级公司开展电能表通信模块资产管理研究，实现电能表通信模块资产全寿命周期管理；开展模块电能表模块仓封印管理研究，提出模块电能表现场通信模块仓现场施封的工作方案，电能表通信模块仓管理规范率超过99%。完成模块电能表模块仓资产管理方案研究，完成相应信息化系统功能的开发、测试与部署。

3. 计量装置直配应用

省市各级公司开展电能表等计量设备订单式直配工作模式研究，明确订单式直配前提条件，形成订单式直配具体工作方案。

4. 二、三级智能集中监控

省市各级公司开展省二三级智能库房集中监控专项运维，实时同步智能库房运行情况、异常告警信息、周期性维保情况、库存情况等有效信息，便于设备维护人员快速判断设备故障点，缩短故障报修响应时间50%，提升运维效率。

（四）建立标准高效的现场工作模式

1. 计量装置安装质量管控

各地市公司完成装表接电质量原因分析；开展计量装置库外流转监督，杜绝设备领出超期未安装且未返库的情况发生；各地市公司加强新装和改造低压计量装置安装质量管控，杜绝违规多次换表、计量串户、错接线等问题；建立省、市、县三级计量装置质量抽检机制，计量装置安装、巡视、维修、改造等工作均纳入质量抽检的范围。装表接电质量原因分析，建立低压计量装置安装验收质量管控制度，杜绝新装低压计量装置计量串户、错接线等问题。计量装置安装质量抽查覆盖率达到100%。

2. “一键式装拆”技术应用

开展“一键式装拆”业务试点应用，并开展相关业务培训和技术推广。

3. 建立适应电力市场的采集运维体系

根据13版专变终端、二次回路巡检仪差异化要求，完善冻结曲线采集策略，持续提升采集成功率；完善数据拟合算法，提升数据拟合可用率；优化采集异常分析算法，综合考虑采集运维能力和数据完整性的要求，合理生成电量曲线类采集异常；完善移动作业终端功能，加大移动作业终端推广力度，全面开展采集运维的移动作业应用；进一步优化任务调度功能，实现异常的实时生成和派发。完成电量曲线类采集异常研究，电量曲线类数据采集成功率达到98%，并持续提升电力市场的采集运维质效。

（五）建立稳定运行的计量运维体系

1. 数据标准化、数据档案一致性治理

省市各级公司开展系统改造，实现MDS、营销系统、采集系统资产档案相关代码标准化；开展系统间档案差异比对与数据校核等常态化稽查和治理，保证系统间档案信息一致；优化完善系统间档案同步机制，提升档案同步效率，实现系统间档案的无差错同步，档案信息一致率达到100%。

2. 强化计量装置运行管理

深入推进设备主人制，加强现场巡视巡查，各类巡视均须拍照存档，及时消除计量箱破损、无锁、缺封等问题，保障运行安全；完善三级质量抽检方式，提升工作质量。结合设备现场巡视工作，开展现场电能表、采集终端、通信模块、互感器、计量箱等设备信息采录，推进MDS计量装置品级评价，对设备配置、安装规范、运行质量等进行全面评价，辅助计量装置的改造、更换等投资决策。应用计量二次回路巡检技术，在线监测电流互感器开路、分流、串接半导体等异常，准确定位仿制互感器、加装整流元件等窃电行为。应用采集系统计量装置在线监测功能，拓展计量异常分级分类诊断模型，精准排查计量过载、错误接线、需量超容、零度户、低电压等异常。开展采集运维闭环管理，优化计量、采集异常工单派发流程，实现工单精准派发与故障及时消缺。计量设备主人制常态化开展，持续提升计量箱改造工程管控，确保在运计量箱缺陷整改完成率达到100%，计量异常消缺及时率达到100%。

3. 互感器状态评价研究

试点应用电压互感器计量性能在线评价系统，精准定位电压互感器计量异常，推动110kV及以上关口电压互感器监管模式从周期检定向状态监测转变。开展在运互感器变比核查，避免变比配置错误导致的电量差错；构建在运互感器抽检机制，根据抽检结果建立故障库，进行质量预警和批次更换。开展关口及重要用户电能表状态检验深化应用，及时调整周期检测计划。

4. 电能表非计量功能深化应用

完善HPLC即装即采、电能表负荷记录数据采集、停电主动上报流程，提升采集成功率及停电主动上报准确率。规范HPLC采集设备软件版本及远程升级管控，建立在运终端软件版本库。在地市公司推广应用基于特征电流的台区识别、拓扑识别技术，支撑营配贯通、线损精益管理等工作。研发相关物联设备，打造智能精品台区，形成示范效应。2022年底，电能表非计量功能应用覆盖率达到50%。

（六）建立规范有序的设备分拣与报废机制

1. 拆回电能表分拣质量核查与提升

省市各级公司开展拆回电能表分拣质量核查，提高拆回电能表分拣质量，提升分拣合格、返修返回电能表的重复利用水平。2022年的电能表分拣率已经达到100%。

2. 采集终端拆回分拣

省市各级公司开展集中器、专变终端、能源控制器等采集设备的拆回分拣研究，建立拆回采集终端分拣工作体系，开发相应采集终端分拣硬件设备、分拣检测软件以及信息化系统应用功能，实现拆回采集终端的有效分拣。完成营销系统采集终端拆回分拣功能开发，可将采集终端分拣率达到95%。

3. 计量设备报废管理制度与销毁方式优化研究

省市各级公司开展计量设备报废管理制度以及销毁方式优化的研究，实现报废资产规范化处置。

第四节 “装检校采合一”下的新型储能体系建设案例

一、项目简介

国家发展改革委、国家能源局对《关于加快推动新型储能发展的指导意见》（发改能源规〔2021〕1051号）对新型储能的解读是指除抽水蓄能外，以电力为主要输出形式的储能技术。为贯彻国家新型储能相关政策要求，“装检校采合一”下新型储能体系建设将以电能计量装置为载体，规范接入电力系统的计量装置配置标准、采集方案、控制方式等内容。

二、背景和意义

（一）背景

新型储能技术在实现“双碳”目标上发挥了巨大的积极作用，在各行各业中都得到了大力的推广和应用。近年来，新能源的快速发展带来了巨大的变革，但同时也带来了一些挑战。新能源的特点是波动性和间歇性，例如太阳能和风能都受日照和风力等因素的影响，其供应不稳定。然而，用电负荷却是不断变化的，需要根据实际需求来调整供应。

因此，储能体系的精准释放和观测，电力负荷的准确预测、快速采集成为当今的焦点话题。

（二）意义

新型储能体系的建设对保障电力系统安全稳定运行、促进可再生能源消纳、助力“双碳”目标实现具有重要意义。储能技术能够在新能源的高产期储存多余的能量，然后在用电负荷高的时候释放能量，实现供需平衡，甚至是避免供电中断或不稳定。这种能量的储存和释放对于保证电力系统的供应、保持电压和频率的稳定非常重要。此外还可以帮助优化电力系统的运行和经济效益。通过将电力从低价时段储存到高价时段释放，可以实现电力市场的最优化，并降低电力系统的运营成本。

通过“装检校采合一”下的新型储能体系建设，实现新型储能系统的可观、可测、可调，为新型储能体系建设提供强有力的电能计量支撑。

三、实践应用

（一）设备配置与安装要求

新型储能按照接入电力系统位置不同，主要分为电源侧储能、电网侧储能及用户侧储能。根据并网点电压等级分为高压并网和低压并网，高压并网的电压等级为 10(6)kV 及以上，低压并网的电压等级为 380/220V。

储能系统的发电（放电）或用电（充电）负荷，在接入到公用电网或客户内部电网前，应设置电能计量点，安装电能计量装置，计量储能系统的用电（充电）/发电（放电）电量，计量点设备配置应满足本方案要求。如果储能系统由多组储能单元在 10(6)kV 以上母线汇聚，或者用电（充电）回路与发电（放电）回路分离，则应在每个单元回路上分别设置计量点，计量各单元回路的发电和用电电能。

电能计量装置通过新增安装或连接到已有采集终端，接入用电信息采集系统，实现计量装置的数据采集，采集性能应满足本方案要求。低压并网的储能系统由用电信息采集系统实现远程调控，在信息安全、远程调控指标等方面应满足相关技术规范要求。

1. 设备配置

储能系统并网计量点，应配置计量箱（屏、柜）、电压/电流互感器、智能电能表、用电信息采集终端等电能设备。电能计量装置按表 8-4 电能计量装置类别表的等级分类，配置应符合 DL/T 448—2016《电能计量装置技术管理规程》要求。采集设备配置符合 DL/T 698.32 和国家电网有限公司的相关要求。

(1) 计量装置类别。根据储能系统计量点负荷性质和电压等级从高选择确定计量点等级类别。储能并网点电能计量装置分类见表 8-4。

表 8-4　　电能计量装置分类

装置类别	储能系统并网技术参数
Ⅰ	计量点电压等级 220kV 及以上的计量装置； 或计量发电装置容量 300MW 及以上电能的计量装置
Ⅱ	计量点电压等级 110(66) kV 的计量装置； 或计量发电装置容量 100MW 及以上至 300MW 电能的计量装置
Ⅲ	计量点电压等级 10(6)/20/35kV 的计量装置； 或计量点电压等级 380V① 且计量发电装置容量 315kW 及以上电能的计量装置

续表

装置类别	储能系统并网技术参数
Ⅳ	计量点电压等级 380V 的售电侧结算计量装置； 或计量点电压等级 380V① 且计量发电装置容量 315kW 以下电能的计量装置
Ⅴ	单相（220V）计量装置

① 包括并网点电压等级10(6)/20/35kV 而计量点设置在低压侧，低压 380V 并网两种方式。

（2）计量装置配置。电能计量装置准确度配置等级见表 8-5。

表 8-5　　计量装置配置表

电能计量装置类别	准确度等级			说明
	电能表	电压互感器	电流互感器	
Ⅰ	D(0.2S) 级	0.2	0.2S	
Ⅱ	C(0.5S) 级	0.2	0.2S	
Ⅲ	C(0.5S) 级	0.5	0.5S	计量点电压等级 10(6)kV 及以上
Ⅲ	C(0.5S) 级	—	0.5S	低压侧计量且计量点容量≥315kW
Ⅳ	C(0.5S) 级①	—	0.5S	低压侧计量且计量点容量在 30～315kW②
Ⅳ	B (1.0) 级	—	—	计量点容量<30kW
Ⅴ	A (2.0) 级	—	—	

① 经低压互感器接入的Ⅳ类计量装置，准确度等级按Ⅲ类配置；

② 计量点容量≥30kW 时，配置经电流互感器接入式电能表。

1）互感器：安装在计量箱或计量屏（柜）内，电压/电流互感器应按照电能计量装置类别，配置相应准确度等级的互感器，与电能表配套使用。容量在 315kW 以上的高压接入点，宜在高压侧计量。接入点容量 30kW 以上的Ⅳ类计量装置，计量方式采用经电流互感器接入，准确度等级按Ⅲ级配置。储能系统未经隔离变压器并网时，应配置抗直流分量的电流互感器。互感器规格选型见表 8-5。

2）智能电能表：安装在计量箱或计量屏（柜）内，电能表接入方向用电（充电）为正，发电（放电）为负。应按照电能计量装置类别，配置相应准确度等级和规格选型的电能表，规格选型见表 8-5。Ⅰ类和Ⅱ类电能计量装置应配置型号、准确度等级相同的主副两只电能表。电能表需具备分钟级数据冻结功能，具备记录单次充放电电量、单次最大负荷以及发生时间、负荷曲线功能，具备电能质量监测功能。其中，低压并网的储能装置，在计量箱或计量柜中智能电能表后安装智能断路器，智能断路器具备远程/就地控制功能、过欠压保护功能、防孤岛保护功能。

（3）采集终端配置。新增安装采集终端，或与已有采集终端共用，经远程信道连接用电信息采集系统，实现储能系统电能信息采集与远程调控。采集终端规格选型见表 8-6。

表 8-6　　采集终端配置表

终端类型	通信方式	适用场景
厂站采集终端	上行：光纤信息内网/无线公网/专网 下行：RS-485/以太网	电源侧储能 变电站接入的电网侧储能
专变采集终端/能源控制器（专变）	上行：无线公网/专网 下行：RS-485/HPLC/双模	电源侧储能 电网侧储能 高压客户的用户侧储能
集中器	上行：无线公网/专网 下行：RS-485/HPLC/双模	公用台区下低压并网的储能
协议转换器	上行：RS-485/HPLC/双模 下行：RS-485	安装在计量箱内或储能逆变器附近，实现逆变器协议转换

2. 通信协议

接入到用电信息采系统的计量和采集设备，如采集终端、智能电能表、智能断路器等，应采用 DL/T 698.45 协议。

3. 安装要求

（1）计量箱安装：计量箱的安装须严格遵循 Q/GDW 10347—2016《计量装置通用设计规范》、Q/GDW 11008—2013《低压计量箱技术规范要求》。电能表安装在计量箱内时，同一供电地点有多只电能表，可采用多表位计量箱，并考虑预留表位。

（2）计量柜安装：计量柜的安装须严格遵循 GB/T 16934—2013《电能计量柜》和 Q/GDW 10347—2016《计量装置通用设计规范》要求，计量柜中需要安装高压开关时，采用固定结构的整体柜。

（3）导线线径：应符合 DL/T 448—2016《电能计量装置技术管理规程》和 DL/T 825—2021《电能计量装置安装接线规则》要求。表后断路器的额定电流不应低于电能表最大电流，并与实际用电负荷或发电电流大小相匹配。

（二）计量装置配置方案

根据《新型储能电站调度运行管理规范（试行）》（调水〔2022〕71 号）分类，电网侧储能是指在变电站内或专用站址建设，并网点在公共电网的储能系统，包括电网替代型储能；

电源侧储能是指并网点在常规电厂、风电场、光伏电站等电源厂站内部的储能系统；用户侧储能是指用户建设，并网点在用户内部场地或邻近位置的储能系统。按照储能系统应用场景，结合储能系统容量规模、并网电压等级等，分类编制 6 种典型设计方案，见表 8-7。

表 8-7　　储能计量采集典型设计方案

序号	运行场景	建设场地	并网电压接入位置	计量和采集设备配置	设计方案
1	电源侧储能	新能源电站（常规电源）配套储能	厂站内 10(6)kV 及以上并网	智能物联电能表 电压互感器/电流互感器 计量屏（柜） 厂站采集终端	典设 1
2			厂站内 380/220V 并网	智能物联电能表 智能断路器 电流互感器（按需） 电能表箱（柜） Ⅰ/Ⅱ型集中器（协议转换器）	典设 5
3		独立储能电站	公共线路或变电站母线 10(6)kV 及以上并网	智能物联电能表 电压互感器/电流互感器 计量屏（柜） 厂站采集终端	典设 2
4	电网侧储能	电网变电站或专用站址	公共线路或变电站母线 10(6)kV 及以上并网	智能物联电能表 电压互感器/电流互感器 计量屏（柜） 厂站采集终端	典设 1
5			厂站内 380/220V 并网	智能物联电能表 智能断路器 电流互感器（按需） 电能表箱（柜） Ⅰ/Ⅱ型集中器（协议转换器）	典设 5
6		配变台区	公用台区配变侧 380/220V 并网	智能物联电能表 智能断路器 电流互感器（按需） 电能表箱（柜） Ⅰ/Ⅱ型集中器（协议转换器）	典设 3

续表

序号	运行场景	建设场地	并网电压接入位置	计量和采集设备配置	设计方案
7	用户侧储能	电力客户场地内	公共线路或变电站母线10(6)kV 及以上	智能物联电能表 电压互感器/电流互感器 计量屏（柜） 专变采集终端或能源控制器（专变）	典设 1
8			公用台区配变侧或低压线路 380/220V 并网	智能物联电能表 智能断路器 电流互感器（按需） 电能表箱（柜） Ⅰ/Ⅱ型集中器（协议转换器）	典设 3
9			客户内高压母线侧10(6)kV 及以上并网	智能物联电能表 电压互感器/电流互感器 计量屏（柜） 专变采集终端或能源控制器（专变）	典设 4
10			高压客户内低压电网380/220V 并网	智能物联电能表 智能断路器 电流互感器（按需） 电能表箱（柜） 专变采集终端或能源控制器（专变）	典设 5
11			低压客户内电网380/220V 并网	智能物联电能表 智能断路器 电流互感器（按需） 电能表箱（柜） Ⅰ/Ⅱ型集中器（协议转换器）	典设 6

1. 典设 1——发电厂内、变电站内、用户侧就近接入高压公用电网

集中式或 10(6)kV 及以上分布式新能源电站配套建设的储能系统，以及常规发电站建设的电源侧储能系统，在厂站内母线侧并网，与发电机组协同运行或直接接收电网调度。示例如图 8-10 所示。

电网侧储能系统，在变电站进（出）口母线侧并网，参与电网峰谷差调节或者直接接收电网调度。示例如图 8-11 所示。

在 10(6)kV 及以上公用电网母线并网的用户侧储能系统处于单独运行场景下，除公共电网连接外，与电力用户的用电负荷之间没有直接的电气连接关系。示例如图 8-12 所示。

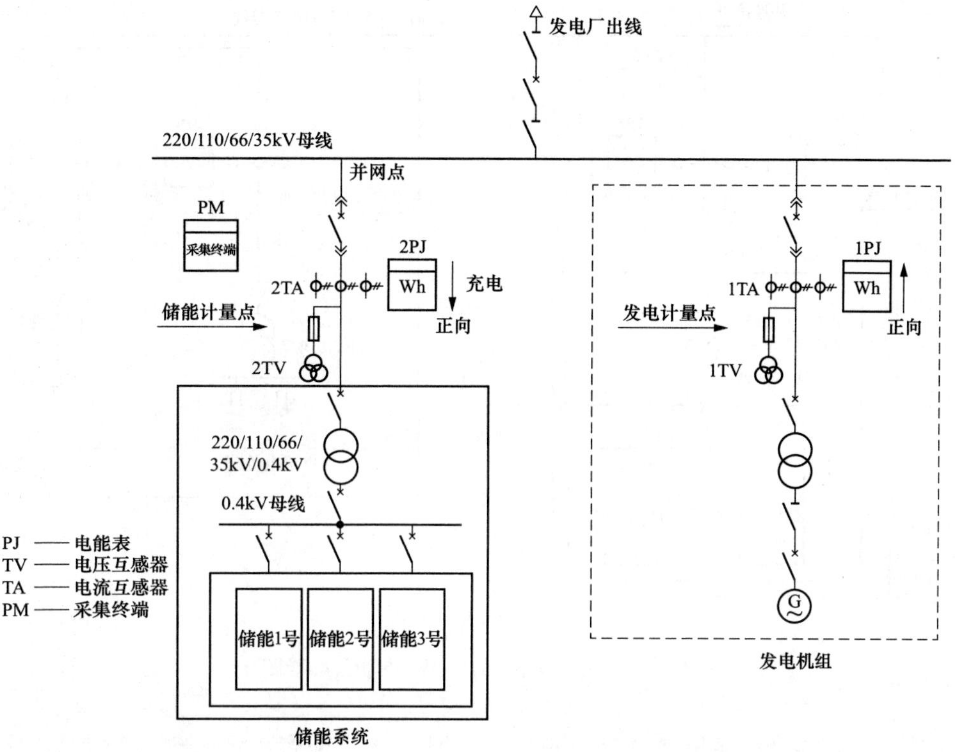

图 8-10 新能源电站（常规能源）配套储能并网计量点设置图

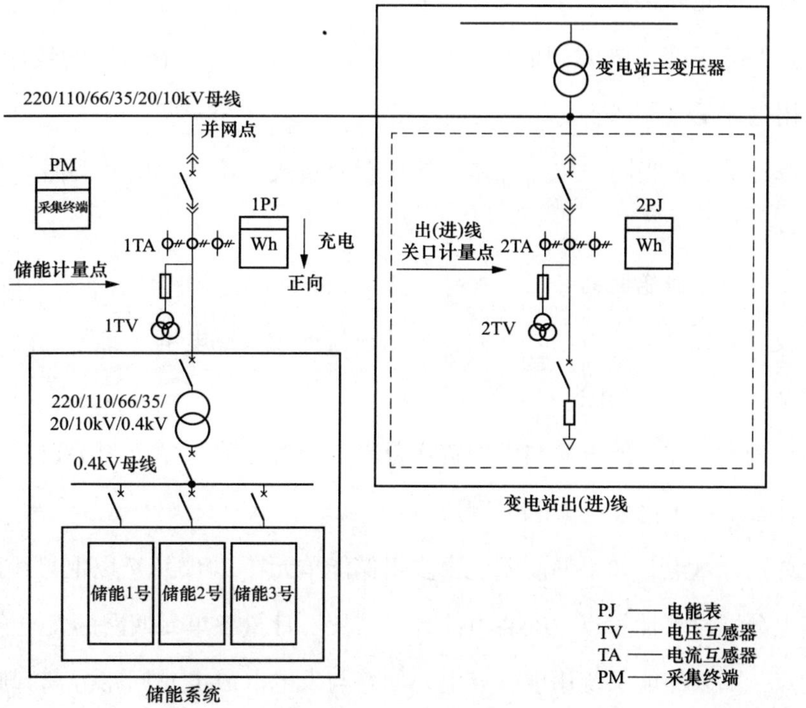

图 8-11 变电站储能系统并网计量点设置图

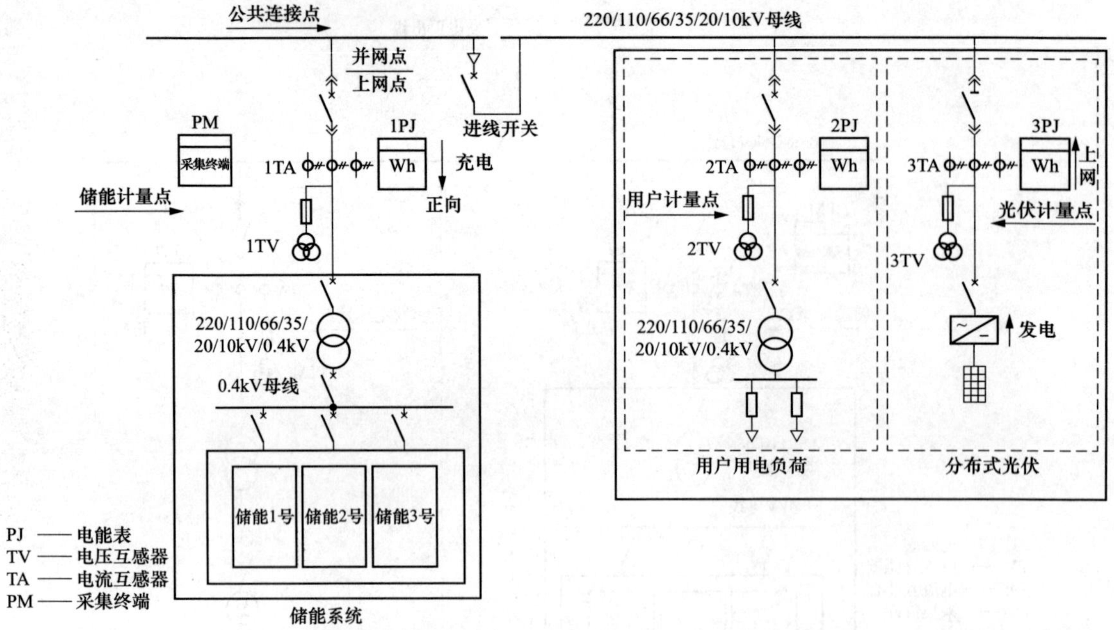

图 8-12 公用电网高压并网计量点设置图

储能计量点：在储能系统的并网点设置 1 个计量点，配置电能计量屏（柜），安装电能计量装置，计量储能系统充放电电量。如果储能系统由多组储能单元在 10(6)kV 以上母线汇聚，则还需在每个单元回路上再分别设置计量点。

原有计量点保持不变：电源侧的原有发电/上网计量点、变电站侧的线路关口计量点、用户侧的原有用电计量点保持不变。

分布式电源计量点：当同一用户主体另外还有分布式光伏等发电并网时，另设置独立的发电并网计量点。

2. 典设 2——独立储能电站

10(6)kV 及以上独立储能电站，接入变电站或就近接入配电网，参与电网峰谷差调节或者直接接收电网调度。示例如图 8-13 所示。

电站上网计量点：在储能电站与电网资产分界点设置储能电站上网关口计量点，安装电能计量装置，计量电站上网发电量和下网用电量。

发电单元并网计量点：如果储能系统由多组储能单元在 10(6)kV 以上母线汇聚，则应在每个单元回路上分别设置计量点，安装电能计量装置，计量各单元回路的发电/用电电能。

用电计量点：如果储能系统用电（充电）回路与发电（放电）回路分离，则应在每个单元回路上分别设置计量点，安装电能计量装置，计量储能和站用电量。

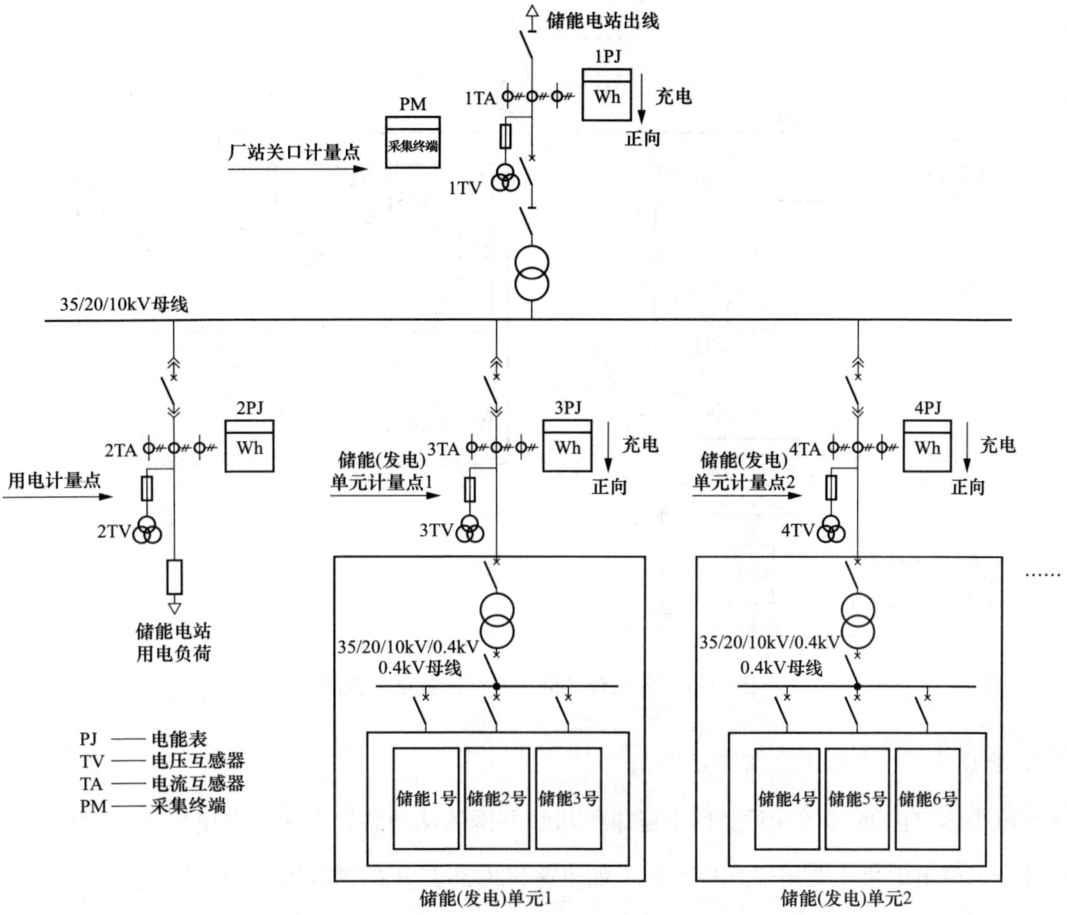

图 8-13 独立储能电站并网计量点设置图

3. 典设 3——配电台区侧低压并网

在公用配电台区低压侧或中间分支箱并网的储能装置，参与台区峰谷差运行调节。除公共电网连接外，与电力用户用电负荷之间没有直接的连接关系。示例如图 8-14 所示。

储能计量点：在储能系统的并网点设置 1 个计量点，配置电能计量箱，箱内安装 1 只智能电能表，按需配置 1 组电流互感器。在电能表后端安装 1 只智能断路器，实现并/离网控制。

公用配变考核计量点：原有台区考核计量点保持不变。

用户计量点：用户原用电计量点保持不变。

分布式电源计量点：当同一用户主体另有分布式光伏等发电并网时，应另设独立的计量点。

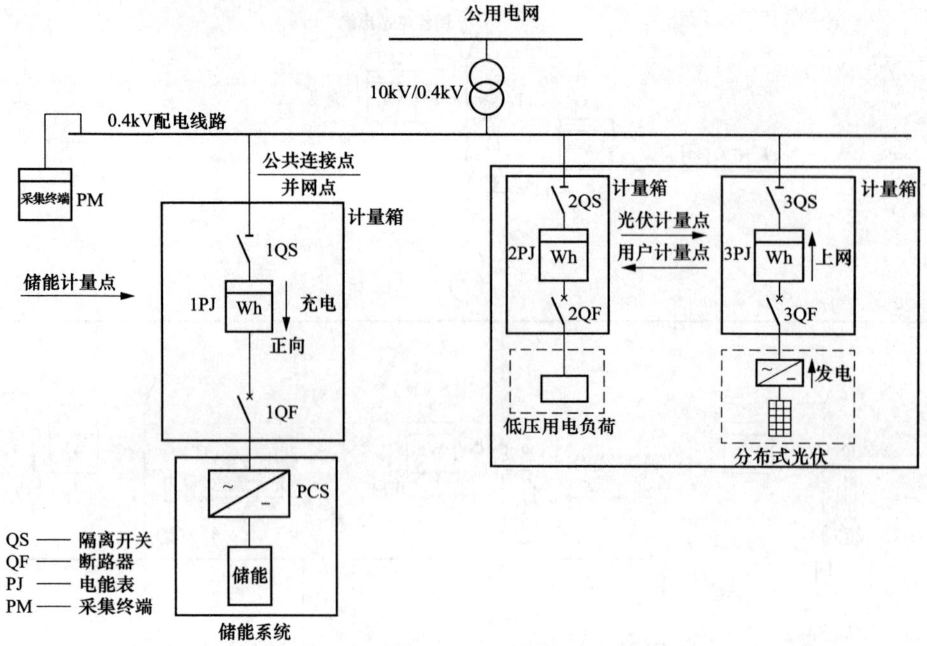

图 8-14　公用台区低压并网计量点设置图

4. 典设 4——高压客户内高压并网

在电力客户内部 10(6)kV 及以上配电网母线并网的储能装置，充电电量属于客户用电负荷的一部分，放电电量主要用于客户负荷。如果客户内部有分布式电源并网，储能装置的充电电量也可以来自分布式电源，其中也包括光储、充储配套建设等业务形态。示例如图 8-15 所示。

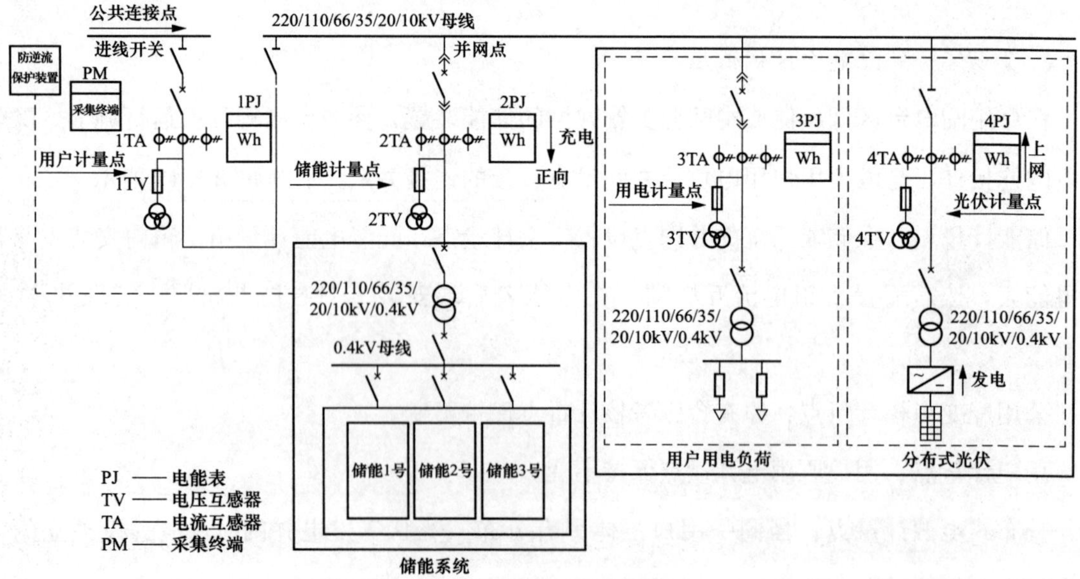

图 8-15　高压客户内高压并网计量点设置图

储能计量点：在储能系统的并网点设置 1 套电能计量装置。如果储能系统由多组储能单元在 10(6)kV 以上母线汇聚，则应在每个单元回路上分别设置计量点。

用户计量点：用户的原有用电计量点保持不变。完全自用型储能系统，用户可选择安装逆功率保护装置以防止电量倒送上网。

用电计量点：增加设置 1 个或多个计量点，配置相应的电能计量装置，用于计量除储能系统或其他分布式发电外的全部用电负荷的电量。

分布式电源计量点：当用户内部有分布式光伏等电源并网时，应设置独立的计量点。

5. 典设 5——发电厂、变电站、高压客户内低压并网

在发电厂或变电站内部用电低压母线并网的储能系统，主要用于站内负荷的自我调节和优化运行。示例如图 8-16 所示。

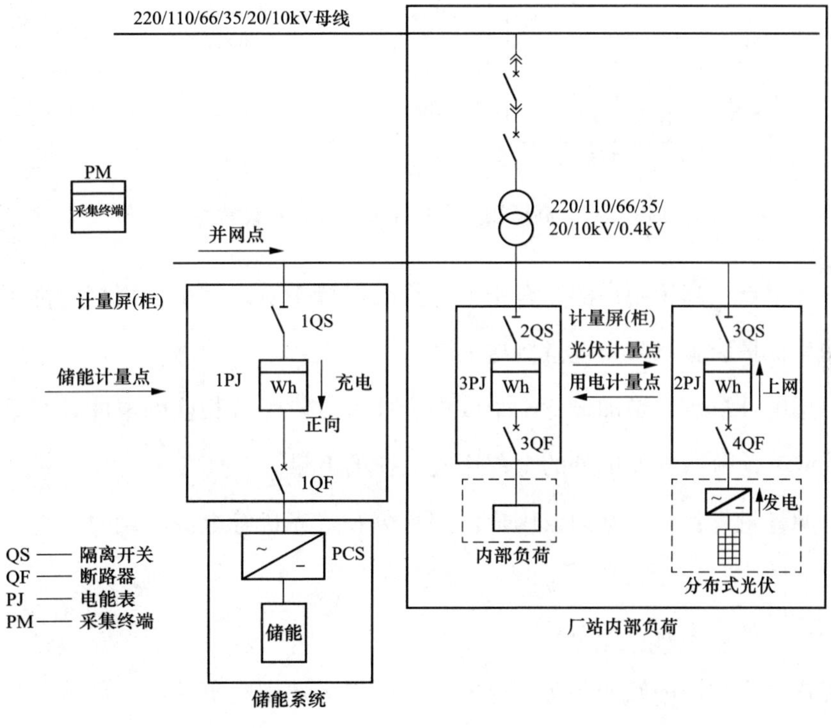

图 8-16 发电厂、变电站内低压并网计量点设置图

在高压客户内部低压母线并网的储能装置，充电电量属于客户用电负荷的一部分，放电电量主要用于客户负荷。如果客户内部有分布式电源并网，储能装置的充电电量也可以来自分布式电源，其中也包括光储、充储配套建设以及电动汽车 V2G 等业务形态。示例如图 8-17 所示。

储能计量点：在储能系统的并网点设置 1 个计量点，配置电能计量箱，箱内安装 1 只智能

电能表，按需配置1组电流互感器。在电能表后端安装1只智能断路器，实现并/离网控制。

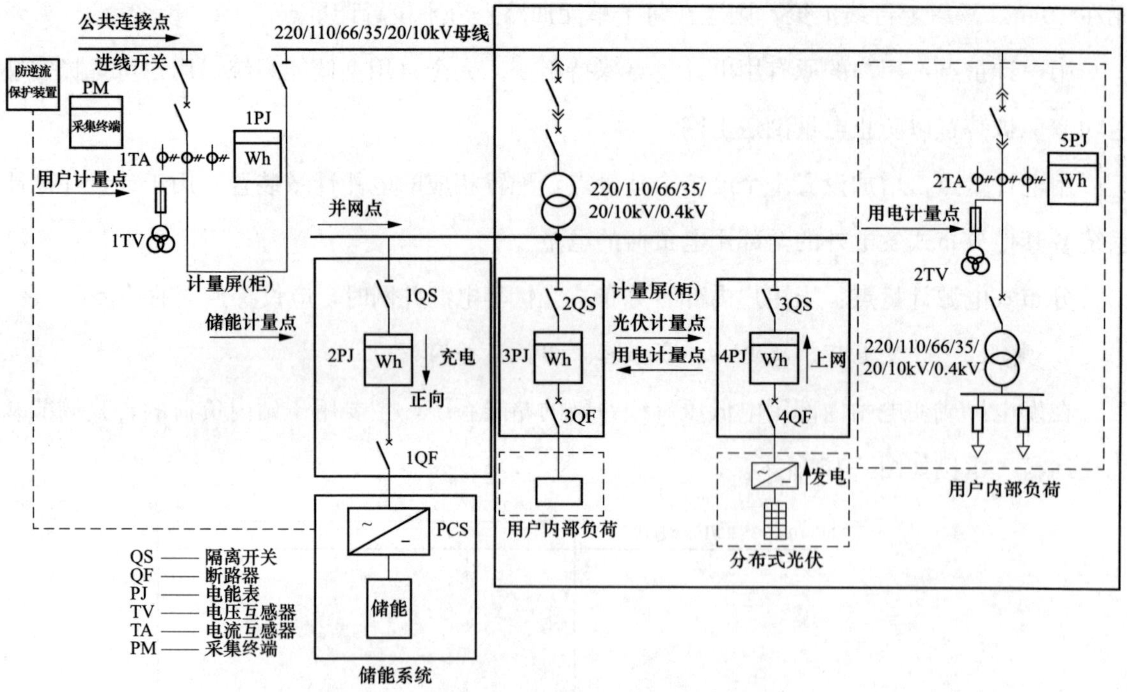

图8-17　高压用户内低压并网计量点设置图

高压用户计量点：高压用户的原有用电计量点保持不变。完全自用型储能系统，用户可选择安装逆功率保护装置以防止电量倒送上网。

高压用户用电计量点：增加设置1个或多个计量点，配置相应的电能计量装置，用于计量除储能系统或其他分布式发电外的全部用电负荷的电量。

分布式电源计量点：当厂站内或用户内部有分布式光伏等电源并网时，应设置独立的计量点。

6. 典设6——低压客户内并网

在低压客户内部并网的储能装置，充电电量属于客户用电负荷的一部分，放电电量主要用于客户负荷。如果客户内部有分布式电源并网，储能装置的充电电量也可以来自分布式电源。示例如图8-18所示。

储能计量点：在储能系统的并网点设置1个计量点，配置电能计量箱，箱内安装1只智能电能表，按需配置1组电流互感器。在电能表后安装1只智能断路器，实现并、离网控制。

用户计量点：用户的原有用电计量点保持不变。完全自用型储能系统，用户可选择安装逆功率保护装置以防止电量倒送上网。

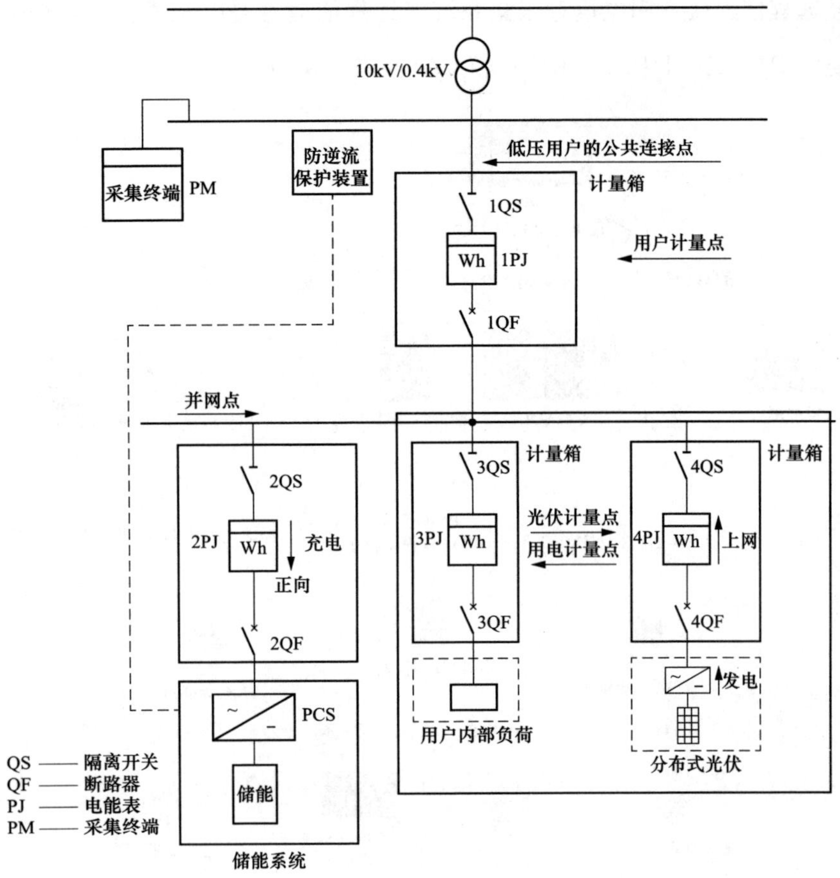

图 8-18 低压客户内并网计量点设置图

用电计量点：增加设置 1 个计量点，配置相应的电能计量装置，用于计量除储能系统或其他分布式发电外的全部用电负荷的电量。

分布式电源计量点：当用户内部有分布式光伏等电源并网时，应设置独立的计量点。

（三）采集通信组网方案

1. 通信组网

储能系统的计量采集通信组网方案如图 8-19 所示。

电源侧新能源电站（常规能源）配套储能、独立储能电站储能，计量数据采集通过厂站采集终端或专变终端接入用电信息采集系统。远程信道主要以无线公/专网或光纤等通信方式为主，本地信道主要以 RS-485、以太网等通信方式为主。

电网侧变电站储能，计量数据采集通过厂站采集终端接或专变终端入用电信息采集系统，远程信道主要以无线公/专网或光纤等通信方式为主，本地信道主要以 RS-485、以太网等通信方式为主；电网侧配变台区储能，计量数据采集由采集终端或本地信道连接到现有台区集中器，经远程信道接入用电信息采集系统，远程信道主要以无线公/专网通信方式为主，本地信道主要以 RS-485、HPLC（RF 双模）等通信方式为主。

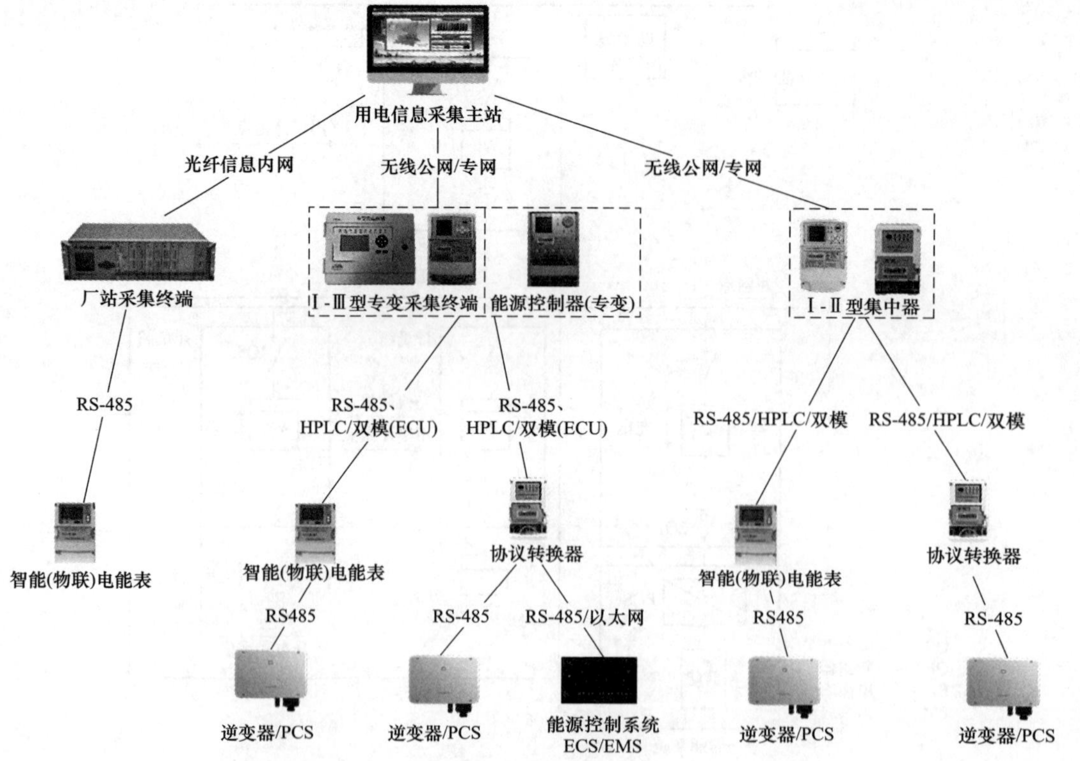

图 8-19　储能系统采集通信组网方案

高压客户的储能系统，计量数据采集通过专变采集终端，经远程信道连接到用电信息采集系统。远程信道主要以无线公/专网或光纤等通信方式为主，本地信道主要以 RS-485、以太网等通信方式为主。低压客户的储能系统，计量数据采集由采集终端或本地信道连接到现有台区集中器，经远程信道连接到用电信息采集系统。远程信道主要以无线公/专网通信方式为主，本地信道主要以 RS-485、HPLC（RF 双模）等通信方式为主。

高压客户储能系统的能源控制系统（ECS/EMS）的数据采集，由采集终端通过 RS-485、HPLC 或双模信道，连接到协议转换器完成通信协议转换；低压并网储能逆变器（PCS）的数据采集，由采集终端通过 RS-485、HPLC 或本地双模信道，连接到物联网电能表或者协议转换器，完成到逆变器的有线连接以及通信协议转换，实现储能装置运行状态数据采集。

2. 采集方案配置

依据用电信息采集终端、智能电能表相关技术规范，结合实际业务需求，储能系统的电能表采集数据项及数据冻结、采集频度见表 8-8。其中：A 类包括电源侧和电网侧高压并网的储能系统计量点，B类包括高压用户侧储能系统计量点，C类包括公用台区下低压并网的计量点。

表 8-8　　电能表冻结数据项及采集频度

数据分类	数据项	电表数据冻结频度	数据采集频度		是否必备
			A/B类	C类	
数据类	正向有功总电能	1min	15min	15min	√
	反向有功总电能	1min	15min	15min	√
	四象限无功总电能	1min	15min	15min	√
	A/B/C 相电压	1min	1min	15min	√
	A/B/C 相电流	1min	1min	15min	√
	总及 A/B/C 相有功功率	1min	1min	15min	√
	总及 A/B/C 相无功功率	1min	1min	15min	√
	电网频率	1min	15min	15min	
	总及 A/B/C 相功率因数	1min	15min	15min	√
	组合有功总电能	1min	15min	15min	√
	组合无功总电能	1min	15min	15min	√
	正向有功最大需量	24h	24h	24h	√
	反向有功最大需量	24h	24h	24h	√
	A/B/C 相电压波形畸变率	1min	15min	15min	
	A/B/C 相电流波形畸变率	1min	15min	15min	
	三相电压不平衡度	1min	15min	15min	
	三相电流不平衡度	1min	15min	15min	
事件类	过流事件	主动上报	主动上报	主动上报	√
	失压事件	主动上报	主动上报	主动上报	√
	失流事件	主动上报	主动上报	主动上报	√
	欠压事件	主动上报	主动上报	主动上报	√
	过压事件	主动上报	主动上报	主动上报	√
	断相事件	主动上报	主动上报	主动上报	√
	功率因数越限事件	主动上报	主动上报	主动上报	√
	电流谐波总畸变率越限事件	主动上报	主动上报	主动上报	
	电压谐波总畸变率越限事件	主动上报	主动上报	主动上报	
	电压不平衡越限事件	主动上报	主动上报	主动上报	√
	电流不平衡越限事件	主动上报	主动上报	主动上报	√
	电压闪变（仅并网点）	主动上报	主动上报	主动上报	
	充放电转换事件（记录一次充放电过程的起止时刻及充放电电量、期间最大需量）	主动上报	主动上报	主动上报	√

说明：“√”代表必备，空白代表不是必备。

智能物联电能表采集储能逆变器相关数据项及采集频度见表 8-9。

表 8-9　储能逆变器采集数据项

数据分类	数据项	数据子项	电表抄读要求	主站采集要求
数据类	电压	A/B/C 三相电压	1min	与电能表数据类采集频度一致
	电流	A/B/C 相电流	1min	
	有功功率	总及 A/B/C 相有功功率	1min	
	无功功率	总及 A/B/C 相无功功率	1min	
	功率因数	总及 A/B/C 相功率因数	1min	
	电网频率	电网频率	1min	
	电能量	可充/放电量	1min	
		荷电状态	1min	
		累计充电电量	24h	
		累计放电电量	24h	
参数类	逆变器基础信息	设备编号	并网启动时冻结	按需采集
		额定有功功率		
		额定无功功率		
		输出类型		
	逆变器运行状态	运行状态	1min	按需采集
控制类	逆变器控制	逆变器开关机	主动下发	主动下发
	控制逆变器负荷	有功功率控制	主动下发	主动下发
		无功功率控制		
		功率因数控制		
		有功功率百分比		
		无功功率百分比		

（四）远程调控

依据《新型储能电站调度运行管理规范（试行）》（调水〔2022〕71 号）要求，高压并网的储能系统接受电网统一调度，低压并网的储能系统由用电信息采集系统转发远程调控指令。

1. 刚性调节

用电信息采集系统主站下发指令到专变终端/智能电能表，控制低压并网储能系统的并网断路器分/合闸。刚性调节链路图如图 8-20 所示。

2. 柔性调节

（1）直接调节。采集系统主站下发负荷调节指令，经过采集终端/物联表/协议转换器转发并实现协议转换，发送到储能逆变器，执行对储能系统的有功功率、无功功率、功率因数、电压等参数的调节。直接调节逆变器链路图如图 8-21 所示。

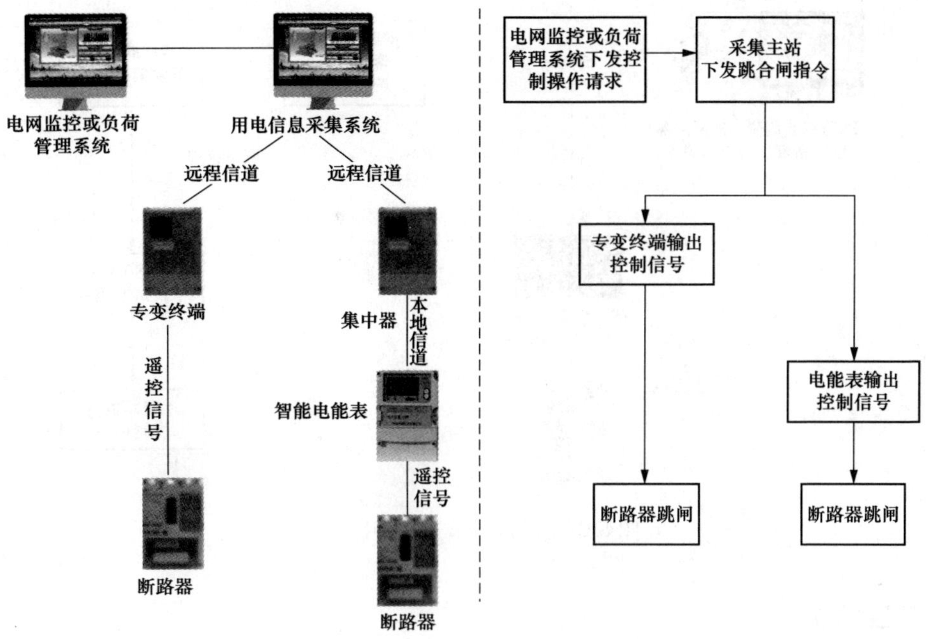

图 8-20 刚性调节链路图

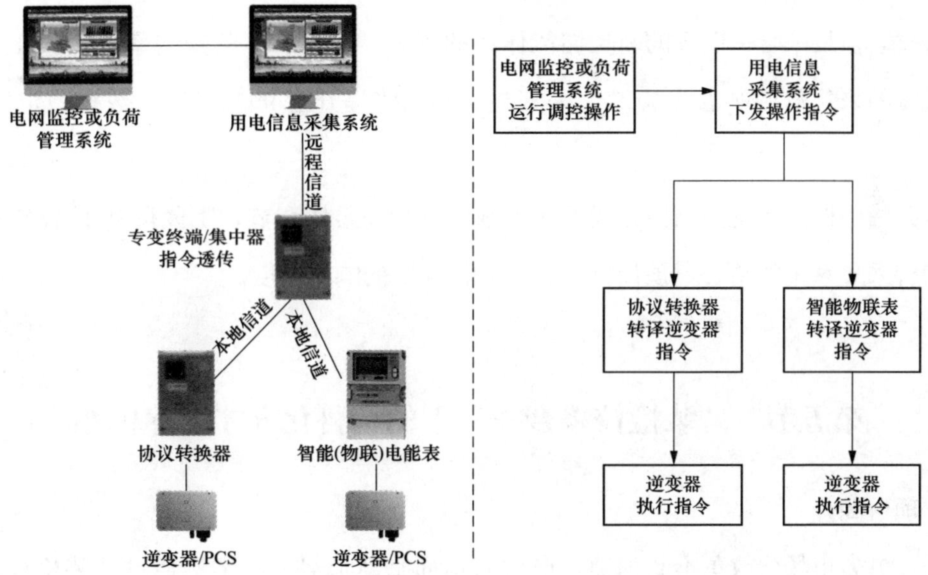

图 8-21 直接调节逆变器链路图

（2）间接调节。经内外网隔离装置，通过“云云对接”方式将参数调节指令下发给用户侧储能云系统。用户侧储能云系统向现场 EMS/PMS 发送调节指令，执行对储能系统的有功功率、无功功率、功率因数、电压等参数的调节。间接调节逆变器链路图如图 8-22 所示。

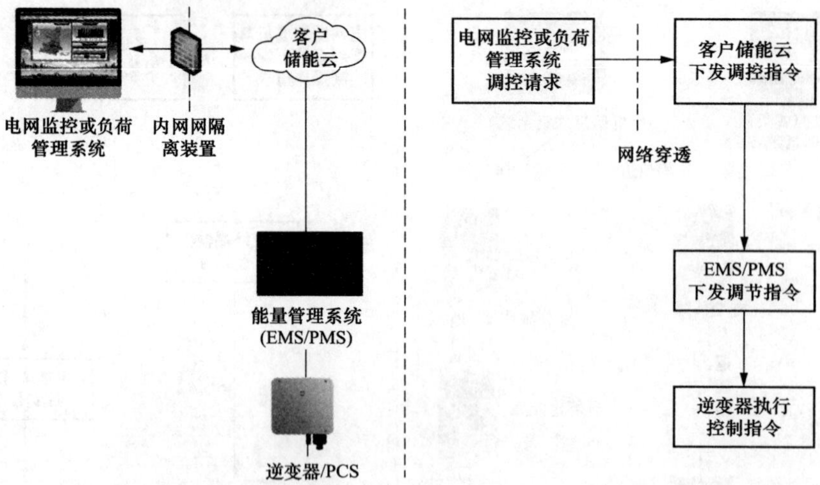

图 8-22　间接调节逆变器链路图

四、项目成效

通过本案例的建设实施，新型储能系统在“装检校采合一”理念的加持下，储能系统的观测、调节水平预计均有巨大提升。

随着“装检校采合一”下的新型储能体系的深入，采集终端的安装率将到达 100%，新增储能设备的采集数据项超过 30 个，采集成功率也将提升至 99%以上，数据稳定性得到极大保证。

低压并网的储能系统的调控方式扩充了刚性调节和柔性调节，手段得到了丰富。调节的速度也随着采集系统的结合，预计可达到“分钟级”的响应速度。

第五节　“装检校采合一”下的全科化人才培养体系

一、项目简介

当前，电力市场化改革不断加速，电力营销面临新形势，本案例通过“装检校采合一”下的全科化人才培养体系助力电网转型升级，不断创新管理模式，持续优化营商环境，提质增效，应对新形势下的机遇和挑战。

营销计量专业体量小，专业技术人数少，装、检、校、采等业务线条细分，存在作业现场多而散、岗位设置固定、业务模式不灵活等问题，制约了工作质效提升。基于现状，在管理上探索出了一条“小专业大班组”的模式，在人员上整合装、检、校、采集业务人力资源，在业务上完成了内、外计量业务融合和流程管控，形成装、检、校、采业务全科化人才队伍的培养体系，在数据上利用大数据分析，用数据驱动营销业务提质增效和创新发展，具有较大的经济和社会效益。

二、背景和意义

（一）背景

随着社会的发展和电力行业的迅速发展，电能计量作为电力系统运行和管理的重要环节，对于负荷管理、电能质量监测和计量收费等方面起着重要作用。为了满足电力行业对高素质、全面发展的电能计量人才的需求，“装检校采合一”下的全科化人才培养模式应运而生。

首先，随着电力行业的技术进步和电能计量技术的更新换代，对电能计量人才的要求也在不断提高。传统的电能计量人才培养模式存在技术滞后、理论与实践脱节等问题，无法满足电力行业对新技术、新方法的应用需求。全科化人才培养模式将通过开设相关的综合实践课程、行业实习和科研创新等方式，使电力从业人员能够及时掌握电力行业的最新技术和发展动态，并能够应对行业的变化和挑战。

其次，电力行业的发展越来越强调协同创新和多元化发展，对电能计量人才的要求也越来越高。传统的电能计量人才培养模式偏重于特定技能的培养，难以培养出具有全面素质和综合能力的人才。全科化人才培养模式将注重培养职员的综合素质和交叉学科能力，使他们能够在不同领域、不同岗位上发挥作用，提高电力行业的整体竞争力。

全科化人才培养的服务方面背景主要包括满足电力行业需求、适应行业发展变化以及培养多元化人才等方面。通过全科化人才培养模式，可以提高电能计量人才的综合能力和服务水平，为电力行业的发展提供更好的支持。

（二）意义

基于提升计量管理水平和提质增效总体目标，依托装、检、校、采业务的班组架构转型升级，以管理融合、人员融合、业务融合和数据融合，建立“装检校采合一”为核心业务，人力资源优化统筹、计量业务精益管控、人才梯队高效培养为导向的全科化班组人才培养体系。

三、实践应用

（一）体系实施原则

1. 整体推进方面

以“充分准备、先立后破、有序推进、稳步实施”为原则。实施前充分准备，对内外校专业双向培训，对关键业务流程梳理明确，按照学习、操作、负责三阶段目标，充分讨论制定培训方案，设置各阶段时限；实施过程中先立后破，修订完善相应制度，落实人员和岗位职责；实施进度上有序推进，有条件实施下放；业务融合上稳步实施，充分考虑专业管理和应急处置能力，设置过渡期。

2. 岗位职责方面

对应岗位职责的调整，梳理调整班组基础业务向下倾斜，基本维持业务岗位和人员配置情况下有序融合。业务上进一步加强规范计量对高压客户服务职能，实施过程中，相关业务人员职责不缺失，业务不停摆。

3. 人员方面

在具备条件情况下，边培训边融合，实施业务人员双向动态融合，现阶段人员流动以周计划为准。编制融合短期目标和长期目标，分别编制对应短期培训计划和远景培训计划。

（二）具体做法

1. “以干代训”，分工调整

工作职责进一步明确，以实际工作的不断磨练，赋予其培训价值。基础性工作主要包括标准送检、安全学习记录、通信报道、车辆调度、表单整理存档等 27 项班组的基础管理性工作，见表 8-10，明确职责分工落实到专人。

表 8-10　　基础性工作职责表

序号	职责分工	频次	序号	职责分工	频次
1	系统月计划制定、日派工	日	12	窃电分析登记	
2	周计划、月计划、周报	周	13	单相非现场申校验、故障表登记	日
3	授权签字	日	14	三相非现场申校验、故障表登记	日
4	班组月、周工作量统计	周	15	单相利旧表、复检表等表单登记	日
5	安全活动学习、培训和记录	周	16	三相利旧表、复检表等表单登记	日
6	工会后勤事宜	/	17	互感器登记	日
7	通信报道	月	18	安全工器具、绝缘垫等管理监督	
8	标准送检与量传系统维护、证书确认和保管	月	19	工作票整理存档	日
9	绩效系统班组计划工作维护、精益化积分录入	月	20	（外）装接单整理与存档	日
10	车辆申请调度	日	21	车辆使用登记	日
11	库房维护整理，窃电表、留样表整理与标签	月	22	人员出勤考核登记	周

续表

序号	职责分工	频次	序号	职责分工	频次
23	出差人员户外津贴、伙食补助登记	日	26	卫生监督、实验室物品设备的定制管理监督	周
24	电能量采集系统停电维护	日	27	卫生包干	日
25	用电信息采集系统监控分析处理	日			

按照核心类、支撑类、扩展类和辅助类梳理班组现有业务 30 项，根据现有人员能力结构和特点，在原有工作责任基础上增加各项工作的支撑角色，增强各专业任务应急能力，稳步融合各项业务。主要业务见表 8-11。

表 8-11　　主　要　业　务

序号	业务类型	业务对象	业务名称	序号	业务类型	业务对象	业务名称
1	核心类业务	电能表	非现场申校及故障表校验	16	核心类业务	电能表/终端	高压装接
2			复检表检定	17			轮换
3			运行表质量抽检	18			故障更换
4			报废表检定	19		电能表现场检验	首次校验
5		互感器	高压互感器室内检定	20			周期校验
6	支撑类业务	终端	公变终端检测	21			临时校验
7			专变终端故障检测	22		计量装置验收	计量装置二次回路接线及检查
8		采集	故障采集器检测	23			带负荷试验
9			载波故障采集器检测	24		互感器	互感器现场检验
10			故障集中器检测	25	支撑类业务	ERTU	ERTU 维护和故障处理
11			故障载波集中器检测	26		压降试验	PT 二次回路压降试验
12			无线集中器（Ⅱ型集中器）测试	27		监控及现场处理	BC 类电压点监测
13	扩展类业务	电压监测仪	电压监测仪测试	28			计量异常处理
14		表箱	表箱检测	29	辅助类业务	新型封印	采集异常处理
15		窃电分析	窃电分析	30			新封印管理及安装

2. 细化电能表现场校验

电能表现场校验能确保电能计量装置在使用过程中能准确测量，保证公平公正。结合电能表现场校验作业指导书，编制《电能表现场校验工作注意事项》，组织培训现场校验人员学习，从存放保管和现场使用两个方面着手，对存放要求、清洁保养、现场检验条件等 10 个事项进行培训，线上与线下同步，理论与实操结合，多方位提高电能表校验服务水平。

3. 用能分析

随着人们生活质量的进一步提高，如家用充电桩、智能电器等越来越多的用电设施进入了家门，供电企业对用能分析的需求越来越强。可以邀请专家，指导工作人员，利用各类数据平台，大力挖掘“沉睡的数据”，通过使用时间、耗电峰谷、电器能效等多个方面，帮助用户制定合理的节能策略，推动用户展开低压需求侧响应，为优化电网结构，削峰平谷打好人才储备基础。

4. 学习业务新知识，常学常新

梳理近期热点关切问题，分析当前电力热点话题。营销现场服务人员与用户直接交流，尤其在一些标准规程更新后，时有职员无法解答的专业问题，部分群众不理解，造成了舆情。组织现场服务、电费核算、客户经理等多专业、多班组人员互学互通，及时学习和解读最新电价政策，为用户清晰解答电价政策。同时向客服专业部门学习最新交流服务话术，推广利用官方线上服务移动应用，自主查询电量电费，得到最新最全的权威解答，不仅让用户用得放心还要听得舒心。

5. 培养提升反窃查违能力

反窃查违工作是维护正常供用电秩序和供电企业合法权益的重要手段。开展反窃查违专题培训，组织学习《××公司反窃电工作取证固证操作指引》《××公司反窃电管理办法》等上级指导文件，认识反窃查违人身安全的特殊性和危险性，严格遵循“依法合规、打防结合、查出分离、综合治理”的原则，指导作业人员对反窃电工作时常发生的过激行为作出正确应对。

6. 推动安全创新文化

对当前安全形势和安全工作进行深入思考，针对现场安全工作中部分安全风险难以完全有效控制的痛难点（例如压降试验电压夹脱落而导致电压互感器二次接地短路等风险），提出创新新思路，已计划研制计量回路专用安全小工具套装和新型联合试验接线盒，实现计量回路作业安全风险最小化，进一步提升科技强安水平。

7. 创新培训竞赛模式

夯实基层基础基本功，注重业务人员专业技能、安全技能、风险辨识、应急处置等能力的全面发展，在传统培训竞赛模式的基础上拓展“订单式”人才培养新模式。针对业务人员提出的培训需求、业务复盘发现的疑难点，邀请内外部专家，针对性地进行培训及疑难点解答。以员工需求为导向拟定个性化培训计划及竞赛考核方案，有针对性地满足全员培训需求，实现全员专业业务能力提升，打造一支品牌过硬的营销专业尖刀班，争创各类竞赛比武佳绩。

第九章 “装检校采合一”的实施

第一节 “装检校采合一”实施背景

电能计量业务“装检校采合一”的实施源于我国“放管服”改革的持续推进。

2015 年 5 月 12 日，国务院召开全国推进简政放权放管结合职能转变工作电视电话会议，首次提出了“放管服”改革的概念，在改革前进的步伐上推陈出新，不断提出深化“放管服”改革的新举措、新要求，与时俱进加快“放管服”改革落地见效。国家电网有限公司作为国资委所属的大型央企，近年来按照党中央国务院的决策部署，全面推进“放管服”改革，国网总部、各省（直辖市）分部及市公司分层分级部署落实推进。党的十八大以来，以习近平同志为核心的党中央狠抓全面从严治党，党风政风明显好转，政治生态明显改善，电网企业内外部环境发生较大变化，具备了扩大基层经营自主权的条件；党中央、国务院把“放管服”改革作为全面深化改革的重要内容，全面推进简政放权；电网企业作为公用事业企业，实施“放管服”改革推进内部权责优化配置是必然选择。与此同时，受电力市场开放、“互联网＋”等因素驱动，电网企业电网业务和市场化单位面临日趋激烈的市场竞争，科学调整总部与各单位的权责界面，合理分权授权，有利于加强基础、基层和生产经营一线，增强基层的主动性和创造力，提升参与市场竞争的能力，需要大力推进电网企业管理转型升级，动态优化集团管控模式，提高管理效率和决策精准度，全面助力优化营商环境。

在“放管服”大背景下，传统计量班组运作模式难以适配新形势下国网公司对于计量业务“提质提速”的要求，主要存在四大问题：

（1）业务量与业务类型不断增加，加剧了人力资源矛盾。一是业务类型和业务量多。在“复旧利用，提质增效”的当下，室内业务包括表计、互感器两个传统大项外，公变、专变、采集器、集中器和表箱等新型业务大量增加，共计业务类型 16 项；现场业务各类计量器具的装、校、调、测业务类型 14 项，业务增速快于班组挖潜增效，人员配比脱节。二是因季节性、专业性、项目时间差等因素，存在忙闲不均现象。三是计量业务都是支撑各县分公司营销设备需求和基建项目，承担的都是业务配合和支撑角色，业务和项目的节点无法做到以我为主，加大了人力资源统筹的难度。

（2）营销设备完成全覆盖全采集，扩展了业务和数据深化互通需求。在营销装备投入上，10年以来持续不断地投入，以智能表全覆盖全采集为代表的营销装备升级已完成。依靠这些设备搭建的各系统带来了大量的业务信息和海量数据。这些系统和设备的模块化和权限化，各自在不同的应用场景，各有岗位归属，其业务层和应用层相对独立，不可避免产生了业务孤岛和数据孤岛现象。一是跨业务、跨岗位数据复合应用不足，数据背后蕴藏信息无法得到有效挖掘，大量存在着“沉睡”的数据。二是运行智能电能表采集和保存了各类历史数据，采集到系统的数据仅是一小部分，包括电压、电流、功率等历史数据，大量成为“遗弃”的数据。这些数据关键时刻能完整复原断相、失压、窃电等历史场景，在发生表计故障或窃电时，这些信息是重要的证据。亟待加快技术和设备硬件升级带来的跨业务需求开发，深化数据互通和综合利用，使计量业务深化互通，数据融合，实现各岗位的互融互通。

（3）客户和市场为导向服务深化，强化了岗位业务要求和服务需求。班组是公司各项具体业务的落脚点。一直以来，电力系统基层岗位设置主要讲究专业化，这种突出技术的分工模式确实取得了规模效应，有利于技术加速迭代，在公司大发展时期，体现出了这种机制的效率。在优化营商环境的当下，基层员工的岗位角色如装表工、校表工、抄表员、检定员等岗位充分透露出其业务本质是“人—设备”或“人—业务”的关系，其工作内容就是装表、校表、抄表或检定，落脚点在于设备或业务。在客户导向理念下，营销业务的本质是“人—服务—人”的关系，服务是媒介，落脚点在于人。每个岗位人员需要敏锐地感受用户的个性化需求并予以及时满足，需要各岗位人员具备综合性的业务能力。现有班组岗位设置，过细的业务分层，增加了岗位之间的篱笆，增强了岗位间协同损耗，服务水平难以提高。

（4）业务复杂性和创新性不断提升，亟需完善复合型人才培养体系。随着全覆盖全采集的不断推进，业务复杂性和创新性不断提升。一方面，室内技术人员具备了较强的专业理论知识，无法接触到计量设备在现场各种应用场景，理论无法联系实际，阻碍了专业水平的提高。另一方面，单项业务技术人员对电能计量装置综合理论知识与业务延展的不适应性越发明显，复合型专业技术力量需快速培养，综合业务水平亟待提高。随着业务复杂性和创新性不断提升，需要内、外校人员同时具备更加多面的“理论＋实操”知识，接触更多的实际应用场景，整合更多面向的培训内容，亟需完善复合人才培养体系。

“装检校采合一”是计量班组从小型、分散、独立作业向一体化作业、精益化管理转变的必然要求，也是现代计量班组转型的必由之路。提升计量管理水平和提升计量基础工作质效为总体目标，其核心内涵是依托装接、检定、校验、采集业务一体化的班组架构转型升级，以管理融合、人员融合、业务融合和数据融合为主要手段，建立人力资源优化统筹、专业人才高效培养的“计量全科化”班组管理体系，打造业务流转高效、资产管理优质、专业人才优秀、数智赋能提升的现代化计量班组。

第二节 “装检校采合一”实施过程

“装检校采合一”的实施主体是地市级供电企业直属计量业务机构，包括计量室、客户服务中心、计量中心等。各区县级供电企业计量业务机构因装检校采业务不全，且大量管理压力已由地市级机构承担，故无需实施“装检校采合一”，同时也不具备实施条件。

地市级计量业务机构在具体实施过程中的总体思路，一是实施“管理融合”，通过内、外校班组合并，班组管理职责重新分配，构建“专业支撑业务”班组体系，实现班组转型升级。二是实施“人员融合”，整合计量业务人力资源，实施“一岗多责，多岗融合”，通过全科定位，分进合击，打造一支计量全科化员工队伍。三是实施“业务融合”，实施专业和项目专人管理，实施内外计划一张表，完成内外计量业务融合和流程管控，综合提升了计量业务管理水平。四是实施“数据融合”，加强大数据技术分析，用数据驱动营销业务提质增效和创新发展，通过需求导向构建应用算法为数据赋能，提高异常用电的识别能力，支撑表计失准更换、质量分析、反窃电、智能监测的精准管理。

一、管理融合

(1) 内、外校班组合并，班组体系转型升级。通盘考虑计量专业体量小，业务类型多，作业现场分散等特点，将内、外校班组合并。班长负责工作计划，人力资源分配，安全管理、绩效考核和班组建设。通过内、外业务工作环节分解、平均时间量、平均每日工作量测算对每项业务进行复杂性评估并赋分，得以实现不同业务的赛道合并，从而实现班组各工作量的评比和考核。通过班组合并，业务职责下移，管理扁平化，构建新的绩效体系，实现了班组转型升级，提升班组业务能力上限，展现小专业大班组新格局。

(2) 室内专业负责制，现场项目负责制。在融合前班组长管人、管专业还管业务，一个班组的业务能力过分依赖班组长的能力水平。融合后班长负责工作计划和总结、人力和车辆资源调配和业务进度考核。业务上锚定一个专业一个负责人，一个项目一个负责人，专业负责人和现场项目负责人统一向班长负责，具体业务的流程、信息处理不再依赖班组长，由专业负责人和项目负责人负责每个业务项目信息过滤、流转。班组管理实现扁平化，解放班组长日常业务流转的压力。

二、人员融合

电力计量专业面小，技术人员少，在公司范围内整体业务量相对不大。内、外校基础理论一致，室内检定班侧重计量理论和技术，现场业务班侧重计量实操和应用，从理论联系实际的角度看人员融合有助于复合型人才成长。

（1）全科定位，落实复合人才培养新模式。按照“全科化”定位来培养计量技术人员的业务技能，加强复合型人才厚度，实施“1＋3”角色分配，每项业务至少培养1名专业负责人，3名技术人员。一是在资源上对于融合先进人员进行绩效匹配，形成以能力和业绩为评价标准的薪酬体系和职业发展机制。二是在培训形式上通过充实“自驱力大发现”“今夜我是主讲人”这两个交流学习平台，为青年员工成长搭建“大舞台”，每个人既是老师又是学员，互亮绝活，互相学习，营造“计量融”的整体氛围，激发第二、第三专业的学习热情。三是在培训内容上特别注重“业务复盘”，通过班后会的形式，对碰到的新技术、新问题，开展复盘交流，提升学员解决实际问题的能力，实现全科拓宽，专科精进，培养计量全科化复合人才。

（2）分进合击，推进计量全科技能大提升。

第一阶段：青年员工通过理论与实操学习、跟班操作、工作负责三阶段。基于业务需求和个人志愿，针对性地制定不同的培训计划，分进合击实施培训，分人分段完成“第二专业”各项业务培训。通过技术专家对每项业务设置考试题目，阶段完成，阶段考核。

第二阶段：技术组负责实施实战式考核，确认第一阶段培训成果。室内业务随班考核，现场业务利用各基建项目考核，以实操＋讲解的形式，确认每位员工“第二专业”的业务能力和理论知识水平，夯实“计量全科化”人员能力。

三、业务融合

从推进公司计量业务的高定位进行业务融合，协同优化，重塑生产关系。通过优化管控流程，在生产计划、流程和业务上优化建立更高效的协同模式，减少在专业协同上产生的人力、时间、资源等损耗，提高资源利用效率。

（1）专业支撑业务，计划内外协同。在计划协同方面，树立专业支撑业务理念，避免内外计划两张表，室内“表计、互感器、采集器、终端”各专业全面协同现场“装、检、校、采集”业务，实现内外计划统排统做，实现专业支撑业务目标。

在计划制定方面，实施年、月、周计划分级编制。年度计划由部门管理层牵头组织编写，确定年度工作重点，明确年度运行表抽检、轮换、周校、基建等工作目标；月计划由技术室和班组长共同制定，确定各周计划工作重点，明确实验室月度工作量，明确基建项目时间节点；周计划由班组长、专业负责人和项目负责人共同制定，确定每项任务内容、完成时间、车辆和人员调配。根据各专业、各项目人员配置、项目进展情况，统筹安排业务节点和资源，利用计量业务灵活机动的特点采用跨站、跨专业支援的方式错峰削谷，缓解忙闲不均。

（2）专人专项负责，业务协同管理。室内业务职责下移，五大专业管理扁平化。室内检定业务，以电能表为例，一块表计在业务上涉及 6 种类型，营销上包括了 11 个状态环节，在体系上涉及 30 个管理环节，业务生态复杂。根据业务对象选出五大类专业负责人，负责各自专业业务的统筹安排和进度管控。通过职责下移，一口对外，扁平化管理，实现业务职责到人，界面更清晰，管理更高效，个人技术技能大提升。

现场业务职责下移，项目专人管控。现场业务，根据项目管理水平、业务和沟通能力，在班组内优选 3 名项目负责人，实现项目轮动。项目负责人主动跟踪、协调资源，承担串联“装、检、校、采集”各业务衔接的职责，实现初设、施工、验收和送电的全过程管控，一口对外，避免了各业务环节的协同损耗和多头管理，节省了人力、车辆等资源。项目管理更高效，施工更安全，个人技术技能大提升。

项目运行后，为贯彻计量资产全寿命，保证运行计量设备工况的健康和实时性，项目负责人自动进化为设备主人，负责运行设备的周期检定、故障消缺，轮换、监督抽检等全寿命业务环节，其工作职责见表 9-1。

表 9-1　　项目负责人——设备主人全寿命工作职责

<table>
<tr><td rowspan="3">职责</td><td colspan="3">项目负责人</td><td colspan="2">设备主人</td></tr>
<tr><td colspan="3">基建阶段</td><td rowspan="2">运行阶段</td><td rowspan="2">轮换阶段</td></tr>
<tr><td>电能表</td><td>互感器</td><td>ERTU</td></tr>
<tr><td rowspan="2">主要职责</td><td>1. 初设审查
2. 安装</td><td>1. 变比确认
2. 误差试验</td><td>1. 安装
2. 通道</td><td rowspan="2">1. 周校特校
2. 采集维护
3. 压降测试
4. 故障消缺</td><td rowspan="2">1. 表计轮换
2. 监督抽检
3. 采集维护</td></tr>
<tr><td>3. 验收
4. 送电</td><td>—</td><td>—</td></tr>
</table>

续表

职责	项目负责人			设备主人	
	基建阶段			运行阶段	轮换阶段
	电能表	互感器	ERTU		
需求和特点	1）具备整站计量系统搭建技术能力和业务协调能力； 2）全面的装、检、校、采集专业技术技能； 3）更全面、细致的基建计量项目管理职能； 4）实施计量设备全寿命负责制； 5）大量减少协同需求，提高基建效率，更少的人完成				
优点	1）项目管理更高效、施工更安全； 2）全寿命管理，运行更可靠； 3）个人管理能力、技术技能大提升				

（3）内外双向支撑，实现业务优化。随着技术和服务标准越来越高，各系统与厂站业务协同、消缺调试等业务需要内外同步，通过业务融合实现了内外业务双向支撑，主要体现在三个方面：

在全流程管控方面，一是针对无故障拆回电能计量装置拆旧设备复检时，能结合设备现场运行状况，提高了检测效率和设备复用率。二是互感器从资产建档开始实施“室内检定—现场验收”联动作业，提高了计量设备的一致性，避免由于检定、施工、验收，三方管控盲区带来的隐患。

在系统和厂站匹配方面，针对现场作业时参数核对需求、采集和消缺验证需求，由室内人员同步配合现场人员进行各类参数的查询核对、通道验证和数据招测。

在流程同步方面，趸售关口涉及市县公司费用结算，用户工程涉及基本电费，这两个业务的计量点的送电与系统流程触发时间点需同步。通过业务融合实现内外协同作业制度，确保内外同步完成送电和系统侧计量点更新设置，完成变比核实、电量方向和功率核算和采集验证。

四、数据融合

实施管理、人员和业务融合后，化解了岗位分工不同带来的业务数据的权限和模块阻隔，为实施数据融合奠定了基础。业务理解、数据共享、模型评估，确定每种数据价值维度，按照价值驱动，需求侧分析，做到了对每种数据背后隐藏信息的深度挖掘，助推企业提质增效。

（1）打通数据通道，保障数据共享。依托岗位融合，在规则范围内整合岗位权限，利用海迅中间库连接营销系统业务数据和采集系统的运行数据，推进“线上＋线下”和“业务＋运行”大数据挖掘，打通数据获取渠道；打破专业信息系统之间的壁垒，强化不同业务数据之间的融合共享。

（2）分析业务关联，确定应用主题。开展业务规则组合分析和关联分析，有效地捕捉到了内校、外校、资产、电费等业务信息和运行数据的内在联系和需求，深化客户新装、首检、周期检定、客户服务等方面环节的过程和需求分析。围绕计量全过程、设备全寿命、客户用电全程保障三大环节，共计 38 个数据项，充实和完善监测主题。

（3）确认预警阈值，构建状态评价。

根据不同的应用主题，通过大数据，确认不同场景下的预警阈值，实现预警阈值的差异化，满足不同专业的相关需求。通过明确用户需求，确定需求与数据的关联性，进而确定数据的预警阈值及流程范围，提前构建风险等级。根据风险等级构建完整的计量器具运行状态评价体系，同时实现工单在采集运维平台中的统一下发、分级处理和审核归档等闭环管理。

（4）识别业务需求，构建六种算法。通过需求识别，筛选异常数据，综合表计、互感器、线路压降误差，关联表计功率、电流、电压、电量等运行数据，找到内在规律特性，做出运行全过程分析。区分应用场景，筛选异常用电数据，保障计量装置可靠运行，目前已经建立 6 种类型的算法：申校用户历史用电量模型、重要用户表计运行变差模型、新用户计量装置综合误差模型、失准表计模型、疑似家族病表计模型、窃电表计模型。

大数据支撑计量精准管理，支撑表计失准更换、质量分析、反窃电智能监测工作。数据融合改变了传统滞后、割裂、被动的运行监测方式，在“异常预警、风险管控、精准管理”方面发挥了重要作用。

第三节 “装检校采合一”实施成效与改进

一、实施成效

“装检校采合一”的实施对企业经营管理质效的提升效果显著，主要体现在五个方面。

1. 提质增效成果显著

通过计量融合，实现专业支撑业务，更少的人数检测更多的计量器具。以某地市供电公司客户服务中心为例，2023 年室内业务完成各类设备检测 10.2 万台，同比 2022 年增加 18%，表计、专变、采集器、集中器的利旧复用检测量大幅提高。以复旧表检测为例，2023

年共检测各类拆回计量器5万只，共有2.2万只实现复旧利用，经济效益550万元。现场业务，2023年完成校验、安装和消缺6350个计量点业务，业务量同比2022年提升38%，各基建项目计量业务开展有条不紊，项目管理更高效，施工更安全。

2. 人力资源矛盾缓解

通过内外校融合，内外校业务流程优化，一岗多能，多岗融合，跨岗支援，充分释放了人力资源效能，以季节性引起忙闲不均为例，7～9月由于气温高，居民用电量大，历来是室内业务一年中工作量波峰，而此时正值电力系统迎峰度夏，基建工程最少，是外校业务工作量波谷。通过跨业务、跨项目支援，室内业务7～9月份可增加人工25%，现场业务3～9月份可增加人工33%，消除了各业务和项目之间忙闲不均的现象，人力资源矛盾大幅缓解。

3. 业务承载能力加强

内外校融合实施后，实验室总检测量有显著提升，业务承载力明显增强，减少了业务协同损耗和重复，避免了人力、车辆的浪费。经过测算，室内业务人均日检测量从96只提升到112只。现场业务，人均日装表能力从5只提升到7只，平均每日出工队伍由2.5支增加到3.6支，日基建平均时间增加15%以上。以轮换为例，某地市供电公司客户服务中心2023年完成轮换17个变电站，462只表计，同比2022年增加200%以上，一年还清轮换历史欠账。

4. 数据应用水平提高

通过数据驱动营销业务提升，从解决实际问题和需求角度设计了6个数学模型，从业务质量、优质服务、反窃查违、提质增效四个层面，全面提升了计量精益化管理和服务水平。某地市公司实施以来，串校用户历史电量误差分析可达年均2000次左右；提供大用户计量装置运行变差分析报告，针对新装大用户出具计量装置综合误差分析报告；每年监测得到疑似失准表计约200只。通过数据复合利用，电力营销服务内涵大幅提升，取得了良好的经济效益和社会效益。

（1）表计预警和留样机制显威力。通过内外校融合，建立起异常表预警机制。实施疑似“家族病”表计留样制度，建立了异常表计清单和疑似家族病清单，为表计供应商评价提供可靠依据，构建计量设备质量持续提升机制。

（2）反窃查违提质增效成果显著。通过内外校融合，建立起一套新型的基于大数据分析的反窃查违机制，具备在百万运行电能表中精准定位异常表计的能力。以某地市公司为例，2023年共查实窃电行为72户，合计补收电费50万元，收取违约使用电费120万元。查实的

72 户窃电案例中，有 4 个案例为首次发现的新型窃电手法，对公司反窃电技术提升及开展反窃电专项工作有重要价值。

5. 员工业务能力成长

实施计量融合一年后，一线员工热情高涨，人心得到凝聚，激活了员工自我成才欲望，纷纷成长为计量系统师，进阶为项目负责人和专业负责人，员工服务意识和业务能力大幅提升，整个团队也得到了充分的锻炼，迅速成为计量系统专业全科化、业务全能型员工队伍。通过班组体系转型升级，管理上实现计量业务精益管控，人力资源优化统筹，装、检、校、采集等业务协同优化，深化数据互通和综合利用，取得了较高的管理效益。

二、改进措施

地市级供电公司电能计量业务机构实施“装检校采合一”的最终目标是以此为纽带，消除人员流、业务流、数据流、设备流在结合层的不协调、不匹配，实现人员素质提升、业务时限压减、数据全面精准、资产高效利用，从而达到企业在计量业务上的整体经营效益最优化。鉴于此，当前实施的“装检校采合一”管理模式的侧重点在人员流和业务流方面：人员流优化体现在人员全科化培养与项目负责制作业；业务流优化则是通过实施营销 2.0 业务系统更新，重构业务流程，精简业务链条，强化计量全业务计划管理，在保障计量资产效益的基础上，将流程时长压减到最短。采取此策略主要基于两方面考量：

（1）社会责任的要求。电网公司作为责任央企，其定位要求企业坚定履行政治责任、社会责任、经济责任，巩固执政基础，提升发展质量，增进社会利益，坚决履行使命担当。反映在计量业务方面，一是要提供更精准的计量服务，满足社会与群众对于公平公正的需求；二是提升计量业务流转效率，压减业扩报装时限。故应当将精简流程、优化业务模型作为首要任务。

（2）公司发展的需要。电网公司履行社会责任的成本不断增加，更需要持续提升企业经营效率，降低经营成本。电能计量设备更新换代快，生命周期短，计量资产投入占据重要比重，提升计量设备全寿命周期管理水平、数智化管理水平对于企业经营管理具有重要意义。故应当将提升有效资产投入作为长期任务，“装检校采合一”的后续改进也应侧重于此方面。